工程造价与建筑管理类专业软件应用系列丛书

建筑工程钢筋算量与软件应用

张向荣　主编

中国建材工业出版社

图书在版编目（CIP）数据

建筑工程钢筋算量与软件应用/张向荣主编．—北京：
中国建材工业出版社，2014.5（2015.9 重印）
ISBN 978-7-5160-0780-8

Ⅰ.①建… Ⅱ.①张… Ⅲ.①建筑工程—钢筋—工程
计算—应用软件 Ⅳ.①TU723.3-39

中国版本图书馆CIP数据核字（2014）第045535号

内 容 简 介

本教材依据国家标准 GB 50010—2010、最新图集 11G101—1、11G101—3 和广联达最新钢筋软件 GGJ2013（版本 12.0.1.116）编写的，并围绕"建筑工程钢筋算量与软件应用"这一主题展开。本教材分为上下篇：上篇着重就软件的基础操作和应用作了深入的讲解。其中第一章主要对钢筋算量软件作了整体介绍；第二章、第三章围绕软件的安装与操作、软件中建筑工程的构件划分和建立作了详细介绍；第四章～第十二章围绕软件的实际应用，以钢筋算量业务为主线，详细讲解了应用软件的操作方法和技巧。下篇主要通过工程实例，讲解钢筋工程量计算的思路和方法，用案例详细地讲解软件的具体应用，并按照柱、剪力墙、梁、板及其演变构件的顺序，结合手工计算和软件计算，细致讲解了实际工程中的软件应用方法。

本教材适合造价与建筑管理专业大专以上学生使用，也可作为建筑工程造价人员的参考书。

建筑工程钢筋算量与软件应用

张向荣 主编

出版发行：中国建材工业出版社

地 址：北京市海淀区三里河路 1 号

邮 编：100044

经 销：全国各地新华书店

印 刷：北京鑫正大印刷有限公司

开 本：787mm×1092mm 1/16

印 张：37

字 数：922 千字

版 次：2014 年 5 月第 1 版

印 次：2015 年 9 月第 3 次

定 价：97.80 元

本社网址：www.jccbs.com.cn 微信公众号：zgjcgycbs

本书如出现印装质量问题，由我社市场营销部负责调换。联系电话：(010)88386906

编 委 会

主　编：张向荣

副主编：张向军　周小艺

委　员：员　峰　张　欣　张　璐　张慧琴

　　　　韩伟峰　薛亚高　赵春婵　畅　强

中国建材工业出版社
China Building Materials Press

我们提供

图书出版、图书广告宣传、企业/个人定向出版、设计业务、企业内刊等外包、代选代购图书、团体用书、会议、培训，其他深度合作等优质高效服务。

编辑部
010-88385207

宣传推广
010-68361706

出版咨询
010-68343948

图书销售
010-88386906

设计业务
010-68361706

邮箱：jccbs-zbs@163.com　　网址：www.jccbs.com.cn

发展出版传媒　　服务经济建设

传播科技进步　　满足社会需求

（版权专有，盗版必究。未经出版者预先书面许可，不得以任何方式复制或抄袭本书的任何部分。举报电话：010-68343948）

前　言

计算工程量是项目工程预算报价工作中工作量最大的一项业务。在建筑工程领域中流传着这样的一句话："上面大干,下面大算",足以形象地说明算量工作的繁琐与辛苦。而钢筋工程量又是工程量确定过程中最为繁琐的部分,因为这不仅需要识图以及对规范、标准图集的深入理解,更需要对工程结构、力学知识以及钢筋工程施工过程相当熟悉。钢筋工程量的计算在工程造价确定的分工协作中常常是一个独立的分支,也是许多造价工作者的核心能力之一。对于老一代的预算工作者而言,他们传统的工作模式就是用笔在计算纸上列算式,用计算器算数字。由于手工的局限,存在着数据重复利用率低、计算量大、计算错误率高的问题,一旦某一数字错误,就要牵一发而动全身,重新计算汇总。而在建筑业信息化发展和造价改革的新时期,不仅要求钢筋工程量的计算更加快速和准确,更要求造价工作者迅速构建起全面工程造价管理体系,并要掌握先进的软件工具。目前建筑行业结构设计95%的工程采用了平法设计。从平法的设计原理来讲,平法是不限制设计人员的创造性。因为在实际工程中,通常会出现一些构件的节点构造或者是与平法有不同的要求,也有一些设计院有自己的节点构造,所以要求钢筋工程量的计算有较大的灵活性。

本教材依据国家标准 GB 50010—2010、最新图集 11G101—1、11G101—3 和广联达最新钢筋软件 GGJ2013(版本 12.0.1.116)编写的,并围绕"建筑工程钢筋算量与软件应用"这一主题展开。本教材分为上下篇:上篇着重就软件的基础操作和应用作了深入的讲解。其中第一章主要对广联达钢筋算量软件作了整体介绍;第二章、第三章围绕软件的安装与操作、软件中建筑工程的构件划分和建立作了详细介绍;第四章~第十二章围绕软件的实际应用,以钢筋算量业务为主线,详细讲解了应用软件的操作方法和技巧。下篇主要通过工程实例,讲解钢筋工程量计算的思路和方法,用案例详细地讲解软件的具体应用,并按照柱、剪力墙、梁、板及其演变构件的顺序,结合手工计算和软件计算,细致讲解了实际工程中的软件应用方法。

为了使本教材更贴近实际应用,特别邀请在专业和软件方面都很有造诣的两位专家帮助我一起编写。一位是带领过很多学生成功就业的重庆三峡学院周小艺老师,一位是在房地产公司和施工单位用软件做过上百个工程的张向军先生。我们三个人分工是这样的:周小艺老师负责编写柱及剪力墙手工与软件部分;张向军先生负责编写梁及板手工与软件部分;我和两位老师分别进行了二次校对。

本教材主要讲解一些做工程的基本方法,适用于造价与建筑管理专业的大专以上学生应用,建筑工程造价人员也可作为参考书。如果大家在实际工程中遇到一些比较特殊的问题,而本教材没有涉及的知识,欢迎大家到巧算量网站咨询,网址是 www. zaojia119. com(就是"造价 119. com"),也可加企业 QQ:800014859,有专业老师在线回答你的问题。

由于我们水平有限,难免会有错误出现,欢迎广大读者在企业 QQ 上提出来,我们会虚心接受并改正。

张向荣

2014. 01

目　　录

上篇　钢筋算量软件基础操作篇

第一章　钢筋工程量的计算及软件应用 ······················ 3

　第一节　新环境、新规范下的钢筋工程量计算 ············ 3

　第二节　用软件进行钢筋工程量计算的发展 ·············· 4

　第三节　钢筋抽样相关规范简介 ·························· 4

第二章　钢筋软件的细部操作 ······························ 7

　第一节　软件综述 ···································· 7

　第二节　界面介绍 ···································· 7

　第三节　新建项目 ···································· 8

　第四节　楼层设置 ···································· 12

　第五节　绘图输入法 ·································· 13

　第六节　单构件输入 ·································· 28

　第七节　汇总计算 ···································· 29

　第八节　报表输出 ···································· 30

第三章　软件基本操作 ···································· 31

　第一节　打开工程 ···································· 31

　第二节　保存工程 ···································· 32

　第三节　备份与恢复 ·································· 33

　第四节　工程信息的设置 ······························ 33

　第五节　构件选择方法 ································ 33

　第六节　捕捉 ·· 34

　第七节　楼层 ·· 35

　第八节　构件操作 ···································· 37

　第九节　缩放图形 ···································· 42

第四章　绘图输入法构件操作 ······························ 43

　第一节　柱 ·· 43

　第二节　墙 ·· 54

　第三节　暗梁 ·· 57

　第四节　门窗洞 ······································ 58

　第五节　连梁 ·· 60

1

第六节　梁 ………………………………………………………… 62

第七节　圈梁 ……………………………………………………… 72

第八节　板 ………………………………………………………… 75

第九节　板洞 ……………………………………………………… 76

第十节　板受力筋 ………………………………………………… 78

第十一节　板负筋 ………………………………………………… 83

第十二节　砌体加筋 ……………………………………………… 86

第十三节　条形基础 ……………………………………………… 87

第十四节　独立基础 ……………………………………………… 91

第十五节　筏板基础 ……………………………………………… 94

第十六节　集水坑 ………………………………………………… 95

第十七节　桩承台 ………………………………………………… 97

第十八节　桩 ……………………………………………………… 100

第五章　整体抽钢筋——建模 …………………………………… 103

第一节　工程 ……………………………………………………… 103

第二节　楼层块操作 ……………………………………………… 104

第三节　柱表 ……………………………………………………… 105

第四节　连梁表 …………………………………………………… 107

第五节　暗柱表 …………………………………………………… 108

第六章　万能输入法——直接输入法 …………………………… 109

第七章　梁钢筋计算——平法 …………………………………… 113

第一节　平法基础知识 …………………………………………… 113

第二节　软件基础操作流程 ……………………………………… 113

第八章　柱钢筋计算——平法 …………………………………… 120

第一节　软件基本流程 …………………………………………… 120

第二节　软件基本操作 …………………………………………… 120

第九章　参数输入法 ……………………………………………… 123

第十章　汇总计算 ………………………………………………… 126

第一节　合法性检查 ……………………………………………… 126

第二节　汇总计算 ………………………………………………… 126

第十一章　报表输出 ……………………………………………… 127

第一节　设定范围 ………………………………………………… 127

第二节　打印选择构件钢筋明细 ………………………………… 128

第三节　报表的导出 ……………………………………………… 129

第十二章　钢筋长度及数量计算公式 …………………………… 130

第一节　钢筋长度计算公式表达形式 …………………………… 130

第二节　钢筋数量计算公式表达形式 …………………………… 130

第三节　钢筋算量中变量名的说明 ……………………………… 131

下篇　钢筋算量实战应用篇

第十三章　柱子 ·· 135

　第一节　柱子（KZ1）的平法表示方法 ··· 135

　第二节　柱子（KZ1）需要计算的钢筋量 ·· 136

　第三节　KZ1 基础插筋计算 ·· 137

　第四节　基础相邻层（KZ1）纵筋计算 ··· 140

　第五节　1 层（KZ1）纵筋计算 ·· 142

　第六节　中间层（KZ1）纵筋计算 ··· 144

　第七节　顶层（KZ1）纵筋计算 ·· 147

　第八节　箍筋长度计算 ··· 156

　第九节　箍筋根数计算 ··· 161

　第十节　主筋钢筋变化处理 ·· 169

　第十一节　柱子截面变化处理 ·· 177

　第十二节　圆形柱 ··· 184

　第十三节　梁上柱 ··· 187

　第十四节　剪力墙上柱 ··· 190

第十四章　剪力墙 ·· 194

　第一节　纯剪力墙 ··· 194

　第二节　增加门洞口 ·· 212

　第三节　增加窗洞口 ·· 234

　第四节　增加暗柱 ··· 260

　第五节　增加连梁 ··· 280

　第六节　增加暗梁 ··· 298

　第七节　变截面墙 ··· 300

第十五章　梁 ··· 305

　第一节　单跨梁 ·· 305

　第二节　双跨梁 ·· 326

　第三节　多跨梁 ·· 346

　第四节　悬挑梁 ·· 373

　第五节　屋面梁 ·· 385

　第六节　基础梁 ·· 391

第十六章　板及其演变构件 ·· 426

　第一节　单跨板 ·· 426

　第二节　双跨板 ·· 447

　第三节　三跨板 ·· 453

　第四节　延伸悬挑板（一端悬挑） ·· 457

　第五节　延伸悬挑板（两端悬挑） ·· 465

第六节　纯悬挑板……………………………………………………………………468

第七节　异形板………………………………………………………………………475

第八节　带圆弧的异形板……………………………………………………………486

第九节　板中开矩形洞………………………………………………………………498

第十节　板中开圆形洞………………………………………………………………503

第十一节　阳台………………………………………………………………………509

第十二节　雨篷………………………………………………………………………517

第十三节　挑檐………………………………………………………………………518

第十四节　条形基础…………………………………………………………………523

第十五节　独立基础…………………………………………………………………528

第十六节　平板式筏基………………………………………………………………532

第十七节　柱下板带与跨中板带……………………………………………………542

第十八节　梁板式筏基（梁外伸）…………………………………………………551

第十九节　梁板式筏基（梁非外伸）………………………………………………558

第二十节　梁板式筏基变截面情况…………………………………………………562

第二十一节　平板式筏基变截面情况………………………………………………572

参考文献………………………………………………………………………………582

上篇　钢筋算量软件基础操作篇

第一章　钢筋工程量的计算及软件应用

第一节　新环境、新规范下的钢筋工程量计算

一、新环境带给钢筋工程量计算的变化

在工程造价确定和控制的过程中,无论是传统定额计价方式过渡时期的多种计价方式,还是 2003 年建设部推行实施的工程量清单计价方式,工程量都是前提和基础,而钢筋工程量又是工程量确定过程中最为繁琐的部分,因为这不仅需要识图以及对规范、标准图集的深入理解,更需要对工程结构、力学知识以及钢筋工程施工过程相当熟悉。钢筋工程量的计算在工程造价确定的分工协作中常常是一个独立的分支,也是许多造价工作者的核心能力之一。在建筑业信息化发展和造价改革的新时期,不仅要求钢筋工程量的计算更加快速和准确,更要求造价工作者迅速构建起全面工程造价管理的体系能力,并要掌握先进的软件工具。

新的清单计价模式,实行量价分离,要求招标人提供工程量清单,这对"量"的计算又提出了新的要求,同时,对钢筋工程量计算的效率也提出了更高的要求。在新的计价模式下,造价人员要完成组价工作,需要投入大量精力进行询价、调价、造价决策分析等工作。因此,如何更快、更准地将"量"计算出来进行审核,有充裕的时间运用投标技巧进行报价,才能在激烈的市场竞争中脱颖而出。

二、新规范带给钢筋工程量计算的变化

纵观建筑结构图纸绘制的发展历程,经历了以下三个阶段。

第一阶段:构件的"结构平面布置图"配套每一构件的"配筋图"。绘图量大,设计人员的工作量大,施工和预算人员在施工读图和进行钢筋工程量计算时都极为复杂。

第二阶段:梁柱表。设计人员按照给定的构造详图,在表中进行标注,大大加快了设计人员绘图速度,同时,也便于施工和造价人员进行钢筋工程量的计算。

第三阶段:平面表示法。概括地来讲,就是把结构构件的尺寸和配筋等按照平面整体表示方法的制图规则,整体直接地表达在各类构件的结构平面布置图上,再与标准构造详图相配合即构成了一套新型的完整的结构设计图。

随着设计方法的技术革新,采用平面整体标注法进行设计的图纸已占工程设计总量的 90% 以上,钢筋工程量的计算也由原来的按构件详图计算,转化为按新的规范计算。从某种意义上来讲,平面表示法是建筑行业中的一次飞跃,因为它改变了传统的那种将构件从结构平面布置图中索引出来,再逐个绘制配筋详图的繁琐方法。创造性设计和重复性设计的分离,更有利于设计师进行真正的创造设计。同时,图纸量也大大减少,修改方便,争议也相对减少。

因此,整体平面标注法,贯穿了建筑行业的整个过程,为建筑业带来了不可估量的经济效益。同时,增强空间理解力、学习平法识图、按新规范进行钢筋工程量的计算也逐渐成为造价

工作者的一项必备技能。

第二节　用软件进行钢筋工程量计算的发展

在工程造价的确定和控制过程中,钢筋工程量计算是最繁复的部分,不仅需要熟练识图,还要对相关规范、标准图集进行深入理解,更需要对工程结构、力学知识以及钢筋工程施工过程有很深的了解。钢筋工程量的计算在工程造价确定的分工协作中常常是一个独立的分支,也是许多造价工作者的核心能力之一。而在建筑业信息化发展和造价改革的新时期,不仅要求钢筋工程量的计算更加快速和准确,更要求造价工作者迅速构建起全面工程造价管理的体系能力,并要掌握先进的工具使用技能。

一、造价工作者必须学习掌握先进的软件工具

造价工作者应该认识到,用先进的工具来提高钢筋工程量计算效率的紧迫性。现在,在做一个工程时,没有时间再去加班加点计算钢筋工程量,更多的时间精力将要投入到组价、调价、技术经济结合、报价决策等阶段。

许多人都感叹自己工作、学习太忙,没有时间学习软件工具。其实,这是一个磨刀与砍柴的简单道理,只有熟练地掌握了计算工具,才能从本质上改善繁琐的计算过程,提高效率,增强竞争力,达到事半功倍的效果!

二、对钢筋计算软件的核心要求

(1)必须要符合手工进行钢筋工程量计算习惯。

(2)必须符合国家标准(如《混凝土结构设计规范》GB 50010—2010)及有关最新图集(11G 101—1、11G 101—3)。

(3)钢筋计算软件的计算结果必须要准确,也就是必须要达到直观易懂、易校对。

(4)钢筋计算软件必须界面简洁、操作简单,且能够进行灵活调整。

(5)报表必须要美观、实用,且能够进行自由设计,以满足不同的数据统计需求。

随着工程造价改革的不断深入,信息化技术在建筑业内应用的不断发展,软件产业更加完善,用软件进行钢筋工程量的计算成为整个行业发展的必然趋势。从个人来说,提高钢筋工程量的计算效率,从繁琐的手工劳动中解放出来,投入精力学习新的造价知识,是在新一轮竞争中立足的必经之路。从整个建筑业来说,只有提高钢筋工程量的计算效率,才能把更充分的时间和精力放在组价以及工程招投标中,改善工作方法,提高工作效率,明确工作重心,在激烈的市场竞争中立于不败之地!

第三节　钢筋抽样相关规范简介

一、混凝土结构设计规范

《混凝土结构设计规范》GB 50010—2002 是根据建设部建标[1997]108 号文进行修订的,于 2002 年 4 月 1 日起施行。主要内容有:混凝土结构基本设计规定、材料、结构分析、承载力

极限状态计算及正常使用极限状态验算、构造及构件、结构构件抗震设计及有关附录。此规范适用于房屋和一般构筑物的钢筋混凝土、预应力混凝土以及素混凝土承重结构的设计,不适用于轻集料混凝土及其他特种混凝土结构的设计。

二、平法简介

1996 年由陈青来、刘其祥等主编的《混凝土结构施工图平面整体表示方法制图规则和构造详图》(以下简称"平法")96G 101 在全国正式推广。平法的表示形式是把结构构件的尺寸和配筋等,按照平面整体表示法制图规则,整体直接表达在各类构件的结构平面布置图上,再与标准构造详图相配合,即构成一套新型完整的结构施工图。它改变了传统的那种将构件从结构平面布置图中索引出来,再逐个绘制配筋详图的繁琐方法,大大提高了设计和施工的规范性、准确性。本图集适用于非抗震和抗震设防烈度为 6、7、8、9 度地区一至四级抗震等级的现浇混凝土框架、剪力墙、框架—剪力墙和框支剪力墙主体结构施工图的设计,包括常用的柱、墙、梁三种构件。

平法的基本理论简介:

(1)平法的基本理论为以知识产权的归属为依据,将结构设计分为创造性设计内容与重复性设计内容两部分,由设计者采用平法制图规则完成前一部分,后一部分则采用平法标准构造图集,两部分为对应互补关系,合并构成完整的结构设计。

(2)创造性与重复性设计内容的划分,主要看结构施工图表达的内容是否为前面两个分系统运行的结果。即是否为设计者本人对具体工程所做的结构体系设计和结构计算分析的成果,而这部分工作成果和知识产权明显属于设计者,传统设计中大量重复表达的内容,如常规节点构造详图、钢筋搭接长度和锚固长度、箍筋加密区范围等,均不是具体工程中结构体系和结构计算分析的成果,明显属于重复性设计内容。

(3)平法施工图主要表达创造性设计内容。出图时,应配以相应的标准构造图集(适用于框架、剪力墙、框架剪力墙、框肢剪力墙结构中柱、墙、梁等构件)。标准构造图集不可或缺,同样属于正式的设计文件,每一类构件的平法结构图均应由两部分组成:平面整体配筋图和标准构造详图。

三、平法图集完善历程

2000 年 7 月 17 日,经对 96G 101 进行修订的 00G 101 正式执行,它适用于非抗震和抗震设防烈度为 6、7、8、9 度地区一至四级抗震等级的现浇混凝土框架、剪力墙、框架—剪力墙和框支剪力墙主体结构施工图的设计,包括常用的柱、墙、梁三种构件。

2003 年 2 月 25 日,03G 101—1 图集正式实行。本图集包括常用的现浇混凝土柱、墙、梁三种构件的平法制图规则和标准构造详图两大部分的内容。主要依据为:《混凝土结构设计规范》GB 50010—2002、《建筑抗震设计规范》GB 50011—2001、《高层建筑混凝土结构技术规程》JGJ 3—2002 与 J 186—2002、《建筑结构制图标准》GB/T 50105—2001,适用于非抗震和抗震设防烈度为 6、7、8、9 度地区一至四级抗震等级的现浇混凝土框架、剪力墙、框架—剪力墙和框支剪力墙主体结构施工图的设计。

2003 年 9 月 1 日,03G 101—2 图集正式实行,本图集包括现浇混凝土楼梯制图规则和标准构造详图两大部分内容。适用于现浇混凝土结构与砌体结构,所包含的具体内容为九种常用的现浇混凝土板式楼梯,均按照非抗震构件设计。

2004 年 3 月 1 日,04G 101—3 图集正式实行,本图集包括现浇混凝土筏形基础构件的制图规则和标准构造详图两大部分。适用于现浇混凝土梁板式、平板式筏形基础结构施工图的设计。筏形基础以上的主体结构可为非抗震和抗震设防烈度为 6~9 度地区,抗震等级为特一级和一至四级的现浇混凝土框架、剪力墙、框架—剪力墙和框支剪力墙结构,钢结构,砌体结构及混合结构。筏形基础以下可为天然地基和人工地基。

2004 年 12 月 1 日,04G 101—4 图集正式实行,本图集包括现浇混凝土楼面与屋面板的制图规则和标准构造详图两大部分。适用于现浇混凝土楼面与屋面板的设计与施工。支承楼面与屋面板的主体结构可为非抗震和抗震设防烈度为 6~9 度地区,抗震等级为特一级和一至四级的现浇混凝土框架、剪力墙、框架—剪力墙和框支剪力墙结构,钢结构,砌体结构,但对于楼面与屋面板本身的各种构造则未考虑抗震措施。

梁、柱、剪力墙:96G 101—1,00G 101—1,03G 101—1

楼梯:03G 101—2

筏形基础:03G 101—3

现浇混凝土楼面及屋面板:04G 101—4

四、平法图集更新

2010 年 8 月 18 日,批准《混凝土结构设计规范》GB 50010—2010 为国家标准,同时废除《混凝土结构设计规范》GB 50010—2002。2010 年 10 月 21 日,批准《高层建筑混凝土结构技术规程》JGJ 3—2010 为国家标准,同时废除《高层建筑混凝土结构技术规程》JGJ 3—2002。

目前常用的钢筋规范:

11G 101—1(现浇混凝土框架、剪力墙、梁、板)

11G 101—2(现浇混凝土板式楼梯)

11G 101—3(独立基础、条形基础、筏形基础及柱基础台)

第二章 钢筋软件的细部操作

第一节 软件综述

建筑业中工业与民用的建筑设计是千变万化的,但它们都有如基础、柱、梁、墙、板、楼梯等相同的构件。虽然构件形状千变万化,但组成相同构件的钢筋形式及长度计算方法基本相同。

根据其共性,我们将钢筋形式按构件类型进行分类,提出各种构件的钢筋图形,并在能够保证钢筋形式适用于所有构件的条件下,把各种钢筋归纳出相应的计算公式。所以,应用此软件,可以使我们的钢筋抽样工作更加简单和高效。

GGJ 2013 在以往版本的基础上提出了绘图输入概念:参照 11G 101—1 的梁、柱、板、墙处理图集和现在工程中梁、柱、板、剪力墙的图纸设计,钢筋处理时以楼层为单位,使用画图编辑("增"、"删"、"改"、"复制"、"粘贴"、"镜像"、"移动"、"拉伸"、"旋转"等内容)建立梁、柱、板、墙的模型,利用属性表和平法表格配置梁、柱、墙、板的钢筋,通过设置钢筋计算规则,系统自动计算模型内所有布置构件的钢筋。

第二节 界面介绍

主菜单:它包括了软件的全部功能,界面上找不到的功能可在主菜单查找。

各种工具条:包括构件工具条、绘图工具条等。

绘图区:中间最大的一片黑色区域,也称为绘图区。

状态提示栏:位于屏幕最下方,对正在执行的功能给出操作提示,界面如图 2-1 所示。

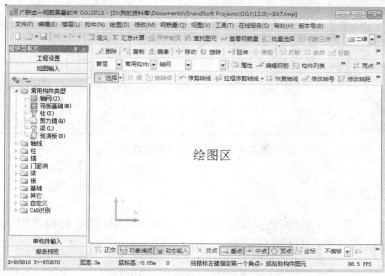

图 2-1 钢筋绘图区界面

第三节　新建项目

一、第一步　新建

点击工具栏中的 ▢ 按钮，或在主菜单中点击〖工程〗→〖新建〗，或按快捷键 Ctrl + N 即可打开新建工程的向导窗口。

二、第二步　填写信息

填写工程名称等信息，如图 2-2 所示。

工程名称——依照图纸的工程名称填写。

损耗模板——选择当地的工程损耗率设置模板。

报表类别——选择地区报表类别，可以在"钢筋定额表"、"接头定额表"两张报表中统计所选地区定额的钢筋总重和接头数量。

计算规则——可以选择 00G 101、03G 101 和 11G 101—1 新平法规则。

汇总方式——预算抽筋可选择"按外皮计算"或"按中轴线计算"两种。

另外，可通过"修改损耗数据"对所选损耗模板中的数据进行修改，也可通过"计算及节点设置"修改计算规则中的设置。

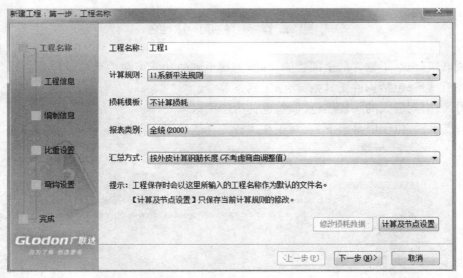

图 2-2　新建工程的向导窗口

三、第三步　录工程信息

"工程信息"，如图 2-3 所示，此页面中带 * 号的为必填项，其中结构类型、设防烈度、檐高用于确定工程的抗震等级（具体情况见表 2-1）。

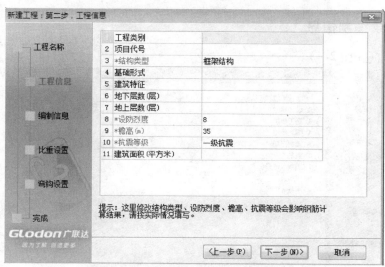

图 2-3　工程信息栏

表 2-1　钢筋混凝土结构的抗震等级

结构体系与类型		设　防　烈　度							
		6		7		8		9	
框架结构	高度/m	≤24	>24	≤24	>24	≤24	>24	≤24	
	框架	四	三	三	二	二	一	一	
	大跨度框架	三		二		一		一	
框架—剪力墙	高度/m	≤60	>60	≤24	25~60	>60	≤24	25~60	>60	≤24	25~50
	框架	四	三	四	三	二	三	二	一	二	一
	剪力墙	三		三		二		二		一	
剪力墙结构	高度/m	≤80	>80	≤24	25~80	>80	≤24	25~80	>80	≤24	25~60
	剪力墙	四	三	四	三	二	三	二	一	二	一
部分框支剪力墙结构	高度/m	≤80	>80	≤24	25~80	>80	≤24	25~80			
	剪力墙 一般部位	四	三	四	三	二	三	二	不应采用	不应采用	
	剪力墙 加强部位	三	二	三	二	一	二	一			
	框支层框架	二		二		一					
框架—核心筒结构	框架	三		二		一		一			
	核心筒	二		二		一		一			
筒中筒结构	外筒	三		二		一		一			
	内筒	三		二		一		一			
板柱-剪力墙结构	高度/m	≤35	>35	≤35	>35	≤35	>35			
	框架、板柱内柱及柱上板带	三	二	二	二	二	一	不应采用			
	剪力墙	二	二	二	二	二	一				

四、第四步　录编制信息

填写编制信息（图 2-4）。

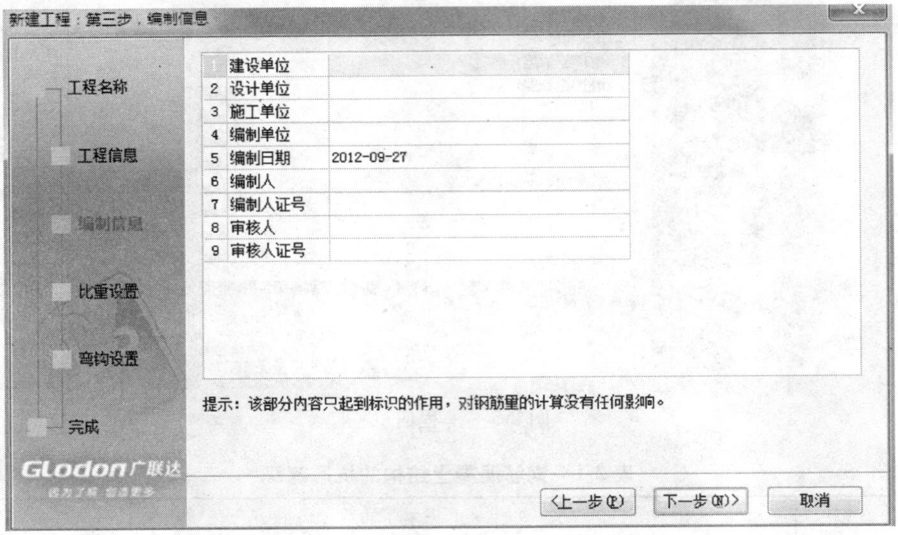

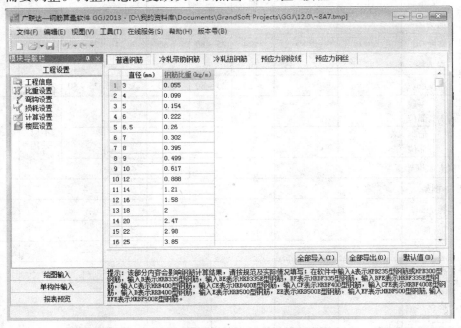

图 2-4　编制信息栏

五、第五步　比重设置

进行"比重设置"如图 2-5 所示，在软件中新增了冷轧扭钢筋比重设置。通常情况下钢筋的比重不需要调整。调整后想恢复默认可以点击"默认值"按钮。

图 2-5　比重设置栏

六、第六步 弯钩调整

"弯钩设置",如图2-6所示。

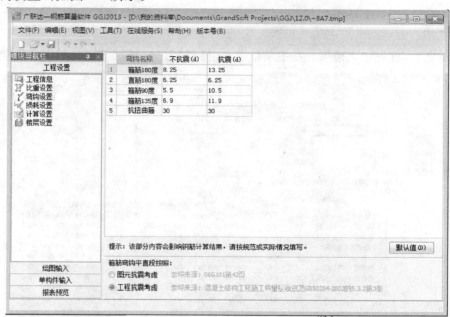

图2-6 弯钩设置栏

七、第七步 完成

确认录入的信息无误后点击〖完成〗,完成工程的新建如图2-7所示。

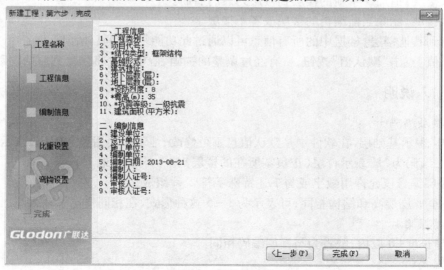

图2-7 完成信息栏

注:新建向导中的各项设置在新建完成后仍可修改。如果在新建向导中未输入或输入错误,可在主菜单中点击〖工程设置〗窗口进行修改。

第四节 楼层设置

一、建立楼层

工程建立后,首先建立楼层。在主菜单中点击〖楼层〗→〖楼层管理〗,如图2-8所示。

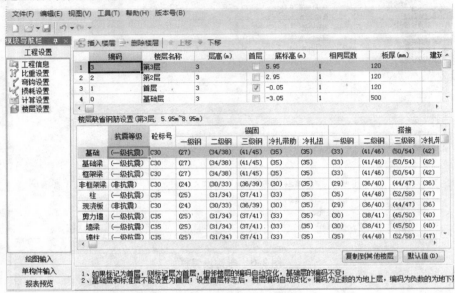

图2-8 楼层设置栏

〖插入楼层〗追加一个新的楼层到楼层列表的后面。

〖删除楼层〗删除当前编辑的楼层或者子楼层。

〖复制到其他楼层〗楼层中的所有信息可以通过此功能复制到其他楼层。

〖默认值〗点击"默认值"按钮,所有经过调整的锚固、搭接数据将恢复到原始的默认值。

二、数据输入说明

(一)楼层编码

(1)"0"表示基础层,在软件中是默认值且不可修改;地下楼层用负数编码,表示在首层以下,如,楼层编码为"1"表示首层(正负零所在的楼层),"-1"表示地下一层。

(2)楼层编号仅允许用数字或与下述特殊字符"~"组成;

如,一至五层层高和结构相同,可表示为1~5这种形式,在相同楼层里输入5。

(二)楼层名称

字符串长度80以内;缺省为与楼层编码相同。

(三)层高(m)

数值输入范围为0~50之间的整数,缺省层高为3m。

(四)板厚(mm)

当前层现浇板的厚度,数值输入范围为0~5000之间的整数,缺省板厚为120。

注:标准层的定义:在工程中结构及平面布局相同的楼层为标准层,而在进行钢筋工程量计算时,对标准层的要求是不同的,钢筋工程计算量时,不仅要求结构和平面相同,并且要求标准层的上一层与下一层也相同。以柱为例,当标准层的下一层与标准层的截面不同时,钢筋就要设置插筋或者锚固。因此,在钢筋工程中,如果3~10层为标准层,建楼层时,就要按如下的要求设置标准层3,4~9,10。

三、楼层钢筋默认设置(初始设置)

对于每一层、每一类构件均可设置单独的搭接锚固值,通过修改抗震等级和混凝土强度等级实现。

抗震等级:取自新建工程时的设置,其中非框架梁、板和其他构件默认为非抗震。

混凝土强度等级:可以直接输入,也可以从下拉框中选择,输入格式为C30。

抗震等级和混凝土强度等级修改后即为所选规则的默认搭接锚固。实际工程不同时可自行输入。

保护层厚(mm):可输入当前楼层的不同构件的保护层厚度。

注:本部分的数据,对工程中按默认值进行设置的部分,随时可以进行调整,计算按调整后的数值进行,对自行调整的部分,软件不做刷新处理。

四、注意事项

(1)在新建工程后,首层与基础层由系统自动建立,对于首层与基础层用户仅需要根据实际情况修改其层高即可;

(2)1层及基础层必须分别单独存在;

(3)楼层编号不允许重叠和遗漏;

(4)不能删除您当前正在编辑的楼层,不能删除首层和基础层;

(5)无地下室时,基础层层高应定义为首层结构地面至基础底标高位置;有地下室时,基础层层高应定义为基础的厚度;

(7)设置地下室时,可以直接在基础层上插入楼层。

第五节　绘图输入法

一、绘图输入法简介

楼层建立完成后进行抽筋计算,软件提供了"绘图输入法"和"单构件输入法"两种。

绘图输入法抽筋是指通过手工绘图或导入数据的方法将建筑中的构件绘制出来计算钢筋。

导入数据——从"广联达—清单算量软件 GCL2013"已经绘制好的构件导入。

手工绘制——在钢筋抽样软件中直接绘制构件。

二、轴网

(一)轴网管理

点击轴网工具栏中按钮,或点击〖轴网〗→〖轴网管理〗,即可打开轴网管理窗口。

如图2-9所示,左侧为工程中已经建好的轴网列表。

右侧操作按钮可进行下列操作:

〖新建〗第一个新轴网的名称默认为"轴网1",以此类推,也可自行修改。

〖添加〗对原有轴网进行相关数据的修改。

〖插入〗对原有轴网进行相关数据的修改。

〖删除〗注意若要删除的轴网已被引用到图形中,则只能在图形中删除该轴网后,才能在"轴网管理"中删除轴网的定义数据。

〖绘图〗选择一个轴网插入到绘图区中。

图2-9　轴网管理

(二)新建轴网

点击轴网管理页面的"新建"按钮,即可打开新建轴网窗口。

1. 正交轴网

选择"正交轴网"(系统默认为是"正交轴网",可不用再选择),如图2-10所示。

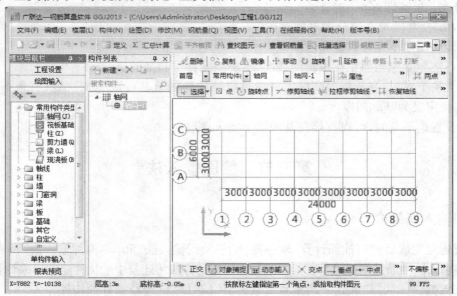

图2-10　正交轴网

第一步输入轴网名称。

第二步选择轴距类型,有下开间、左进深、上开间、右进深四种类型供选择。

第三步定义开间、进深的轴距,软件提供了以下两种方法供选择:

① 从常用数值中选取。

② 自定义数据。

第四步修改轴线号,为了满足工程中复杂多变的轴网,轴号允许是任意的字符。

提示

上、下开间,左、右进深的标注个数可不一样,即可以定义只在一端标注的轴线,两端都标注的轴线,两端标注的轴线号目前软件支持可以不同。

第五步单击〖确定〗完成定义。

2. 圆弧轴网和斜交轴网

如图 2-11 与图 2-12 所示,操作方法和正交轴网基本相同,正确输入数据后点击〖确定〗即可新建。

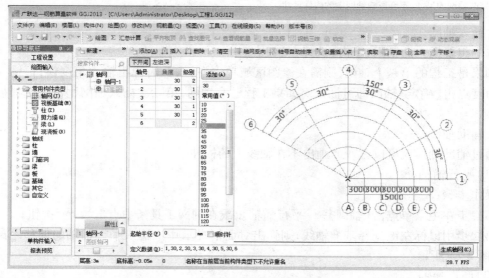

图 2-11　圆弧轴网

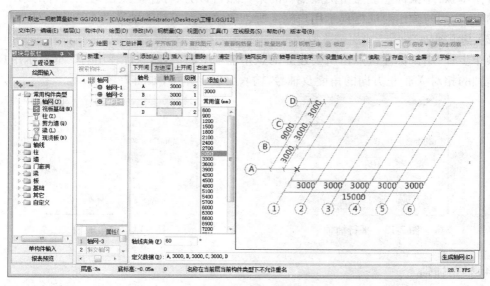

图 2-12　斜交轴网

需掌握的相关操作：

（1）〖清空〗清除已经定义的轴网数据。

（2）〖改变插入点〗改变轴网在绘图区定位时的插入点。

（3）〖读取〗读取以前编辑的经过存盘的轴网，后缀名为".GAX"。

（4）〖存盘〗将正在编辑的轴网进行存盘，在需要时调用。

3. 修改轴网

修改轴网的操作与新建轴网完全相同，按图纸实际修改后，图形中的轴网尺寸即会自动刷新。

注：修改轴网的尺寸，不会影响轴网中的构件尺寸。

4. 插入轴网

选中想要插入的轴网，单击〖选择〗按钮。

如果是工程的第一个轴网，则需在绘图区域单击左键，此时弹出输入角度窗口，输入轴网旋转角度点击〖确定〗轴网即可插入。如果工程已有轴网，第二次插入轴网则只需选择插入点即可。

5. 辅助轴线

通过辅助轴线就可以方便的画出不在轴线上的构件了。

（1）平行辅轴

操作步骤：

第一步在主菜单点击〖轴网〗→〖平行辅轴〗，或在轴网工具条中点击 ⧉ 平行按钮；

第二步用鼠标左键选择基准轴线，则弹出对话框提示用户输入平行辅轴的偏移距离及轴号，如图2-13所示。

（2）两点辅轴

操作步骤：用鼠标左键点击两点辅轴的第一点，再用鼠标左键点击两点辅轴的第二点，两点辅轴生成，同时弹出对话框提示用户输入所创建的两点辅轴的轴号。

（3）点角辅轴

操作步骤：用鼠标左键点击所要建立的点角辅轴上的一点，软件弹出对话框提示用户输入点角辅轴的相对 X 轴正方向的角度及轴号，输入后确定即可，如图2-14所示。

图2-13　平行辅轴

图2-14　点角辅轴

（4）轴角辅轴

轴角辅轴与点角辅轴都是通过辅轴上的一个点与一个角形成的直线；点角辅轴中的角度的参照线是 X 轴，而轴角辅轴中角度的参照线可以是已画好的轴线或辅轴。

操作步骤:用鼠标左键点击轴网中的一根轴线,再点击轴线上的一点,软件弹出对话框提示用户输入轴角辅轴的角度和轴号,输入后则会以该所选点为旋转点,所选线为基准线生成点角辅轴。

（5）弧形辅轴

所谓弧形辅轴就是定位一条弧线上的任意三个点创建的辅助轴线。

操作步骤:用鼠标左键点击弧形辅轴的起点,再用鼠标左键点击弧形辅轴的第二点,然后用鼠标左键指定第三个基准点,软件弹出对话框提示用户输入所创建的弧形辅轴的轴号。

（6）转角偏移辅轴

转角偏移辅轴的参照线是已经绘制的弧形轴网,参照基点为圆心。

操作步骤:用鼠标左键点击弧形轴网的一条开间轴线作为基准轴线,即弹出对话框提示用户输入角度及轴号,输入后确定即可。

（7）轴网操作

1）删除辅轴

辅助轴线是为了起到绘图时的定位作用。为了不使绘图区域杂乱,当图形绘制完成后,往往需要删除多余的辅助轴线。

操作步骤:

第一步在主菜单中点击〖轴网〗→〖删除辅轴〗,或在轴网工具条中点击按钮;

第二步用鼠标左键单击需要删除的辅助轴线的任一点,辅轴呈虚线显示表示被选中;可一次选择多条辅助轴线,点击鼠标右键确认。

2）修剪轴线

操作步骤:

第一步在主菜单中点击〖轴网〗→〖修剪轴线〗;

第二步用鼠标左键单击需要修剪的轴线的断开点,轴线呈青色,剪断点以白色叉号显示;

第三步按照提示用鼠标左键选择要剪除的轴线段,则被选中的轴线段即从断开点处被剪除。

3）延伸轴线

因为绘图的需要,为了捕捉到轴线的交点,就需要将两条不相交的轴线通过延伸的功能将其延伸相交。

操作步骤:

第一步在主菜单中点击〖轴网〗→〖延伸轴线〗,鼠标呈"口"显示,用鼠标左键选择轴线延伸到的终点所在的轴线,轴线呈虚线显示表示被选中;

第二步用鼠标左键选择需要延伸的轴线,图形刷新,完成轴线延伸的操作。

注:1. 延伸轴线与修剪轴线可以称为是互逆的操作,用户可灵活操作。

2. 在延伸轴线的过程中,可随时利用 Esc 键或右键终止当前的操作。

3. 轴线经过延伸之后可以再进行恢复,可参考恢复轴线的相关内容。

4）恢复轴线

恢复轴线的功能可以将修剪或延伸的轴线恢复到初始状态。

操作步骤:

第一步在主菜单中点击〖轴网〗→〖恢复轴线〗,鼠标呈"口"显示,用鼠标左键选择已修剪或延伸的轴线,则该轴线即可恢复到初始状态;

第二步重复上一步的操作可连续恢复轴线,或点击右键结束当前的操作状态。

5)修改辅轴轴号

在建立辅轴的时候难免有输错的时候,软件还提供了修改辅轴轴号的功能。

操作步骤:

第一步在主菜单中点击〖轴网〗→〖修改辅轴轴号〗,鼠标呈"口"显示,用鼠标左键选择要修改的辅助轴线;

第二步点击右键确认选择,软件弹出输入轴号的窗口,输入新的轴号即可。

6)修改轴号显示位置

在实际工作中,当一个工程中有多个轴网时,为了增加绘图区的清晰度,可以根据需要对轴线的标注进行调整。

操作步骤:

第一步在主菜单中点击〖轴网〗→〖修改轴号显示位置〗;

第二步用鼠标左键选择需要调整轴号显示位置的轴线;

第三步点击鼠标右键确认选择,则弹出对话框(图2-15),用户可按鼠标左键选择轴号标注的形式。

图2-15 修改轴号显示位置

三、构件

当我们把楼层、轴网建立好后,就可以在绘图区画构件了,在画之前需要定义所画构件的属性。建模法中可以处理下列构件的钢筋计算:柱、梁、板、剪力墙、圈梁、构造柱、砌体加筋、条基、独基、满基等构件。

(一)构件管理

构件管理就是在对整个工程所有的构件进行管理,包括构件的新建、修改、删除等。打开构件管理有下列三种方法:

(1)点击"构件菜单"下的"定义";

(2)双击工具栏中的"柱"下的"暗柱",如图2-16所示。

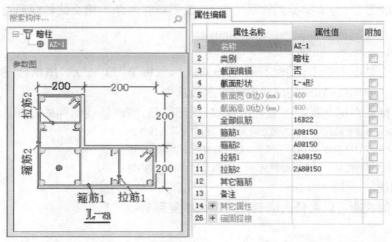

图2-16 定义暗柱窗口

窗口右侧为构件属性栏,每个构件都有自己的属性,如,暗柱的截面尺寸、纵筋、箍筋等。

相关操作:

〖复制其他楼层构件〗将其他楼层的构件复制到当前楼层,如图 2-17 所示。

1)点击源楼层可选择从哪一层复制;

2)选择楼层后,复制构件框将列出所选楼层的全部构件,默认为全部构件复制,如果不希望复制某个构件,可将该构件名称前的复选框对钩去掉;

3)"覆盖同类型同名构件"的作用是用所选楼层的构件覆盖当前楼层的同类型同名称构件,如果不选择,则同类型同名称构件将被新增,构件名改为"原构件名 – 1"。

〖查找〗当构件树中构件过多时,如果要查找某个构件可以使用"查找"功能,在弹出的窗口(图 2-18)中输入构件的名称,点击确定光标即可定位到该构件上。快捷键 Ctrl + F。

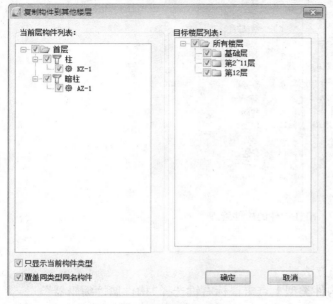

图 2-17　复制其他楼层构件

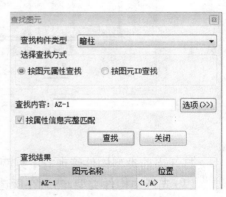

图 2-18　查找功能

〖排序〗按所选的顺序排列构件树。可以按"名称"、"子类型"、"子类型和名称"及"创建顺序"排列。软件默认按创建时间排序。

〖过滤〗按所选的过滤方式对构件树进行过滤,只显示满足过滤条件的构件。可以按"使用过"、"未使用过"和"不过滤"三个条件过滤,默认为不过滤。

〖上移〗和〖下移〗可将所选构件的当前位置与其他同类构件进行置换。

〖选择构件〗退出构件管理窗口,并将光标所在的构件选择作为绘图区域内的默认绘制构件。

名词解释:

构件——工程的同属性构件,如 KZ1,指的是工程中名为 KZ1 的框架柱。

图元——工程中的单个构件;如工程中有多个名为 KZ1 的框架柱,其中一个即为图元。

子类型——该类构件的下一级分类,如柱又分"框架柱"、"暗柱"、"端柱"和"框支柱"。

说明

　　为了提高效率,软件将记忆所有输入的当前构件的属性值。

（二）当前构件管理

　　当前构件管理即对所选构件类型的构件进行管理,在构件树中显示所选构件类型的构件,如图 2-19 所示,其中仅为暗柱构件的构件管理。

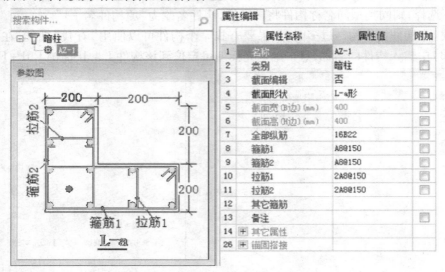

图 2-19　暗柱构件的构件管理

　　打开当前类型构件管理有下列两种方法:

　　（1）先选中构件类型,然后在所选构件类型上点击鼠标右键选择"构件属性编辑器"。

　　（2）在"绘图"区域里点击"属性",如图 2-20 所示。

（三）新建构件

新建构件有下列两种方法:

　　（1）打开构件管理窗口后,可以点击"新建"按钮来新建构件。

　　（2）打开构件管理窗口后,可以在构件类型名称上点击右键,在弹出的菜单中选择所希望建立的构件类型即可,如图 2-21 所示。

图 2-20　构件属性的快捷方式　　　　　图 2-21　新建柱构件

（四）构件属性

图2-22所示为框架柱的属性。

	属性名称	属性值	附加
1	名称	KZ-1	
2	类别	框架柱	
3	截面编辑	否	
4	截面宽(B边)(mm)	400	
5	截面高(H边)(mm)	400	
6	全部纵筋		
7	角筋	4B22	
8	B边一侧中部筋	3B20	
9	H边一侧中部筋	3B20	
10	箍筋	A10@100/200	
11	肢数	4*4	
12	柱类型	(中柱)	
13	其它箍筋		

图2-22 框架柱的属性

在众多属性值中,软件会默认一些数据。其中一部分属性有默认的常用值,如截面尺寸、箍筋等。另一部分则取自楼层或工程中,如锚固搭接、混凝土强度等级等属性值是取自楼层属性中。这部分值均是以"( )"括起来的,软件中"( )"内的值称为变量,如图2-23中柱的锚固搭接值,当楼层中的值发生变化时,这些值也会相应的随之改变。

33	锚固搭接		
34	混凝土强度等级	(C35)	
35	抗震等级	(一级抗震)	
36	一级钢筋锚固	(25)	
37	二级钢筋锚固	(31/34)	
38	三级钢筋锚固	(37/41)	
39	一级钢筋搭接	(35)	
40	二级钢筋搭接	(44/48)	
41	三级钢筋搭接	(52/58)	
42	冷轧带肋钢筋锚	(33)	
43	冷轧扭钢筋锚固	(35)	
44	冷轧扭钢筋搭接	(49)	
45	冷轧带肋钢筋搭	(47)	

图2-23 软件属性的变量值

我们还注意到在构件属性中属性一部分为蓝色字体,一部分为黑色字体。蓝色字体均为公有属性,黑色字体为构件的私有属性。

（五）箍筋示意图

在构件管理窗口增加了箍筋示意图,对于多肢箍可以显示图形方便使用者查看,暗柱还可以在示意图中直接填入构件的尺寸数据。图2-19所示即为L型暗柱示意图。

四、绘图

软件提供了八种绘图工具。用户只需用鼠标左键单击操作界面上方的绘图工具条的各个图标按钮,画出相应的图形。图2-24即为软件提供的绘图菜单栏和绘图工具条。

我们将构件分为点式构件、线形构件、面状构件以记忆它的绘制方法。

点式构件:在图中为一个点,通过画点来绘制,如:柱、独基……

线形构件:在图中为一条线,通过画线来绘制,如:剪力墙、条基……

面状构件:在图中为一个面,通过画闭合区域来绘制,如:板、满基……

图2-24　绘图工具条

(一)画点

画点绘图是通过画点的方法将构件绘制,如图2-25所示。允许采用点式绘图方式的构件类别有:柱、暗梁、门窗洞、板、板洞、独基、满基、桩承台、集水坑。

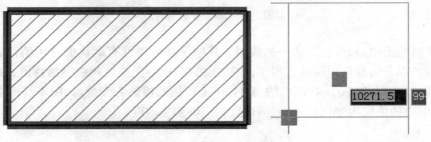

图2-25　板洞的点式画法

点式绘图步骤:

第一步在构件工具条中选择一种已定义的构件(如:柱、独基等);

第二步在主菜单中点击〖绘图〗→〖点〗,或者在绘图工具条上点击 ⊠ 点 按钮;

第三步在绘图区域上点击一点作为构件的插入点;

第四步完成构件的绘制。

注:对于面状体的点式绘制,软件可以查找线形实体所围成的最小区域来进行面状实体的绘制。

(二)画旋转点

画旋转点绘图是通过画点加旋转角度的方法将构件绘制,如图2-26所示,主要适用于所绘制的构件存在一定转角的情况。允许采用旋转点式绘图方式的构件类别有:柱、墙、板洞、独基、桩承台。

点式旋转绘图步骤:

第一步在构件工具条中选择一种已定义的构件(如:柱、独基等);

第二步在主菜单中点击〖绘图〗→〖旋转点〗,或者在绘图工具条上点击 旋转点 按钮;

第三步在绘图区域上点击一点作为构件的插入点;

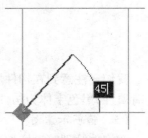

图2-26　画旋转点

第四步按鼠标左键点击第二点确定角度,或按 Shift + 左键在弹出的窗口中输入角度;

第五步完成构件的绘制。

注:通过画旋转点绘制可应用于短肢剪力墙的绘制。它的操作步骤略有不同,我们将在剪力墙构件中具体讲到。

（三）画直线

画直线是通过确定直线起点和终点的方法将构件绘制,如图 2-27 所示,允许采用直线式绘图方式的构件类别有:剪力墙、连梁、梁、条基。

直线式绘图步骤:

第一步在构件工具条中选择一种已定义的构件(如:剪力墙、梁等);

第二步在主菜单中点击〖绘图〗→〖直线〗,或者在绘图工具条上点击 ↘直线 按钮;

第三步在图形上点击一点作为构件创建的起始点;

第四步鼠标点击另外一点作为图形输入的终点;

第五步重复第三、四步可以连续进行直线绘图;

第六步点击鼠标右键即可退出直线绘图。

（四）画折线

画折线是通过连续确定直线起点和终点的方法将构件绘制,如图 2-28 所示,允许采用折线式绘图方式的构件类别有:剪力墙、连梁、梁、板、条基、满基。

折线式绘图步骤直接用直线命令。

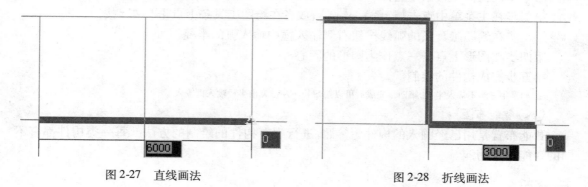

图 2-27 直线画法　　　　　　　　　图 2-28 折线画法

（五）画弧

软件提供了逆小弧、顺小弧、逆大弧、顺大弧、三点画弧的五种画弧的方式。允许采用弧线式绘图方式的构件类别有:剪力墙、连梁、梁、板、条基、满基。

弧线式绘图步骤:

第一步在构件工具条中选择一种已定义的构件(如:剪力墙、梁等);

第二步在主菜单中点击〖绘图〗→〖弧〗→〖弧的绘制方式〗,或者在绘图工具条上点击 顺小弧 按钮(图 2-29);

第三步在绘图工具条的弧线按钮右侧输入框中输入弧的半径;

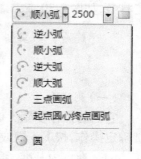

图 2-29 弧线画法

23

第四步在图形上点击一点作为弧形的起点；

第五步点击第二点作为弧形的终点(如采用"三点画弧"，需要点击第二点作为中间点，最后点击弧形的终点)；

第六步完成构件的绘制。

注：在不退出绘制状态的情况下，画弧和画直线之间可以进行来回切换，以便可以绘制出复杂的线形构件。

（六）画矩形

允许采用矩形绘图方式的构件类别有：剪力墙、连梁、梁、板、条基、满基。

矩形绘图步骤：

第一步在构件工具条中选择一种已定义的构件(如：剪力墙、梁等)；

第二步在主菜单中点击〖绘图〗→〖矩形〗，或者在绘图工具条上点击 ▢ 矩形 按钮；

第三步在图形上点击一点作为矩形输入的一个角点；

第四步鼠标点击另外一点作为矩形输入的另外一个角点；

第五步完成构件的绘制。

（七）画圆

画圆是通过确定圆的半径和圆心的方法将构件绘制。允许采用圆形绘图方式的构件类别有：剪力墙、连梁、梁、板、条基、满基。

圆形绘图步骤：

第一步在构件工具条中选择一种已定义的构件(如：剪力墙、梁等)；

第二步在主菜单中点击〖绘图〗→〖圆〗，或者在绘图工具条上点击 ⊙ 圆▾ 按钮；

第三步在绘图工具条的弧线按钮右侧输入框中输入弧的半径；

第四步在图形上点击一点作为圆形的圆心；

第五步完成构件的绘制。

注：如果第三步不输入半径，第四步完成后可以按 Shift + 左键弹出半径输入框输入。

（八）智能布置

智能布置是用已经画入的构件为参照，进行现有构件的绘制的方法。每一类构件都有不同的智能布置功能。

五、修改

如果需要对已画好的图形进行删除、复制、镜像、修剪等操作，屏幕的左侧软件设置有修改工具条，如图 2-30 所示。

✎ 删除 │ ⧉ 复制 ⼈⼈ 镜像 │ ✛ 移动 ↻ 旋转 │ ⊐‖ 延伸 ╫ 修剪 │ 打断 合并

图 2-30　界面修改工具

（一）删除和复制

它们的操作步骤大体上是相似的，在选择相应的工具按钮之后，用鼠标左键选中构件，右键确定操作，按 Esc 键或右键取消，复制操作时需要用鼠标左键选择构件插入点，则以被复制实体的基准点为基准，复制到了插入点的位置，如图 2-31 所示。

（二）镜像

对于对称结构的实体，利用镜像的功能将极大提高绘图效率。

镜像功能操作步骤：

第一步在主菜单中点击〖修改〗→〖镜像〗，或者在绘图工具条上点击 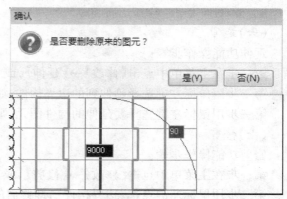 镜像按钮；

第二步用鼠标左键点选或框选需要镜像的构件（构件呈青色显示即表示选中）；

第三步点击鼠标右键确认已选中要镜像的构件实体，用鼠标左键确定镜像线上的任意两点（如镜像线不在轴线上，也可按 Shift + 鼠标左键输入偏移值来确认）；

第四步软件提示是否删除原来的图形，选择"是"则删除原图形；选择"否"，则原图形与镜像后的图形均存在。

（三）移动

移动功能操作步骤：

第一步在主菜单中点击〖修改〗→〖移动〗，或者在绘图工具条上点击 移动按钮；

第二步用鼠标左键点选或框选需要移动的构件（构件呈青色显示即表示选中）；

第三步用鼠标左键确定移动的基准点（基准点可以是构件上一点，也可是轴网中任一点，如不在轴线交点上，也可按 Shift + 鼠标左键输入偏移值来确认）；

第四步用鼠标左键单击希望移动到的插入点，则移动图形结束。

图 2-31   镜像功能

（四）旋转

旋转功能操作步骤：

第一步在主菜单中点击〖修改〗→〖旋转〗，或者在绘图工具条上点击 旋转按钮；

第二步用鼠标左键点选或框选需要旋转的构件（构件呈青色显示即表示选中）；

第三步完成选择构件后，点击鼠标右键，确认当前要旋转的构件；

第四步用鼠标左键指定旋转的圆点，可以是构件上的一个点，或轴网中任意一点；

第五步指定旋转角度：

方法 1 用鼠标左键指定另一点确定旋转的角度；

方法 2 当鼠标没有获得焦点时，按 Shift + 左键输入旋转角度。

（五）偏移

1. 线性实体的偏移操作步骤：当前实体为线性实体，如剪力墙，进行的偏移就是线状实体偏移。

第一步在主菜单中点击〖修改〗→〖偏移〗；或者在绘图工具条上点击 偏移按钮；

第二步用鼠标左键点选需要偏移的构件（构件呈青色显示即表示选中）；

第三步在构件左侧或右侧点击一点确认线性实体偏移的方向，软件弹出偏移距离的对话框，输入偏移距离，点击〖确定〗按钮。

2. 面状实体的偏移操作步骤：当前实体为面状实体，如板，进行的偏移就是面状实体偏移。

第一步在主菜单中点击〖修改〗→〖偏移〗，或者在绘图工具条上点击 偏移按钮；

第二步在弹出的窗口中，选择偏移类型和偏移方向：

"整体偏移"：选中的面状实体所有边线，均向实体外外放或向实体内缩进一定的距离；

"单边偏移"：所选中的边线向实体外外放或缩进一定距离；

第三步左键选择需要偏移的面状实体；

第四步整体偏移时，用鼠标左键指定面状实体偏移的方向（点击实体外表示向外扩，点击实体内表示向内缩）；单边偏移时，用鼠标左键指定要偏移的实体边线，再单击偏移方向上的任一点，指定要偏移的方向；

第五步在弹出窗口中，输入偏移距离，点击"确定"按钮。

注："偏移距离"是指边线垂线方向的距离。

（六）延伸

延伸功能操作步骤：

第一步在主菜单中点击〖修改〗→〖延伸〗，或者在绘图工具条上点击 ⇥ 按钮；

第二步用鼠标左键选择延伸到的边界构件，如图 2-32 所示；

第三步用鼠标左键选择要延伸的构件图元，则该构件延伸至与边界构件相交。

（七）修剪

修剪功能操作步骤：

第一步在主菜单中点击〖修改〗→〖修剪〗，或者在绘图工具条上点击 ⇥ 修剪 按钮；

第二步用鼠标左键点选"边界构件"，即修剪的基准线，如图 2-33 所示；

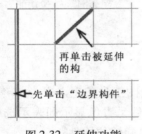

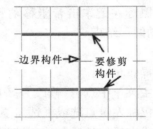

图 2-32　延伸功能　　　　　　　　　图 2-33　修剪功能

第三步左键选择需要修剪构件的"要剪掉部分"，则此构件在指定的边界处被剪断；

第四步重复第三步继续修剪，最后点击右键或 Esc 键取消当前操作。

（八）打断

打断功能操作步骤：

第一步在主菜单中点击〖修改〗→〖打断〗，或者在绘图工具条上点击 ⇥ 打断 按钮；

第二步用鼠标左键点选需要打断的构件及与该构件相交的另一构件；

第三步点击鼠标右键，软件弹出对话框提示用户是否确认打断已选中的构件。

（九）合并

合并功能操作步骤：

第一步在主菜单中点击〖修改〗→〖合并〗，或者在绘图工具条上点击 ⇥ 合并 按钮；

第二步用鼠标左键点选或框选需要合并的构件；

第三步点击鼠标右键，软件弹出对话框提示用户是否确认合并已选中的构件。

注：1. 构件属性相同的构件才能合并。

　　2. 当两构件最小交角在 20° 以内时，两构件才能合并，剪力墙除外。

（十）拉伸

拉伸功能操作步骤：

第一步在主菜单中点击〖修改〗→〖拉伸〗，或者在绘图工具条上点击 📄 拉伸按钮；

第二步单击要拉伸的构件或拉框选择要拉伸的构件；

第三步用鼠标左键指定基准点；

第四步移动鼠标至插入点，并单击插入点，完成拉伸，如图 2-34 所示。

（十一）撤销和重复

在实际操作过程中，往往有操作失误的时候，如误删除了某个构件，此时不用着急，只需在主菜单中点击〖修改〗→〖撤销〗，或按快捷键 Ctrl + Z 可以撤销上一步操作，最多可以撤销最近的十步操作。

撤销后，如果又希望执行刚才的操作，可以在主菜单中点击〖修改〗→〖重复〗，或按快捷键 Ctrl + Shift + Z 可以重复所撤销的操作。需要注意的是只有执行了撤销后才能执行重复。

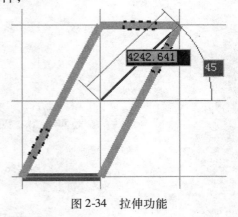

图 2-34　拉伸功能

六、导入图形算量（GCL）文件

如果您的工程已经使用 GCL2013 软件进行了绘制，使用软件提供的"导入图形算量（GCL）文件"功能可以将 GCL2013 中绘制的构件导入到 GGJ2013 中计算钢筋。

新建工程完成后，在主菜单中点击〖工程〗→〖导入图形工程（I）〗，软件将弹出"选择 GCL 工程文件"窗口，此时需要找到你图形文件存放的路径，选择需要导入的工程点击确定。

选择了导入的工程后，软件会将所选工程与当前工程的楼层进行比较，如果当前工程没有该楼层，则自动添加该楼层，如果当前工程与所选工程存在楼层编号相同的楼层，则比较楼层高度是否相同，如果高度不同则不允许导入，并且软件会弹出如图 2-35 所示窗口提示。

楼层编码	GGJ钢筋工程楼层层高（m）	GCL图形工程楼层层高（m）
1	3	3.6
0	3	1.6

按照图形层高导入　　　　取消

图 2-35　导入 GCL 层高对比

此时需要修改 GGJ2013 的楼层层高，使之与 GCL 工程层高相同，然后点击重新导入。楼层检查通过后，软件即会弹出如图 2-36 所示的窗口，选择需要导入的楼层和构件。

导入过程中，如果 GGJ2013 中已经画入了构件，则在导入 GCL2013 工程后，软件会提示是否删除当前楼层中的构件，如果选择是，则 GGJ2013 中画的构件将被删除；反之，亦然。

将 GCL2013 工程导入后，只需对构件的配筋信息进行录入即可。

图 3-36　导入 GCL 图形中构件

第六节　单构件输入

一、单构件输入简介

在钢筋软件 GGJ 2013 中仍然保留了被广大用户赞为"平法专家"的梁平法、柱平法两种抽筋方法以及处理零星构件的参数法。这样以单构件的方式解决抽筋问题的方法我们称之为单构件输入。

启动 GGJ2013，新建工程后，通过点击常用工具条中的"单构件输入"按钮，即可进入非建模界面，如图 2-37 所示。

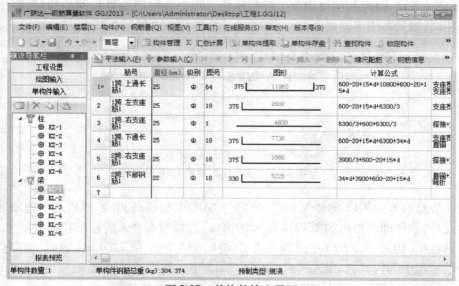

图 2-37　单构件输入界面

二、楼层管理

在绘图输入中建立好楼层后,单构件输入界面就不需要再建楼层了。当然如果没有建好楼层,也可重复绘图输入中建楼层的方法。

三、构件管理

构件管理操作步骤:

第一步通过鼠标左键选择构件工具条中需要进行构件管理操作的楼层;

第二步通过点击〖构件〗→〖构件管理〗菜单项或点击构件管理 构件管理 按钮,弹出单构件输入管理窗口,如图 2-38 所示。

图 2-38　单构件输入构件管理界面

添加构件:选择构件树中需要添加构件的构件类别,点击"添加构件"按钮,即可建立一构件。

删除构件:删除构件树中选择的构件,如果选择的是整个构件类别,点击"删除构件"按钮将删除当前层构件类型下所有的构件。

复制构件:复制选中的构件,点击"复制构件"按钮,软件会自动创建一构件,但复制后的名称并不是原构件名称,而是软件依照创建时间自动生成的。

排序:可按构件名称和构件创建顺序对构件列表进行排序。

上移:将当前选中的构件上移一个位置,只能移动具体构件,当选择为构件类别时,上移按钮不可用。

下移:将当前选中的构件下移一个位置。

四、构件钢筋输入

建完构件后就可以通过直接输入法、平法、参数法进行抽筋计算了。这部分内容将在"单构件输入"中详细讲解。

第七节　汇 总 计 算

当整个工程做完后,可以通过汇总计算来汇总整个工程的钢筋总量。

如图 2-39 所示,"楼层列表"中将列出工程中的楼层,选择想要汇总的楼层,可多选也可全选。在窗口下面还允许用户选择仅对绘图汇总还是绘图、单构件同时汇总（在绘图输入页面汇总时软件默认为选择绘图，而在单构件输入页面汇总时软件默认为选择单构件）。

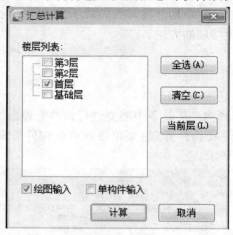

图 2-39　汇总计算界面

第八节　报 表 输 出

汇总完后即可查看报表，如图 2-40 所示。

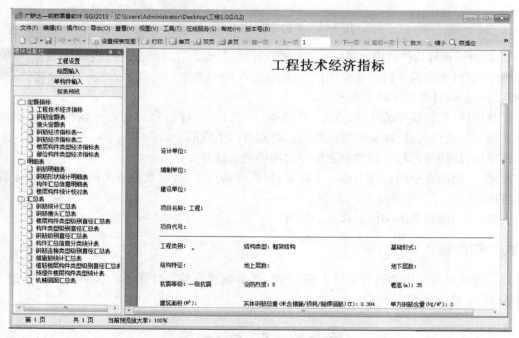

图 2-40　报表预览界面

注：用户可以自行设定报表的查看和打印范围。

第三章 软件基本操作

本章将为大家介绍一些软件的基本操作。

第一节 打 开 工 程

一、打开工程

每次进入软件时都会显示一个欢迎使用的窗口(图3-1),在该窗口下方会显示一个最近打开的工程列表,如果我们想要打开某个工程,双击该工程或选择该工程后点击最下面的〖打开〗按钮即可打开该工程。

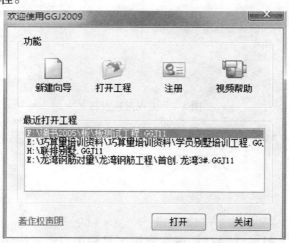

图 3-1　打开最近使用的工程

当希望打开的工程不在该列表中显示时可以点击窗口上方功能项中的〖打开工程〗按钮,在弹出的窗口中选择需要打开的文件即可。

当关闭了欢迎使用窗口后如果需要打开工程时,可以在主菜单中点击〖工程〗→〖打开〗,或在常用工具栏中点击 按钮即可打开"打开工程"窗口。

二、关闭工程

关闭工程可以将正在编辑的工程关闭,而不是退出软件。在主菜单栏中点击〖工程〗→〖关闭〗即可。只有当有工程打开时才能关闭。

三、选项设置

在主菜单中点击〖工具〗→〖选项...〗即可打开如图3-2所示的窗口。进行各种设置,以

31

满足不同用户、不同工程的需要,这里就不再详细介绍了。

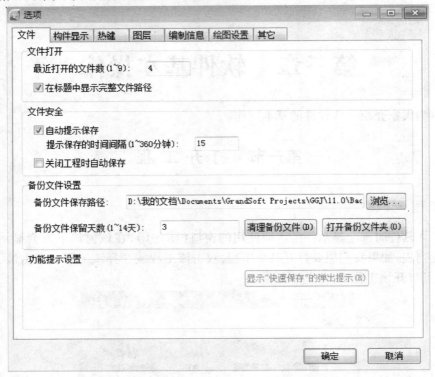

图 3-2　工程选项设置

第二节　保　存　工　程

一、保存和另存为

在主菜单中点击〖工程〗→〖保存〗,或在常用工具栏中点击 按钮,或按键盘上的快捷键 Ctrl + S 即可保存工程,所保存的文件名为该工程的工程名称,后缀为".～GGJ"。

工程文件默认存放的路径为程序安装路径下的 Projects 目录下,如软件安装在"C:\\ Grandsoft\\GGJ\\9.0"下,则工程文件存放在"C:\\Grandsoft\\GGJ\\9.0\\Projects"下,用户也可以根据习惯存放到自己熟悉的路径里。

当我们需要将所做工程保存到移动硬盘或 U 盘上时,可以使用另存为功能实现。在主菜单中点击〖工程〗→〖另存为〗,然后在弹出的菜单下选择移动硬盘或 U 盘的路径保存即可。

二、安全性

为了防止用户的工程数据丢失,软件为用户提供了自动提示保存、创建备份文件等功能。默认路径为:我的文档/GrandSoft Projects/GGJ/11.0/Backup/,直接从〖工具〗→〖选项...〗里打开备份文件也可以,如图 3-2 所示。

(1)自动提示保存。勾选"自动提示保存"后,软件将每隔一段时间提示用户保存工程,可输入间隔时间。

（2）保存工程自动创建备份文件。勾选"保存工程自动创建备份文件"后，在保存工程时，软件均会创建一个文件名相同，后缀为"＊.～GJ"的备份文件。

第三节　备份与恢复

当勾选"关闭工程时提示备份"后，关闭工程时可以选择备份工程。或在主菜单中点击〖工程〗→〖备份〗，可以打开备份窗口，选择保存即可。

备份文件后缀仍为"＊.GGJ"，文件名为"工程名称—当前时间"。

备份文件存放路径为程序安装路径下的 backup 目录。如软件安装"C：\\Grandsoft\\GGJ\\9.0"下，则工程文件存放在"C：\\Grandsoft\\GGJ\\9.0\\backup\\工程名称"下。

恢复功能是使工程恢复到之前所保存过的状态。它的默认路径为安装路径下的 backup 目录。

第四节　工程信息的设置

新建向导中的各项设置在新建完成后仍可修改。如果在新建向导中未输入或输入错误，可在主菜单中点击〖工程〗→〖修改工程信息〗，打开"修改工程信息"窗口进行修改。修改工程信息的窗口操作与新建向导完全相同。

使用"计算设置"功能，可以设置当前项目的所有构件的计算方法、节点形式以及箍筋组合方式。在"计算设置"中分为计算设置、节点设置、箍筋设置、搭接设置、箍筋公式五大块。软件已经按 11G 101—1、11G 101—3 标准图集给出相应的默认值，同时也可以根据实际情况进行修改。

第五节　构件选择方法

在绘图状态下点击 选择 按钮或点击鼠标右键即可进入选择状态。

（1）单选：用鼠标左键直接单击图形中要选择的构件，此构件即被选择。

（2）框选：从左向右方拉框选择，拖动框为实线，只有完全包含在框内的构件才被选中。

（3）叉选：从右向左方拉框选择，拖动框为虚线，框内及与框相交的构件均被选中。

（4）按类型选择构件：如果是正在画某种构件的状态，按 Esc 或单击右键退出画图状态，单击菜单"构件"→"按类型选择构件图元"。

（5）按名称选择构件：如果是正在画某种构件的状态，按 Esc 或单击右键退出画图状态，单击菜单"构件"→"按名称选择构件图元"，或按快捷键 F3。

（6）查找图元：单击菜单"构件"→"查找图元"，这样软件可以按构件名称（可含［ID］）、构件 ID 或钢筋信息三种方式来查找相同属性的构件。

注：构件 ID 是指构件的唯一标识编号，不管是单个构件的属性描述、钢筋表，还是汇总表格中都可看到每个构件对应的编号。

<h1 style="text-align:center">第六节 捕 捉</h1>

一、捕捉点

（1）捕捉轴线交点：鼠标移至轴线交点（主轴与主轴，主轴与辅轴，辅轴与辅轴）时，鼠标形状变为捕捉状态（田），左键单击获得该点。

（2）捕捉偏移点：

方法1 鼠标捕捉到某点后，按 Shift + 左键，弹出偏移对话框（图3-3），根据轴线类型输入偏移数值后点击〖确定〗获得该轴线交点的偏移点。

方法2 鼠标捕捉到某点后，在"偏移工具条（图3-4）"中确定偏移的轴线类型、偏移数据，然后单击该点。

图3-3 捕捉偏移功能

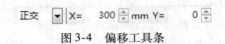

图3-4 偏移工具条

二、捕捉工具

当图形中有些点不能捕捉到，而我们又希望捕捉时，可采用捕捉工具，软件提供了五种捕捉方法，分别为：交点捕捉、垂点捕捉、中点捕捉、顶点捕捉和输入工程坐标值，如图3-5所示。

（1）交点捕捉的操作步骤：

第一步选择一种绘图方法；

第二步然后点击工具栏中的 ╳ 交点按钮；

图3-5 捕捉工具

第三步按鼠标左键选择第一条线性实体；

第四步按鼠标左键选择第二条线性实体，两条线性实体须有交点，交点即可被捕捉到。

（2）垂点捕捉是用在画直线或折线时确定第二点时用。

垂点捕捉的操作步骤：

第一步选择画直线或画折线；

第二步按鼠标左键确定直线的第一点；

第三步然后点击工具栏中的 ╼ 垂点按钮；

第四步按左键选择一条线性实体，则捕捉到所画直线与所选直线的垂点，如图3-6所示。

（3）中点捕捉的操作步骤：

第一步选择一种绘图方法；

第二步然后点击工具栏中的 ╼ 中点按钮；

第三步按鼠标左键选择一条线性实体,则会捕捉到所选直线的中点。

(4)顶点捕捉可以捕捉到面状实体及部分点状实体(柱、独基)的顶点。

顶点捕捉的操作步骤:

第一步选择一种绘图方法;

第二步然后点击工具栏中的☖顶点按钮;

第三步按鼠标左键选择实体,则该实体离鼠标最近的一个顶点即被捕捉到,顶点处有一个小红叉,如图3-7所示;

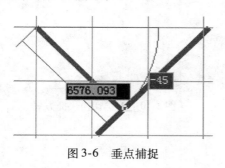

图3-6　垂点捕捉

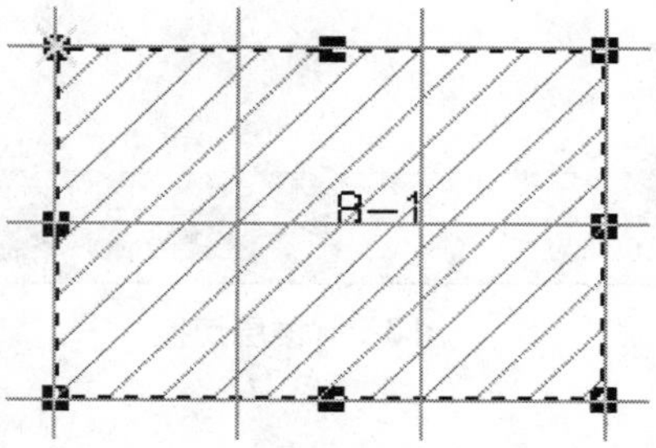

图3-7　顶点捕捉

第四步移动鼠标到希望捕捉到的顶点,顶点出现一个小红叉,点鼠标左键顶点被选择。

(5)输入工程坐标值

默认工程的第一个轴网的开间第一条轴线与进深第一条轴线的交点为(0,0)点。

输入工程坐标值的操作步骤:

第一步选择一种绘图方法;

第二步然后点击工具栏中的坐标按钮;

第三步弹出输入坐标值窗口(图3-8),按建立的轴网尺寸输入 X 、Y 值即可定位轴网中的一点,点击〖确定〗按钮该点即被捕捉。

图3-8　坐标捕捉

第七节　楼　　层

一、楼层切换

建好工程,软件默认为对首层进行操作,切换到其他楼层有三种方法:

(1)在主菜单中点击〖楼层〗→〖下一楼层〗或〖上一楼层〗可以向下或向上进行楼层间的自由切换。

(2)在主菜单中点击〖楼层〗→〖切换楼层...〗打开"切换楼层窗口"(图3-9),在楼层列表中选择想要切换到的楼层,点击"选择"按钮即可。

(3)在构件工具条中的楼层下拉框中选择想要切换到的楼层(图3-10),这种方法是最常用的方法,在这里推荐您使用这种方法。

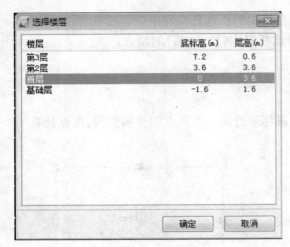

图 3-9　楼层切换

图 3-10　楼层切换快捷方式

二、楼层复制

有些工程楼层间结构大致相同,当一层绘制完成后,可以采用楼层复制功能将一层的构件复制到其他层。

楼层复制的操作步骤:

第一步切换到一个空楼层,在主菜单中点击〖楼层〗→〖从其他楼层复制构件图元(O)...〗打开楼层复制窗口(图3-11);

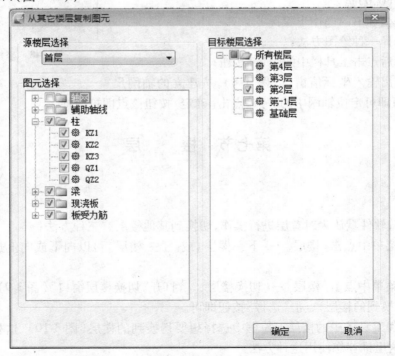

图 3-11　楼层复制

第二步在源楼层中选择要从哪一层复制，从复制构件列表选择需要复制的构件；

第三步点击〖确定〗按钮，如果要复制到的楼层没画任何构件，则源楼层所选构件直接被复制上来；如果要复制到的楼层已经画入了构件，则将弹出"复制其他层构件图元前，是否覆盖当前层的同类型构件图元"。点"否"位置相同的将不复制。

三、删除当前层构件

操作步骤：

第一步在主菜单中点击〖楼层〗→〖删除当前楼层构件图元〗打开图 3-12 所示窗口；

第二步在构件类型列表中选择需要删除的构件名；

第三步点击〖确定〗按钮将弹出确认窗口。

图 3-12 删除当前层构件

第八节 构件操作

一、修改构件图元名称

在绘图时，很有可能将构件画错，如将 KZ-1 画成了 KZ-2。此时可以使用"修改构件图元名称"。

操作步骤：

第一步首先选中画错的构件，可以多选；

第二步打开"修改构件图元名称"窗口，如图 3-13 所示；

图 3-13　修改构件图元名称

第三步在"选中构件"处选择,然后在"目标构件"处选择希望替换为的构件;

第四步点击"确定"修改。

相关操作:

保留私有属性:则勾选该选项,黑色字体的属性值将被保留。

全选和清空:该功能支持将多个构件替换为一个构件,如把 KZ-2、KZ-3、KZ-4 全部替换为 KZ-1 时,在"选中构件"时会显示多个构件,可以使用全选和清空来进行选择。

二、拾取构件

在绘制了许多构件之后,需要再次绘制其中某个已经绘制过的构件,而这个构件在构件工具条中不易找到时,可以使用"拾取构件"这个功能。

操作步骤:在主菜单中点击〖构件〗→〖拾取构件〗,在绘图区域选择需要再次绘制的构件。

三、按名称选择构件图元

在绘图过程中,如果需要对同一名称的构件进行编辑或核对它们所在的位置,就可以使用"按名称选择构件图元"的功能。

操作步骤:

第一步在主菜单中点击〖构件〗→〖批量选择〗,或按快捷键 F3,打开"按名称选择构件图元"界面,如图 3-14 所示;

第二步在构件列表中显示了当前图层中所有的构件名称,可以选择所有构件,也可以选择其中某一个构件,点击构件名称前面的"口"即可选中该构件,点击"确定"完成操作。

四、按类型选择构件图元

在绘图过程中,如果需要选择当前图层中的某一类型的所有构件,那么可以使用"按类型选择构件图元"这个功能。

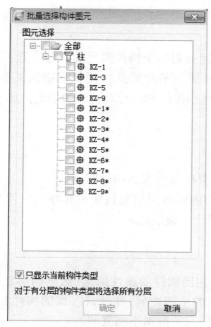

图 3-14　按名称选择构件图元　　　　　图 3-15　按类型选择构件图元

操作步骤：

第一步打开〖构件〗→〖按类型选择构件图元〗界面，如图 3-15 所示；

第二步在构件列表中显示了当前图层中所有的构件类型，可以选择所有构件类型，也可以选择其中某一个构件类型。

五、查看构件图元属性信息

使用"查看构件图元属性"的功能，可以快速查看某个构件图元的属性。

操作步骤：在主菜单中点击〖构件〗→〖查看构件图元属性信息〗，用鼠标指向某个构件之后，就会出现该构件的属性信息。如图 3-16 所示就是在梁状态下查看柱的尺寸及其钢筋信息。

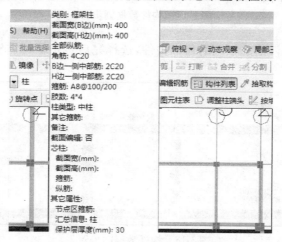

图 3-16　查看构件图元属性信息

六、查看构件图元坐标信息

使用"查看构件图元坐标信息"的功能，可以快速查看某个构件图元的坐标信息。

操作步骤：在主菜单中点击〖构件〗→〖查看构件图元坐标信息〗，用鼠标指向某个构件之后，就会出现该构件的坐标信息。在坐标信息中会显示构件的名称及每一边的起点坐标、终点坐标。

七、查看构件图元错误信息

使用"查看构件图元错误信息"的功能，可以查看存在错误的构件图元。

操作步骤：在主菜单中点击〖构件〗→〖查看构件图元错误信息〗，用鼠标指向出错的图元，就会显示该图元的错误信息。根据错误信息便可做出正确的修改。

八、构件数据刷

使用"构件数据刷"的功能，可以更快捷地复制相同构件的属性信息（数据刷形状同 Word 的格式刷；复制数据的内容为属性表中除"名称"外的全部内容；此外，柱、梁的构件类型不能复制；柱、梁、门窗洞、承台、集水坑等构件不同子类型间的数据不能复制）。

操作步骤：

第一步在主菜单中点击〖构件〗→〖构件数据刷〗，用鼠标左键选中需要复制信息的源构件。如图 3-17 所示：

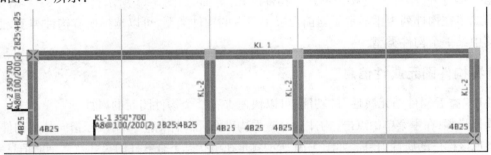

图 3-17　构件数据刷步骤 1

第二步选择与源构件信息相同的目标构件，选择完后点击鼠标右键完成操作。如图 3-18 所示：

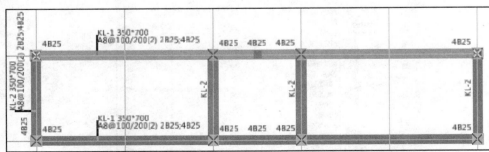

图 3-18　构件数据刷步骤 2

九、锁定构件

当软件汇总计算后,如果我们需要对软件的计算结果进行修改,这时我们就需要利用"锁定构件"的功能将修改后的构件进行锁定,这样软件就会保留我们修改后的计算结果。

操作步骤:在主菜单中点击〖构件〗→〖锁定构件〗,在弹出的对话框上选"是",这样构件便被成功锁定了。锁定后的构件无论是在构件的原位标注框、钢筋计算结果框中,还是汇总计算中,都无法再进行钢筋的编辑与修改了。锁定后的构件,如图 3-19 所示。

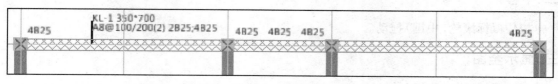

图 3-19 锁定构件

十、解锁构件

解锁构件主要是针对锁定后的构件而言,当构件锁定后,如果需要对这个锁定构件的相关信息进行修改,这时就需要利用解锁构件的功能。

操作步骤:在主菜单中点击〖构件〗→〖解锁构件〗,在弹出的确认对话框上选"是"(图 3-20)。这样,构件就被解锁了。

图 3-20 解锁构件

十一、查看图元钢筋量

使用"查看图元钢筋量"的功能,可以当工程汇总计算完后,在绘图区查看选中构件图元的钢筋量。

操作步骤:选中需查看的构件,在主菜单中点击〖构件〗→〖查看图元钢筋量〗,在屏幕的下方,软件会按钢筋级别、直径自动统计出所选构件的钢筋量,如图 3-21 所示。

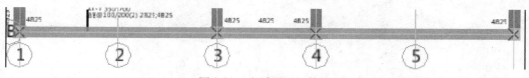

图 3-21 查看图元钢筋量

第九节　缩 放 图 形

绘图过程中,可以通过 3D 鼠标的滚轮键对绘图区域进行缩放、平移控制。

一、放大缩小

滚动鼠标滚轮。

二、平移

按住鼠标滚轮(中键)拖动。

三、显示全图

双击鼠标滚轮(中键)。

第四章 绘图输入法构件操作

本章我们将分构件为大家介绍绘图输入中各个构件的属性、画法以及特殊操作。

第一节 柱

根据柱的截面形状,将柱分为四种子类型:矩形柱、圆形柱、参数化柱(暗柱)、异型柱。

一、属性定义

(一)矩形柱

新建一矩形柱,输入截面宽度、截面高度、角筋、B 边一侧中部筋、H 边一侧中部筋等构件尺寸及钢筋信息,如图 4-1 所示。

名称:所输入的在本楼层中必须唯一。

类别:依据设计要求选择框架柱、端柱、框支柱或构造柱,软件默认为框架柱。

截面宽度(mm):柱截面宽度(B 边)如 400。

截面高度(mm):柱截面高度(H 边)如 400。

全部纵筋:默认为空,只有当角筋、B 边一侧中部筋、H 边一侧中部筋属性值全部为空时才能允许输入,如 24B25。

角筋:默认为空,只有当全部纵筋属性值全部为空时才可输入,如 4B22。

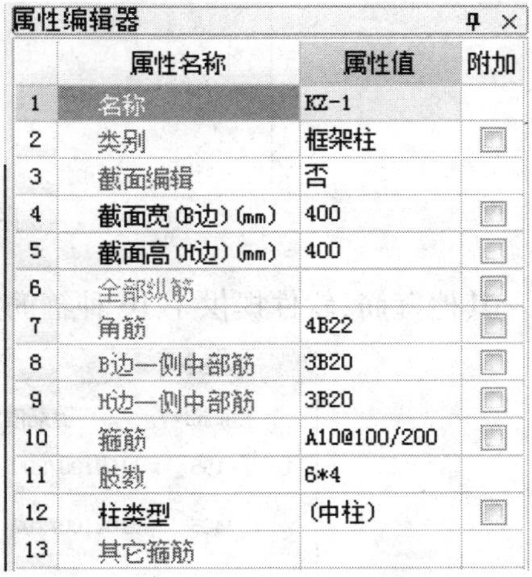

B 边一侧中部筋:默认为空,只有当柱全部纵筋属性值全部为空时才可输入,如 5B22。

H 边一侧中部筋:默认为空,只有当柱全部纵筋属性值全部为空时才可输入,如 4B20。

	属性名称	属性值	附加
	属性编辑器		中 ×
1	名称	KZ-1	
2	类别	框架柱	☐
3	截面编辑	否	
4	**截面宽(B边)(mm)**	400	☐
5	**截面高(H边)(mm)**	400	☐
6	全部纵筋		☐
7	角筋	4B22	☐
8	B边一侧中部筋	3B20	☐
9	H边一侧中部筋	3B20	☐
10	箍筋	A10@100/200	☐
11	肢数	6*4	☐
12	**柱类型**	(中柱)	☐
13	其它箍筋		

图 4-1 矩形柱属性定义

箍筋:输入格式为:级别 + 直径@ 加密间距/非加密间距,如 A12 @ 100/200 或 A12 — 100/200。

肢数:可直接输入柱箍筋支数如 5 ×4,也可通过点击三点按钮选择输入。

操作步骤:

第一步鼠标左键点击三点按钮,弹出选择箍筋窗口。

第二步分别选择 B 边和 H 边的肢数,如果 B 边或 H 边可供选择的箍筋图不止一个,通过左键单击箍筋图即可添加到箍筋组合图区域,如图 4-2 所示。

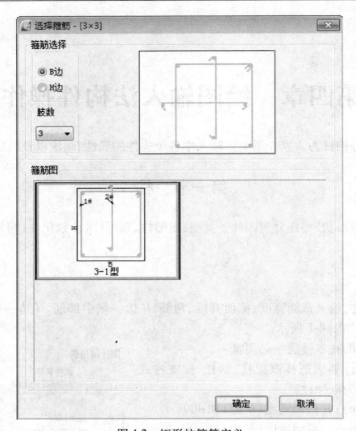

图 4-2　矩形柱箍筋定义

其他箍筋：软件提供了 16 种箍筋类型进行自由组合，如图 4-3 所示。

图 4-3　矩形柱其他箍筋定义

点击鼠标选择需要的图形,如图 4-4 所示。

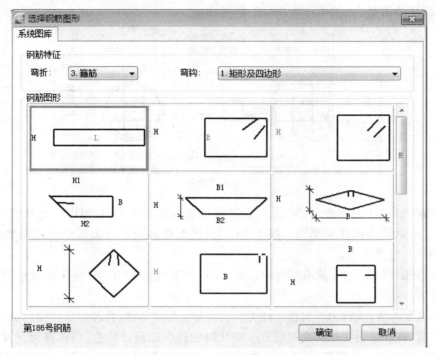

图 4-4 选择内置箍筋类型

注:在图形中输入参数尺寸时尺寸应该为减掉保护层的尺寸,并且其他箍筋由于有自己的公式,所以在计算设置中进行箍筋设置不影响其他箍筋中所设箍筋的计算。

当 4×4 肢箍的 $B = 800, H = 800$,保护层为 25 时,箍筋为 A10@100/200。则采用"其他箍筋"输入的方法,如图 4-5 所示。

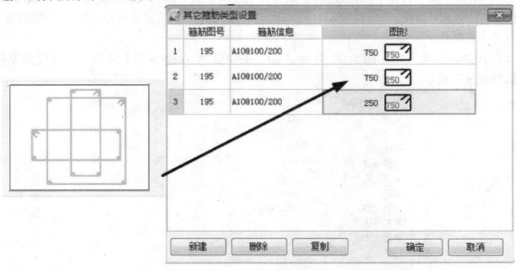

图 4-5 其他箍筋输入形式

柱类型:默认为中柱,用户可以选择角柱、边柱或中柱,否则影响顶层柱纵筋锚固计算。

芯柱:默认为折叠,如图4-6为芯柱的配筋构造。

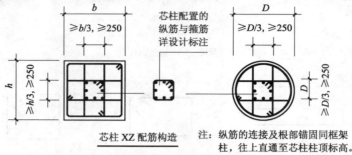

图4-6　芯柱配筋构造

节点区箍筋:默认为空表示同当前柱的箍筋信息。如果不一致,可以在此处输入。

汇总信息:默认为构件的类别。报表中的"分类汇总表"和"分类汇总构件明细表"会以该信息进行钢筋的分类汇总。

上加密范围:默认为空,表示按规范计算,$\max(500,$柱净高$H_n/6,$柱长边尺寸$H_c)$,嵌固部位为柱净高$H_n/3$。

混凝土强度等级:缺省为当前楼层柱类型的混凝土强度等级,修改时搭接锚固值同步变化。

插筋构造:指柱层间变截面或钢筋发生变化时的柱纵筋设计构造,当选择为设置插筋时,软件根据相应设置自动计算插筋,如选择为纵筋锚固,则上层纵筋锚固至下层,不再单独设置插筋。

插筋信息:输入格式为数量 + 级别 + 直径,不同直径用" + "号连接。 * 12B25 + 5B22 表示插筋为 12 根直径为 25 和 5 根直径为 22,均为二级钢筋。缺省为空时,软件自动根据上下层柱钢筋数据自动计算插筋。

锚固搭接:可以展开或折叠 33 ~ 45 行的参数,默认为折叠。

它们是取自楼层管理中的设置,再根据当前构件的抗震等级和混凝土强度等级重新取值,可根据实际工程不同修改。"/"前表示直径≤25 时的锚固值,"/"后表示直径 >25 时的锚固值。

（二）圆形柱

新建圆形柱,输入实际的半径、角筋、B 边一侧中部筋、H 边一侧中部筋等构件尺寸及钢筋信息,如图4-7 所示。

	属性名称	属性值	附加
1	名称	KZ-2	
2	类别	框架柱	☐
3	截面编辑	否	
4	半径(mm)	400	☐
5	全部纵筋	16B22	☐
6	箍筋	A10@100/200	☐
7	箍筋类型	螺旋箍筋	☐
8	其它箍筋		
9	备注		☐
10	⊞ 芯柱		
15	⊞ 其它属性		
28	⊞ 锚固搭接		

图4-7　圆形柱属性定义

属性的输入和修改与矩形柱比较相似,可参考矩形柱进行相关操作。

（三）参数化柱

新建参数化柱,弹出"选择参数化图形"窗口,软件内置了 50 多种常用的暗柱、端柱以及约束边缘暗柱的形式,如图 4-8 所示。

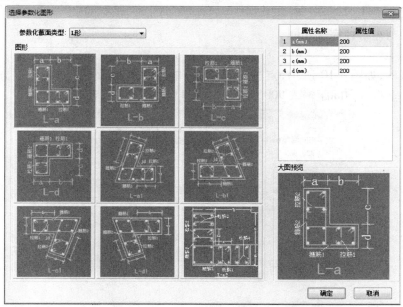

图 4-8　参数化柱选择内置图形

在窗口中选择所需柱的截面形式,在参数处输入各参数的属性值,然后点击"确定"即可,如图 4-9 所示即为参数化柱的属性。

	属性名称	属性值	附加
1	名称	KZ-3	
2	类别	框架柱	☐
3	截面编辑	否	
4	**截面形状**	L-a形	☐
5	截面宽 (B边) (mm)	400	☐
6	截面高 (H边) (mm)	400	☐
7	全部纵筋	16B22	☐
8	箍筋1	A8@150	☐
9	箍筋2	A8@150	☐
10	拉筋1	2A8@150	☐
11	拉筋2	2A8@150	☐
12	其它箍筋		
13	备注		☐
14	⊞ 其它属性		
26	⊞ 锚固搭接		

图 4-9　参数化柱属性定义

编辑多边形：显示所选图形的名称，可以点击三点按钮进行重新选择。

截面宽（B 边）（mm）：默认为灰色不可修改，是窗口中输入的尺寸 B 边之和。

截面高（H 边）（mm）：默认为灰色不可修改，是窗口中输入的尺寸 H 边之和。

其他箍筋：除第 7 ~ 14 项输入的箍筋外的附加箍筋，提供了 28 种箍筋类型进行自由组合，圆形箍筋类型号为 3。

其他属性与矩形柱完全相同。

（四）异型柱

新建异型柱，如图 4-10 所示，点击定义网格，输入柱截面坐标，如在水平方向间距输入 900,900,900，垂直方向间距输入 900,900,900。建立如图 4-11 所示的轴网。

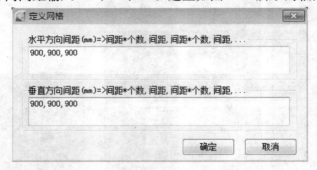

图 4-10　异形柱定义网格

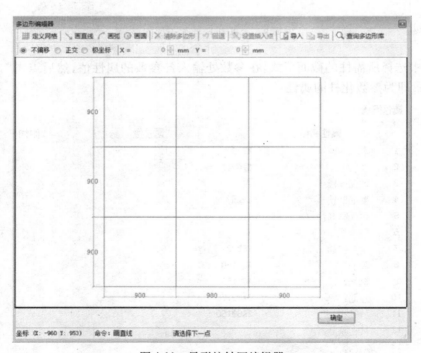

图 4-11　异形柱轴网编辑器

点击画直线，按如图 4-12 所示的图形画入柱截面形状，柱截面必须封闭，此时会自动增加该异型柱插入点，插入点也可以通过定义插入点进行修改。

另外定义好图形后我们还可以保存起来以备今后的工程继续使用。

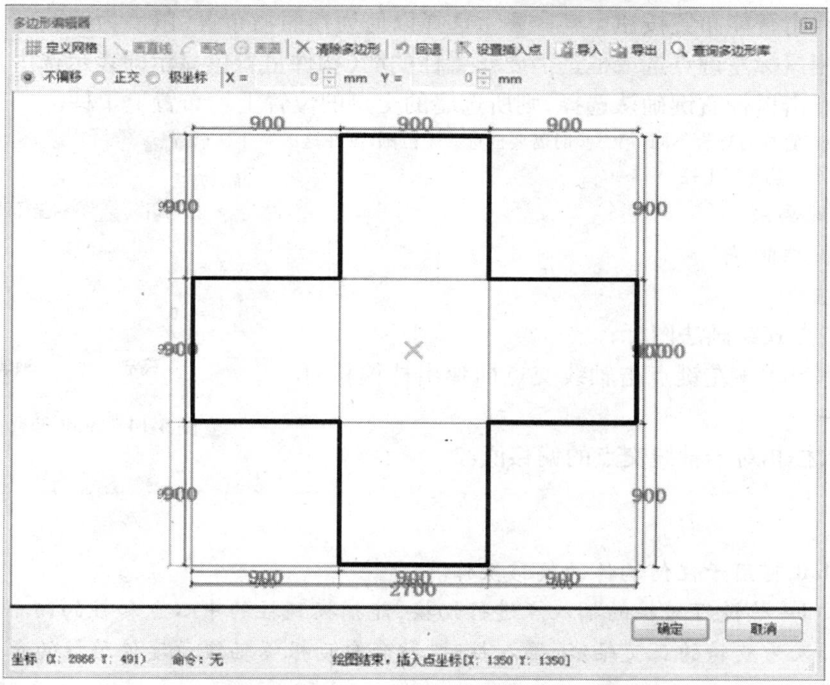

图 4-12 画异形封闭柱

异型柱编辑好后点击确定按钮返回,如图 4-13 即为异型柱的属性。

	属性名称	属性值	附加
1	名称	KZ-4	
2	类别	框架柱	☐
3	截面编辑	是	
4	截面形状	异形	☐
5	截面宽 (B边)(mm)	2700	☐
6	截面高 (H边)(mm)	2700	☐
7	全部纵筋	16B22	☐
8	其它箍筋		
9	备注		☐
10	➕ 芯柱		
15	➕ 其它属性		
27	➕ 锚固搭接		

图 4-13 异形柱属性定义

二、绘制方法

柱支持:画点、画旋转点

(一)智能布置

柱可以按照轴线、墙、梁、独立基础、桩承台为参照物进行布置。

49

操作方法：

第一步点击智能布置按钮 ，选择以何为参照物布置（以墙为例）；

第二步用鼠标左键点选或框选需要布置柱的墙（构件呈青色显示即表示选中）；

第三步点击鼠标右键确认选择，则所选墙的交点的位置上均布置上了柱。

注：按轴线布置柱时略有不同，第二步时需要框选一个范围，则在这个框内的轴线交点上均布置上柱。

（二）特殊画法

1. Shift 偏移画法

操作方法：

（1）点击点式绘画法图标；

（2）按住 Shift + 左键点击轴线交点即弹出柱偏移对话框（图4-14）；

（3）输入柱相对于轴线交点的偏移值。

图 4-14　Shift 偏移画法

> **注意**
>
> （1）Shift 可用于任何构件的偏移操作。
>
> （2）按 F4 热键可对柱的插入点进行切换，能捕捉到柱的中心点和柱的四个顶点。
>
> （3）如果为旋转的正交轴线，画入柱时，柱会自动根据轴线角度偏移柱的角度。

2. Ctrl 偏移画法

Ctrl 偏移画法只能用于矩形柱。

操作方法：

（1）点击点式绘画法图标；

（2）按住 Ctrl + 左键点击轴线交点即弹出柱偏移对话框（图4-15）；

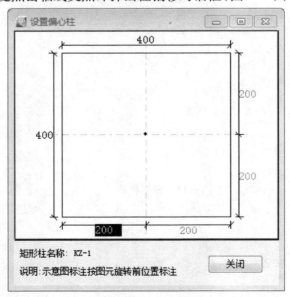

图 4-15　Ctrl 偏移画法

（3）根据图示标注输入图示值。

3. 布置自适应暗柱

在暗柱绘图界面下，左键点击工具栏上的 按钮，然后选择墙与墙的交点或墙洞的端点，点击鼠标左键即可，软件将自动在柱构件管理窗口中新建相应的参数化柱，如布置自适应暗柱时选择如图 4-16 所示墙体的交点，将自动新建 AZ－1 十字型柱。

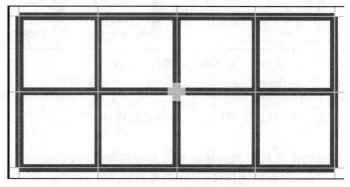

图 4-16　布置自适应暗柱

三、相关操作

（一）设置柱靠墙边

操作方法：

第一步用鼠标左键点击工具栏"对齐"里面"多对齐"，如图 4-17 所示：

第二步根据状态行提示，用鼠标左键选择，或拉框选择，按右键确认或 Esc 键取消；

第三步根据状态行提示，用鼠标左键点指定墙柱平齐的一侧边线，则柱自动与墙边平齐，如图 4-18 所示。

图 4-17　柱多对齐功能

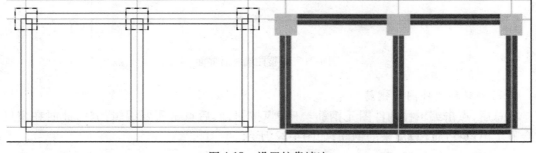

图 4-18　设置柱靠墙边

（二）设置柱靠梁边

操作方法：

第一步用鼠标左键点击工具栏"对齐"里面"多对齐"；

第二步根据状态行提示，用鼠标左键选择需要设置的柱，按右键确认或 Esc 键取消；

第三步根据状态行提示，用鼠标左键点指定梁柱平齐的一侧方向，则柱自动与梁边平齐，如图 4-19 所示。

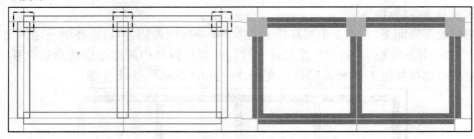

图 4-19　设置柱靠梁边

（三）调整柱端头方向

此功能只对"一"型、"L"型、"T"型、"十"型的非对称柱有效。

操作方法：

第一步用鼠标左键点击工具栏调整柱端头方向 □ 调整柱端头 按钮；

第二步根据状态行提示，左键选择柱，一次只能选择一个柱图元；

第三步可连续选择，进行柱端头方向调整。

如图 4-20 所示，调整柱端头前。

如图 4-21 所示，调整柱端头后（执行一次命令）。

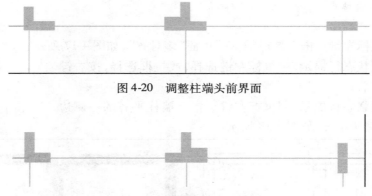

图 4-20　调整柱端头前界面

图 4-21　调整柱端头后界面

（四）编辑柱构件图元钢筋

汇总后，点击编辑柱构件图元钢筋 ──┐ 编辑钢筋 按钮，然后点击所要编辑的柱，此时在窗口下方会显示出该柱所计算出来的钢筋，如图 4-22 所示。

	筋号	直径(mm)	级别	图号	图形	计算公式	公式描述	长度(mm)	根数
1	全部纵筋.1	22	Φ	18	778 ⌐ 3570	3600+34*d	层高+锚固	4348	16
2	箍筋1	8	Φ	195	140 ▱ 340	2*(200+400-2*30+200-2*30)+2*(11.9*d)+8*d		1614	25
3	拉筋1	8	Φ	485	140	200-2*30+2*(11.9*d)+2*d		346	50
4	箍筋2	8	Φ	195	140 ▱ 340	2*(200+300-2*30+200-2*30)+2*(11.9*d)+8*d		1414	25

图 4-22　编辑柱构件图元钢筋

该窗口的功能操作与单构件输入法的直接输入法界面相同。

（五）按墙位置绘制暗柱

使用"按墙位置绘制暗柱"的功能，可以处理非90°夹角的多"柱肢"的异型暗柱（如"丫"形暗柱）。

操作方法：

第一步用鼠标左键点击工具栏 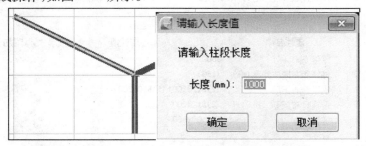 按钮；

第二步选择柱肢的线起点，操作完成后，在屏幕上确定柱肢的线终点，输入柱肢的长度，按"确定"按钮，完成操作，如图4-23所示。

图 4-23 按墙位置绘制暗柱步骤1

第三步重复"1"至"2"的操作步骤，直到所有的"柱肢"绘制完毕。如图4-24所示。

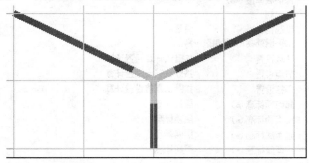

图 4-24 按墙位置绘制暗柱步骤2

第四步柱肢的尺寸输入完之后，单击鼠标右键进行确认。

（六）柱的原位标注

使用"柱的原位标注"的功能，可以在柱模型上直接输入钢筋信息，达到所见即所得的效果。

操作方法：

第一步用鼠标左键点击"绘图"工具栏"柱的原位标注"按钮；

第二步在屏幕上选择需要原位输入的柱；

第三步输入所选柱的相关属性信息，完成操作，如图4-25所示。

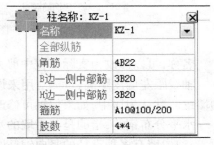

图 4-25 柱的原位标注

53

第二节　墙

墙的类型分为剪力墙和砖墙两种，主要用来处理剪力墙结构和砖混结构的工程。

一、属性定义

（一）剪力墙

新建一剪力墙，输入厚度、垂直分布钢筋、水平分布钢筋等构件尺寸及钢筋信息，如图 4-26 所示。

	属性名称	属性值	附加
2	厚度(mm)	300	☐
3	轴线距左墙皮距离(mm)	(150)	☐
4	水平分布钢筋	(1)B12@200+(1)B10@200	☐
5	垂直分布钢筋	(2)B12@200	☐
6	拉筋	A6@600*600	☐
7	备注		☐
8	⊟ 其它属性		
9	其他钢筋		
10	汇总信息	剪力墙	☐
11	保护层厚度(mm)	(15)	☐
12	压墙筋		☐
13	纵筋构造	设置插筋	☐
14	水平钢筋拐角增加搭	是	
15	计算设置	按默认计算设置计算	
16	节点设置	按默认节点设置计算	
17	搭接设置	按默认搭接设置计算	
18	起点顶标高(m)	层顶标高	☐
19	终点顶标高(m)	层顶标高	☐
20	起点底标高(m)	层底标高	☐
21	终点底标高(m)	层底标高	☐
22	⊟ 锚固搭接		
23	混凝土强度等级	(C30)	☐
24	抗震等级	(二级抗震)	☐
25	一级钢筋锚固	(27)	
26	二级钢筋锚固	(34/38)	
27	三级钢筋锚固	(41/45)	

图 4-26　剪力墙属性定义

名称：可以修改为实际工程中剪力墙的名称。

轴线距左墙皮距离（mm）：用来设定墙与轴线的偏移距离，左墙皮指沿画墙的方向，左边的墙皮。默认为居中，如果偏轴可修改。

水平分布钢筋：指的是剪力墙的水平向钢筋，输入格式为（排数）＋级别＋直径＋@＋间距，当剪力墙有多种直径的竖向钢筋时，在钢筋与钢筋之间用"＋"连接。

如剪力墙的水平筋共为三排：其中两排钢筋直径为 12、间距 300 和一排钢筋直径为 14、间距 300，其输入格式为：(2)B12@300＋(1)B14@300。

当剪力墙为两排或两排以上,而钢筋直径又不同时,软件如何判断所输入的钢筋为哪一侧?

现在墙的水平筋输入(1)B12@200+(1)B10@200,则内外侧钢筋如图4-27所示。即先输入的钢筋为绘图方向的左侧钢筋。

注:通过键盘上的"～"键可以显示绘图方向,操作后会在线性实体上出现一个箭头。再次点击"～"键时箭头将取消。

垂直分布钢筋:指的是剪力墙的竖向钢筋,输入格式为(排数)+级别+直径+@+间距。

拉筋:指的是剪力墙中的横向构造钢筋,即拉钩,其输入格式为:级别+直径+@+水平间距×竖向间距。如剪力墙的拉筋为一级钢筋,直径为6,水平间距与垂直间距均为600,其输入格式为:A6@600×600。

保护层厚度(mm):墙体的保护层厚度,()内的数值取自楼层管理中的设置。

混凝土强度等级:墙体的混凝土强度等级,此数值默认楼层管理中的设置。

压墙筋:指基础插筋弯折处的加强筋和剪力墙封顶时垂直筋弯折处的加强筋。

水平钢筋是否增加搭接:当外墙外侧钢筋选择为连续通过时,软件仍然是按两端钢筋计算的,只是未计算接头个数,这样钢筋也就等于断开计算了,此时软件不能判断出钢筋长度是否超过定尺长度,需要我们手工增加搭接。选择"是"则在该段墙水平钢筋计算时增加一个搭接。

终点高度:默认为层高,当出现山墙时,可以通过起点顶标高和终点顶标高来实现。如起点顶标高输入层顶标高-1,而终点高度输入层顶标高,则通过直线绘图方法绘制。墙体形状如图4-28所示。

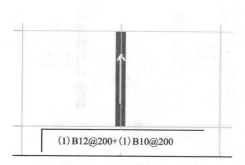

图4-27 剪力墙内外侧钢筋图示

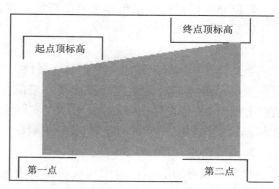

图4-28 剪力墙起点顶标高和终点顶标高不同图示

说明

当剪力墙的截面发生变更时,墙上的暗柱、暗梁、连梁的相关截面也会自动发生变化。

(二)砌体墙

新建砌体墙如图4-29所示。在砌体墙中,一般都会通长压墙钢筋,要输入砖墙名称、厚度、轴线距左墙皮距离、墙里的配筋和间距及每道里的根数,如图4-29所示。

	属性名称	属性值	附加
1	名称	QTQ-1	
2	厚度(mm)	240	☐
3	轴线距左墙皮距离(mm)	(120)	☐
4	砌体通长筋	2A6@500	☐
5	横向短筋	A6@250	☐
6	砌体墙类型	框架间填充墙	
7	备注		☐
8	☐ 其它属性		
9	— 汇总信息	砌体通长拉结筋	☐
10	— 钢筋搭接	(38)	
11	— 计算设置	按默认计算设置计算	
12	— 搭接设置	按默认搭接设置计算	
13	— 起点顶标高(m)	层顶标高	☐
14	— 终点顶标高(m)	层顶标高	☐
15	— 起点底标高(m)	层底标高	☐
16	— 终点底标高(m)	层底标高	☐

图 4-29　砌体墙属性定义

二、绘制方法

墙支持:画旋转点、画直线、画折线、画弧、画矩形、画圆。

(一)智能布置

墙体可以按照轴线、梁轴线、梁中心线、条形基础轴线、条形基础中心线为参照物进行布置。智能布置的操作方法可参考柱的智能布置。

(二)特殊画法

1.偏轴

当墙体偏轴时,绘图时应注意在墙属性的"轴线距左墙皮距离"参数,是距左墙皮距离。墙的左右与绘图方向有关,如图 4-30 所示。所以在实际绘制时推荐偏轴墙均要按一个方向绘制,如顺时针。

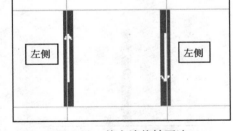

图 4-30　剪力墙偏轴画法

2.画旋转点

对于短肢剪力墙结构采用画旋转点的方法可以快速画出短肢墙。

操作步骤:

第一步点击画旋转点按钮点加长度;

第二步按鼠标左键指定插入点;

第三步按鼠标左键指定第二点以确定坐标,或按 Shift + 左键输入坐标;

第四步弹出对话框,输入相对于原点 X 轴和 Y 轴的坐标。

三、相关操作

(一)编辑构件图元钢筋

点击编辑构件图元钢筋 ✏ 编辑钢筋按钮,然后点击所希望编辑的剪力墙,此时在窗口下方会显示出该段墙所计算出来的钢筋,如图 4-31 所示。

	筋号	直径(m	级别	图号	图形	计算公式	公式描述	长度(mm)	根数
1	墙身水平钢筋.1	12	Φ	64	180 ⌐5970⌐ 180	6000-15+15*d-15+15*d	净长-保护层+设定弯折-保护层+设定弯折	6330	38
2	墙身垂直钢筋.1	12	Φ	1	4092	3600+41*12	墙实际高度+搭接	4092	62
3	墙身拉筋.1	6	Φ	485	270	(300-2*15)+2*(75+1.9*d)+(2*d)		455	61

图 4-31 剪力墙编辑钢筋

(二)设置墙靠梁边

使用"设置墙靠梁边"的功能,可以使墙的一边与梁的边线平齐,加快绘图速度。

操作步骤:

第一步用鼠标左键点击工具栏"对齐"里面"单对齐";

第二步选择相应的梁(该梁不一定与墙相交);

第三步按鼠标左键指定梁墙平齐的一侧的方向,点右键完成操作,如图 4-32 所示。

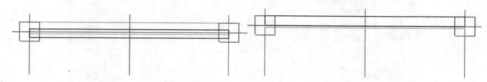

图 4-32 剪力墙与梁边单对齐

(三)设置墙靠柱边

使用"设置墙靠柱边"的功能,可以实现墙的一边与柱边线的平齐,加快绘图速度。

操作步骤:

第一步用鼠标左键点击工具栏"对齐"里面"单对齐";

第二步选择参照物构件柱(柱不一定与墙相交);

第三步按鼠标左键指定柱墙平齐的一侧的方向,完成操作,如图 4-33 所示。

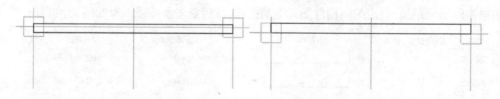

图 4-33 剪力墙与柱边单对齐

第三节 暗 梁

一、属性定义

如图 4-34 所示即为暗梁的属性定义。

截面高(mm):暗梁的宽度不需输入,默认为所在墙的墙厚。

箍筋：指暗梁的箍筋，依照图纸输入，其输入格式为：级别＋直径＋@＋间距＋（肢数）。

肢数：当第4行箍筋处输入了肢数信息时此列仅能选择所输入的肢数，当第4行箍筋处未输入肢数，则该行需要输入或选择肢数。

侧面纵筋：暗梁的侧面钢筋。输入格式一：根数＋级别＋直径，输入格式二：级别＋直径＋@＋间距。

拉筋：当有侧面纵筋时，应输入拉筋，如果不输入，则软件按"计算设置"中的设置自动计算。输入格式一：排数＋级别＋直径，输入格式二：排数＋级别＋直径＋@＋间距。

保护层厚度（mm）：暗梁的保护层厚度，（）内的数值取自楼层管理中的设置。

注：暗梁、连梁的保护层取自楼层中类型为框架梁的保护层设置。

	属性名称	属性值	附加
1	名称	AL-1	
2	类别	暗梁	☐
3	**截面宽度(mm)**	300	☐
4	**截面高度(mm)**	500	☐
5	轴线距梁左边线距离(mm)	(150)	☐
6	全部纵筋		☐
7	上部钢筋	3B22	☐
8	下部钢筋	3B22	☐
9	箍筋	A10@100 (2)	☐
10	肢数	2	
11	拉筋		☐

图 4-34　暗梁属性定义

二、绘制方法

暗梁支持：画点（注意暗梁只能画到墙上）。

智能布置：软件中提供了按墙进行布置的功能。

三、相关操作

编辑构件图元钢筋：点击编辑构件图元钢筋按钮，然后点击所希望编辑的暗梁，如图4-35所示。

	筋号	直径	级别	图号	图形	计算公式	公式描述	长度(mm)	根数
1	上部纵筋.1	22	Φ	64	173 ⌐6550⌐ 173	5400+34*d+34*d	净长+锚固+锚固	6896	3
2	下部纵筋.1	22	Φ	64	173 ⌐6550⌐ 173	5400+34*d+34*d	净长+锚固+锚固	6896	3
	箍筋.1	10	Φ	195	450 ⌐250⌐	2*((300-2*25)+(500-2*25))+ 2*(11.9*d)+(8*d)		1718	54

图 4-35　暗梁编辑钢筋

第四节　门　窗　洞

一、属性定义

如图4-36所示即为门窗洞的属性定义，按图纸要求输入相应的洞口加筋。

	属性名称	属性值	附加
1	名称	D-1	
2	洞口宽度(mm)	1200	☐
3	洞口高度(mm)	2100	☐
4	离地高度(mm)	0	☐
5	洞口每侧加强筋		☐
6	斜加筋		☐
7	其它钢筋		
8	加强暗梁高度(mm)		☐
9	加强暗梁纵筋		
10	加强暗梁箍筋		☐

图 4-36　门窗洞属性定义

二、绘制方法

门窗洞支持:画点(注意门窗洞只能画到墙上)。

（一）点画法

点击工具栏上的 ⊠ 点 ,鼠标移动到墙上,软件会自动捕捉到墙的端点以及离端点距离,输入数值即可,如果要输入离右边端点距离数值,点键盘上 Tab 键进行切换,如图 4-37 所示。

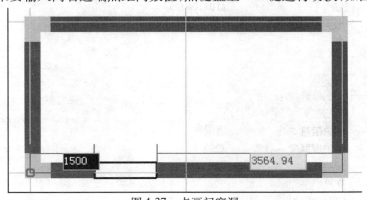

图 4-37　点画门窗洞

（二）智能布置

参考柱的智能布置方法。

（三）特殊画法

精确布置:为了计算钢筋的准确性,墙上的门窗洞需要精确布置在墙上。

操作步骤:

第一步点击当前构件特殊操作工具栏中的精确布置按钮 ⊞ 精确布置;

第二步按鼠标左键选择一段墙;

第三步按鼠标左键选择插入点,插入点可以是墙段上允许捕捉到的点;

第四步弹出对话框（图 4-38）,输入偏移值可以按插入点

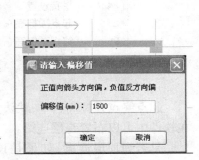

图 4-38　弹出对话框

进行偏移,正值向箭头方向偏,负值反方向偏。

支持门窗的镜像、复制、移动功能。

第五节 连 梁

一、属性定义

如图 4-39 所示即为连梁的属性定义。

	属性名称	属性值	附加
1	名称	LL-1	
2	截面宽度(mm)	300	☐
3	截面高度(mm)	500	☐
4	轴线距梁左边线距离(mm	(150)	☐
5	全部纵筋		
6	上部纵筋	2B25	☐
7	下部纵筋	2B25	☐
8	箍筋	A10@100(2)	☐
9	肢数	2	
10	拉筋		☐
11	备注		☐
12	☐ 其它属性		
13	─ 侧面纵筋		☐
14	─ 其它箍筋		
15	─ 汇总信息	连梁	☐
16	─ 保护层厚度(mm)	(25)	☐
17	─ 顶层连梁	否	☐
18	─ 交叉钢筋		☐
19	─ 暗撑边长(mm)		☐
20	─ 暗撑纵筋		☐
21	─ 暗撑箍筋		☐
22	计算设置	按默认计算设置计算	
23	节点设置	按默认节点设置计算	
24	搭接设置	按默认搭接设置计算	
25	─ 起点顶标高(m)	洞口顶标高加连梁高度	☐
26	─ 终点顶标高(m)	洞口顶标高加连梁高度	☐

图 4-39 连梁属性定义

起点终点顶标高(m):默认为洞口顶标高加连梁高度,可以修改。通过设置连梁的高度,在软件中可以布置跨层连梁。

是否为顶层连梁:如果是顶层连梁则需要选择"是"。这项对计算连梁箍筋根数有所不同。

二、绘制方法

连梁支持:画点、画直线、画折线、画弧。

特殊画法:

画线(直线、折线、弧线)。

连梁可以通过画直线进行绘制,这种画法主要处理以下两种情况:

(1)双洞口连梁,通过其他方法是不能在两个洞上绘制一段连梁的。

(2)无墙的情况,如图4-40所示,两个暗柱间无墙,只有一段连梁。

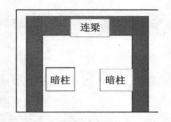

图4-40 两个暗柱之间布置连梁

三、相关操作

(一)编辑构件图元钢筋

点击编辑构件图元钢筋按钮,点击所希望编辑钢筋的连梁,如图4-41所示。

	筋号	直径	级别	图号	图形	计算公式	公式描述	长度(mm	根数
1	连梁上部纵筋.1	25	Φ	64	375 ⌐3150⌐ 375	2400+400-25+15*d+400-25+15*d	净长+支座宽-保护层+设定弯折+支座宽-保护层+设定弯折	3900	2
2	连梁下部纵筋.1	25	Φ	64	375 ⌐3150⌐ 375	2400+400-25+15*d+400-25+15*d	净长+支座宽-保护层+设定弯折+支座宽-保护层+设定弯折	3900	2
3	连梁箍筋.1	10	Φ	195	450 ▱150	2*((200-2*25)+(500-2*25))+2*(11.9*d)+(8*d)		1518	24

图4-41 编辑连梁钢筋

(二)按洞口布置连梁

点击当前构件工具栏中的"按洞口布置连梁"按钮,选择需要布置连梁的洞口,点击鼠标右键确认选择。如图4-42所示。

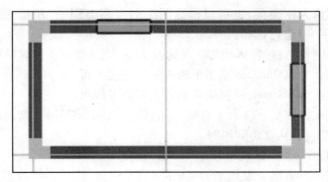

图4-42 按洞口智能布置连梁

第六节　梁

一、属性定义

（一）矩形梁

如图 4-43 所示即为矩形梁的属性。

	属性名称	属性值	附加
1	名称	KL-1	
2	类别	楼层框架梁	
3	截面宽度(mm)	350	☐
4	截面高度(mm)	550	☐
5	轴线距梁左边线距离(mm	(175)	☐
6	跨数量		☐
7	箍筋	A8@100/200(4)	☐
8	肢数	4	☐
9	上部通长筋	2B25	☐
10	下部通长筋	4B25	☐
11	侧面纵筋		☐
12	拉筋		☐
13	其他箍筋		☐
14	备注		☐
15	⊟ 其它属性		
16	├ 汇总信息	梁	☐
17	├ 保护层厚度(mm)	(25)	☐
18	├ 计算设置	按默认计算设置计算	
19	├ 节点设置	按默认节点设置计算	
20	├ 搭接设置	按默认搭接设置计算	
21	├ 起点顶标高(m)	层顶标高	☐
22	└ 终点顶标高(m)	层顶标高	☐

图 4-43　矩形梁属性定义

梁类型：软件默认为框架梁，也可以根据图纸的实际类别（楼层框架梁、非框架梁、框支梁、屋面框架梁、井字梁）进行选择；

跨数量：默认为空，可直接输入或如果梁跨数为空，则跨数直接读取梁跨识别的结果。

截面宽：软件默认为 300mm，依据图纸输入实际宽度即可。

截面高：软件默认为 550mm，依据图纸输入实际高度即可。

上部通长筋：格式为数量＋级别＋直径＋[跨信息]，如 2B25[1-5]，表示从首跨到第 5 跨。如果不输入跨信息则表示从首跨到尾跨。

下部通长筋：同上部通长筋。

箍筋：格式为数量＋级别＋直径＋加密区间距/非加密区间距（肢数），如 16A10@100/200(4) 或 A10 − 100(4)/200(2) 等。

肢数：直接输入 1 ~ 10 之间的整数或通过点击输入框三点按钮选择箍筋肢数的组合形式。如图 4-44 所示。

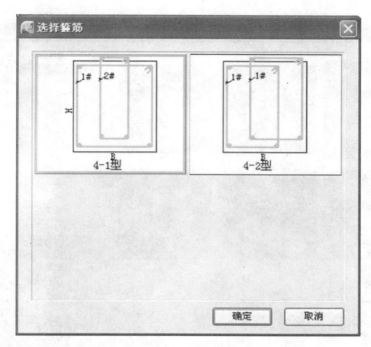

图 4-44 梁箍筋形式选择

侧面纵筋:格式(G 或 N)为数量 + 级别 + 直径 + [跨信息],如 G2B25。

拉筋:当用户输入侧面纵筋后,拉筋信息自动按照规范规定自动生成。

其他箍筋:操作方法与柱的其他箍筋相同。

汇总信息:默认为"梁",用户可自行修改。

保护层厚度:缺省为当前层梁类构件保护层厚度,更改梁类别时保护层厚度同步变化。

混凝土强度等级:缺省为当前楼层梁(框架梁、非框架梁)类型的混凝土强度等级。

起点顶标高:缺省为当前层顶标高,如 2.95。基础梁顶标高默认为基础层底标高 + 梁高。

终点顶标高:缺省为当前层顶标高,如 2.95。基础梁顶标高默认为基础层底标高 + 梁高。(当顶标高和终点顶标高不同时,软件认为此道梁是斜梁)

锚固搭接:缺省为当前楼层梁(框架梁、非框架梁)类型构件的搭接锚固值。用户可以直接输入一级、二级、三级钢筋的锚固搭接值,"/"前表示直径≤25 时的锚固值,"/"后表示直径 >25 时的锚固值。

(二)参数化梁

软件提供了 7 种常用的参数化梁,新建参数化梁打开如图 4-45 所示的窗口。选择所需参数化构件,并输入相应参数即可建立该参数化梁。

如图 4-46 所示即为参数化梁的属性。

梁类型:软件默认为框架梁,也可以根据图纸的实际类别(楼层框架梁、非框架梁、框支梁、屋面框架梁、井字梁)进行选择;

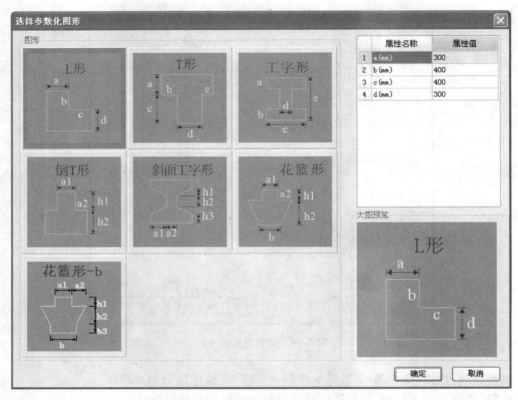

图 4-45 参数化梁内置图形选择

	属性名称	属性值	附加
1	名称	KL-2	
2	类别	楼层框架梁	☐
3	截面形状	L形	☐
4	截面宽度 (mm)	700	☐
5	截面高度 (mm)	700	☐
6	轴线距梁左边线距离 (mm	(350)	☐
7	跨数量		☐
8	上部通长筋	2B25	☐
9	下部通长筋	4B25	☐
10	侧面纵筋		☐
11	其它箍筋		

图 4-46 参数化梁属性定义

截面宽(mm):默认为灰色不可修改,是在图 4-46 所示的窗口中输入的尺寸计算而得。
截面高(mm):默认为灰色不可修改,是在图 4-46 所示的窗口中输入的尺寸计算而得。
侧面纵筋:格式(G 或 N)为数量 + 级别 + 直径 + [跨信息],如 G4B12。

（三）异型梁

新建异型梁，弹出定义多变形编辑器。

异型梁的属性定义与参数化梁完全相同。

注：参数化梁及异型梁的箍筋需要在其他箍筋中进行处理。

二、绘图方法

矩形梁的画法分为：折线画法、直线画法、弧形画法、矩形画法、圆形画法。

智能布置参考其他构件的智能布置。

三、相关操作

（一）编辑梁原位标注

当在图上画完梁后，我们就可以编辑输入梁的原位标注数据了。具体操作如下：

第一步点击工具栏 梁平法表格 编辑梁原位标注按钮，弹出梁原位标注输入表格，如图 4-47 所示；

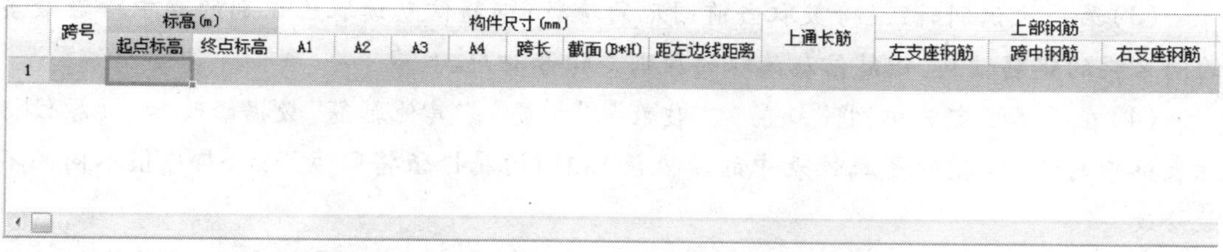

跨号	标高(m)		构件尺寸(mm)							上通长筋	上部钢筋		
	起点标高	终点标高	A1	A2	A3	A4	跨长	截面(B*H)	距左边线距离		左支座钢筋	跨中钢筋	右支座钢筋
1													

图 4-47　梁原位标注输入界面

第二步根据状态栏提示，按鼠标左键选择需要编辑的梁，按右键终止或 Esc 键取消。软件将自动识别梁跨号、标高、构件尺寸（A1、A2、A3、A4）、跨长数据，其中梁上部通长筋、下部通长筋、侧面纵筋、拉筋、其他箍筋将根据集中标注（梁属性定义）所定义数据自动填入梁原位标注表格中，如图 4-48 所示；

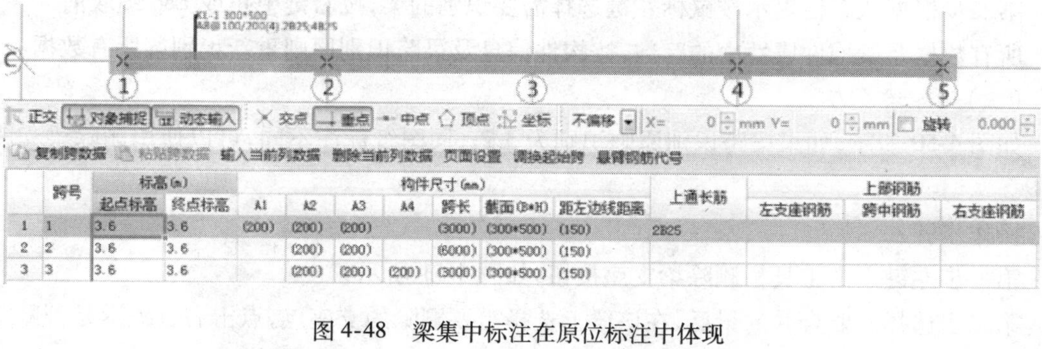

图 4-48　梁集中标注在原位标注中体现

第三步根据图纸标注输入梁原位标注数据，如图 4-49 所示。

图 4-49 输入梁原位标注后界面

> **注意**
>
> （1）建议在编辑梁原位标注之前，所有与要识别的梁相交的柱、梁都已经画好，以方便更准确地识别梁跨及相应的支座尺寸。
>
> （2）梁原位标注表格中自动识别数据跨号、A1～A4、跨长不允许修改。
>
> （3）第一次识别时：梁跨数取当前图元的跨数；钢筋信息读取已识别的梁中跨数最多的同名梁的钢筋信息，钢筋信息读取的原则是跨号对应。
>
> （4）在梁属性定义中，将"箍筋"、"肢数"、"拉筋"、"其他箍筋"数据修改后，梁原位标注表格中与原值（指的是属性表中的属性值）相同的属性值将同步修改，与原值不同的不做修改。
>
> （5）在梁属性定义中，"上通长筋"、"下通长筋"、"侧面纵筋"修改后，梁原位标注表格的第一跨对应值中与原值（指的是属性表中的属性值）相同的属性值同步修改，与原值不同的不做修改；其他跨对应数值始终不随修改而修改。

（二）重新识别梁跨

操作步骤：

第一步左键点击工具栏重新识别梁跨 重提梁跨 ▾ 按钮；

第二步根据状态栏提示按鼠标左键选择需要识别的梁，按右键中止或 Esc 键取消。

所有数据及梁构件属性中的跨数，按构件信息及梁跨识别原则重新识别梁所有数据。

（三）删除梁支座

如图 4-50 所示，如果梁跨识别原则识别为 3 跨，同图纸标注不同，可以使用删除梁支座的功能。

操作步骤：

第一步左键点击工具栏删除梁支座按钮，如图 4-51 所示；

第二步选择需要合并的梁后，在该梁上选择需要删除的支座点，点击右键提示是否删除梁支座，点"是"确认（图 4-52）；

第三步再执行编辑梁原位标注命令，L1 即为 1 跨，如图 4-53 所示。

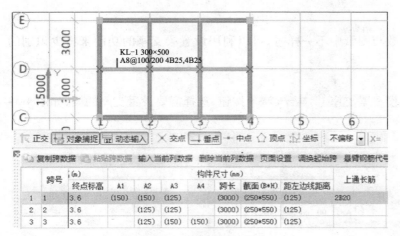

图 4-50 重提梁跨后界面

图 4-51 删除梁支座功能

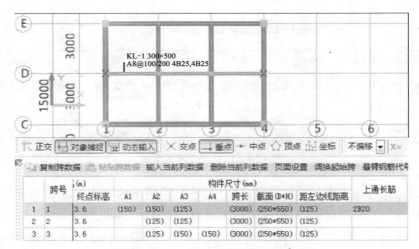

图 4-52 删除支座操作过程

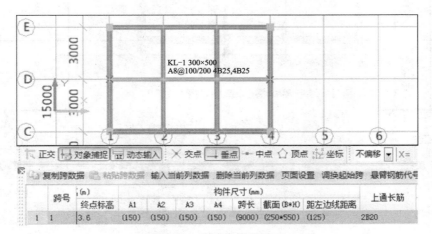

图 4-53 删除支座后界面

（四）设置梁支座

当软件中识别梁的支座数与图纸中不一样时，可以利用设置梁支座的功能来将少识别的支座补上。

操作步骤：

第一步左键点击工具栏设置梁支座 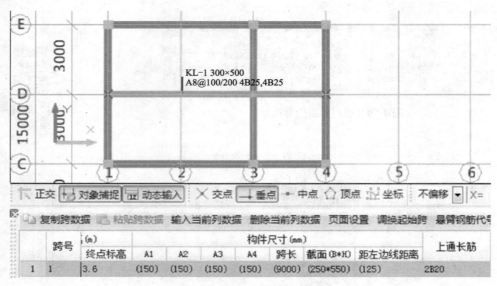 按钮，选择需要设置支座的梁，如图4-54所示；

图4-54　设置梁支座前界面

第二步选择作为梁支座的构件图元，弹出如图4-55所示的对话框，点击"是"即可；

第三步执行编辑梁原位标注，即可识别出新添加的支座，如图4-56所示。

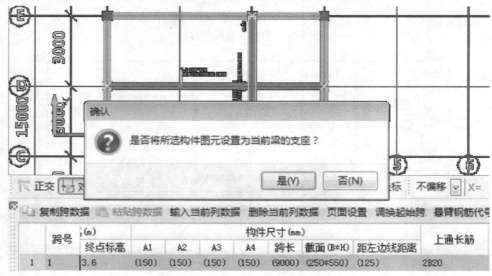

图4-55　设置梁支座操作步骤

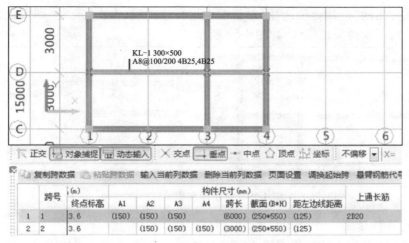

图 4-56　设置梁支座后界面

（五）编辑构件图元钢筋

点击编辑构件图元钢筋按钮，选择所希望编辑钢筋的梁，如图 4-57 所示。

	筋号	直径(mm)	级别	图号	图形	计算公式	公式描述	长度(mm)	根数
1	1跨.上通长筋1	25	Φ	64	375 ⌐9350⌐ 375	400-25+15*d+8600+400-25+15*d	支座宽-保护层+弯折+净长+支座宽-保护层+弯折	10100	2
2	1跨.跨中筋1	25	Φ	64	375 ⌐9350⌐ 375	400-25+15*d+8600+400-25+15*d	支座宽-保护层+弯折+净长+支座宽-保护层+弯折	10100	2
3	1跨.下部钢筋1	25	Φ	64	375 ⌐9350⌐ 375	400-25+15*d+8600+400-25+15*d	支座宽-保护层+弯折+净长+支座宽-保护层+弯折	10100	4
4	1跨.箍筋1	8	Φ	195	450 ⌐250⌐	2*((300-2*25)+(500-2*25))+2*(11.9*d)+(8*d)		1654	51
5	1跨.箍筋2	8	Φ	195	450 ⌐100⌐	2*((300-2*25-25)/3*1+25)+(500-2*25))+2*(11.9*d)+(8*d)		1354	51

图 4-57　编辑梁构件钢筋

（六）应用到其他同名称梁

在实际工程中，经常会出现一层梁中有多根同名梁的原位标注信息完全相同的情况，这时就可以利用应用到其他同名称梁的功能来快速完成同名梁的钢筋信息输入。

操作步骤：

第一步左键点击工具栏应用到其他同名称梁 ▽ 应用到同名梁 按钮，然后选择一根已输入完钢筋信息的梁，如图 4-58 所示。

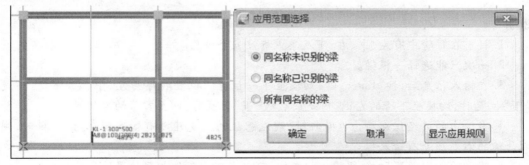

图 4-58　应用到其他同名称梁

第二步在弹出的"应用范围选择"对话框中进行选择后,点击"确定"即可,这样同名称梁的钢筋信息即可一次性全部输入,如图4-59所示。

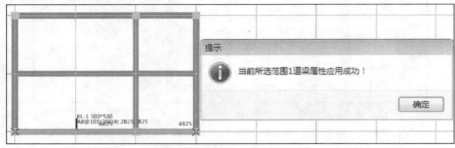

图4-59　应用同名称梁后界面

（七）梁的原位标注

我们既可以在原位标注表格中输入钢筋信息,也可以在绘图区直接输入钢筋信息,并且当我们在绘图区输入梁的钢筋信息时,原位标注表格中的信息会随之改变,同样,在原位标注表格中输入钢筋信息后,绘图区中梁构件上的显示也会同步刷新。

操作步骤:

第一步左键点击工具栏梁的按图编辑按钮,在绘图区选择需要输入钢筋信息的梁,这时梁上会出现许多白色的小框,如图4-60所示。

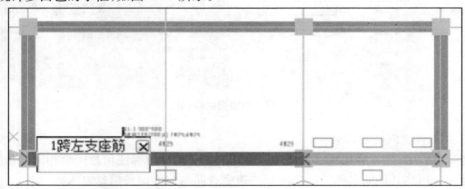

图4-60　梁的原位标注

第二步按图纸的标注在对应位置的框内输入相应的钢筋信息。

说明

1. 目前在每跨中有左、中、右、下及集中标注五个位置。

2. 一次只能选择一根梁。

3. 在输入信息后,按"Enter"键,切换至下一位置。位置顺序为左、中、右、下,当前是"下"位置时,切换至下跨的左;当前是最后跨"下"位置时,回至首跨的左位置。

4. 当选中的梁经识别后为左悬挑时,则左悬挑的左支座没有输入框;为右悬挑时,则右悬挑的右支座没有输入框。

5. 跨之间的同位置切换,Shift+回车键,可以在不同跨的相同位置进行跳转。

（八）梁跨格式刷

在实际工程中,常会出现梁中有几跨钢筋信息相同或相似的情况,这时为了更快捷地输入各跨信息,可以采用梁跨格式刷的功能。

操作步骤:

第一步左键点击工具栏 梁跨数据复制 ▼ 按钮,选中需要编辑的梁,点右键确认,如图4-61所示;

图 4-61　梁跨格式刷步骤 1

第二步选择与源跨信息相同的目标跨,如图4-62 所示;

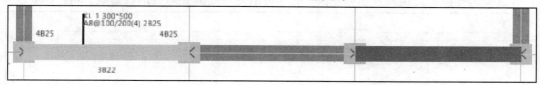

图 4-62　梁跨格式刷步骤 2

第三步选择完后点击鼠标右键,这样,源跨中的钢筋信息就快速复制到目标跨中,如图4-63所示。

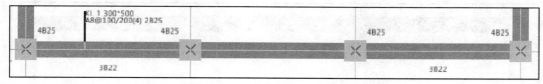

图 4-63　梁跨格式刷步骤 3

（九）数据刷

数据刷和梁跨格式刷的作用类似,都可以在绘图区快速输入梁的钢筋信息,所不同的是梁跨格式刷复制的是整跨的所有信息,而数据刷可以选中梁跨中某一个数据来进行复制。

操作步骤:

第一步左键点击工具栏中 梁原位标注复制 ▼ 按钮,选择需要编辑的梁;

第二步在选中的该梁上继续选择需要复制的源跨中的某一个数据,点右键确认,如图4-64所示;

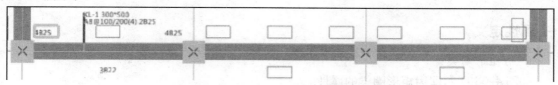

图 4-64　梁原位标注数据刷步骤 1

第三步选择与源跨中某一个数据信息相同的目标跨,点击鼠标右键完成操作,如图 4-65 所示。

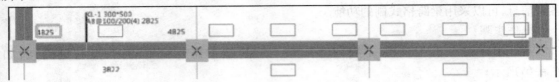

图 4-65　梁原位标注数据刷步骤 2

（十）设置梁靠柱边

在实际工程中,有时候梁要与柱边平齐,为了提高绘图效率,可以设置梁靠柱边。

操作步骤:

第一步左键点击工具栏中"对齐"里"单对齐";

第二步选择参照物构件柱(该柱不一定与梁相交),点需要对齐的柱边线,如图 4-66 所示;

图 4-66　设置梁靠柱边步骤 1

第三步按左键指定梁柱平齐一侧方向的梁边线,点右键确认,完成操作,如图 4-67 所示。

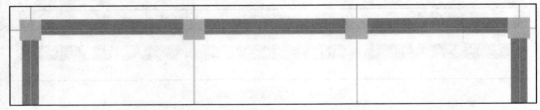

图 4-67　设置梁靠柱边步骤 2

（十一）设置梁靠墙边

在实际工程中,有时候梁边要与墙边平齐,为了提高绘图效率,可以设置梁靠墙边。

操作步骤同梁靠柱边,这里不再赘述。

第七节　圈　梁

一、属性定义

（一）矩形圈梁

如图 4-68 所示即为矩形圈梁的属性。

截面宽:软件默认为 240mm,依据图纸输入实际宽度即可。

截面高:软件默认为 240mm,依据图纸输入实际高度即可。

轴线距圈梁左边线距离:缺省(梁宽/2),详见"剪力墙"构件中的"轴线距左墙皮距离"。

上、下部钢筋:输入格式为数量+级别+直径,不同直径用加号连接。

箍筋:输入格式详见"梁"构件中的"箍筋输入格式"。

肢数:直接输入同时可通过点击输入框三点按钮选择箍筋肢数的组合形式。

其他箍筋:操作方法详见"柱"构件中的"其它箍筋"。

其他属性:包括的内容如图4-69所示,具体内容详见"梁"构件。

	属性名称	属性值	附加
1	名称	QL-1	
2	截面宽度(mm)	240	
3	截面高度(mm)	240	
4	轴线距梁左边线距离(mm	(120)	
5	上部钢筋	2B12	
6	下部钢筋	2B12	
7	箍筋	A8@150	
8	肢数	2	
9	其它箍筋		
10	备注		
11	＋ 其它属性		
23	＋ 锚固搭接		

图4-68 圈梁属性定义

			附加
11	－ 其它属性		
12	侧面纵筋		
13	汇总信息	圈梁	
14	保护层厚度(mm)	(15)	
15	拉筋		
16	L形放射箍筋		
17	L形斜加筋		
18	计算设置	按默认计算设置计算	
19	节点设置	按默认节点设置计算	
20	搭接设置	按默认搭接设置计算	
21	起点顶标高(m)	层顶标高	
22	终点顶标高(m)	层顶标高	

图4-69 圈梁其他属性定义

锚固搭接:缺省取当前楼层同类型的锚固/搭接数据,包括的内容如图4-70所示。

			附加
23	－ 锚固搭接		
24	混凝土强度等级	(C20)	
25	抗震等级	(二级抗震)	
26	一级钢筋锚固	(36)	
27	二级钢筋锚固	(44/49)	
28	三级钢筋锚固	(53/58)	
29	冷轧扭钢筋锚固	(45)	
30	冷轧带肋钢筋锚固	(42)	
31	一级钢筋搭接	(51)	
32	二级钢筋搭接	(62/69)	
33	三级钢筋搭接	(75/82)	
34	冷轧扭钢筋搭接	(63)	
35	冷轧带肋钢筋搭接	(59)	

图4-70 圈梁锚固搭接

（二）参数化圈梁

选择新建参数化圈梁，出现选择参数化图形界面（详操作同梁）。在其中选择所要的圈梁截面形状，然后在属性值中填入相应的数据。点击确定按钮，新建圈梁为所选的圈梁截面类型，如图4-71所示为参数化圈梁的属性。

	属性名称	属性值	附加
1	名称	QL-2	
2	**截面形状**	L形	
3	截面宽度 (mm)	700	☐
4	截面高度 (mm)	700	☐
5	**轴线距梁左边线距离** (mm)	(350)	☐
6	上部钢筋	2B12	☐
7	下部钢筋	2B12	☐
8	其它箍筋		
9	备注		☐
10	⊞ 其它属性		
19	⊞ 锚固搭接		

图4-71　参数化圈梁属性定义

（三）异型圈梁

新建异型圈梁，弹出定义多变形编辑器。

异型圈梁的属性定义与参数化圈梁完全相同。

注：参数化圈梁及异型圈梁的箍筋需要在其他箍筋中进行处理。

二、绘图方法

矩形梁的画法分为：折线画法、直线画法、弧形画法、矩形画法、圆形画法。

智能布置参考其他构件的智能布置。

三、相关操作

编辑构件图元钢筋：

点击编辑构件图元钢筋按钮，点击所希望编辑钢筋的圈梁，如图4-72所示。

	筋号	直径(mm)	级别	图号	图形	计算公式	公式描述	长度(mm)	根数
1	上部钢筋.1	12	Φ	64	303 ⌐ 6210 ⌐ 303	5760+44*d+44*d	净长+锚固+锚固	6816	1
2	上部钢筋.2	12	Φ	1	6210	6240-15-15	外皮长度-保护层-保护层	6210	1
3	下部钢筋.1	12	Φ	64	303 ⌐ 6210 ⌐ 303	5760+44*d+44*d	净长+锚固+锚固	6816	1
4	下部钢筋.2	12	Φ	1	6210	6240-15-15	外皮长度-保护层-保护层	6210	1
5	箍筋.1	8	Φ	195	210 ▱ 210	2*((240-2*15)+(240-2*15))+ 2*(11.9*d)+(8*d)		1094	39

图4-72　圈梁编辑钢筋

第八节　板

一、属性定义

如图 4-73 所示即为板的属性。

	属性名称	属性值	附加
1	名称	B-1	
2	混凝土强度等级	(C20)	☐
3	厚度(mm)	(120)	☐
4	顶标高(m)	层顶标高	☐
5	保护层厚度(mm)	(15)	☐
6	马凳筋参数图		
7	马凳筋信息		☐
8	线形马凳筋方向	平行横向受力筋	
9	拉筋		☐
10	马凳筋数量计算方式	向上取整+1	☐
11	拉筋数量计算方式	向上取整+1	☐
12	归类名称	(B-1)	☐
13	汇总信息	现浇板	☐

图 4-73　板属性定义

厚度：软件默认为 120mm，依据图纸输入实际厚度即可。

顶标高：软件默认为层顶标高，也可以输入实际标高。

马凳参数图：实际施工中常用三种马凳在软件中都有体现，如图 4-74 所示。输入相应的马凳配筋信息及马凳的尺寸。

拉筋：按照图纸板里如果有拉筋可输入拉筋的信息，例如 A6@ 600 × 600。

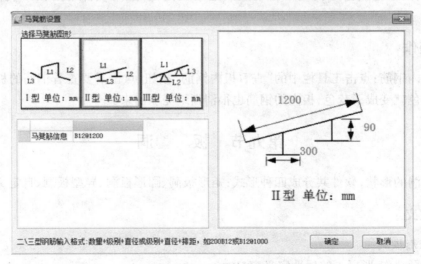

图 4-74　马凳筋设置

二、绘图方法

软件提供的画法有:点式画法、矩形画法、圆形画法、折线画法、弧线画法,其中折线画法和弧线画法必须是围成一个封闭图形。

另外,在实际中,板跟墙、梁、房间都有关系,所以软件提供了板分别按墙、梁、房间布置的画法。

(一)智能布置

点智能布置按钮,智能布置的依据软件提供了很多种,方法和其他构件相似。

注:可以利用板的整体偏移和单边偏移,来画挑出墙边的板。

(二)特殊画法

1. 画点

点击点式画法 ⊠ 点 按钮,按鼠标左键点击墙与墙、梁与梁或墙与梁所围成的一个封闭多边形区域任意一点,即可快速在该区域内布置一块板,如图 4-75 所示。

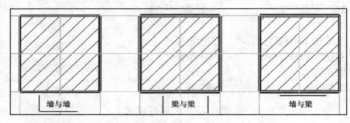

图 4-75　点式画板

2. 自动生成最小板

自动生成最小板是一种快速绘制板的简便方法,它可以按照墙、梁等线性构件围成的最小区域来自动生成。

操作步骤:左键点击工具栏中自动生成最小板按钮,这时软件中的板一次性全部自动生成。

三、相关操作

查看板内钢筋:点击工具栏中的"查看板内钢筋"按钮,点击需要查看钢筋的板,这时被查看的板的颜色就变成了蓝色,板内的钢筋也很清晰地亮显出来。

第九节　板　　洞

根据板洞的形状,软件共分成四种形式:矩形板洞、圆形板洞、异型板洞、自定义板洞。

一、属性定义

(一)矩形板洞

如图 4-76 为矩形板洞的属性定义窗口。

可填写短跨向洞口加筋及长跨向洞口加筋。

	属性名称	属性值	附加
1	名称	BD-1	
2	长度(mm)	500	☐
3	宽度(mm)	500	☐
4	板短跨向加筋	2B14	☐
5	板长跨向加筋	2B14	☐
6	斜加筋		☐
7	其他钢筋		
8	汇总信息	板洞加筋	☐

图 4-76　矩形板洞属性定义

（二）圆形板洞

如图 4-77 为圆形板洞的属性定义窗口。

	属性名称	属性值	附加
1	名称	BD-2	
2	半径(mm)	500	☐
3	板短跨向加筋	2B14	☐
4	板长跨向加筋	2B14	☐
5	圆形加强筋		☐
6	斜加筋		☐
7	其他钢筋		

图 4-77　圆形板洞属性定义

（三）异型板洞

新建异形洞口弹出下面对话框，定义图纸要求门轴网（新建轴网用逗号隔开），如图 4-78 所示，点"确定"。

如图 4-79 为异型板洞的属性定义窗口。

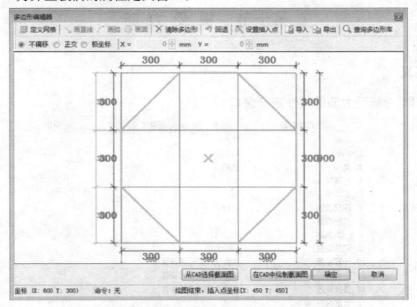

图 4-78　新建异形板洞步骤

	属性名称	属性值	附加
1	名称	BD-3	
2	截面形状	异形	☐
3	长度(mm)	900	☐
4	宽度(mm)	900	☐
5	板短跨向加筋	2B14	☐
6	板长跨向加筋	2B14	☐
7	斜加筋		☐
8	其他钢筋		
9	汇总信息	板洞加筋	☐

图 4-79　异形板洞属性定义

（四）自定义板洞

如图 4-80 为自定义板洞的属性定义窗口。

	属性名称	属性值	附加
1	名称	BD-4	
2	板短跨向加筋	2B14	☐
3	板长跨向加筋	2B14	☐
4	斜加筋		☐
5	其它钢筋		
6	汇总信息	板洞加筋	☐

图 4-80　自定义板洞属性定义

二、绘制方法

软件提供的画法有：点式画法、旋转点画法、矩形画法、圆形画法、直线画法、折线画法和弧线画法。板洞可镜像、复制、移动和旋转。

第十节　板　受　力　筋

一、属性定义

如图 4-81 为板受力筋的属性定义窗口。

	属性名称	属性值	附加
1	名称	SLJ-1	
2	钢筋信息	A10@200	☐
3	类别	底筋	☐
4	左弯折(mm)	(0)	☐
5	右弯折(mm)	(0)	☐
6	钢筋锚固	(31)	
7	钢筋搭接	(38)	
8	归类名称	(SLJ-1)	☐
9	汇总信息	板受力筋	☐
10	计算设置	按默认计算设置计算	
11	节点设置	按默认节点设置计算	
12	搭接设置	按默认搭接设置计算	
13	长度调整(mm)		☐

图 4-81　板受力筋属性定义

类别:分为底筋、中间层筋、面筋和温度筋。

归类名称:在此输入归类名称,可以将所有归类名称一样的钢筋统计在一个构件内,具体可以在钢筋明细表中体现。

钢筋信息:输入格式为级别 + 直径 + 间距;示例 A10@ 150,表示受力筋的直径为 10,级别为一级,间距为 150;默认为 A10@ 200。

长度调整:钢筋伸出或缩回板的长度,单位 mm。

二、绘制方法

板受力筋的绘制方法与其他构件不同,画入受力筋需要两步:第一步是确定一个区域为受力筋的布筋范围;第二步是在所确定的区域内画入受力筋。

(一)布筋范围的确定

1.选择单板范围

操作方法:

第一步点击当前构件类型特殊操作工具条上的 □单板 按钮;

第二步按鼠标左键选择需要布筋的板,则板的四周会以粗线加亮显示。

注:当选择"布置水平受力筋"和"布置垂直受力筋"时,第二步为当鼠标移动到板内时,则板的四周会以粗线加亮显示,如图 4-82 所示。

2.选择多板范围

操作方法:

第一步点击当前构件类型特殊操作工具条上的 多板 按钮;

第二步按鼠标左键选择需要布筋的相邻的多块板,如图 4-83 所示。

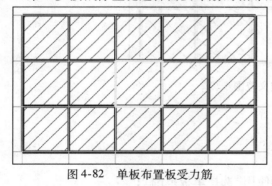

图 4-82 单板布置板受力筋   图 4-83 多板布置板受力筋

3.选择受力筋范围

操作方法:

第一步点击当前构件类型特殊操作工具条上的 水平 按钮;

第二步按鼠标左键选择一根已画入的受力筋,则所选受力筋的布筋范围四周会以粗线加亮显示,如图 4-84 所示。

4.自定义范围

自定义范围允许用户通过画线的方式进行受力筋布筋范围的确定。板受力筋支持:画折线、画弧、画矩形。

操作方法：

第一步点击当前构件类型特殊操作工具条上的"自定义"按钮，如图 4-85 所示；

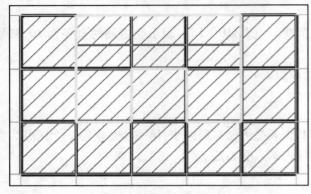

图 4-84　选择受力筋范围

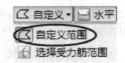

图 4-85　板自定义范围步骤 1

第二步选择一种画法进行受力筋范围的绘制，所画的线必须闭合围成一个区域，需要注意的是该范围必须在板内，可用 Shift + 左键捕捉点来确定偏移数据，如图 4-86 所示。

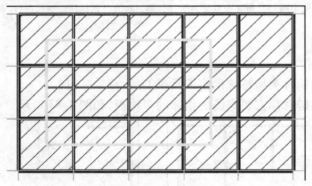

图 4-86　板自定义范围步骤 2

(二)根据布筋范围画入受力筋

1. 布置水平受力筋

操作方法：

第一步选择一种布筋范围的确定方法，推荐使用"选择单板范围"；

第二步点击当前构件类型工具条上的钢筋的布筋方向 ⊟水平 按钮；

第三步在布筋范围确定方法，确定布筋范围；

第四步在确定的布筋范围内点击鼠标左键，则在该范围内将布置上水平受力筋。

2. 布置垂直受力筋

操作方法：同"布置水平受力筋"。

3. 平行边布置受力筋

操作方法：

前三步与"布置水平受力筋"相似；

第四步选择布筋范围的一条边线为受力筋的平行边；

第五步在确定的布筋范围内点击左键,则在该范围内将布置上与所选边平行的受力筋。

4. 两点布置受力筋

操作方法:

前三步与"布置水平受力筋"相似;

第四步通过画直线和画弧的方法在布筋范围内画入一条直线,则在该范围内将布置与所画直线平行的受力筋。

(三)特殊画法

GGJ2013 可以处理扇形板中的放射筋计算,软件提供两种方法布置放射筋。

1. 按照弧线布置放射筋

操作方法:

第一步选择一种布筋范围的确定方法,推荐使用"选择单板范围";

第二步点击当前构件类型特殊操作工具条上的"放射筋"按钮,如图 4-87 所示;

第三步按布筋范围确定方法确定布筋范围,范围必须是扇形;

第四步选择布筋范围的一条弧线边,再在确定的布筋范围内点击鼠标左键,则扇形上就布置上了放射筋,如图 4-88 所示。

图 4-87　按照弧线布置放射筋步骤 1

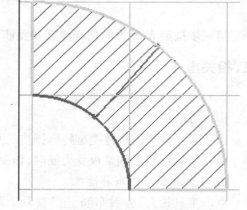

图 4-88　按照弧线布置放射筋步骤 2

2. 按照圆心布置放射筋

操作方法:

前三步同上;

第四步按鼠标左键指定扇形某弧形边的圆心,输入弧形边的半径后点确定;

第五步在确定的布筋范围内点击左键,则扇形上就布置上了放射筋,如图 4- 89 所示。

3. XY 方向布置受力筋

随着 11G 101—1 图集的推出和应用,现在采用新标注设计的图纸越来越多,这时

图 4-89　按照圆心布置放射筋步骤 1

我们还可以针对新设计采用"*XY* 方向布置受力筋"的功能来进行板中钢筋的布置。

操作方法：

第一步选择板范围后，点击工具栏中的"*XY* 方向布置受力筋"按钮；

第二步用左键选择需要布筋的板，弹出"选择配筋内容"对话框，如图 4-90 所示；

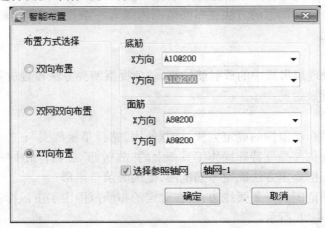

图 4-90　*XY* 方向布置受力筋

第三步按照 *X*、*Y* 方向选择底筋和面筋，选择参照轴网，点击确定即可。

三、相关操作

（一）查看板钢筋布筋范围

操作方法：

第一步点击当前构件类型特殊操作工具条上的 查看布筋 按钮；

第二步鼠标移动到某根受力筋时，该受力筋布筋范围以浅蓝色显示，如图 4-91 所示。

（二）查看受力筋布筋情况

点击工具栏上"查看布筋"里"查看受力筋布置情况"按钮，如图 4-92 所示。

图 4-91　查看受力筋布筋范围

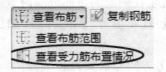

图 4-92　查看受力筋布置情况步骤 1

此时将弹出如图4-93所示的窗口,默认为底筋的显示,可以切换到面筋、中部筋、温度筋进行查看。

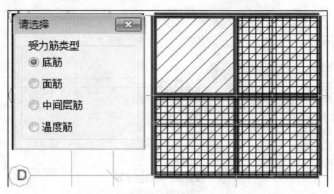

图4-93　查看受力筋布置情况步骤2

通过该图我们就很方便检查出哪些板还没画受力筋,达到查错的功能。

（三）编辑构件图元钢筋

点击编辑构件图元钢筋按钮,点击所希望编辑的板受力筋,如图4-94所示。

	筋号	直径(mm)	级别	图号	图形	计算公式	公式描述	长度(mm)	根数
1	SLJ-1.1	10	Φ	3	2970	3000-15-15+12.5*d	净长-保护层-保护层+两倍弯钩	3095	15
2	SLJ-1.2	10	Φ	3	5970	6000-15-15+12.5*d	净长-保护层-保护层+两倍弯钩	6095	16
3									

图4-94　受力筋编辑钢筋

第十一节　板　负　筋

一、属性定义

如图4-95所示即为板负筋的属性定义窗口。

标注含支座宽:可选择是或否。

左弯折:按"计算设置"中的设置自动计算,有两种选择:板厚—2×保护层、板厚—保护层,也可自行输入。

右弯折:按"计算设置"中的设置自动计算,有两种选择:板厚—2×保护层、板厚—保护层,也可自行输入。

分布钢筋:按"计算设置"中的设置自动取值,也可自行输入。

钢筋锚固:取自楼层设置中的数值,可以修改。

钢筋搭接:取自楼层设置中的数值,可以修改。

单边标注支座负筋标注长度位置:可按支座内边线、支座外边线、支座轴线、支座中心线四种方式来标注板负筋的长度。

	属性名称	属性值	附加
1	名称	FJ-1	
2	钢筋信息	B12@200	☐
3	左标注(mm)	0	☐
4	右标注(mm)	900	☐
5	马凳筋排数	0/1	☐
6	单边标注位置	(支座内边线) ▾	☐
7	左弯折(mm)	支座内边线 支座轴线	☐
8	右弯折(mm)	支座中心线 支座外边线	☐
9	分布钢筋	负筋线长度	
10	钢筋锚固	(39)	
11	钢筋搭接	(47)	
12	归类名称	(FJ-1)	☐
13	计算设置	按默认计算设置计算	
14	节点设置	按默认节点设置计算	
15	搭接设置	按默认搭接设置计算	
16	汇总信息	板负筋	☐
17	备注		☐

图 4-95　板负筋属性定义

二、绘制方法

板负筋支持按梁布置、按墙布置、按板边布置及画线布置四种方法。

（一）按照梁布置板负筋

操作方法：

第一步点击当前构件类型特殊操作工具条上的 按梁布置 ▾按钮；

第二步用鼠标捕捉梁，当鼠标移动到某梁上时，梁内将显示一条高亮白线；

第三步如左右标注尺寸相同，点击鼠标左键，则负筋即可布置上；如左右标注不同，则须在梁的一侧再次点击鼠标左键确定负筋的左标注。

（二）按照剪力墙布置板负筋

操作方法：

第一步点击当前构件类型特殊操作工具条上的 按墙布置按钮；

第二步用鼠标捕捉剪力墙，当鼠标移动到某剪力墙时，剪力墙内将显示一条高亮白线；

第三步如左右标注尺寸相同，点击鼠标左键，则负筋即可布置上；如左右标注不同，则须在剪力墙的一侧再次点击鼠标左键确定负筋的左标注。

（三）按照板边线布置板负筋

操作方法：

第一步点击当前构件类型特殊操作工具条上的 按板边布置 按钮；

第二步用鼠标捕捉板边线，当鼠标移动到某板边线上时，板边线将以高亮白线显示；

第三步如左右标注尺寸相同，点击鼠标左键，则负筋即可布置上；如左右标注不同，则须在板边线的一侧再次点击鼠标左键确定负筋的左标注。

（四）画线布置板负筋

板负筋支持：画直线、画弧线。

操作方法：

第一步点击当前构件类型特殊操作工具条上的 画线布置 按钮；

第二步选择画直线或画弧线进行负筋布筋范围的确定；

第三步在所画线的一侧点击鼠标左键确定负筋的左标注,则负筋即可布置上。

三、相关操作

（一）交换负筋左右标注

在实际绘制负筋时往往会出现负筋左右标注颠倒的情况,此时可以使用"交换负筋左右标注"功能将左右标注互换。

操作方法：

第一步点击当前构件类型特殊操作工具条上的 交换左右标注 按钮；

第二步按鼠标左键点击希望更换的负筋,则负筋的左右标注将互换,如图 4-96 所示。

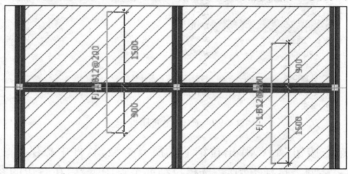

图 4-96　交换负筋左右标注

（二）查看板钢筋布筋范围

操作方法：

第一步点击当前构件类型特殊操作工具条上的 查看布筋▾ 按钮；

第二步鼠标移到某根受力筋时,该受力筋的布筋范围以浅蓝色显示,如图 4-97 所示。

图 4-97　查看负筋布筋范围

（三）编辑构件图元钢筋

点击编辑构件图元钢筋 编辑钢筋 按钮,点击所希望编辑的板负筋,如图 4-98 所示。

85

	筋号	直径(mm)	级别	图号	图形	计算公式	公式描述	长度(mm)	根数
1	板负筋.1	12	Φ	64	90└ 2400 ┘90	1500+900+90+90	左净长+右净长+弯折+弯折	2580	16
2	分布筋.1	6	Φ	1	2900	3000-50-50	净长-起步-起步	2900	10
3*									

图 4-98　编辑构件图元钢筋

第十二节　砌 体 加 筋

一、属性定义

如图 4-99 所示即为砌体加筋的属性定义。

	属性名称	属性值	附加
1	名称	LJ-1	
2	砌体加筋形式	L-1形	
3	1#加筋	A6@500	
4	2#加筋	A6@500	
5	其他加筋		
6	计算设置	按默认计算设置计算	
7	汇总信息	砌体拉结筋	
8	备注		

图 4-99　砌体加筋属性定义

拉结筋形式：点击按钮"…"，弹出拉结筋的所有类型，软件中提供了 4 种拉结筋类型：L型、T 型、十字型和一字型。选择类型后，选择拉结筋节点图，最后在右边的参数框中输入具体的尺寸信息，如图 4-100 所示。

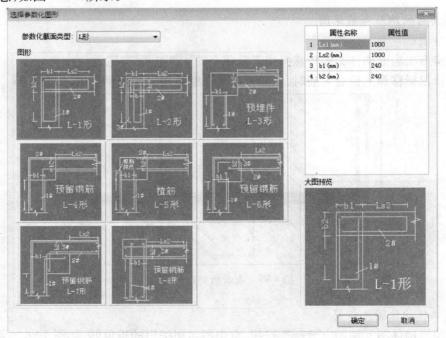

图 4-100　砌体加筋内置图形界面

1～4号拉结筋:输入格式为数量＋级别＋直径＋间距,如2A6@500。

其他拉结筋:点击按钮"⊡"弹出"其他箍筋类型设置"窗口,如图4-101所示,在这里进行其他拉结筋的建立。

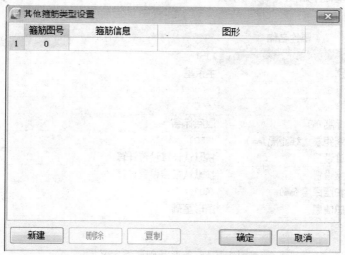

图4-101　砌体加筋其他箍筋编辑

汇总信息:在"分类汇总表"中将按所选择的汇总类型分类汇总,如在这里输入墙,则拉结筋的计算结果将并入墙体中。

计算设置:可直接读取计算设置中砌体结构的计算设置,也可直接修改。

二、绘制方法

拉结筋支持:画点、画旋转点。

智能布置:智能布置参考其他构件的智能布置。

三、相关操作

显示编辑构件图元钢筋。

汇总计算后便可查看构件图元的钢筋计算结果,如图4-102所示。

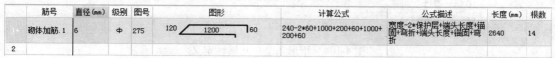

图4-102　砌体加筋编辑钢筋

第十三节　条形基础

一、属性定义

1. 类型

软件中条基是由一层层的单元组成的。构成条形基础的单元有矩形条基单元、参数化条基单元和异形条基单元。

2. 属性

（1）新建条形基础，如图4-103所示。

	属性名称	属性值	附加
1	名称	TJ-1	
2	类别	主条基	☐
3	宽度(mm)	1500	☐
4	高度(mm)	1200	☐
5	底标高(m)	层底标高	☐
6	轴线距左边线距离(mm)	(750)	☐
7	计算设置	按默认计算设置计算	
8	搭接设置	按默认搭接设置计算	
9	保护层厚度(mm)	(40)	☐
10	汇总信息	条形基础	☐
11	备注		☐

图4-103　条形基础属性定义

（2）矩形条基单元，如图4-104所示。

	属性名称	属性值	附加
1	名称	TJ-1-1	
2	宽度(mm)	1000	☐
3	高度(mm)	500	☐
4	相对偏心距(mm)	0	☐
5	相对底标高(m)	(0)	☐
6	受力筋	B12@200	☐
7	分布筋	A10@200	☐
8	其他钢筋		
9	偏心条形基础	否	☐
10	备注		☐
11	⊞ 锚固搭接		

图4-104　矩形条基单元属性定义

（3）参数化条基单元

新建参数化条基单元，弹出下面对话框，如图4-105所示。选中图纸要求的图形，点"确定"，如图4-106所示。

（4）异形条基单元

新建异形条基单元弹出下面对话框，定义图纸要求门轴网（新建轴网用逗号隔开），如图4-107所示。点"确定"，如图4-108所示。

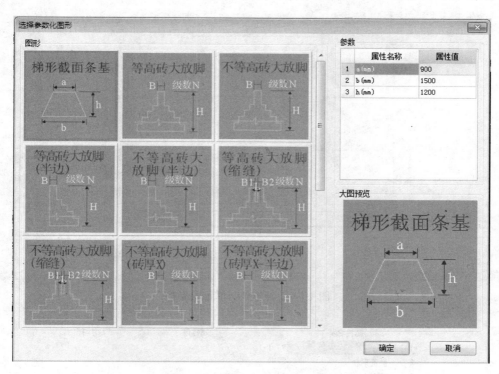

图 4-105 参数化条基单元步骤 1

	属性名称	属性值	附加
1	名称	TJ-1-1	
2	截面形状	梯形截面条基	☐
3	宽度(mm)	1500	☐
4	高度(mm)	1200	☐
5	相对偏心距(mm)	0	☐
6	相对底标高(m)	(0)	☐
7	受力筋	B12@200	☐
8	分布筋	A10@200	☐
9	其它钢筋		☐
10	偏心条形基础	否	☐
11	备注		☐
12	⊞ 锚固搭接		

图 4-106 参数化条基单元步骤 2

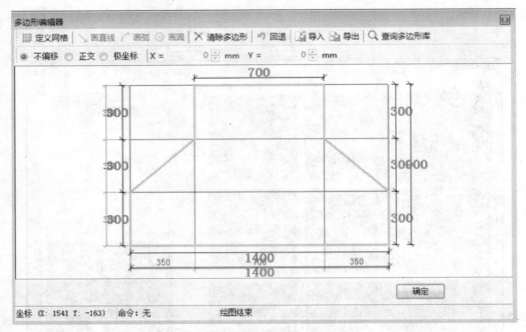

图 4-107　异形条基单元步骤 1

	属性名称	属性值	附加
1	名称	TJ-1-1	
2	**截面形状**	异形	☐
3	宽度 (mm)	1400	☐
4	高度 (mm)	900	☐
5	相对偏心距 (mm)	0	☐
6	相对底标高 (m)	(0)	☐
7	受力筋	B12@200	☐
8	分布筋	A10@200	☐
9	其他钢筋		☐
10	**偏心条形基础**	否	☐
11	备注		☐
12	⊞ 锚固搭接		

图 4-108　异形条基单元步骤 2

　　类别:可选择主条基或次条基,默认为主条基。依据墙下钢筋混凝土条形基础一般构造规定,钢筋混凝土条形基础底板在 T 型及十字型交接处,底板横向受力钢筋仅沿一个主要受力方向通长布置,另一方向的横向受力钢筋可布置到主要受力方向底板宽度 1/4 处。在拐角处底板横向受力钢筋应沿两个方向布置。

　　钢筋搭接值:缺省为当前楼层同类型构件的搭接值。用户可以直接输入一级、二级、三级钢筋的搭接值,"/"上表示直径≤25 时的锚固值,"/"下表示直径 >25 时的锚固值。修改纵筋搭接接头错开百分率,将直接影响钢筋的搭接长度。

二、绘图方法

　　条基的画法分为:折线画法、直线画法、弧形画法、矩形画法和圆形画法。

条基的智能布置方法与梁相同。

三、相关操作

编辑构件图元钢筋：

点击编辑构件图元钢筋　✎ 编辑钢筋 按钮，点击所希望编辑的条形基础，如图 4-109 所示。

	筋号	直径(mm)	级别	图号	图形	计算公式	公式描述	长度(mm)	根数	搭接
1	底部受力筋.1	12	Φ	1	1320	1400-2*40	基础底宽-2*保护层	1320	53	0
2	底部分布筋.1	10	Φ	3	10320	10400-40-40+12.5*d	净长-保护层-保护层+两倍弯钩	10445	8	440
3										

图 4-109　编辑条基图元钢筋

第十四节　独 立 基 础

一、属性定义

1. 类型

软件中独基是由一层层的单元组成的。构成独立基础的单元有矩形条基单元、参数化条基单元和异形条基单元。

2. 属性

（1）独基

新建独立基础，如图 4-110 所示。

（2）矩形独基单元，如图 4-111 所示。

属性名称	属性值	附加
名称	独立基础	
长度(mm)		
宽度(mm)	0	
高度(mm)		
底标高(m)	层底标高	

图 4-110　独基属性定义

	属性名称	属性值	附加
1	名称	DJ-1-1	
2	**截面长度**(mm)	1000	
3	**截面宽度**(mm)	1000	
4	**高度**(mm)	500	
5	相对底标高(m)	(0)	
6	横向受力筋	B12@200	
7	纵向受力筋	B12@200	
8	短向加强筋		
9	**顶部柱间配筋**		
10	其他钢筋		

图 4-111　矩形独基单元属性定义

（3）参数化独基单元

新建参数化独基单元，弹出下面对话框，如图 4-112 所示。

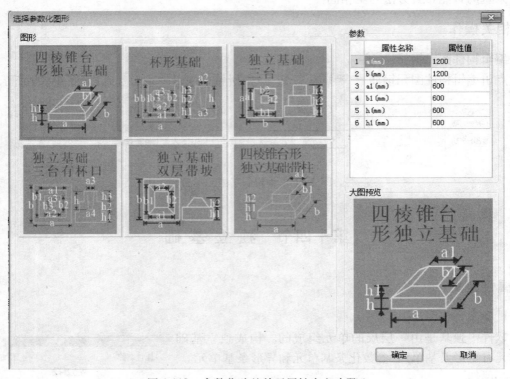

图 4-112　参数化独基单元属性定义步骤 1

按照图形,点"确定",如图 4-113 所示。

	属性名称	属性值	附加
1	名称	DJ-1-1	
2	截面形状	四棱锥台形独立基础	☐
3	截面长度(mm)	1200	
4	截面宽度(mm)	1200	
5	高度(mm)	1200	
6	相对底标高(m)	(0)	
7	横向受力筋	B12@200	☐
8	纵向受力筋	B12@200	☐
9	其它钢筋		
10	备注		☐

图 4-113　参数化独基单元属性定义步骤 2

(4)异形独基单元

新建异形条基单元弹出下面对话框,定义图纸要求门轴网(新建轴网用逗号隔开),如图 4-114 所示。

点"确定",如图 4-115 所示。

纵横向受力筋:输入格式:级别 + 直径@ 间距[(+)级别 + 直径@ 间距],如:B25@ 150,默认为 B12@ 200。

汇总信息:缺省为独立基础,也可直接输入,全国部分地区提供选择项。

混凝土强度等级:缺省为当前楼层基础类型的混凝土强度等级,修改时搭接锚固值同步变化。

钢筋搭接值:缺省为当前楼层同类型构件的搭接值。用户可以直接输入一级、二级、三级钢筋的搭接值,"/"上表示直径≤25 时的锚固值,"/"下表示直径>25 时的锚固值。修改纵筋搭接接头错开百分率,将直接影响钢筋的搭接长度。

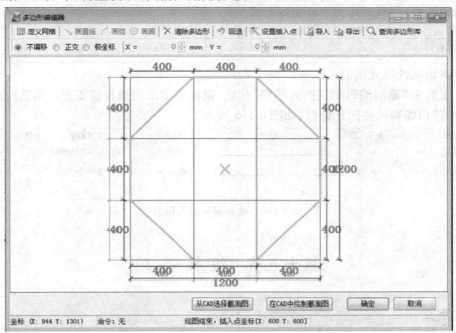

图 4-114　异形独基单元属性定义步骤 1

	属性名称	属性值	附加
1	名称	DJ-1-1	
2	**截面形状**	**异形**	☐
3	截面长度(mm)	1200	☐
4	截面宽度(mm)	1200	☐
5	**高度(mm)**	500	☐
6	相对底标高(m)	(0)	☐
7	横向受力筋	B12@200	☐
8	纵向受力筋	B12@200	☐
9	其他钢筋		

图 4-115　异形独基单元属性定义步骤 2

二、绘图方法

软件提供绘制独基的方法分为两类:点画法和布置法。

(一)点画法

画独基最简单的方法就是用鼠标左键点取轴线交点即可(画点按钮处于凹下状态)。

在画独基时遇到中心不在轴线交点时,也可以利用画图工具栏中的交点捕捉、垂点捕捉和中点捕捉功能,也可以利用偏移画法来偏移独基的位置,独立基础支持 Shift + 鼠标左键、Ctrl + 鼠标左键,操作方法和柱相同。

（二）布置法

快速绘制独基的方法是布置独基法。

首先选择需要布置的独基,然后点取绘图工具条的智能布置按钮 ，在弹出的布置子菜单中选择按轴线、柱等关联构件布置。

三、相关操作

显示编辑构件图元钢筋:

点击工具栏"显示编辑钢筋图元钢筋"按钮,鼠标左键单击选择需要查看钢筋的独立基础图元,即可弹出编辑构件图元窗口,如图 4-116 所示。

	筋号	直径(mm)	级别	图号	图形	计算公式	公式描述	长度(mm)	根数
1	横向底筋.1	12	中	1	920	1000-40-40	净长-保护层-保护层	920	6
2	纵向底筋.1	12	中	1	920	1000-40-40	净长-保护层-保护层	920	6
3									

图 4-116　独基编辑图元钢筋

第十五节　筏 板 基 础

一、属性定义

如图 4-117 所示,即为筏板的属性定义窗口。

	属性名称	属性值	附加
1	名称	FB-1	
2	混凝土强度等级	(C20)	
3	厚度(mm)	(120)	
4	底标高(m)	层底标高	
5	保护层厚度(mm)	(40)	
6	马凳筋参数图	III型	
7	马凳筋信息	B22@1200	
8	线形马凳筋方向	平行横向受力筋	
9	拉筋		
10	拉筋数量计算方式	向上取整+1	
11	马凳筋数量计算方式	向上取整+1	
12	筏板侧面纵筋		
13	归类名称	(FB-1)	
14	汇总信息	筏板基础	

图 4-117　筏板基础属性定义

名称:根据图纸输入构件名称,如 MJ-1。

底标高:默认为基础层结构底标高,如 -3.05。

混凝土强度等级:缺省为当前楼层基础类型的混凝土强度等级,修改时搭接锚固值同步变化。

保护层厚度:缺省为基础层基础类构件保护层的厚度,如 40。

马凳参数图：实际施工中常用三种马凳在软件中都有体现，如图4-118所示。

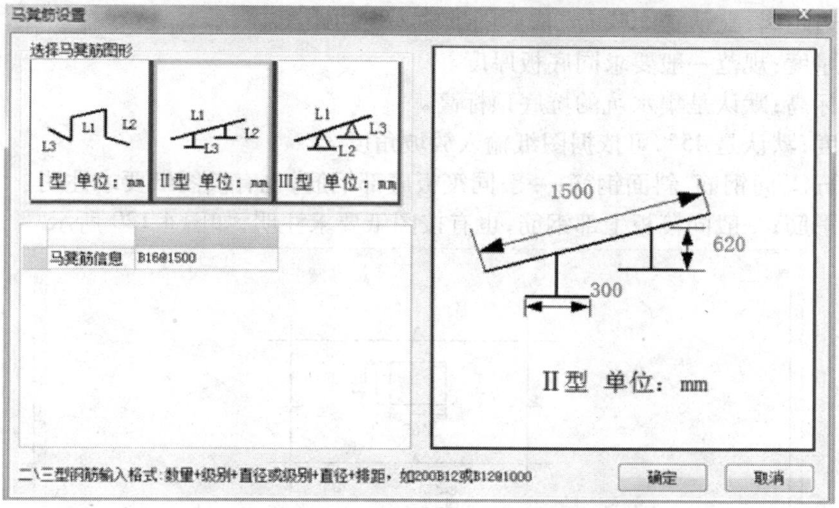

图4-118　筏板基础马凳选择

输入相应的马凳配筋信息及马凳的尺寸。

拉筋：按照图纸板里如果有拉筋可输入拉筋的信息，如 A8@600×600。

二、绘制方法

筏板的绘图方法和相关操作与板相同，请参见板绘制方法。

第十六节　集　水　坑

一、属性定义

如图4-119所示即为集水坑的属性定义。

	属性名称	属性值	附加
1	名称	JSK-1	
2	长度 (X向) (mm)	1500	
3	宽度 (Y向) (mm)	1500	
4	坑底出边距离 (mm)	500	
5	坑底板厚度 (mm)	(120)	
6	坑板顶标高 (m)	筏板底标高-1	
7	放坡输入方式	放坡角度	
8	放坡角度 (°)	45	
9	X向钢筋	B14@200	
10	Y向钢筋	B14@200	
11	坑壁水平筋	B14@200	
12	斜面钢筋	B14@200	
13	备注		
14	⊞ 其他属性		
22	⊞ 锚固搭接		

图4-119　集水坑属性定义

长度宽度(mm):默认是1500mm,可以按照图纸创造集水坑的长度宽度。

坑底出边距离:默认是500mm,依照图纸输入出边距离。

坑底板厚度:规范一般要求同底板厚度。

坑板顶标高:默认是集水坑的坑底顶标高。

放坡角度:默认是45°,可依据图纸输入放坡角度。

X向钢筋、Y向钢筋、斜面钢筋:一般同筏板底部钢筋,也有按图纸要求注明。

坑壁水平筋:一般同筏板上部钢筋,也有按图纸要求注明,如图4-120所示。

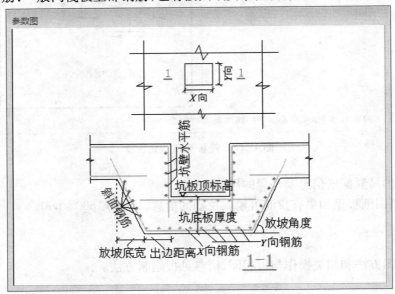

图4-120　集水坑钢筋布置图解

二、绘制方法

集水坑的操作与板洞相同,也可镜像、移动、复制、旋转,同时可跨多块满基布置。

三、相关操作

编辑构件图元钢筋:点击编辑构件图元钢筋按钮,然后点击所希望编辑的集水坑,如图4-121所示。

	筋号	直径(mm)	级别	图号	图形	计算公式	公式描述	长度(mm)	根数
1	Y向斜面钢筋.1	14	Φ	613	210　1440　1440　210 45　2750　45	(15*d+113)+1327+2750+1327+(15*d+113)	锚固+斜长+水平长度+斜长+锚固	6050	2
2	Y向斜面钢筋.2	14	Φ	613	210　1240　1240　210 45　3033　45	(15*d+113)+1127+3033+1127+(15*d+113)	锚固+斜长+水平长度+斜长+锚固	5933	2
3	Y向斜面钢筋.3	14	Φ	613	210　1040　1040　210 45　3315　45	(15*d+113)+927+3315+927+(15*d+113)	锚固+斜长+水平长度+斜长+锚固	5815	2
4	Y向斜面钢筋.4	14	Φ	613	210　840　840　210 45　3598　45	(15*d+113)+727+3598+727+(15*d+113)	锚固+斜长+水平长度+斜长+锚固	5698	2
5	Y向斜面钢筋.5	14	Φ	613	210　640　640　210 45　3881　45	(15*d+113)+527+3881+527+(15*d+113)	锚固+斜长+水平长度+斜长+锚固	5581	2

图4-121　集水坑编辑图元钢筋

第十七节　桩　承　台

1.类型

软件中桩承台是由一层层的单元组成的。构成桩承台的单元有矩形桩承台单元、参数化桩承台单元和异形桩承台单元。

2.属性

（1）桩承台

新建桩承台，如图 4-122 所示。

	属性名称	属性值	附加
1	名称	CT-1	
2	长度(mm)	1000	☐
3	宽度(mm)	1000	☐
4	高度(mm)	500	☐
5	底标高(m)	层底标高	☐
6	扣减板/筏板面筋	是	☐
7	扣减板/筏板底筋	是	☐
8	计算设置	按默认计算设置计算	
9	搭接设置	按默认搭接设置计算	
10	保护层厚度(mm)	(40)	☐
11	汇总信息	桩承台	☐

图 4-122　桩承台属性定义

名称：根据图纸输入桩承台名称如 CT-1，且在本层中必须唯一。

底标高(m)：默认为基础层结构底标高，如 -3.05。

（2）矩形桩承台单元，如图 4-123 所示。

	属性名称	属性值	附加
1	名称	CT-1-1	
2	长度(mm)	1000	☐
3	宽度(mm)	1000	☐
4	高度(mm)	500	☐
5	相对底标高(m)	(0)	☐
6	配筋形式	板式配筋	☐
7	横向受力筋	B12@200	☐
8	纵向受力筋	B12@200	☐
9	侧面受力筋		☐
10	其他钢筋		
11	承台单边加强筋		☐
12	加强筋起步(mm)	40	☐
13	备注		☐
14	⊞ 锚固搭接		

图 4-123　矩形桩承台单元属性定义

（3）参数化桩承台单元

新建参数化桩承台单元，弹出下面对话框，如图 4-124 所示。

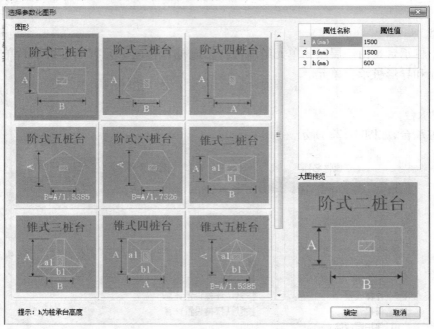

图 4-124　新建参数化桩承台单元属性定义步骤 1

按照图纸要求的图形，点"确定"，如图 4-125 所示。

	属性名称	属性值	附加
1	名称	CT-1-1	
2	截面形状	阶式二桩台	☐
3	长度 (mm)	1500	☐
4	宽度 (mm)	1500	☐
5	高度 (mm)	600	☐
6	相对底标高 (m)	(0)	☐
7	横向受力筋	B12@200	☐
8	纵向受力筋	B12@200	☐
9	侧面受力筋		☐
10	其他钢筋		
11	承台单边加强筋		☐
12	加强筋起步 (mm)	40	☐

图 4-125　新建参数化桩承台单元属性定义步骤 2

（4）异形独基单元

新建异形桩承台单元弹出下面对话框，定义图纸要求门轴网（新建轴网用逗号隔开），如图 4-126 所示。点"确定"，如图 4-127 所示。

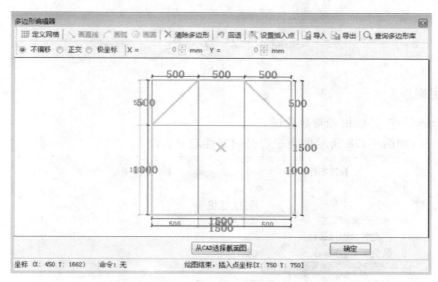

图 4-126　新建异形桩承台单元属性定义步骤 1

	属性名称	属性值	附加
1	名称	CT-1-1	
2	截面形状	异形	☐
3	长度 (mm)	1500	☐
4	宽度 (mm)	1500	☐
5	高度 (mm)	500	☐
6	相对底标高 (m)	(0)	☐
7	配筋形式	板式配筋	☐
8	横向受力筋	B12@200	☐
9	纵向受力筋	B12@200	☐
10	侧面受力筋		☐
11	其它钢筋		☐
12	承台单边加强筋		☐
13	加强筋起步 (mm)	40	☐

图 4-127　新建异形桩承台单元属性定义步骤 2

纵横向受力筋:输入格式:级别＋直径@ 间距[(＋)级别＋直径@ 间距],如:B25@ 150,默认为 B12@ 200。

汇总信息:缺省为独立基础,也可直接输入,全国部分地区提供选择项。

混凝土强度等级:缺省为当前楼层基础类型的混凝土强度等级,修改时搭接锚固值同步变化。

钢筋搭接值:缺省为当前楼层同类型构件的搭接值。用户可以直接输入一级、二级、三级钢筋的搭接值,"/"上表示直径≤25 时的锚固值,"/"下表示直径＞25 时的锚固值。修改纵筋搭接接头错开百分率,将直接影响钢筋的搭接长度。

第十八节 桩

一、属性定义

桩分为矩形桩、异形桩和参数化桩。

1. 矩形桩：如图 4-128 所示即为矩形桩的属性定义页面。

	属性名称	属性值	附加
1	名称	ZJ-1	
2	类别	预应力管桩	☐
3	混凝土强度等级	(C20)	☐
4	截面宽(B边)(mm)	400	
5	截面高(H边)(mm)	400	
6	其他钢筋		
7	汇总信息	桩	☐
8	桩深度(mm)	3000	☐
9	顶标高(m)	基础底标高	☐

图 4-128　矩形桩属性定义

顶标高：软件默认为基础底标高，可结合实际情况进行更改。

2. 参数化桩：新建参数化桩，弹出"参数化图形"界面，如图 4-129 所示。选择桩图形后，在右边的参数框中输入具体的尺寸信息。

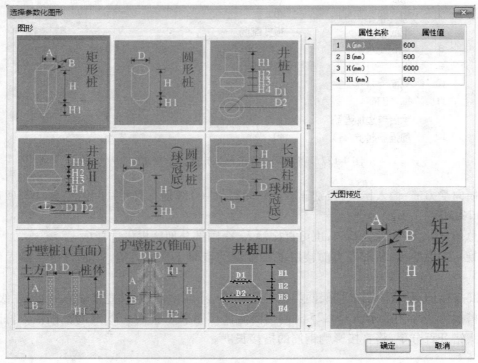

图 4-129　新建参数化桩属性定义步骤 1

按照图纸要求的图形,点"确定",如图 4-130 所示。

	属性名称	属性值	附加
1	名称	ZJ-2	
2	类别	预应力管桩	☐
3	截面形状	矩形桩	☐
4	混凝土强度等级	(C20)	☐
5	其他钢筋		
6	汇总信息	桩	
7	桩深度(mm)	6600	☐
8	顶标高(m)	基础底标高	☐

图 4-130 新建参数化桩属性定义步骤 2

3. 异形桩:新建异形桩弹出下面对话框,定义图纸要求门轴网(新建轴网用逗号隔开),如图 4-131 所示。

点"确定",如图 4-132 所示。

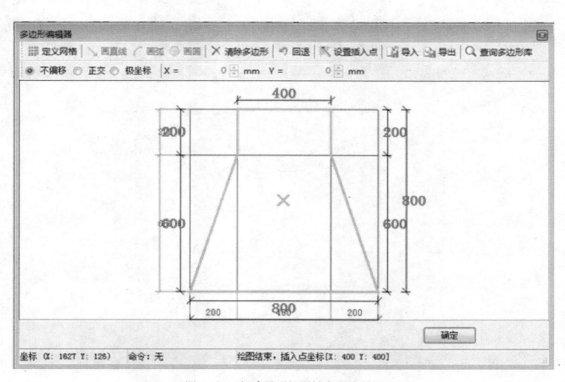

图 4-131 新建异形桩属性定义步骤 1

	属性名称	属性值	附加
1	名称	ZJ-3	
2	类别	预应力管桩	☐
3	截面形状	异形	☐
4	混凝土强度等级	(C20)	☐
5	截面宽(B边)(mm)	800	☐
6	截面高(H边)(mm)	800	☐
7	其他钢筋		
8	汇总信息	桩	☐
9	桩深度(mm)	3000	☐
10	顶标高(m)	基础底标高	☐

图 4-132　新建异形桩属性定义步骤 2

二、绘制方法

与桩承台的画法相同。

第五章　整体抽钢筋——绘图输入

本章将为大家逐一介绍绘图输入法的常用操作。

第一节　工　　程

一、导入图形算量（GCL）文件

通过导入图形算量（GCL）文件可以将 GCL 2013 中已经建好的模型导入 GGJ 2013 软件中，省去了绘制的时间，同时在导入过程中，墙、梁、柱的类别可以自动生成。

二、合并工程

"合并工程"可以将两个工程合并为一个工程，例如工程较大时每个人算一两层，最后合并为一个工程。

首先打开一个工程，然后在主菜单中点击〖工程〗→〖合并工程〗，选择希望合并的工程文件。此时将打开如图 5-1 所示的窗口。

在该窗口中将列出所选工程的楼层以及所选工程中已经画入的构件。此时选择希望合并的楼层和构件，点击下方的确定按钮即可进行合并。

图 5-1　合并工程界面

合并工程的前提是两个工程的楼层必须相同。

当合并工程时,如果两个工程中的同一层同一位置布置了同一个构件,则后者将冲掉前者,即所选工程中的构件将被导入到打开的工程中,而打开的工程中的构件将被删除。

第二节　楼层块操作

楼层块操作支持:块删除、块复制、块镜像、块移动、块旋转、块拉伸、块存盘和块读取。前6 种功能的操作方法和修改操作基本相同,只是它仅对单个构件类别生效,例如当我在编辑墙时执行删除功能,柱是不能被删除的。而块操作可以对当前层所有构件生效。

一、块存盘

使用块存盘功能,可以把选定范围内的构件进行保存。

操作步骤:

第一步点击"楼层"→"块存盘",鼠标变为"十",选中要保存的构件范围,如图 5-2 所示;

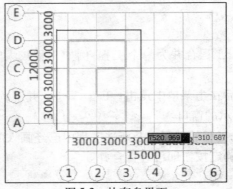

图 5-2　块存盘界面

第二步用鼠标左键选择保存的基准点,点击后弹出"楼层块保存"界面,如图 5-3 所示;

图 5-3　块存盘选择路径

第三步输入块的名称,并点击"确定"按钮,完成块存盘操作。

二、块提取

使用"块提取"的功能,可以把预先保存的块提取出来,并插入到当前工程中。

操作步骤:

第一步点击"楼层"→"块提取",打开块提取界面(图5-4);

图5-4　块提取界面

第二步选择要提取的块,点击"确定"后,在绘图区域内选择插入点,点击鼠标左键,可以把选中的块插入到当前工程中,完成操作。

> **注意**
> (1)块的插入点为块存盘时所选择的插入点。
> (2)如果在块插入的目标位置存在同类构件的其他图元,那么所选中范围内的构件不会覆盖目标范围内的构件图元。

第三节　柱　　表

一、功能

构件工具栏里柱表功能的作用是快速建立柱构件,主要用于矩形柱。在平法图纸中,往往会有柱表列出,如果按图纸将柱表的信息输入软件的柱表中将更方便于柱的建立,如图5-5所示。

图 5-5　柱表界面

二、用法

〖插入柱〗　点击"插入柱"后柱列表中将插入一根柱子,该行为浅蓝色显示,该行可以输入的钢筋信息,表示柱子的默认信息。

〖插入柱层〗　光标定位在刚插入的柱行(浅蓝色行)上,点击"插入柱层"则在该柱下插入一层,该行为白色显示,例如该例由于柱变截面,所以需要插入三个子层,然后修改柱层的标高为实际工程的标高。

〖生成构件〗　当柱表填写完成后,点击生成构件,软件会以输入的标高,在相应楼层中建立该构件。当"是否"生成构件不打钩时则表示不生成该构件,如图 5-6 所示。

	属性名称	属性值	附加
1	名称	KZ-1	
2	类别	框架柱	
3	截面编辑	否	
4	截面宽(B边)(mm)	600	☐
5	截面高(H边)(mm)	600	☐
6	全部纵筋		☐
7	角筋	4B22	☐
8	B边一侧中部筋	3B22	☐
9	H边一侧中部筋	3B22	☐
10	箍筋	A10@100/200	☐
11	肢数	5*5	
12	柱类型	(中柱)	☐
13	其他箍筋		
14	备注		☐

图 5-6　生成柱构件

第四节 连 梁 表

一、功能

使用"连梁表"的功能,可以快速建立所有楼层中的连梁构件,并可以快速生成到各楼层中。其作用类似柱表,如图5-7所示。

图5-7 连梁表界面

二、用法

〖新建梁〗 使用鼠标点击"新建梁"按钮,在最后一行新建一个梁。

〖新建梁层〗 使用鼠标点击"新建梁层"按钮,在当前梁(当前选择的梁)后插入一行,此时可以输入梁层的相关信息。

〖生成构件〗 使用鼠标点击"生成构件"按钮,构件生成完毕,给出提示"生成构件成功"。当"是否"生成构件不打勾时则表示不生成该构件,如图5-8所示。

	属性名称	属性值	附加
1	名称	LL-1	
2	截面宽度(mm)	300	
3	截面高度(mm)	500	
4	轴线距梁左边线距离(mm	(150)	
5	全部纵筋		
6	上部纵筋	3B25	
7	下部纵筋	3B25	
8	箍筋	A10@100 (2)	
9	肢数	2	
10	拉筋		

图5-8 生成连梁构件

第五节　暗　柱　表

一、功能

使用"暗柱表"的功能，可以集中输入暗柱的钢筋设计数据，如图5-9所示。

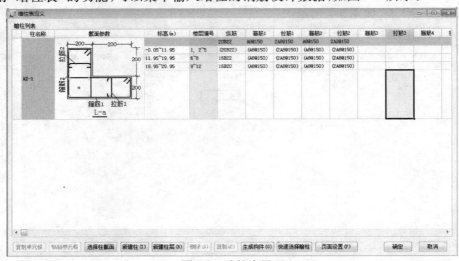

图5-9　暗柱表界面

二、用法

〖新建柱〗　使用鼠标点击"新建柱"按钮，软件先弹出参数化界面，选择截面类型，按确定按钮，在最后一行新建一个柱。按取消按钮，则新建柱操作无效。

〖新建柱层〗　使用鼠标点击"新建柱层"按钮，在当前柱（当前选择的柱）最后插入一行，此时可以输入柱的楼层钢筋信息。输入柱层标高和数据时，必须从底层往上输入，中间不允许出现空行。

〖生成构件〗　使用鼠标点击"生成构件"按钮，构件生成完毕，给出提示"生成构件成功"。当"是否"生成构件不打勾时则表示不生成该构件，如图5-10所示。

	属性名称	属性值	附加
1	名称	AZ-1	
2	类别	暗柱	☐
3	截面编辑	否	
4	**截面形状**	L-a形	☐
5	截面宽（B边）(mm)	400	☐
6	截面高（H边）(mm)	400	☐
7	全部纵筋	20B22	☐
8	箍筋1	A8@150	☐
9	箍筋2	A8@150	☐
10	拉筋1	2A8@150	☐
11	拉筋2	2A8@150	☐
12	其它箍筋		

图5-10　生成暗柱构件

第六章 万能输入法——直接输入法

直接输入法应用于各种构件。软件钢筋库中提供了484种形式的钢筋,用户操作只需要输入钢筋的直径级别,选择库中的图号,然后填入相应的参数就可以计算钢筋了。

直接输入法类似于手工输入,只不过手工输入是在纸上列式计算,而直接输入法是在计算机中列式计算,而对于钢筋的汇总及分析则可交给计算机处理,如图6-1所示为手工计算与软件计算的对比。

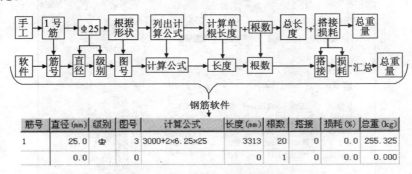

筋号	直径(mm)	级别	图号	计算公式	长度(mm)	根数	搭接	损耗(%)	总重(kg)
1	25.0	Φ	3	3000+2×6.25×25	3313	20	0	0.0	255.325
	0.0		0		0	1	0	0.0	0.000

图6-1 手工计算与软件计算对比

钢筋输入就是用户参照图纸数据,直接在主体显示区各列中输入相应数据的输入法。

一、计算依据

按照《混凝土结构工程施工质量验收规范》GB 50204—2010 的规定,弯钩计算说明见表6-1。

表6-1 弯钩计算说明

编 号	弯钩名称	不 抗 震
1	箍筋180°	8.25
2	直筋180°	6.25
3	90°	5.50
4	135°	6.90
5	抗扭曲箍筋	30.00

钢筋重量以公斤(kg)为单位,输出总量以吨(t)为单位。

钢筋的预算长度 = 平直长度 + 弯钩。

二、输入方法

首先输入钢筋筋号、直径、级别，然后在图号栏选择或直接输入图号，可通过对钢筋特征的分类选择，来选择钢筋图形列表中的钢筋图样内容，用鼠标左键单击所需钢筋图形，即可完成钢筋图样的选择。然后在钢筋图形上输入具体的参数，支持表达式输入，软件将自动计算钢筋长度，最后输入钢筋根数即可，搭接长度及形式自动根据搭接设置相应调整。

三、页面设置

（一）主体显示区钢筋格式设置

该页面主要用来设置主体显示区不同输入法的背景色、字体色和大小（图6-2）。

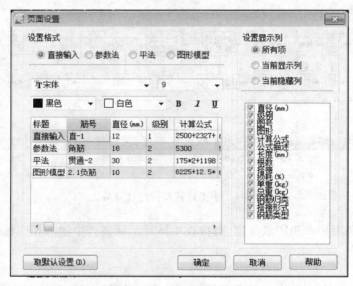

图6-2 主体显示区钢筋格式设置

> **注意**
> 直接在效果预览处点击鼠标也可选择设置项。

（二）设置显示列

设置主体显示区钢筋的显示列，操作窗口右上的单选框，改变下方列表的显示内容，要使预算表中显示某列，单击列标题前的小方框，使之出现"√"，表明选中。

（三）列字段介绍

1. 筋号：由用户自己定义，如按顺序输入，如1,2,3,上部通长筋等。

2. 直径：输入钢筋的直径，当钢筋直径不符合规范要求时，软件会自动给出提示。

3. 级别：输入钢筋的级别。软件对钢筋的级别定义为1~6级，默认的级别为2级，软件自动根据钢筋直径算出级别（如果同一直径的钢筋有多个级别，默认取最小的）。

输入钢筋的级别后，软件会自动根据钢筋级别转为相应符号，对应关系如图6-3所示。

4. 图号：在此列中选择钢筋的形状。每一种图号代表一种钢筋形状，软件提供了484种钢

筋型号。图号输入方式:

直接输入:如果用户对软件较熟悉,可以在此处直接输入图号。

选择输入:用鼠标单击图号右侧的三点按钮将会弹出图形(图6-4)。

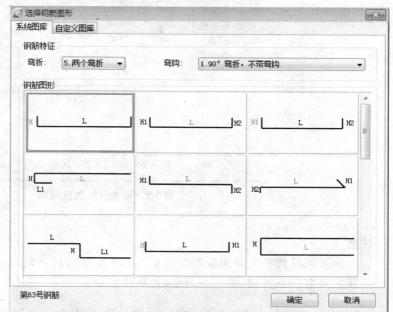

级别	型号
HPB300	φ
HRB335	Φ
HRB400	Φ
RRB400	Φ^R

图6-3 钢筋级别对应型号

图6-4 钢筋图号界面

用户可以在"弯折特征"以及"弯钩特征"的下拉选择框中选择钢筋特征,确认钢筋形状后,软件会把这种钢筋的图号添加到"图号"列,同时将钢筋形状显示在"图形"列。

5. 图形:显示图号所对应的钢筋形式。用户需在此处输入钢筋参数。进入此列后,光标会自动置于某一参数处,按回车键可接着输入另一参数,支持表达式输入。

6. 计算公式:该列是钢筋长度的计算公式,软件会根据用户所选图形和钢筋计算规范列计算公式。

注意

用户可以在此列修改计算公式。若所选的图号带弯钩,且弯钩在图形上无参数时,则该钢筋图形的计算公式为该图形系统所默认的计算公式+弯钩长度。弯钩的长度取值根据当前工程当前楼层的抗震等级以及新建向导里所设置的弯钩取值。

---

7. 长度:根据计算公式得出的计算结果。

8. 根数:在此处输入钢筋的根数,有两种输入方式。

◇ 直接输入:由用户自己计算钢筋的根数后,在此输入。

◇ 用户输入参数后,由软件计算得出,具体操作步骤:将光标移到"根数"列,这时会出现三点按钮,点击该按钮,弹出如图6-5所示的窗体,根据图纸尺寸填入各段长度和间距,然后点击〖确定〗后软件即可算出根数。分段长度支持表达式输入如1000+200。

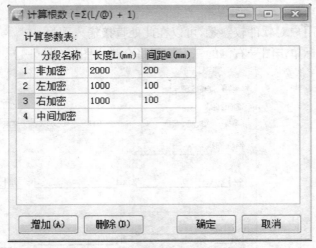

图 6-5　根数计算数据填写

注意

如果某段的长度和间距都没有输入（即为空），则该段不参与根数计算；如果长度和间距中只有一个有值，另一个为空，则软件报错。

9. 搭接：搭接长度将根据〖工程〗-〖搭接设置〗进行自动计算，用户亦可自行修改。

注意

当搭接形式为"绑扎"时，是指搭接长度；搭接形式为除绑扎以外的其他形式时，是指搭接个数。

10. 损耗：此列显示不同损耗类别的钢筋损耗率。当套用的损耗率与实际情况不符时，可直接在此列对损耗率进行修改。

11. 单重：是钢筋长度和钢筋比重的乘积，表示一根这种长度的钢筋重量。

12. 总重：是钢筋单重和钢筋根数的乘积。

13. 箍筋：用以区分直筋与箍筋。如果该列显示为选中状态时，表示这行的钢筋为箍筋。

14. 搭接形式：在此列选择钢筋的搭接形式。软件将根据用户所选择的搭接形式在"钢筋接头汇总表"中汇总各种搭接形式钢筋的接头个数。

15. 钢筋类型：此列主要用来区分钢筋是普通钢筋、冷轧扭钢筋还是冷轧带肋钢筋。

注意

1. 钢筋类型只与比重有关。选择冷轧扭钢筋或冷轧带肋钢筋后，钢筋的单重、总重都相应发生变化。

2. 冷轧扭钢筋只有 6.5、8、10、12、14、12-菱六种钢筋直径，如果钢筋直径不是这六种，而将钢筋类型选为冷轧扭时，软件会出现错误提示。

第七章 梁钢筋计算——平法

第一节 平法基础知识

一、结构设计的系统构成

根据结构设计各阶段的工作分工和内容,当将结构设计作为一个整体,用工程哲学的方法进行分析时,可将其分为四个板块:

◇ 结构体系设计。
◇ 结构计算分析。
◇ 结构施工图设计。
◇ 施工配合与监理。

结构设计主系统下的四个分系统,有明确的层次性、关联性、目的性和相对完整性。结构体系设计是在建筑造型设计上的再创造,其设计内容包括地基处理方案、结构造型、构件截面形状和尺寸、选择建筑材料等;结构计算分析,以确定结构内力、材料用量和地基处理具体措施等;结构施工图设计是将体系设计和计算分析的结果用图形和说明的方式表达出来,形成结构设计产品;施工配合与监理是在设计付诸施工后,针对发生的新问题进行设计变更和监督施工质量。

二、平法的基本理论

平法的基本理论:以知识产权的归属为依据,将结构设计分为创造性设计内容和重复性设计内容两部分,由设计者采用平法制图规则完成前一部分,后一部分则采用平法标准构造图集,两部分为对应互补关系,合并构成完整的结构设计。

创造性与重复性设计内容的划分,主要看结构施工图表达的内容是否为前面两个分系统运行的结果。即是否为设计者本人对具体工程所做的结构体系设计和结构计算分析的成果,而这部分成果的知识产权明显属于设计者。传统设计中大量重复表达的内容,如常规节点构造详图、钢筋搭长与锚长、箍筋加密区范围等,无不是具体工程中结构体系设计和结构计算分析的成果,明显属于重复性设计内容。

第二节 软件基础操作流程

如图 7-1 所示即为平法梁钢筋计算基本操作流程:

注:1. 梁锚固及搭接值将自动提取相应楼层同类型构件搭接锚固设置值,一般不需要调整。

2. 计算及节点设置软件已完全按照标准图集和规范设置,一般不需要用户调整。

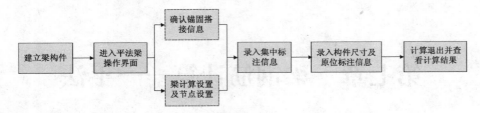

图 7-1　平法梁钢筋计算基本操作流程

一、软件基本操作

（一）新建梁构件

打开非建模构件管理窗口，选择构件树"梁"节点（图 7-2），左键单击〖添加构件〗，软件将自动在梁类型下创建梁构件，用户可输入构件名称、构件数量和选择构件类别等。

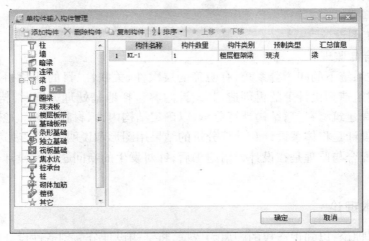

图 7-2　单构件输入添加梁构件

注：GGJ2013 梁类别划分分为：1. 框架梁；2. 非框架梁；3. 框支梁；4. 基础主梁；5. 基础次梁。

（二）进入平法输入界面

单击工具栏中的〖平法输入〗按钮或按快捷键 F8 进入平法输入界面，如图 7-3 所示。

（三）输入界面中各图标功能介绍

◇ 构件管理：打开当前类型构件管理窗口，进行梁的添加、删除、复制和排序等操作。

◇ 复制：原构件的所有数据及属性都将复制到新构件中。

◇ 选配：将同层或其他层的梁构件平法输入数据复制到当前选择梁构件中。

◇ 构件信息：可查看、修改当前构件的混凝土强度等级、保护层及搭接锚固值，并可调整当前梁的计算及节点设置。

鼠标左键点击〖构件信息〗按钮，打开构件信息对话框，如图 7-4 所示。

◇ 实时助手：实时动态显示集中标注及平法表格中各输入框的数据输入格式及相关提示信息。使用用户可以更快速、方便地学习并掌握相应的数据输入规则，如图 7-5 所示。

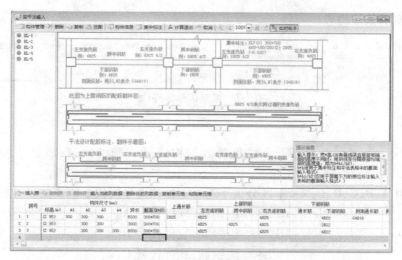

图 7-3 梁平法输入界面

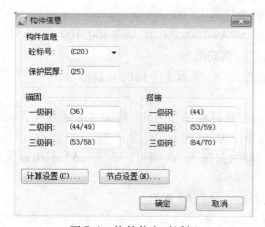

图 7-4 构件信息对话框

图 7-5 实时助手界面

二、录入钢筋信息

（一）集中标注数据录入

鼠标单击〖集中标注〗按钮出现梁集中标注定义对话框，如图 7-6 所示。

（二）原位标注数据的录入

集中标注数据录入完成以后，在下面的跨号列中就自动产生了相应的跨号，集中标注的数据也自动填入，如图 7-7 所示。

现在，再根据实际图纸梁的原位标注将每跨的钢筋信息在上表中进行录入。一行代表一跨，通过这种录入方式，可以直观地反映整根梁的配

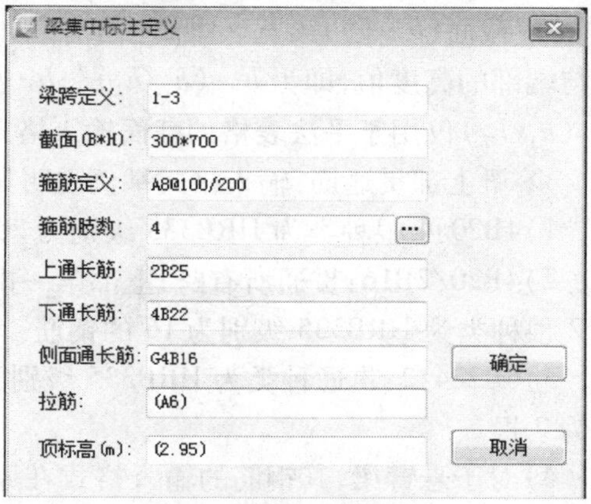

图 7-6 梁集中标注界面

筋情况,并且便于整体检查。

	跨号	标高(m)	构件尺寸(mm)				跨长	截面 (B*H)	上通长筋	上部钢筋			下部钢筋		侧面通长筋
			A1	A2	A3	A4				左支座钢筋	跨中钢筋	右支座钢筋	通长筋	下部钢筋	
1	1	(2.95)	300	300	300		6500	300*700	2B25	4B25		4B25	4B22		G4B16
2	2	(2.95)		300	300		3000	300*700		4B25	4B25	4B25			
3	3	(2.95)		300	300	300	6500	300*700		4B25		4B25			

图 7-7 梁原位标注界面

注意:

◇ 每一行代表梁的一跨,27 个栏目的数据构成梁一跨的内容,软件中跨号最多可输 100 跨。

◇ 级别用 A、B、C、D、L、N <不区分大小写>。各种代号所代表钢筋的专业符号如下:

HPB300 级钢筋,软件代号 A。

HPB335 级钢筋,软件代号 B。

HPB400 级钢筋,软件代号 C。

HPB500 级钢筋,软件代号 D。

RRB400 级钢筋,软件代号 L。

◇ 间距符号使用"@"或"-"表示,两者等同。如 A8-100/200 或 A8@100/100。

◇ "+"表示连接符,用于连接同一排不同直径的钢筋信息。

◇ "/"表示箍筋间距的分隔符,对于梁的纵筋使用"/"表示上下排的分割符号。

梁数据输入规则如下:

◇ 跨号:梁跨的编号,非悬臂梁从 1 开始编号,左悬臂跨编号为 0。跨编号必须连续。

◇ 标高:梁的标高默认取当前楼层的顶标高,单位为 m(米)。

◇ A1:首跨支座左侧尺寸。连续梁左端带悬臂时,只输入 A1 即可,A2、A3、A4 不用输入;否则需输入 A1、A2、A3。

◇ A2:当前跨左支座右侧尺寸。在中间跨只要输入 A2、A3 即可。

◇ A3:当前跨右支座左侧尺寸。在中间跨只要输入 A2、A3 即可。非悬臂首跨在此需要输入。

◇ A4:最末跨右支座右侧尺寸。右悬臂时,只输入该位置即可,A1、A2、A3 不用输入。

◇ 跨长:梁跨的长度(轴线标注长度),单位为 mm(毫米)。

◇ 截面($b \cdot h$):梁宽×梁高[当有悬挑梁且根部和端部的高度不同时,用斜线条分隔根部与端部的高度值,即为 $b \cdot (h_1/h_2)$];$b \cdot h$ 适用于集中标注和平法表格中的截面输入格式。$b \cdot (h_1/h_2)$ 仅用于平法表格的截面输入格式。

◇ 梁上部贯通筋:输入格式举例说明如下:

1)4B20:4 根种类为 HRB335 级别为 20 的钢筋贯通所有跨。

2)4B20/2B16:贯通所有跨,上部第一排 4 根种类为 HRB335 级别为 20 的钢筋,上部第二排 2 根种类为 HRB335 级别为 16 的钢筋。

3)6B224/2:贯通种类为 HRB335 级别为 16 的钢筋贯通所有跨,上部第一排为 4 根,第二排为 2 根。

4)对于悬臂梁,其钢筋的输入格式在原来的基础上增加钢筋形式(翻样)。其中,钢筋形式编号为 1-3。分隔符号为"-"。不输入默认为 1。

5）2－2B20：悬臂梁种类为 HRB335 级别为 20 的钢筋，悬臂梁代号为 2 号钢筋。

◇ 左支座钢筋：表示梁上部左支座处包含通长筋在内的所有纵筋，如果左支座处没有其他的钢筋，只有上部通长筋，可以不输入。

格式1：数量＜级别＞直径｛＋数量＜级别＞直径…［/数量＜级别＞直径…］…｝｛－上排负筋长度值［/下排负筋长度值］｝

格式2：数量＜级别＞直径｛ 数量1/数量2［/数量3］…｝｛－上排负筋长度值［/下排负筋长度值］｝

1）6B25 4/2－3200/2800。上部第一排 4 根种类为 HRB335 级别为 25，伸入跨内净长为 3200；第二排 2 根 25，伸入跨内净长为 2800。

2）2B25＋2B20/2B22＋2B20－3200/2800：上部第一排 2 根种类为 HRB335 级别为 25 和 2 根种类为 HRB335 级别为 20，伸入跨内净长均为 3200；第二排 2 根种类为 HRB335 级别为 22 和 2 根种类为 HRB335 级别为 20，伸入跨内净长均为 2800。

◇ 跨中钢筋：

无架立钢筋的输入方法：

格式1：数量＜级别＞直径｛＋数量＜级别＞直径…［/数量＜级别＞直径…］…｝

格式2：数量＜级别＞直径｛ 数量1/数量2［/数量3］…｝

有架立钢筋的输入方法：

格式：数量＜级别＞直径｛＋数量＜级别＞直径…＋（数量＜级别＞直径）［/数量＜级别＞直径…＋（数量＜级别＞直径）］…｝

有以下几种类型：

① 2B20＋（2B14）：两根本跨筋，两根架立筋。

② 2B25＋2B20/2B22＋2B20＋（2B16）：上部第一排 2 根种类为 HRB335 级别为 25 和 2 种类为 HRB335 级别为根 20，为本跨筋；第二排 2 根种类为 HRB335 级别为 22 和 2 根种类为 HRB335 级别为 20 为本跨筋，2 根 16 为架立筋。

③ 7B25 4/3：上部第一排 4 根种类为 HRB335 级别为 25，第二排 3 根种类为 HRB335 级别为 25 钢筋。

悬臂位置的钢筋：其钢筋的输入格式在原来的基础上增加钢筋形式（翻样）。其中，钢筋形式编号为 1－3。分隔符号为"－"。不输入默认为 1。

输入形式示例：1－4B20/2－2B16：上排 4 根 1#种类为 HRB335 级别为 20 钢筋，下排 2 根 2# 种类为 HRB335 级别为 16 钢筋。

◇ 右支座钢筋：

输入提示：（此位置的钢筋包括了上通长筋的数量）

格式1：数量＜级别＞直径｛＋数量＜级别＞直径…［/数量＜级别＞直径…］…｝｛－上排负筋长度值［/下排负筋长度值］｝

格式2：数量＜级别＞直径｛ 数量1/数量2［/数量3］…｝｛－上排负筋长度值［/下排负筋长度值］｝

1）6B25 4/2－3200/2800。上部第一排 4 根种类为 HRB335 级别为 25，伸入跨内净长为 3200；第二排 2 根 25，伸入跨内净长为 2800。

2）4B20/2B16－3200/2800；上部第一排 4 根种类为 HRB335 级别为 20，伸入跨内净长为

3200;第二排 2 根种类为 HRB335 级别为 16,伸入跨内净长为 2800。

3)2B25 + 2B20/2B22 + 2B20 – 3200/2800:上部第一排 2 根种类为 HRB335 级别为 25 和 2 根种类为 HRB335 级别为 20,伸入跨内净长为 3200;第二排 2 根种类为 HRB335 级别为 22 和 2 根种类为 HRB335 级别为 20,伸入跨内净长为 2800。

◇ 下通长筋:指梁下部贯通的钢筋,输入格式与梁上部贯通钢筋中相关规定相同。

◇ 下非通长筋:输入提示:(此位置的钢筋包括了下通长筋的数量)

下部无不伸入支座钢筋的输入方法(当为基础梁时,此处输入上部非通长筋):

格式 1:数量 < 级别 > 直径{ + 数量 < 级别 > 直径…[/数量 < 级别 > 直径…]…}

格式 2:数量 < 级别 > 直径{ 数量 1/数量 2[/数量 3]…}

下部有不伸入支座钢筋的输入方法:

格式 1:数量 < 级别 > 直径 a{(b)[/c(d)]/e(f)}

格式 2:数量 < 级别 > 直径(d) { + 数量 < 级别 > 直径(d)…}/数量 < 级别 > 直径(d) [+ 数量 < 级别 > 直径(d)…]}

示例:2B25 + 2B22(–2)/5B25:表示上排纵筋为 2B25 和 2B22,其中 2B22 不伸入支座,下一排纵筋为 5B25,全部伸入支座。下部贯通筋输入 2B25,表示 2 根种类为 HRB335 级别为 25mm 的贯通筋。

◇ 侧面纵筋:输入梁侧面纵向构造钢筋或受扭钢筋配置。输入提示:梁侧的纵筋,G 表示构造钢筋,N 表示抗扭钢筋,不输入 G 和 N 默认为 G;贯通时要输入跨信息,不输入默认为当前跨。

1)2B16 或 G2B16:本跨构造腰筋。

2)G2B16 + N2B20:本跨 2 根 16 构造腰筋,2 根 20 抗扭腰筋。

3)N2B20:本跨抗扭腰筋。

◇拉筋:格式:< 级别 > 直径@ 加密间距{肢数}{/非加密间距 < 肢数 >}

在集中标注中不输入,软件会根据计算设置中的设置及梁宽自动识别,间距为箍筋非加密区间距的 2 倍。

◇ 箍筋:格式:{数量} < 级别 > 直径@ 加密间距{肢数}{/非加密间距 < 肢数 >}

示例:级别 + 直径 + 加密间距/非加密间距;形式(格式):A10@ 100(4)/200(2):表示加密区间距 100,4 肢箍;非加密区间距 200,2 肢箍;A@ 100(4) 表示:间距 100,4 肢箍;A10@ 100/200(4)表示加密区间距 100,非加密区间距 200,均为 4 肢箍;A10@ 100(4) + A8@ 200(2) 表示:加密区为 A10,4 肢箍,非加密区为 A8 间距 200,2 肢箍。

◇ 肢数:输入箍筋的肢数[1-10],可以点击三点按钮,选择箍筋的组合类型。

◇ 吊筋:输入提示 2B20,一种次梁的吊筋。

2B16/2B20:两种次梁的吊筋。

当一跨的吊筋多于 1 时使用"/"连接。最多可处理三种吊筋。

◇ 吊筋锚固:输入提示:平直段的锚固长度,可以同时计算多种不同的锚固。如果都相同输入一个即可。

指吊筋平直段的锚固长度,输入数据以 200 为界,大于 200 为具体数值,小于等于 200 为钢筋直径的倍数。

◇ 次梁宽度:输入本跨次梁的宽度。可同时有多个不同宽度的次梁。如果相同输入一个即可。

◇ 次梁加筋：格式 1：数量；表示次梁两侧共增加的箍筋数量，箍筋的信息与该跨梁的箍筋信息一致。

格式 2：数量＜级别＞直径｛（肢数）｝；表示次梁两侧共增加箍筋数量、级别、直径、肢数，当肢数没有输入时，按照梁的肢数处理。

◇ 箍筋加密长度：指该跨梁两端各加密箍筋的范围长度。

1）1500：加密区每端的长度为 1500mm。

2）$1.5 \times H$ 或 $2 \times H$：箍筋加密长度为梁高的 1.5 倍或 2 倍。

3）$0.3 \times L$：箍筋加密长度为梁跨净长的 0.3 倍。

默认为空取计算设置中的加密设置。

◇ 腋长：输入提示：指该跨梁加腋时，在此输入加腋的腋长 c_1。

◇ 腋高：输入提示：指该跨梁加腋时，在此输入加腋的腋高 c_2。

◇ 加腋钢筋：输入提示：指该跨梁加腋时，在此输入加腋的钢筋信息，数量＋级别＋直径。

◇ 其他箍筋：输入提示：点击三点按钮，弹出其他箍筋的设置窗口，即可输入该跨梁的其他异型箍筋。

三、钢筋计算

点击 Fx〖计算退出〗按钮，软件自动按平法规则进行计算，退出平法录入界面，显示软件计算结果，如图 7-8 所示。

当检查出现问题时还可以点击〖平法输入〗按钮进入平法输入页面进行再次编辑。

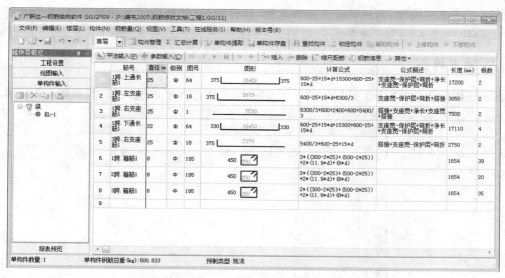

图 7-8　平法输入汇总计算结果

第八章　柱钢筋计算——平法

第一节　软件基本流程

基本操作流程：

如图 8-1 所示即为平法柱钢筋计算基本操作流程。

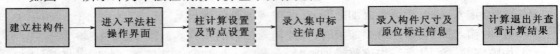

建立柱构件 → 进入平法柱操作界面 → 柱计算设置及节点设置 → 录入集中标注信息 → 录入构件尺寸及原位标注信息 → 计算退出并查看计算结果

图 8-1　柱钢筋计算基本操作流程

第二节　软件基本操作

一、新建柱构件

打开单构件输入管理窗口，选择构件树"柱"节点，左键单击〖添加构件〗按钮，软件将自动在柱类型下创建柱构件，用户可输入构件名称、构件数量、选择构件类别等。

注：GGJ2013 柱类别划分为：1. 框架柱。2. 框支柱。3. 构造柱。4. 墙上柱。5. 梁上柱。

二、平法输入界面

建立柱构件以后，单击工具栏中的 平法输入(P) 按钮进入平法输入界面，如图 8-2 所示。

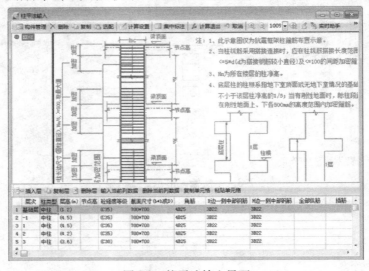

图 8-2　柱平法输入界面

三、图标功能介绍

（一）构件管理

打开当前类型构件管理窗口，进行柱的添加、删除、复制、排序等操作。

（二）复制

原构件的所有数据及属性都将复制到新构件中。

（三）选配

将同层或其他层的柱构件平法输入数据复制到当前选择柱构件中。

注：1. 计算及节点设置软件已完全按照标准图集和规范设置，一般不需要用户调整。

　　2. 工具栏按钮标识采用全文字显示，便于用户学习和使用。

四、集中标注数据录入

平法柱的钢筋信息由集中标注和原位标注两部分组成。在软件中，只需将图纸上的集中标注和原位标注信息直接录入即可。

鼠标单击 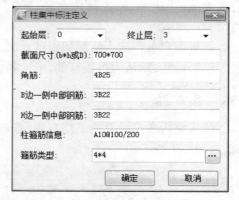 图标出现柱集中标注定义对话框，如图 8-3 所示。

起始层：默认为基础层，用户可自行选择和输入。

终止层：默认为用户在楼层管理中所建最大层次，如 5。

截面尺寸（$b \cdot h$ 或 D）：

（1）矩形柱 B 边 $\times H$ 边，如 700×700；

（2）圆柱，输入圆柱半径如 500。

角筋：输入提示：数量 + 级别 + 直径

B 边一侧中部筋：输入提示：数量 + 级别 + 直径。对于矩形截面，表示 b 边一侧中部钢筋，软件计算时乘以 2；对于圆形截面（异形柱），此处不用输入钢筋；

H 边一侧中部筋：输入柱 H 边钢筋信息，输入格式同上。

图 8-3　柱集中标注定义对话框

柱箍筋信息：输入提示：级别 + 直径 + 加密间距/非加密间距。

箍筋类型：箍筋组合类型，可以直接输入也可以从箍筋设置界面中选择组合形式。

注：1. 在起始层、终止层中所输入的楼层编号不能超过楼层管理中所定义的楼层编号范围。

　　2. 按实际图纸的标注输入即可，录入完成以后，软件自动分析集中标注的数据，填入平法的表格相应列之中。

五、原位标注数据录入

（一）层次（楼层信息）

基础层用"基础层"或"0"表示，其他层按图纸设计输入相应数字，最大层不能大于当前工程的最大层（楼层管理）且层号必须连续。

（二）柱类型

默认为中柱，只需在顶层选择角柱、边柱和中柱三种类型。

层高：输入每层的高度，单位为 m；默认取楼层管理界面中的层高，且带括号显示，对于基础层来说,层高表示基础厚度;对于梁上柱或墙上柱,应在此输入梁的高度或墙上柱下伸的长度。

节点高:输入柱梁相交处的梁的高度,单位为 mm。

混凝土强度等级:选择输入每层的混凝土的强度等级,如 C30,默认取当前楼层当前构件类型的混凝土强度等级。

全部纵筋:数量 + 级别 + 直径。

对于异形截面和圆形截面的钢筋可以在此处全部输入,当截面的配筋不对称时,也可以在此处全部输入。

插筋:数量 + 级别 + 直径,不同钢筋用"+"号相加表示。对于与插筋对应的下一层钢筋,不需要设插筋的应直接伸到上层搭接。上下层柱变截面时,软件自动根据下层带 * 和不带 * 的纵筋判断,上层插筋根数 = 上层纵筋总数 − 下层不带 * 号钢筋数量,当前列插筋信息是用于当插筋直径不为默认的上层纵筋直径的情况。

基础层时不用输入插筋,系统会自动根据当前纵筋的根数计算出所有的插筋。箍筋上下加密区长度:输入提示:对于矩形、圆形截面,软件能够自动默认加密区长度,楼层柱计算公式为 $\max[H_n/6, h_c$ 或圆柱直径, $500]$;底层柱下加密为 $H_n/3$;H_n——柱净高;h_c——柱长边尺寸。

如果用户自行输入箍筋加密区长度,软件计算箍筋根数时将以此值计算。

箍筋做法:默认为抗震箍筋,可选择普通箍筋、抗震箍筋和焊接封闭箍筋三种类型。

六、汇总计算

录入完构造尺寸及钢筋信息后,点击工具条的 计算退出 按钮,软件自动按平法规则进行计算,如图 8-4 所示。

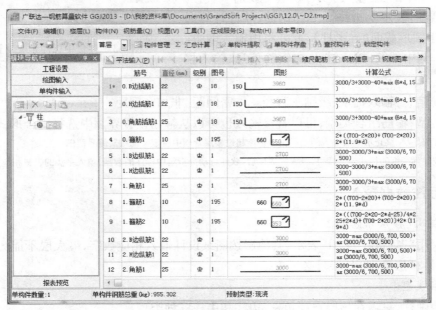

图 8-4　柱平法输入钢筋计算结果

第九章 参数输入法

参数输入法是广联达公司独创的集参数输入、标准图集维护为一体的钢筋可编程计算平台。参数输入法主要是通过在图形上输入构件的各种参数来解决平法梁、柱、板之外其他构件的钢筋计算问题,具有易学、直观、易用的特点。

每一个工程都有一些零星构件需要进行抽筋计算,如集水坑、独基等。这些构件钢筋布置简单,但手工抽取繁琐,容易出错。在参数输入法中我们只需填入几个计算钢筋所必需的参数,就可以轻松计算这些零星构件的钢筋了。

参数法可处理构件分类,如图9-1所示。

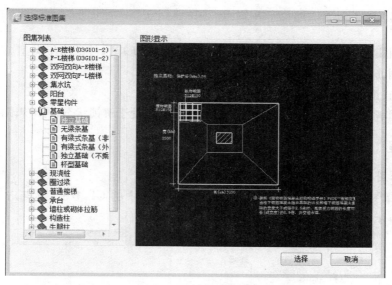

图9-1 独立基础界面

除了零星构件,参数输入法中集成了《现浇混凝土板式楼梯》11G101-2,对采用11G101-2所设计的楼梯图纸,就可以通过参数输入法快速抽筋。

单跑楼梯,软件同样列出8种形式,另外附带"*A-A*平台板"和"*B-B*平台板",分别为层间平板和楼层平板的配筋形式。

双跑楼梯,软件同样列出6种形式,每种形式分开(*A-A*)和(*B-B*)上下两跑。

一、软件基本操作

首先建立楼梯构件,直接点击工具栏〖选择图集〗按钮即可进入参数输入法界面,如图9-2所示。

123

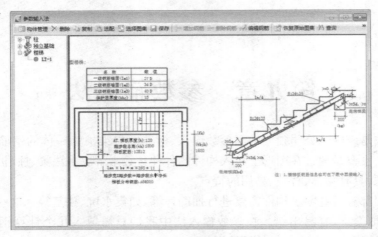

图 9-2　AT 型楼梯输入界面

二、功能介绍

◇ 选择图集：从软件内置的标准图集库中选择适合所建构件的图集类型。

◇ 编辑钢筋：查看、编辑所有钢筋形式及计算方法。

◇ 查询：查询软件内置变量信息并定位。

◇ 锁定脚本：锁定或解开钢筋计算公式编辑窗口，当处于解锁状态，可编辑钢筋计算公式。

三、操作流程

（一）选择图集

点击〖选择图集〗按钮打开图集树，选择 $A-E$ 楼梯中的 CT 楼梯，再点击〖选择〗按钮即可，如图 9-3 所示。

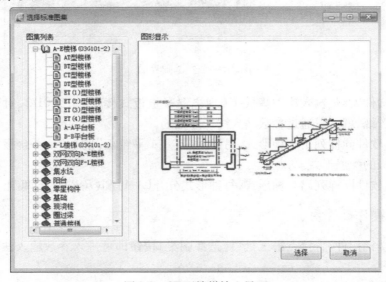

图 9-3　CT 型楼梯输入界面

(二)输入参数

平法楼梯和平法梁柱相同,都分为集中标注和原位标注,如图 9-4 所示即为平法楼梯的集中标注。

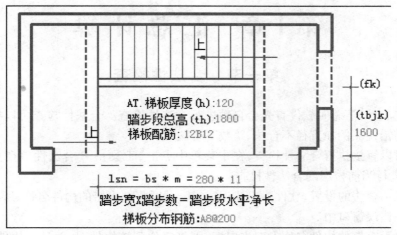

图 9-4　平法楼梯的集中标注

(三)计算退出

点击〖Fx 计算退出〗按钮即可进行汇总计算,软件会自动根据您所输入的参数进行钢筋计算。

注:1. 软件还做了普通楼梯的参数算量,分 4 种:无休息平台、有上休息平台、有下休息平台、有上下休息平台;与《11G101 -2》区别在于斜段钢筋的水平投影长度不固定为总跨长的 1/4,而是一个可修改的参数,钢筋的锚固值没有判断,直接取 l_{aE}。

2. 承台钢筋,凡图上显示有上翻的,若实际没有上翻,可把上翻长度改为"0",软件会自动相应改变钢筋号。

第十章 汇总计算

第一节 合法性检查

当工程完成后,汇总时软件首先会自动进行合法性检查。合法性检查可以检查出工程中一些不合法的错误。例如直径不合法、跨数不合法等。

我们也可以直接执行合法性检查,在主菜单中点击〖工具〗→〖合法性检查〗,或按快捷键F5则软件会进行当前楼层的合法性检查。

如果发现不合法的设置,软件弹出错误窗口。此时将把出错的构件名称、所在楼层及错误描述均显示在错误窗口中。

在错误提示窗口的构件名称上双击鼠标,则将定位到该构件上,并且该构件被选中,按错误描述所述查找到错误,并修改正确即可。

注:当某个构件被检查出错误时,该构件的颜色将变为亮红色显示。

第二节 汇总计算

在主菜单中点击〖报表〗→〖汇总计算〗,或在常用工具栏中点击 Σ 汇总计算 按钮,或按快捷键F9,则会弹出如图10-1所示的窗口。

楼层列表中会列出所建立的楼层,默认只有当前层被选择,如果希望汇总其他楼层则可在其他楼层前打上"✓",如果希望整个工程汇总则可以点击"全选"按钮。

楼层列表下方会让用户选择汇总哪部分信息,当在建模状态下时默认只汇总建模构件,而在非建模状态下时默认只汇总非建模构件。如需同时汇总则同时选择即可。

设置完后点击"计算"按钮即可进行汇总计算,软件会一层一层的计算构件的钢筋量。稍等片刻后即可汇总完成,软件将弹出"计算成功"的提示窗口,如图10-2所示的窗口。

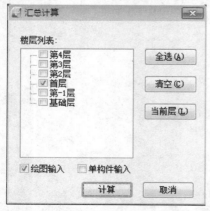

图 10-1　汇总计算界面

图 10-2　汇总计算成功界面

第十一章 报表输出

在主菜单中点击〖报表预览〗,则会弹出如图 11-1 所示的窗口。

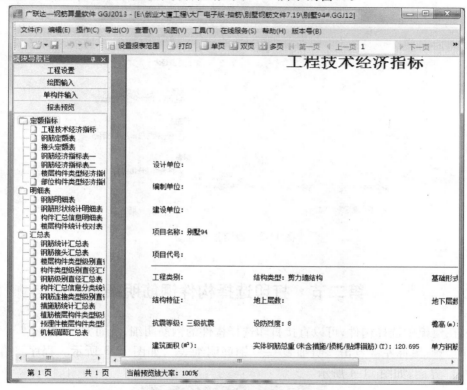

图 11-1 工程技术经济指标界面

第一节 设 定 范 围

在报表输出页面的主菜单中点击〖操作〗→〖设定报表范围〗,则可打开"设置报表范围窗口",如图 11-2 所示。

在设置楼层、构件范围列表将按楼层及构件类型列出汇总出来的构件,可以选择打印或不打印。

在设置钢筋类型处可以设置打印类型,软件提供了直筋和箍筋的选择,默认为两个都选择,可以只打印箍筋或只打印直筋。

设置直径分类条件可以按所设置的直径进行钢筋的汇总。软件默认分为 10 以下、10 以上两段,可以自行修改。

设置完后点击"确定"按钮,则报表将按照所设置的进行重新显示。

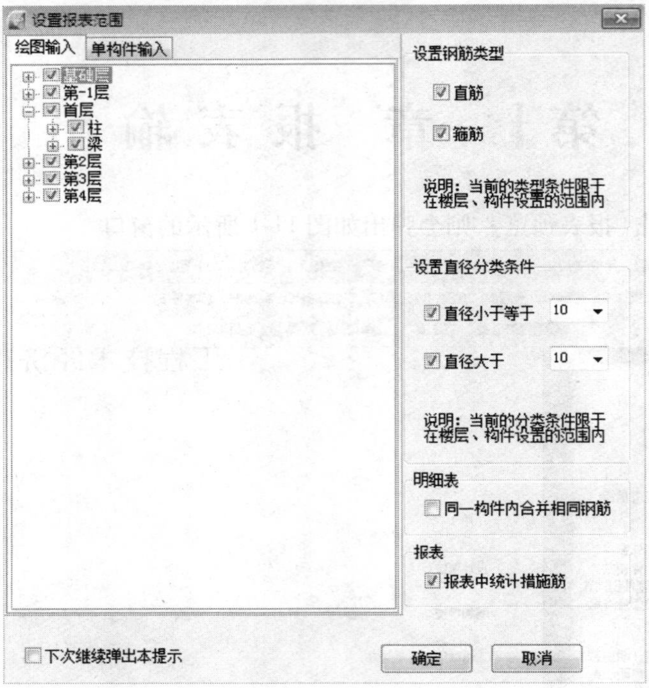

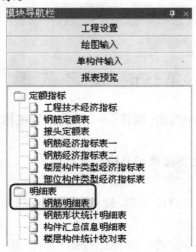

图 11-2　设定报表范围

第二节　打印选择构件钢筋明细

通过在建模中选择构件,可以直接打印选择构件的钢筋明细,从而方便对量。

操作步骤:鼠标左键点击"明细表"→"钢筋明细表",如图 11-3 所示。程序将直接进入"报表输出"界面,如图 11-4 所示。

图 11-3　报表预览之钢筋明细表界面

楼层名称：基础层（绘图输入）								钢筋总重：7426.635Kg	
筋号	级别	直径	钢筋图形	计算公式	根数	总根数	单长m	总长m	总重kg
构件名称：KZ1[51]				构件数量：9		本构件钢筋重：353.022Kg			
构件位置：〈2,B〉；〈1,C〉；〈2,C〉；〈3,C〉；〈3,B〉；〈3,A〉；〈2,A〉；〈1,A〉；〈1,B〉									
B边插筋.1	Φ	25	150 ⌐ 3627	3800/3+48*d+1200-40+max(6*d,150)	10	90	3.777	339.93	1309.878
H边插筋.1	Φ	25	150 ⌐ 3627	3800/3+48*d+1200-40+max(6*d,150)	10	90	3.777	339.93	1309.878
角筋插筋.1	Φ	25	150 ⌐ 3627	3800/3+48*d+1200-40+max(6*d,150)	4	36	3.777	135.972	523.951
箍筋.1	Φ	10	650 700	2*((750-2*25)+(700-2*25))+2*(11.9*d)+(8*d)	2	18	3.018	54.324	33.493

图 11-4 钢筋明细表界面

第三节 报表的导出

在工程做完后，可以通过报表导出的功能将数据导入到电子表格中，一方面便于携带，另一方面便于保存与修改。

操作步骤：单击〖导出〗菜单出现三个子菜单项，分别是〖导出到 EXCEL〗、〖导出到 EXCEL 文件(.XLS)〗、〖导出到已有的 EXCEL 文件〗。当选择〖导出到 EXCEL 文件(.XLS)〗或〖导出到已有的 EXCEL 文件〗时，出现 Windows 标准的 Save 对话框，如图 11-5 所示。

图 11-5 报表导出路径

注：其默认路径为当前工程所在的路径，默认的文件名为：工程名称 + 当前报表名称，中间用"－"隔开，如×××工程-钢筋明细表。

第十二章　钢筋长度及数量计算公式

第一节　钢筋长度计算公式表达形式

总的表达形式原则为

$$钢筋长度\ L = 净长 + 左锚固 + 右锚固$$

1. 若最终经过判断计算出的锚固不能符合钢筋直径的倍数时（按规范或用户的设置倍数），则公式表达式：

$$净跨数值 + 左锚固数值 + 右锚固数值$$

2. 若最终经过判断计算出的锚固符合钢筋直径的倍数时（按规范或用户的设置倍数），则公式表达式：

$$净跨数值 + 2 \times 锚固倍数数值 \times d$$

3. 若弯折段为直径的倍数（按规范或用户的设置倍数），则表达式里弯折长度也为直径的倍数：

$$净跨数值 + 左支座数值 + 锚固倍数数值 \times d + 右支座数值 + 锚固倍数数值 \times d$$

4. 195 号图形箍筋的计算公式表达式：

$$2 \times (数值\ H + 数值\ B) + (2 \times 11.9)d$$

5. 拉筋及单肢箍的计算公式表达式：

$$数值\ L + (2 \times 11.9)d$$

6. 其余异型箍筋计算公式表达式：

$$具体边的数值 + 2 \times 11.9d$$

7. 一级钢筋长度计算表达式：

$$数值 + 12.5d$$

8. 柱、墙插筋的弯折表达式：

如经过判断计算出的弯折长度不符合数字 $\times d$ 时：

则表达成为：

$$插筋露出长度 + 竖直长度 + 数字$$

否则表达成：

$$插筋露出长度 + 竖直长度 + 数字 \times d$$

第二节　钢筋数量计算公式表达形式

1. 梁跨的箍筋计算公式为：

$$Ceil(加密区长度 - 50)/加密区间距 \times 2 + (净跨 - 2 \times 加密长度)/非加密间距 + 1$$

2. 主次梁相交有附加箍筋时：

$$Ceil(加密区长度-50)/加密区间距\times2+(净跨-2\times加密长度)/$$
$$非加密间距+1+附加箍筋数量$$

3. 柱箍筋数量计算:(采用焊接时)

$$Ceil(下加密长度-50)/加密间距+上加密长度/加密间距+节点高度/节点区箍筋间距+$$
$$(层高-下加密-上加密-节点高)/非加密区间距+1$$

4. 柱箍筋数量计算:(采用绑扎连接时)

$$Ceil(下加密长度-50)/加密间距+上加密长度/加密间距+节点高度/节点区箍筋间距$$
$$+2.3\times搭接长度/绑扎区箍筋间距+(层高-下加密-上加密-节点高-2.3$$
$$\times搭接长度)/非加密区间距+1$$

5. 板负筋数量:

$$Ceil(布置长度-2\times起始距离)/间距+1$$

第三节　钢筋算量中变量名的说明

钢筋算量中变量名说明见表12-1。

表 12-1　钢筋算量中变量名说明

变 量 名	说　　明	变 量 名	说　　明	变 量 名	说　　明
S	受力筋间距	A	HPB300	l_{aE}	抗震锚固长度
L	受力钢筋长度	B	HPB335	l_a	非抗震锚固长度
N	钢筋数量	C	HRB400	l_{lE}	搭接长度
d	钢筋直径	c	保护层	l_w	钢筋弯折长度
H_n	楼层净高	h_c	柱长边尺寸	$l_上$	柱上部加密范围
h_b	节点高度	$L节$	节点部位加密范围	$l_下$	柱下部加密区范围

下篇　钢筋算量实战应用篇

第十三章　柱　　子

第一节　柱子(KZ1)的平法表示方法

一、截面注写方式

在众多相同的柱子中拿出一根柱子详细注解,就是截面注写方式(图 13-1)。

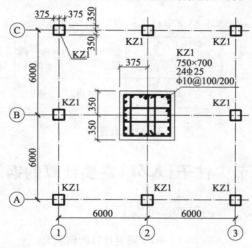

层号	标高/m	层高/m
屋面	15.870	
4	12.270	3.6
3	8.670	3.6
2	4.470	4.2
1	−0.030	4.5
−1	−4.530	4.5

图 13-1　柱平法截面注写方式

二、列表注写方式

采用列表的方式注写柱子的相关参数,就是列表注写方式。

下面是列表注写方式的例子(图 13-2)。

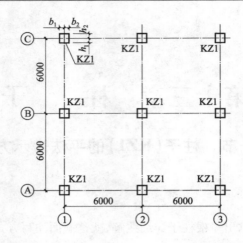

−4.530～15.870 柱平法施工图(列表注写方式)

柱号	标　高	$b \times h$	b_1	b_2	h_1	h_2	全部纵筋	角筋	b 边一侧中部筋	h 边一侧中部筋	箍筋类型号	箍　筋
KZ1	−4.53～15.87	750×700	375	375	350	350		4Φ25	5Φ25	5Φ25	1(5×4)	Φ10@100/200

图 13-2　柱列表注写方式

第二节　柱子(KZ1)需要计算的钢筋量

从图 13-2 分析,KZ1 要计算的钢筋量见表 13-1。

表 13-1　KZ1 需要计算的钢筋量

楼层名称	构件分类	分类细分	计算哪些量	
			名称	单位
基础层	无梁基础	筏形基础板	基础插筋、箍筋	长度、根数、重量
	有梁基础	基础梁底与基础板底一平		
		基础板顶与基础板顶一平		
−1 层			纵筋、箍筋	长度、根数、重量
1 层				
中间层				
顶层	中柱			
	边柱			
	角柱			

第三节　KZ1 基础插筋计算

一、KZ1 直接生根于基础板

KZ1 直接生根于基础板（图 13-3）。

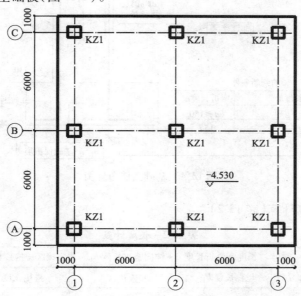

柱子钢筋所处的环境描述			
混凝土强度等级	抗震等级	基础保护层	柱子保护层
C30	一级	40	20

图 13-3　基础平面图（无梁式）

基础插筋按图 13-4 计算：

从图 13-4 可知：基础插筋长度 = 弯折长度 a + 竖直长度 h_1 + 非连接区 + 搭接长度 l_{1E}

（1）竖直长度 h_1 的计算

$$h_1 = h - 基础保护层 = 1200 - 40 = 1160mm$$

（2）弯折长度 a 取值

因为弯折长度 a 的取值必须由 h 来判断，所以我们先判断竖直长度 h 与锚固长度 l_{aE} 的比较。

根据柱子环境查平法图集 11G101—1 第 53 页可知：锚固长度 $l_{aE} = \zeta_{aE} l_a$，$l_a = \zeta_a l_{ab}$ 从表上查知 l_{ab} 为 $29d$

螺纹钢筋 25 锚固长度 $l_{aE} = 1.15 \times 1 \times 29d = 33.35d \approx 34d = 34 \times 25 = 850mm$

竖直长度 $1200mm > l_{aE}(850\ mm)$，所以弯折长度 a 取 $6d$ 且 $\geq 150mm$

$6d = 6 \times 25 = 150mm$ 等于 $150mm$，则 $a = 150mm$

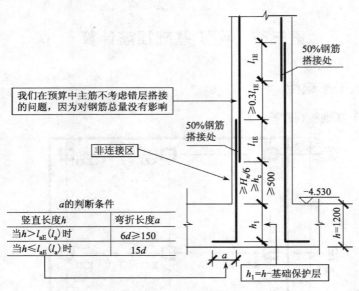

图 13-4　基础插筋布置图

（3）基础插筋长度计算（表 13-2）

表 13-2　长度计算

计算方法	长度 = 弯折长度 a + 锚固竖直长度 h_1 + 非连接区 + 搭接长度 l_{1E}				
计算过程	弯折长度 a	竖直长度 h_1	非连接区	搭接长度 l_{1E}	结果
	150	1200 − 40	$\max\left[\,(4500-700)/6,\,750,500\,\right]$	$1.4\,l_{aE}$	
	150	1160	750	$1.4 \times 34d = 48d$	
计算式	150 + 1160 + 750 + 48 × 25				3260

（4）基础层软件计算过程

1）KZ1 属性定义（图 13-5）

	属性名称	属性值	附加
1	名称	KZ1	
2	类别	框架柱	☐
3	截面编辑	否	
4	**截面宽 (B 边) (mm)**	750	☐
5	**截面高 (H 边) (mm)**	700	☐
6	全部纵筋		☐
7	角筋	4B25	☐
8	B 边一侧中部筋	5B25	☐
9	H 边一侧中部筋	5B25	☐
10	箍筋	A10@100/200	☐
11	肢数	5*4	☐
12	柱类型	(中柱)	☐
13	其他箍筋		
14	备注		☐
15	⊞ 芯柱		
20	⊞ 其他属性		
33	⊞ 锚固搭接		

图 13-5　KZ1 属性定义

2）软件画图

138

软件画图如图 13-6 所示。

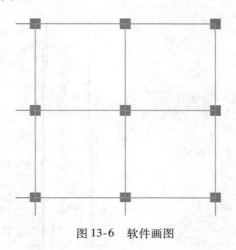

图 13-6　软件画图

3）软件结果

软件结果如图 13-7 所示。

筋号	直径(mm)	级别	图号	图形	计算公式	长度(mm)	根数
B边插筋.1	25	Φ	18	150 ⌐ 3110	max (3800/6, 750, 500)+48*d+1200-40+max (6*d, 150)	3260	10
H边插筋.1	25	Φ	18	150 ⌐ 3110	max (3800/6, 750, 500)+48*d+1200-40+max (6*d, 150)	3260	10
角筋插筋.1	25	Φ	18	150 ⌐ 3110	max (3800/6, 750, 500)+48*d+1200-40+max (8*d, 150)	3260	4

图 13-7　软件结果

4）操作注意事项

① 注意设置柱子的混凝土强度等级 C30，与插筋搭接有关；

② 必须画基础层和 –1 层的相同位置的柱子；

③ 基础层必须画满基；

④ –1 层必须画梁（梁高 700mm）；

⑤ 调整计算设置：计算设置 – 计算设置 – 柱/墙柱 – 23 行基础顶部近嵌部位处理 – 调整为否；

⑥ 柱子搭接设置必须修改成绑扎形式。

二、KZ1 生根于基础梁上

1. 基础梁底与基础板底标高相同

基础梁底与基础板底标高相同如图 13-8 所示。

基础梁底与基础板底标高相同时，h 为基础梁高（并非基础板高），插筋的算法同上。

2. 基础梁顶与基础板顶标高相同

基础梁顶与基础板顶标高相同如图 13-9 所示。

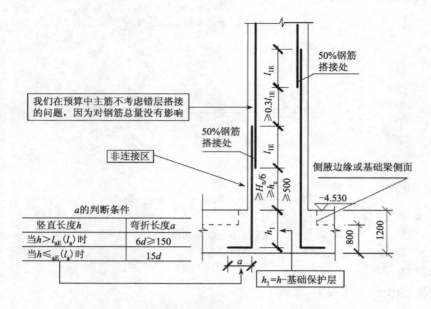

图 13-8　柱插筋构造（一）（基础梁底与基础板底标高相同）

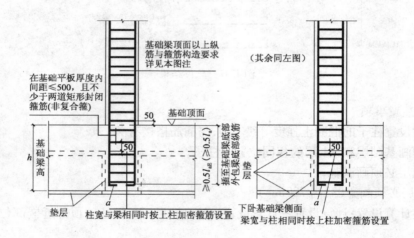

图 13-9　柱插筋构造（二）（基础梁顶与基础板顶标高相同）

基础梁顶与基础板顶标高相同时，基础插筋向里弯折，插筋的算法同上。

第四节　基础相邻层（KZ1）纵筋计算

一、–1 层（KZ1）纵筋长度计算

–1 层纵筋长度按图 13-10 计算。

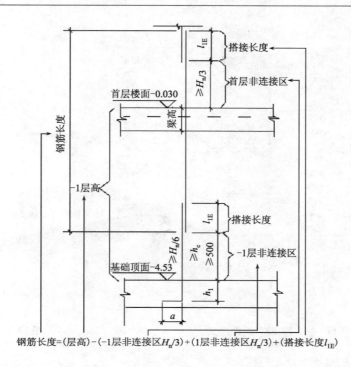

钢筋长度=(层高)-(-1层非连接区$H_n/3$)+(1层非连接区$H_n/3$)+(搭接长度l_{1E})

基础相邻层 KZ1 纵筋长度计算

计算方法	纵筋长度 =（-1）层层高 -（-1）层非连接区 + 1 层非连接区 $H_n/3$ + 搭接长度 l_{1E}				
	层高	-1 层非连接区	1 层非连接区 $H_n/3$	搭接长度 l_{1E}	结果
计算过程	4500	$\max\left[(4500-700)/6, 750,500\right]$	$(4500-700)/3$	$1.4l_{aE}$	
	4500	750	1267	$1.4\times34d=48d$	
	4500	750	1267	1200	
计算式	$4500-750+1267+1200$				6217

图 13-10　　-1 层纵筋配置图

二、-1 层软件计算过程

1. -1 层 KZ1 属性定义

-1 层 KZ1 属性定义如图 13-11 所示。

2. 软件画图

软件画图如图 13-12 所示。

	属性名称	属性值	附加
1	名称	KZ1	
2	类别	框架柱	
3	截面编辑	否	
4	截面宽(B边)(mm)	750	
5	截面高(H边)(mm)	700	
6	全部纵筋		
7	角筋	4B25	
8	B边一侧中部筋	5B25	
9	H边一侧中部筋	5B25	
10	箍筋	A10@100/200	
11	肢数	5*4	
12	柱类型	(中柱)	
13	其他箍筋		
14	备注		
15	+ 芯柱		
20	+ 其他属性		
33	+ 锚固搭接		

图 13-11　-1 层 KZ1 属性定义

图 13-12　软件画图

3. -1 层 KZ1 软件结果

-1 层 KZ1 软件结果如图 13-13 所示。

筋号	直径(mm)	级别	图号	图形	计算公式	长度(mm)	根数
B边纵筋.1	25	中	1	6217	4500-max (3800/6, 750, 500)+3800/3+48*25	6217	10
H边纵筋.1	25	中	1	6217	4500-max (3800/6, 750, 500)+3800/3+48*25	6217	10
角筋.1	25	中	1	6217	4500-max (3800/6, 750, 500)+3800/3+48*25	6217	4

图 13-13　软件结果

4. 软件操作注意事项

必须画 1 层的柱和梁(梁高 700mm)。

第五节　1 层(KZ1)纵筋计算

一、1 层(KZ1)纵筋长度计算

1 层纵筋长度按图 13-14 计算。

1 层纵筋按表 13-3 计算。

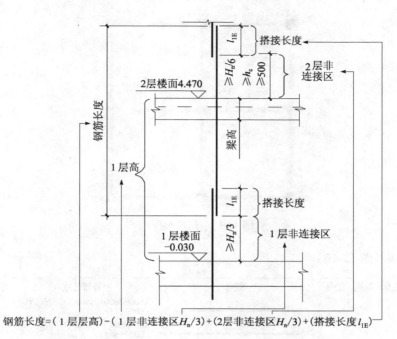

钢筋长度=（1层层高）-（1层非连接区H_n/3）+（2层非连接区H_n/3）+（搭接长度l_{1E}）

图 13-14 1层纵筋配置图

表 13-3 KZ1 1层纵筋长度计算

计算方法	\multicolumn{5}{c}{纵筋长度 = 1层层高 - 1层非连接区 H_n/3 + max(H_n/6，h_c，500) + 搭接长度 l_{1E}}	

计算方法	纵筋长度 = 1层层高 - 1层非连接区 H_n/3 + max(H_n/6，h_c，500) + 搭接长度 l_{1E}					
计算过程	1层层高	1层非连接区		2层非连接区		结果
				H_n/6	l_{1E}	
		H_n/3 = (4500-700)/3	取大值	h_c		
				500		
	4500	1267	750	(4200-700)/6=583.333	48d	
				750		
				500		
计算式	4500-1267+750+48×25					5183

二、1层软件计算过程

1. 1层 KZ1 属性定义

同－1层。

2. 软件画图

软件画图如图 13-15 所示。

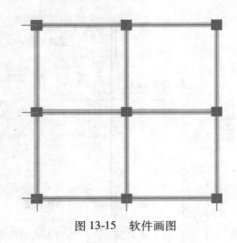

图 13-15　软件画图

3. 软件结果(图 13-16)

筋号	直径(m	级别	图号	图形	计算公式	长度(mm)	根数
B边纵筋.1	25	中	1	5183	4500-3800/3+max (3500/6, 750, 500)+48*25	5183	10
H边纵筋.1	25	中	1	5183	4500-3800/3+max (3500/6, 750, 500)+48*25	5183	10
角筋.1	25	中	1	5183	4500-3800/3+max (3500/6, 750, 500)+48*25	5183	4

图 13-16　软件结果

4. 软件操作注意事项

必须画 2 层的柱和梁(梁高 700mm)。

第六节　中间层(KZ1)纵筋计算

一、2 层(KZ1)纵筋长度计算(表 13-4)

表 13-4　2 层 KZ1 纵筋长度计算

计算方法	纵筋长度 = 2 层层高 − 2 层非连接区 + 3 层非连接区 + 搭接长度 l_{lE}						
计算过程	2 层层高	2 层非连接区		3 层非连接区		l_{lE}	结果
		取大值	$H_n/6$	取大值	$H_n/6$		
			h_c		h_c		
			500		500		
	4200	750	(4200−700)/6	750	(3600−700)/6	48d	
			750		750		
			500		500		
计算式	4200−750+750+48×25						5400

2 层柱子纵筋按图 13-17 计算。

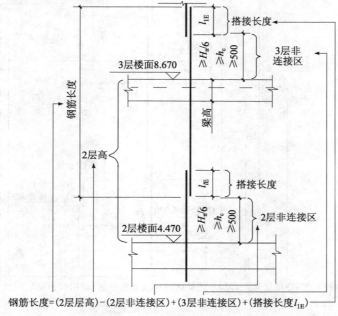

钢筋长度=(2层层高)-(2层非连接区)+(3层非连接区)+(搭接长度l_{1E})

图 13-17　2 层纵筋配置图

二、2 层软件计算过程

1. 2 层 KZ1 属性定义

属性定义同 1 层。

2. 软件画图

软件画图如图 13-18 所示。

3. 软件结果（图 13-19）。

4. 软件操作注意事项

必须画 3 层的柱和梁（梁高 700mm）。

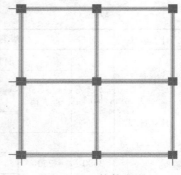

图 13-18　软件画图

筋号	直径（mm）	级别	图号	图形	计算公式	长度（mm）	根数
B边纵筋.1	25	Φ	1	5400	4200-max（3500/6，750，500）+m ax（2900/6，750，500）+48*25	5400	10
H边纵筋.1	25	Φ	1	5400	4200-max（3500/6，750，500）+m ax（2900/6，750，500）+48*25	5400	10
角筋.1	25	Φ	1	5400	4200-max（3500/6，750，500）+m ax（2900/6，750，500）+48*25	5400	4

图 13-19　软件结果

三、3 层 KZ1 纵筋长度计算

3 层纵筋按图 13-20 计算。

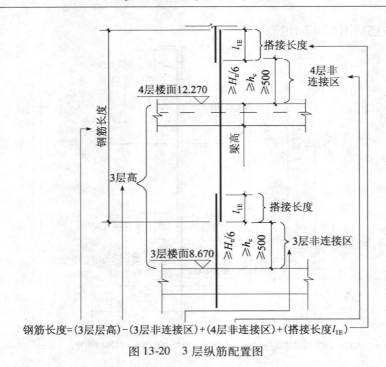

钢筋长度=(3层层高)-(3层非连接区)+(4层非连接区)+(搭接长度l_{1E})

图 13-20　3 层纵筋配置图

3 层纵筋按表 13-5 计算。

表 13-5　KZ1 3 层纵筋长度计算

计算方法	纵筋长度 = 2 层层高 - 2 层非连接区 + 3 层非连接区 + 搭接长度 l_{1E}						
计算过程	3 层层高	3 层非连接区		4 层非连接区		l_{1E}	结果
		取大值	$H_n/6$	取大值	$H_n/6$		
			h_c		h_c		
			500		500		
	3600	750	$(3600-700)/6$	750	$(3600-700)/6$	$48d$	
			750		750		
			500		500		
计算式	$3600 - 750 + 750 + 48 \times 25$						4800

四、3 层软件计算过程

1. 3 层 KZ1 属性定义

属性定义同 2 层。

2. 软件画图

软件画图如图 13-21 所示。

3. 软件结果 (图 13-22)

4. 软件操作注意事项

必须画 4 层的柱和梁 (梁高 700mm)。

图 13-21　软件画图

筋号	直径(mm)	级别	图号	图形	计算公式	长度(mm)	根数
B边纵筋.1	25	中	1	4800	3600-max(2900/6,750,500)+max(2900/6,750,500)+48*25	4800	10
H边纵筋.1	25	中	1	4800	3600-max(2900/6,750,500)+max(2900/6,750,500)+48*25	4800	10
角筋.1	25	中	1	4800	3600-max(2900/6,750,500)+max(2900/6,750,500)+48*25	4800	4

图 13-22　软件结果

第七节　顶层(KZ1)纵筋计算

顶层柱根据所处的位置不同,分为中柱、边柱和角柱,柱主筋的锚固长度各不相同。

一、中柱 KZ1(2,B 位置)

1. 顶层中柱钢筋计算图

顶层中柱钢筋计算图如图 13-23 所示。

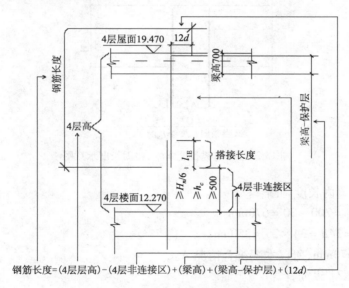

图 13-23　顶层中柱纵筋配置图

2. 顶部锚入梁内长度判断

(1)情况 A

当直锚长度 $< l_{aE}$ 时,锚固长度按图 13-24 计算。

(2)情况 B

当直锚长度 $< l_{aE}$ 且顶层为现浇板、板厚 $\geqslant 120mm$ 时,锚固长度按图 13-25 计算。

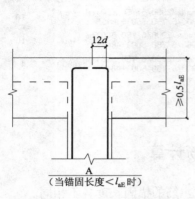

图 13-24 当直锚长度 $< l_{aE}$ 时,
锚固长度示意图

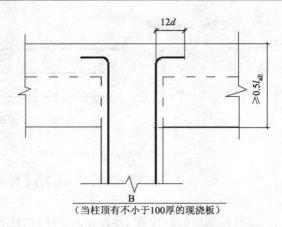

图 13-25 当直锚长度 $< l_{aE}$ 且顶层为
现浇板,锚固长度示意图

（3）情况 C

当直锚长度 $\geq l_{aE}$ 时,锚固长度按图 13-26 计算。

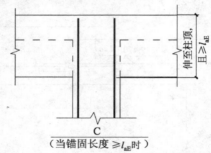

图 13-26 当直锚长度 $\geq l_{aE}$,锚固长度示意图

（4）本图锚入梁内长度判断

梁高 − 保护层 $= 700 - 30 = 670\text{mm}$

锚固长度 $l_{aE} = 34d = 34 \times 25 = 850\text{mm}$

850mm 大于 670mm,所以本图符合情况 A。

3. 顶层中柱 KZ1 纵筋计算

KZ1 纵筋按表 13-6 计算。

表 13-6 顶层中柱（2,B 位置）KZ1 纵筋长度计算

计算方法	中柱纵筋长度 = 4 层层高 − 4 层非连接区 − 梁高 + 梁高 − 保护层 + 12d						
	层高	4 层非连接区	梁高	梁高 − 保护层	12d	结果	根数
计算过程	3600	$\max(H_n/6, H_c, 500)$	700	$700 - 20$	12d		
	3600	$\max(483, 750, 500)$	700	680	12×25		
计算式	$3600 - 750 - 700 + 680 + 300$					3130	24

4. 中柱软件计算过程

（1）软件属性定义

软件属性定义如图 13-27 所示。

	属性名称	属性值	附加
1	名称	KZ1	
2	类别	框架柱	☐
3	截面编辑	否	
4	截面宽(B边)(mm)	750	☐
5	截面高(H边)(mm)	700	☐
6	全部纵筋		☐
7	角筋	4B25	☐
8	B边一侧中部筋	5B25	☐
9	H边一侧中部筋	5B25	☐
10	箍筋	A10@100/200	☐
11	肢数	5*4	
12	柱类型	(中柱)	☐
13	其他箍筋		
14	备注		☐
15	⊞ 芯柱		
20	⊞ 其他属性		
33	⊞ 锚固搭接		

图 13-27　中柱 KZ1 属性定义

（2）软件画图

软件画图如图 13-28 所示（梁高 700mm）。

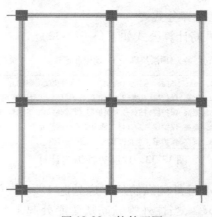

图 13-28　软件画图

（3）软件结果（图 13-29）

	筋号	直径(m	级别	图号	图形	计算公式	长度(mm)	根数
1*	B边纵筋.1	25	Φ	18	300 ⌐ 2830	3600-max (2900/6, 750, 500)-700+700-20+12*d	3130	10
2	H边纵筋.1	25	Φ	18	300 ⌐ 2830	3600-max (2900/6, 750, 500)-700+700-20+12*d	3130	10
3	角筋.1	25	Φ	18	300 ⌐ 2830	3600-max (2900/6, 750, 500)-700+700-20+12*d	3130	4

图 13-29　软件结果

二、边柱 KZ1（2，A 位置）

1. 边柱钢筋计算图

边柱钢筋计算图如图 13-30、图 13-31 所示。

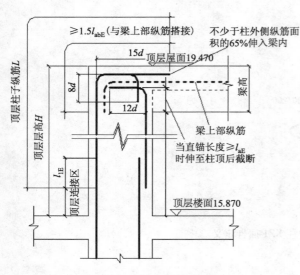

图 13-30　顶层边柱纵筋示意图

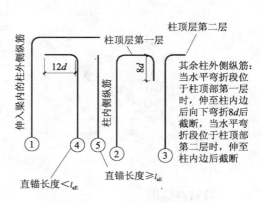

图 13-31　顶层边柱纵筋锚固

2. 顶层边柱纵筋钢筋长度计算公式

根据上图得知，顶层边柱纵筋计算公式如下（图 13-32）。

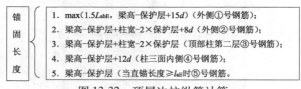

钢筋长度 ＝ 顶层层高 ＋ 顶层非连接区 ＋ 梁高 ＋

锚固长度

1. max（1.5L_{abE}，梁高−保护层+15d）（外侧①号钢筋）；
2. 梁高−保护层+柱宽−2×保护层+8d（外侧②号钢筋）；
3. 梁高−保护层+柱宽−2×保护层（顶部柱第二层③号钢筋）；
4. 梁高−保护层+12d（柱三面内侧④号钢筋）；
5. 梁高−保护层（当直锚长度≥l_{aE}时⑤号钢筋）。

图 13-32　顶层边柱纵筋计算

11G101—1 第 59 页规定：当柱外侧纵筋从梁底处起 1.5l_{abE}（l_{abE} 为基本锚固）超过柱内侧边缘，外侧纵筋伸入节点为 1.5l_{abE}，当柱外侧纵筋从梁底处起 1.5l_{abE} 未超过柱内侧边缘，外侧纵筋伸入节点为 max（1.5l_{aE}，梁高 − 保护层 +15d）。

3. 顶层边柱纵筋长度计算

（1）锚固长度判断，图 13-33 所示。

由图 13-33 可知，KZ1 边柱外侧 b_1 一边有 7 根主筋，其中 65%（7 ×0.65 ＝4.55 ＝5）的钢筋按 max（1.5l_{aE}，梁高 − 保护层 +15d）计算，也就是 5 根钢筋要按上图①号钢筋计算，剩余两根钢筋按②号钢筋计算。b_2 边、h_1、h_2 边都按④号钢筋进行计算。

（2）钢筋计算

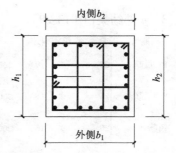

图 13-33　顶层边柱纵筋锚固长度判断

1)①号钢筋计算,见表 13-7。

表 13-7 顶层纵筋长度计算

计算方法	顶层纵筋长度 = 顶层层高 - 顶层非连接区 - 梁高 + 锚固长度					根数
计算过程	顶层层高	顶层非连接区	梁高	锚固长度	结果	$7 \times 0.65 = 4.55 \approx 5$
				$\max(1.5 l_{abE}, 梁高-保护层+15d)$		
	3600	$\max(H_n/6, h_c, 500)$	700	$\max(1.5 \times 33d, 700-20+15d)$		
	3600	$\max(2900/6, 750, 500)$	700	$\max(1.5 \times 33 \times 25, 700-20+15 \times 25)$		
	3600	750	700	1238		
计算式	$3600 - 750 - 700 + 1238$				3388	5

2)②号钢筋计算,见表 13-8。

表 13-8 顶层纵筋长度计算

计算方法	顶层纵筋长度 = 顶层层高 - 顶层非连接区 - 梁高 + 锚固长度						根数
计算过程	顶层层高	顶层非连接区	梁高	锚固长度			$7 - 5 = 2$
				梁高-保护层+柱宽-2×保护层+8d		结果	
				保护层	柱宽	$8d$	
	3600	$\max(H_n/6, h_c, 500)$	700	20	700	8×25	
	3600	$\max(2900/6, 750, 500)$	700	$700-20+700-2 \times 20+8 \times 25 = 1525$			
	3600	750	700	1540			
计算式	$3600 - 750 - 700 + 1540$					3690	2

3)④号钢筋计算,见表 13-9。

表 13-9 顶层纵筋长度计算

计算方法	顶层纵筋长度 = 顶层层高 - 顶层非连接区 - 梁高 + 锚固长度					根数
计算过程	顶层层高	顶层非连接区	梁高	锚固长度	结果	$24 - 7$
				梁高-保护层+12d		
				保护层	$12d$	
	3600	$\max(H_n/6, h_c, 500)$	700	20	12×25	
	3600	$\max(2900/6, 750, 500)$	700	20		
	3600	750	700	$700-20+12 \times 25 = 980$		
计算式	$3600 - 750 - 700 + 980$				3130	17

(3)边柱软件计算过程

1)顶层边柱 - B,KZ1 属性定义,如图 13-34 所示。

2)边柱软件画图,如图 13-35 所示。

	属性名称	属性值	附加
1	名称	KZ1-边柱-B	
2	类别	框架柱	☐
3	截面编辑	否	
4	截面宽(B边)(mm)	750	☐
5	截面高(H边)(mm)	700	☐
6	全部纵筋		☐
7	角筋	4B25	
8	B边一侧中部筋	5B25	☐
9	H边一侧中部筋	5B25	☐
10	箍筋	A10@100/200	
11	肢数	5*4	
12	柱类型	边柱-B	☐
13	其他箍筋		
14	备注		☐
15	⊞ 芯柱		
20	⊞ 其他属性		
33	⊞ 锚固搭接		

图 13-34　顶层边柱 – B,KZ1 属性定义

图 13-35　软件画图

3）软件结果，如图 13-36 所示。

筋号	直径(mm)	级别	图号	图形	计算公式	长度(mm)	根数
B边纵筋.1	25	Φ	18	300 └─ 2830	3600-max(2900/6,750,500)-700+700-20+12*d	3130	5
B边纵筋.2	25	Φ	66	660 └─ 2830 / 200	3600-max(2900/6,750,500)-700+700-20+700-40+8*d	3690	1
B边纵筋.3	25	Φ	18	558 └─ 2830	3600-max(2900/6,750,500)-700+700-20+max(1.5*33*d-700+20,15*d)	3388	4
H边纵筋.1	25	Φ	18	300 └─ 2830	3600-max(2900/6,750,500)-700+700-20+12*d	3130	10
角筋.1	25	Φ	18	300 └─ 2830	3600-max(2900/6,750,500)-700+700-20+12*d	3130	2
角筋.2	25	Φ	18	558 └─ 2830	3600-max(2900/6,750,500)-700+700-20+max(1.5*33*d-700+20,15*d)	3388	2

图 13-36　软件画图

4）软件操作注意事项

① 顶层边角柱节点必须设置成 C-2，如图 13-37 所示。

② 顶层中柱节点必须设置成节点 1，如图 13-38 所示。

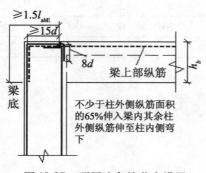

图 13-37　顶层边角柱节点设置

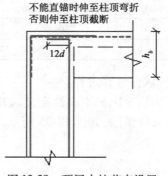

图 13-38　顶层中柱节点设置

5）边柱 $-h$ 软件结果,如图 13-39 所示。

边柱 $-h$ 原理方法同边柱 $-b$,这里不再做详细介绍了。

筋号	直径(mm)	级别	图号	图形	计算公式	长度(mm)	根数
B边纵筋.1	25	中	18	300 ⌐ 2830	3600-max(2900/6,750,500)-700+700-20+12*d	3130	10
H边纵筋.1	25	中	66	710 ⌐ 2830 / 200	3600-max(2900/6,750,500)-700+700-20+750-40+8*d	3740	1
H边纵筋.2	25	中	18	558 ⌐ 2830	3600-max(2900/6,750,500)-700+700-20+max(1.5*33*d-700+20,15*d)	3388	4
H边纵筋.3	25	中	18	300 ⌐ 2830	3600-max(2900/6,750,500)-700+700-20+12*d	3130	5
角筋.1	25	中	18	300 ⌐ 2830	3600-max(2900/6,750,500)-700+700-20+12*d	3130	2
角筋.2	25	中	18	558 ⌐ 2830	3600-max(2900/6,750,500)-700+700-20+max(1.5*33*d-700+20,15*d)	3388	2

图 13-39 边柱 $-h$ 软件结果

三、角柱 KZ1(1,C 位置)

1. 角柱钢筋计算图(图 13-40 与图 13-41)

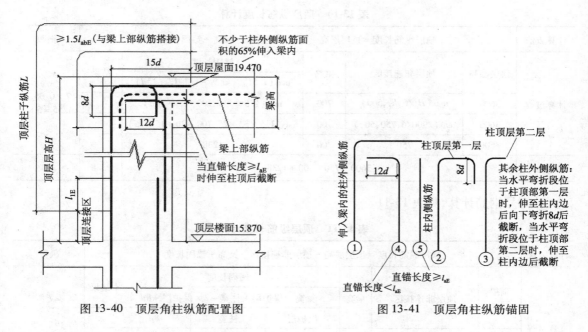

图 13-40 顶层角柱纵筋配置图　　　图 13-41 顶层角柱纵筋锚固

2. 顶层角柱纵筋钢筋长度计算公式

根据图 13-41 得知,顶层角柱纵筋计算公式同边柱纵筋计算公式,如图 13-42 所示。

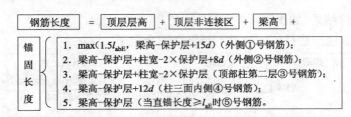

图 13-42 顶层角柱纵筋计算

3. 顶层角柱纵筋长度计算

（1）锚固长度判断，如图 13-43 所示。

外侧 b_1 边 65% 的钢筋是（$7 \times 0.65 = 4.55 = 5$ 根），所以①号钢筋是 5 根。②号钢筋是 $7 - 5 = 2$ 根

外侧 h_1 边 65% 的钢筋是（$7 \times 0.65 = 4.55 = 5$ 根），所以①号钢筋是 5 根。②号钢筋是 $7 - 5 - 1 = 1$ 根（因角筋 1 为公用钢筋，b_1 边已经算过）

剩余 b_2、h_2 边内侧钢筋是④号钢筋，是 $24 - 5 - 2 - 5 - 1 = 11$ 根

图 13-43　角柱纵筋锚固长度判断

（2）钢筋计算

1）①号钢筋计算，见表 13-10。

表 13-10　顶层纵筋长度计算

计算方法	顶层纵筋长度 = 顶层层高 − 顶层非连接区 − 梁高 + 锚固长度					根数
计算过程	顶层层高	顶层非连接区	梁高	锚固长度	结果	$7 \times 0.65 =$ $4.55 = 5 \times 2$
				$\max(1.5l_{abE}, 梁高 − 保护层 + 15d)$		
	3600	$\max(H_n/6, h_c, 500)$	700	$\max(1.5 \times 33d, 700 − 20 + 15d)$		
	3600	$\max(2900/6, 750, 500)$	700	$\max(1.5 \times 33 \times 25, 700 − 20 + 15 \times 25)$		
	3600	750	700	1238		
计算式	$3600 − 750 − 700 + 1238$				3388	10

2）②号钢筋计算，见表 13-11。

表 13-11　顶层纵筋长度计算

计算方法	顶层纵筋长度 = 顶层层高 − 顶层非连接区 − 梁高 + 锚固长度						根数
	顶层层高	顶层非连接区	梁高	锚固长度		结果	b_1 边 $7 −$ $5 = 2$ h_1 边 $7 − 5 −$ $1 = 1$
				梁高 − 保护层 + 柱宽 − $2 \times$ 保护层 + 8d			
				保护层	柱宽	8d	
计算过程	3600	$\max(H_n/6, h_c, 500)$	700	20	750 或 700	8×25	
	3600	$\max(2900/6, 750, 500)$	700	$700 − 20 + 750$ 或 $700 − 2 \times 20 + 8 \times 25 = 1540$			
	3600	750	700	1590 或 1540			

续表

计算方法	顶层纵筋长度 = 顶层层高 − 顶层非连接区 − 梁高 + 锚固长度	根数
计算式	3600 − 750 − 700 + 1590 或 1540	3740 或 3690	其中 h 边为 3740mm1 根,b 边为 3690mm2 根

3)④号钢筋计算,见表 13-12。

表 13-12 顶层纵筋长度计算

计算方法	顶层纵筋长度 = 顶层层高 − 顶层非连接区 − 梁高 + 锚固长度					根数
	顶层层高	顶层非连接区	梁高	锚固长度	结果	
				梁高 − 保护层 + 12d		
计算过程				保护层	12d	24 − 10 − 3 = 11
	3600	$\max(H_n/6, h_c, 500)$	700	20	12 × 25	
	3600	$\max(2900/6, 750, 500)$	700	20		
	3600	750	700	700 − 20 + 12 × 25 = 980		
计算式	3600 − 750 − 700 + 980				3130	11

（3）角柱软件计算过程

1）顶层角柱 KZ1 属性定义,如图 13-44 所示。

2）顶层角柱软件画图,如图 13-45 所示。

	属性名称	属性值	附加
1	名称	KZ1-角柱	
2	类别	框架柱	☐
3	截面编辑	否	
4	**截面宽(B边)(mm)**	750	☐
5	**截面高(H边)(mm)**	700	☐
6	全部纵筋		☐
7	角筋	4B25	☐
8	B边一侧中部筋	5B25	☐
9	H边一侧中部筋	5B25	☐
10	箍筋	A10@100/200	☐
11	肢数	5*4	
12	柱类型	角柱	
13	其他箍筋		
14	备注		☐
15	+ 芯柱		
20	+ 其他属性		
33	+ 锚固搭接		

图 13-44 KZ1 属性定义

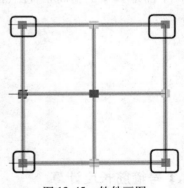

图 13-45 软件画图

3）软件结果,如图 13-46 所示。

筋号	直径(mm)	级别	图号	图形	计算公式	长度(mm)	根数
B边纵筋.1	25	Φ	18	558 ⌐ 2830	3600-max(2900/6,750,500)-700+700-20+max(1.5*33*d-700+20,15*d)	3388	4
B边纵筋.2	25	Φ	18	300 ⌐ 2830	3600-max(2900/6,750,500)-700+700-20+12*d	3130	5
B边纵筋.3	25	Φ	66	660 ⌐ 2830 / 200	3600-max(2900/6,750,500)-700+700-20+700-40+8*d	3690	1
H边纵筋.1	25	Φ	18	558 ⌐ 2830	3600-max(2900/6,750,500)-700+700-20+max(1.5*33*d-700+20,15*d)	3388	4
H边纵筋.2	25	Φ	18	300 ⌐ 2830	3600-max(2900/6,750,500)-700+700-20+12*d	3130	5
H边纵筋.3	25	Φ	66	710 ⌐ 2830 / 200	3600-max(2900/6,750,500)-700+700-20+750-40+8*d	3740	1
角筋.1	25	Φ	18	300 ⌐ 2830	3600-max(2900/6,750,500)-700+700-20+12*d	3130	1
角筋.2	25	Φ	66	660 ⌐ 2830 / 200	3600-max(2900/6,750,500)-700+700-20+700-40+8*d	3690	1
角筋.3	25	Φ	18	558 ⌐ 2830	3600-max(2900/6,750,500)-700+700-20+max(1.5*33*d-700+20,15*d)	3388	2

图 13-46　软件画图

4)软件操作注意事项：

① 柱子属性必须设置为角柱；

② 节点设置同边柱设置。

第八节　箍筋长度计算

下面是 KZ1 的箍筋布置图(图 13-47)

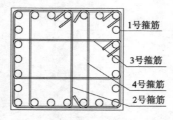

图 13-47　KZ1 箍筋布置图

一、1 号箍筋长度计算

1 号箍筋长度计算如图 13-48 所示。

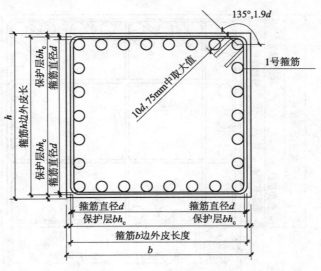

图 13-48 1 号箍筋布置图

1. 箍筋计算公式推导

1 号箍筋长度 = (b − 2 × 保护层) × 2 + (h − 2 × 保护层) × 2 + 1.9d × 2 + max(10d, 75mm) × 2

= 2b − 4 × 保护层 + 2h − 4 × 保护层 + 1.9d × 2 + max(10d, 75mm) × 2

= (b + h) × 2 − 保护层 × 8 + 1.9d × 2 + max(10d, 75mm) × 2

2. 计算 1 号箍筋长度（表 13-13）

表 13-13 1 号箍筋长度计算（按箍筋外皮）

计算方法	长度 = (b + h) × 2 − 保护层 × 8 + 1.9d × 2 + max(10d, 75mm) × 2					
	b	h	保护层 bh_c	箍筋直径 d	max(10d, 75mm) × 2	结果
计算过程	750	700	20	10	max(100mm, 75mm) × 2	
	750	700	20	10	100 × 2	
计算式	(750 + 700) × 2 − 20 × 8 + 1.9 × 10 × 2 + 100 × 2					2978

3. 软件结果

软件结果如图 13-49 所示。

筋号	直径(m	级别	图号	图形	计算公式	长度(mm)
箍筋.1	10	中	195	660 710	2*((750-2*20)+(700-2*20))+ 2*(11.9*d)	2978

图 13-49 软件结果

二、2 号箍筋长度计算

2 号箍筋长度计算如图 13-50 所示。

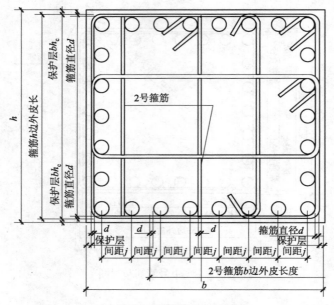

图 13-50 2 号箍筋布置图

1. 箍筋计算公式推导

2 号箍筋长度 $=($ 间距 $j\times 2+1/2D\times 2+2d)\times 2+(h-$ 保护层 $\times 2)\times 2+1.9d\times 2+$ max$(10d,75\text{mm})\times 2$

$=\left[(b-$ 保护层 $\times 2-2d-1/2D\times 2)/6\times 2+D+2d\right]\times 2+(h-$ 保护层 $\times 2)\times 2+1.9d\times 2+$ max$(10d,75\text{mm})\times 2$

$=\left[(b-$ 保护层 $\times 2-2d-D)/6\times 2+D+2d\right]\times 2+(h-$ 保护层 $\times 2)\times 2+1.9d\times 2+$ max$(10d,75\text{mm})\times 2$

2. 计算 2 号箍筋长度（表 13-14）

表 13-14 2 号箍筋长度计算（按箍筋外皮）

计算方法	$\left[(b-$保护层$\times 2-D)/6\times 2+D\right]\times 2+(h-$保护层$\times 2)\times 2+1.9d\times 2+max(10d,75\text{mm})\times 2$					
	b	h	保护层	主筋直径 D	箍筋直径 d	max$(10d,75\text{mm})\times 2$	结果
计算过程	750	700	20	25	10	max$(100\text{mm},75\text{mm})\times 2$	
	750	700	20	25	10	100×2	
计算式	$\left[(750-20\times 2-2\times 10-25+2\times 10)/6\times 2+25\right]\times 2+(700-20\times 2)\times 2+1.9\times 10\times 2+100\times 2$						2091

3. 软件结果

软件结果如图 13-51 所示。

筋号	直径(m)	级别	图号	图形	计算公式	长度(mm)
箍筋.3	10	中	195	660 ☐ 267	2*(((750-2*20-2*d-25)/6*2+25+2*d)+(700-2*20))+2*(11.9*d)	2091

图 13-51 软件结果

三、3 号箍筋长度计算

3 号箍筋长度计算如图 13-52 所示。

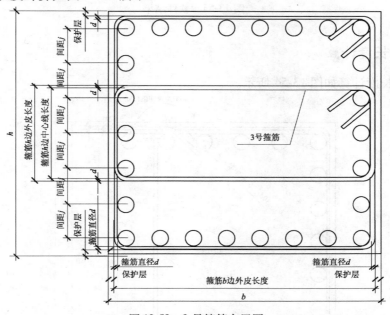

图 13-52　3 号箍筋布置图

1. 箍筋公式推导

3 号箍筋长度 = (间距 $j \times 2 + 1/2D \times 2 + 2d$) $\times 2 + (b - $ 保护层 $\times 2) \times 2 + 1.9d \times 2 + $ max
$(10d,\ 75\text{mm}) \times 2$

$= [(h - $ 保护层 $\times 2 - 2d - 1/2D \times 2)/6 \times 2 + D + 2d] \times 2 + (b - $ 保护层 $\times 2)$
$\times 2 + 1.9d \times 2 + $ max$(10d, 75\text{mm}) \times 2$

$= [(h - $ 保护层 $\times 2 - 2d - D)/6 \times 2 + D + 2d] \times 2 + (b - $ 保护层 $\times 2) \times 2 + $
$1.9d \times 2 + $ max$(10d,\ 75\text{mm}) \times 2$

2. 计算 3 号箍筋长度(表 13-15)

表 13-15　3 号箍筋长度计算(按箍筋外皮)

计算方法	$[(h - $保护层$\times 2 - D)/6 \times 2 + D] \times 2 + (b - $保护层$\times 2) \times 2 + 1.9d \times 2 + max(10d,75\text{mm}) \times 2$						
	b	h	保护层	主筋直径 D	箍筋直径 d	max$(10d,75\text{mm}) \times 2$	结果
计算过程	750	700	20	25	10	max$(100\text{mm},75\text{mm}) \times 2$	
	750	700	20	25	10	100×2	
计算式	$[(700 - 20 \times 2 - 25)/6 \times 2 + 25] \times 2 + (750 - 20 \times 2) \times 2 + 1.9 \times 10 \times 2 + 100 \times 2$						2158

3. 软件结果

软件结果如图 13-53 所示。

筋号	直径(mm)	级别	图号	图形	计算公式	长度(mm)
箍筋.4	10	中	195	710 ⬜250	2*(((700-2*20-2*d-25)/6*2+25+2*d)+(750-2*20))+2*(11.9*d)	2158

图 13-53　软件结果

四、4 号箍筋长度计算

4 号箍筋长度计算如图 13-54 所示。

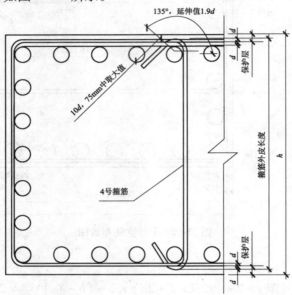

图 13-54　4 号箍筋布置图

1. 箍筋计算公式推导

（1）单支筋同时勾住主筋和箍筋

4 号箍筋长度 $=(h-保护层\times2+d\times2)+1.9d\times2+\max(10d,75mm)\times2$

$\qquad\qquad\quad =(h-保护层\times2+2d)+1.9d\times2+\max(10d,75mm)\times2$

（2）单支筋只勾住主筋

4 号箍筋长度 $=(h-保护层\times2)+1.9d\times2+\max(10d,75mm)\times2$

2. 按箍筋外皮计算 4 号箍筋（按只勾住主筋情况）（表 13-16）

表 13-16　4 号箍筋长度计算（按箍筋外皮只勾住主筋计算）

计算方法		$(h-保护层\times2)+1.9d\times2+\max(10d,75mm)\times2$			
计算过程	h	保护层	箍筋直径 d	$\max(10d,75mm)$	结果
	700	20	10	$\max(10\times10,75)$	
	700	20	10	100	
计算式		$(700-20\times2)+1.9\times10\times2+100\times2$			898

3. 软件结果（图 13-55）

筋号	直径(m	级别	图号	图形	计算公式	长度(mm)
箍筋.2	10	Φ	485	660	(700-2*20)+2*(11.9*d)	898

图 13-55　软件结果

第九节　箍筋根数计算

一、基础层箍筋根数计算

1. 基础层箍筋根数计算如图 13-56 所示。

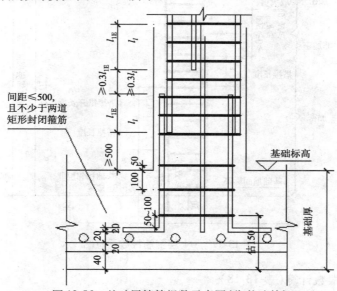

图 13-56　基础层箍筋根数示意图（绑扎连接）

2. 基础层箍筋根数计算，见表 13-17。

表 13-17　基础层内侧水平钢筋根数计算

计算方法	根数 =［（基础高度－基础保护层）/间距］－1				
计算过程	基础高度	距基础底面距离	距基础顶面距离	间距	结果
	1200	150	100	500	
计算式	［（1200－150－100）/500］＋1				3 根
说明	1 号、2 号、3 号、4 号箍筋均为 3 根				

3. 软件结果

（1）软件结果如图 13-57 所示。

筋号	直径(m	级别	图号	图形	长度(mm)	根数
箍筋.1	10	Φ	195	660　710	2978	3

图 13-57　软件结果

（2）基础层箍筋的数量是在计算设置里面设定的（图13-58）。

1	⊟ 公共设置项	
2	— 柱/墙柱在基础插筋锚固区内的箍筋数量	3

图 13-58　基础层箍筋数量计算设置设定

二、–1 层箍筋根数计算

1. –1 层箍筋计算图（图 13-59）

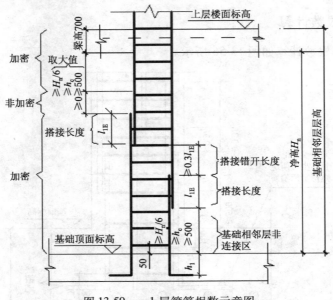

图 13-59　–1 层箍筋根数示意图

2. –1 层箍筋根数计算（表 13-18）

表 13-18　–1 层箍筋加密范围判断（按绑扎判断）

加密部位	加密范围	加密长度	加密长度合计	加密判断
基础根部	$\max(H_n/6, h_c, 500)$	$\max[(4500-700)/6,\ 750, 500]=750$	750 + 2760 + 750 + 700 = 4960	因为4960大于层高4500，所以，全高加密
搭接范围	$48d + 0.3 \times 48d + 48d$	$2.3 \times 48 \times 25 = 2760$		
梁下部位	$\max(H_n/6, h_c, 500)$	$\max(3800/6, 750,\ 500)$		
		750		
梁高范围	梁高	700		

–1 层箍筋根数计算

计算方法	根数 = [（–1 层层高 –50）/加密间距] + 1		
计算过程	–1 层层高	第一根钢筋距基础顶的距离	加密间距	结果
	4500	50	100	
计算式	[（4500 – 50）/100] + 1			46 根
说明	1 号、2 号、3 号、4 号箍筋均为 46 根			

3. 软件结果

软件结果如图 13-60 所示。

筋号	直径(m	级别	图号	图形	长度(mm)	根数
箍筋.1	10	中	195	660 〔710〕	2978	Ceil(4450/100)+1
箍筋.2	10	中	485	⌐ 660 ⌐	898	46
箍筋.3	10	中	195	660 〔267〕	2091	46
箍筋.4	10	中	195	710 〔250〕	2158	46

图 13-60 软件结果

4. 软件操作注意事项

－1 层软件设置为绑扎。

三、1 层箍筋根数计算

1. 1 层箍筋根数计算图（按焊接）（图 13-61）

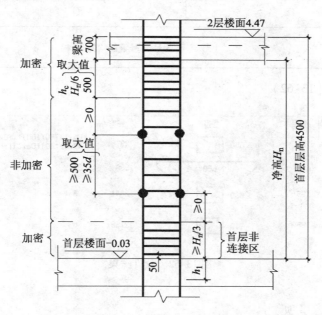

图 13-61 1 层箍筋根数示意图

2. 1 层箍筋根数计算（表 13-19）

表 13-19　1 层箍筋根数计算

部位	是否加密	箍筋布置范围	计算式	根数合计
1 层根部	加密区	$H_n/3$	根数 = [（加密区长度 -50）/加密间距] + 1	
		$(4500-700)/3 = 1267$	$= [（1267-50）/100] + 1 = 13.17 = 14$ 根	
梁下部位	加密区	$\max(h_c, H_n/6, 500)$	根数 = 加密区长度/加密间距 + 1	14 + 9 + 7 + 8 = 38 根
		$\max(750, 3800/6, 500)$	$= 750/100 + 1 = 8.5 = 9$ 根	
		$\max(750, 633, 500)$		
		750		
梁高范围	加密区	700	根数 = 梁高/加密间距 = $700/100 = 7$ 根	
中间部位	非加密区	$4500-1267-750-700=1783$	根数 =（非加密区长度/非加密间距）-1 $=（1783/200）-1 = 7.915 = 8$ 根	
说明			1 号、2 号、3 号、4 号箍筋均为 38 根	

3. 软件结果（图 13-62）

筋号	直径（m	级别	图号	图形	长度(mm)	根数
箍筋.1	10	Φ	195	660 [710]	2978	Ceil(750/100)+1+Ceil(1217/100)+1+Ceil (700/100)+Ceil(1783/200)-1
箍筋.2	10	Φ	485	660	898	38
箍筋.3	10	Φ	195	660 [267]	2091	38
箍筋.4	10	Φ	195	710 [250]	2158	38

图 13-62　软件结果

4. 软件操作注意事项

1 层软件设置连接方式为机械连接。

四、2 层箍筋根数计算

1. 2 层箍筋根数计算图（图 13-63）

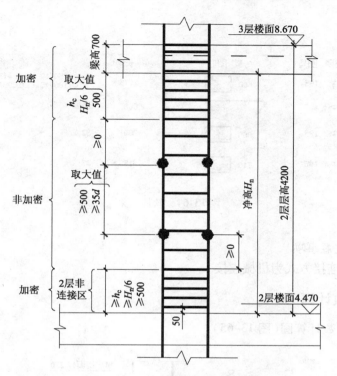

图 13-63　2 层箍筋根数示意图

2. 2 层箍筋根数计算（表 13-20）

表 13-20　2 层箍筋根数计算

部位	是否加密	箍筋布置范围	计算式	根数合计
2 层根部	加密区	$\max(H_n/6, h_c, 500)$	根数 = [（加密区长度 - 50）/加密间距] + 1 = [（750 - 50）/100] + 1 = 8 根	
		$\max(3500/6, 750, 500)$		
		$\max(583, 750, 500)$		
		750		
梁下部位	加密区	$\max(H_n/6, h_c, 500)$	根数 = （加密区长度/加密间距）+ 1 = （750/100）+ 1 = 8.5 = 9 根	8 + 9 + 7 + 9 = 33
		$\max(3500/6, 750, 500)$		
		$\max(583, 750, 500)$		
		750		
梁高范围	加密区	梁高	根数 = 梁高/加密间距 = 700/100 = 7 根	
		700		
中间部位	非加密区	层高 - 加密区长度合计	根数 = （非加密区长度/非加密间距）- 1 = （2000/200）- 1 = 9 根	
		4200 - 750 - 750 - 700 = 2000		
说明			1 号、2 号、3 号、4 号箍筋均为 33 根	

3. 软件结果（图 13-64）

筋号	直径(m	级别	图号	图形	长度(mm)	根数
箍筋.1	10	Φ	195	660 710	2978	Ceil(750/100)+1+Ceil(700/100)+1+Ceil (700/100)+Ceil(2000/200)-1
箍筋.2	10	Φ	485	660	898	33
箍筋.3	10	Φ	195	660 287	2091	33
箍筋.4	10	Φ	195	710 250	2158	33

图 13-64 软件结果

4. 软件操作注意事项

2 层软件设置连接方式为机械连接。

五、3 层箍筋根数计算

1. 3 层箍筋根数计算图（图 13-65）

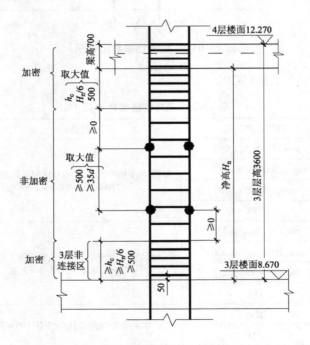

图 13-65 3 层箍筋根数示意图

2. 3 层箍筋根数计算（表 13-21）

表 13-21 3 层箍筋根数计算

部位	是否加密	箍筋布置范围	计算式	根数合计
3 层根部	加密区	$\max(H_n/6, h_c, 500)$	根数 = [(加密区长度 - 50)/加密间距] + 1 = [(750 - 50)/100] + 1 = 8 根	
		$\max(2900/6, 750, 500)$		
		$\max(483, 750, 500)$		
		750		
梁下部位	加密区	$\max(H_n/6, h_c, 500)$	根数 = (加密区长度/加密间距) + 1 = (750/100) + 1 = 8.5 = 9 根	8 + 9 + 7 + 6 = 30
		$\max(2900/6, 750, 500)$		
		$\max(483, 750, 500)$		
		750		
梁高范围	加密区	梁高	根数 = 梁高/加密间距 = 700/100 = 7 根	
		700		
中间部位	非加密区	层高 - 加密区长度合计	根数 = (非加密区长度/非加密间距) - 1 = (1400/200) - 1 = 6 根	
		3600 - 750 - 750 - 700 = 1400		
说明			1 号、2 号、3 号、4 号箍筋均为 30 根	

3. 软件结果(图 13-66)

筋号	直径(m	级别	图号	图形	长度(mm)	根数
箍筋.1	10	Φ	195	660 710	2978	Ceil (750/100)+1+Ceil (700/100)+1+Ceil (700/100)+Ceil (1400/200)-1
箍筋.2	10	Φ	485	660	898	30
箍筋.3	10	Φ	195	660 267	2091	30
箍筋.4	10	Φ	195	710 250	2158	30

图 13-66 软件结果

4. 软件操作注意事项

3 层软件设置连接方式为机械连接。

六、顶层箍筋根数计算

1. 顶层箍筋根数计算图(图 13-67)

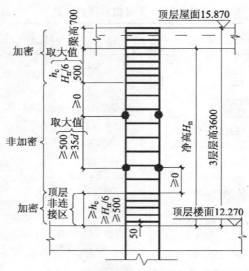

图 13-67　顶层箍筋根数示意图

2. 顶层箍筋根数计算（表 13-22）

表 13-22　顶层箍筋根数计算

部位	是否加密	箍筋布置范围	计算式	根数合计
顶层根部	加密区	$\max(H_n/6,h_c,500)$	根数 = [（加密区长度 - 50）/加密间距] + 1 = [（750 - 50）/100] + 1 = 8 根	
		$\max(2900/6,750,500)$		
		$\max(483,750,500)$		
		750		
梁下部位	加密区	$\max(H_n/6,h_c,500)$	根数 = （加密区长度/加密间距） + 1 = （750/100） + 1 = 8.5 = 9 根	8 + 9 + 7 + 6 = 30
		$\max(2900/6,750,500)$		
		$\max(483,750,500)$		
		750		
梁高范围	加密区	梁高	根数 = 梁高/加密间距 = 700/100 = 7 根	
		700		
中间部位	非加密区	层高 - 加密区长度合计、 3600 - 750 - 750 - 700 = 1400	根数 = （非加密区长度/非加密间距） - 1 = （1400/200） - 1 = 6 根	
说明			1 号、2 号、3 号、4 号箍筋均为 30 根	

3. 软件结果（图 13-68）

筋号	直径(m	级别	图号	图形	长度(mm)	根数
箍筋.1	10	Φ	195	660 ⟦710⟧	2978	Ceil（750/100）+1+Ceil（700/100）+1+Ceil（700/100）+Ceil（1400/200）-1
箍筋.2	10	Φ	485	660	898	30
箍筋.3	10	Φ	195	660 ⟦267⟧	2091	30
箍筋.4	10	Φ	195	710 ⟦250⟧	2158	30

图 13-68　软件结果

4. 软件操作注意事项

顶层软件设置连接方式为机械连接。

第十节　主筋钢筋变化处理

一、上层柱子钢筋根数多于下层

1. 详图介绍

3、4 层钢筋多于 2 层的情况，如图 13-69、图 13-70 所示。

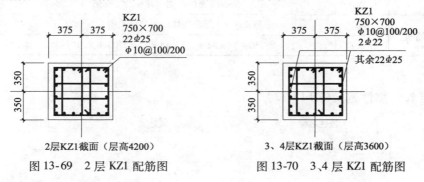

图 13-69　2 层 KZ1 配筋图　　　　图 13-70　3、4 层 KZ1 配筋图

这种情况按图 13-71 处理。

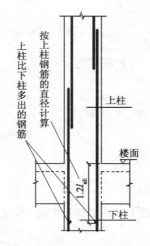

图 13-71　按上柱钢筋的直径计算

2、3 层主筋比较表（表 13-23）

表 13-23　2、3 层主筋比较表

层号	角柱	b 边一侧中部钢筋	h 边一侧中部钢筋
2 层	4B25	5B25	4B25
3 层	4B25	5B25	4B25 + 2B22
说明	3 层比 2 层多出 2 根 22 的钢筋		

169

2. 钢筋计算（表 13-24）

表 13-24　多出钢筋计算比较

情况	层	算法	长　　　　度	根数
原有钢筋	2 层	方法	纵筋长度 = 2 层层高 − 2 层非连接区 + 3 层非连接区 + 搭接长度 l_{lE}	22
		计算式	$4200 − 750 + 750 + 48 × 25 = 5400$	
	3 层	方法	纵筋长度 = 3 层层高 − 3 层非连接区 + 4 层非连接区 + 搭接长度 l_{lE}	22
		计算式	$3600 − 750 + 750 + 48 × 25 = 4800$	
多出钢筋	3 层	方法	纵筋长度 = 3 层层高 − 3 层非连接区 + 4 层非连接区 + 搭接长度 l_{lE}	2
		计算式	$3600 − 750 + 750 + 48 × 22 = 4656$	
	插筋	方法	纵筋长度 = 3 层非连接区 + 搭接长度 l_{lE} + $1.2 l_{aE}$	2
		计算式	$750 + 48 × 22 + 1.2 × 34 × 22 = 2703.6 = 2704$	

3. 软件过程

（1）2 层 KZ1 属性定义（图 13-72）

	属性名称	属性值	附加
1	名称	KZ1	
2	类别	框架柱	☐
3	截面编辑	否	
4	**截面宽(B边)(mm)**	750	☐
5	**截面高(H边)(mm)**	700	☐
6	全部纵筋		☐
7	角筋	4B25	☐
8	B边一侧中部筋	5B25	☐
9	H边一侧中部筋	4B25	☐
10	箍筋	A10@100/200	☐
11	肢数	5*4	
12	**柱类型**	（中柱）	☐
13	其他箍筋		
14	**备注**		☐
15	⊞ 芯柱		
20	⊞ 其他属性		
33	⊞ 锚固搭接		

图 13-72　2 层 KZ1 属性定义

（2）2 层软件结果（图 13-73）

筋号	直径(m	级别	图号	图形	计算公式	长度(mm)
B边纵筋.1	25	中	1	5400	4200−max (3500/6, 750, 500)+max (2900/6, 750, 500)+48*25	5400
H边纵筋.1	25	中	1	5400	4200−max (3500/6, 750, 500)+max (2900/6, 750, 500)+48*25	5400
角筋.1	25	中	1	5400	4200−max (3500/6, 750, 500)+max (2900/6, 750, 500)+48*25	5400

图 13-73　2 层软件结果

（3）3 层 KZ1 属性定义（图 13-74）

	属性名称	属性值	附加
1	名称	KZ1	
2	类别	框架柱	☐
3	截面编辑	否	
4	**截面宽(B边)(mm)**	750	☐
5	**截面高(H边)(mm)**	700	☐
6	全部纵筋		☐
7	角筋	4B25	☐
8	B边一侧中部筋	5B25	☐
9	H边一侧中部筋	4B25+1B22	☐
10	箍筋	A10@100/200	
11	肢数	5*4	
12	**柱类型**	(中柱)	☐
13	其他箍筋		
14	**备注**		☐
15	⊞ 芯柱		
20	⊞ 其他属性		
33	⊞ 锚固搭接		

图 13-74　3 层 KZ1 属性定义

（4）3 层软件结果（图 13-75）

筋号	直径(m	级别	图号	图形	计算公式	长度(mm)	根数
B边纵筋.1	25	Φ	1	4800	3600-max (2900/6, 750, 500)+max (2900/6, 750, 500)+48*25	4800	10
H边纵筋.1	22	Φ	1	4656	3600-max (2900/6, 750, 500)+max (2900/6, 750, 500)+48*22	4656	2
H边纵筋.2	25	Φ	1	4800	3600-max (2900/6, 750, 500)+max (2900/6, 750, 500)+48*25	4800	8
角筋.1	25	Φ	1	4800	3600-max (2900/6, 750, 500)+max (2900/6, 750, 500)+48*25	4800	4
插筋.1	22	Φ	1	2704	max (2900/6, 750, 500)+48*d+1.2*34*d	2704	2

图 13-75　3 层软件结果

（5）软件操作注意事项

H 边一侧应加 1 根直径为 22mm 的螺纹钢筋。

二、上柱钢筋直径大于下柱钢筋直径

1. 详图介绍

（1）上下层钢筋直径相同时

当上下层钢筋直径相同时，按图 13-76 所示方式连接。

（2）上层柱钢筋直径大于下层时

上柱钢筋直径大于下柱的情况如图 13-77 所示。

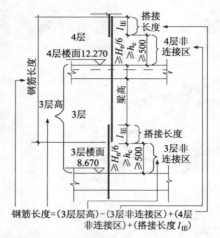

图 13-76　上下柱钢筋相同时连接方式

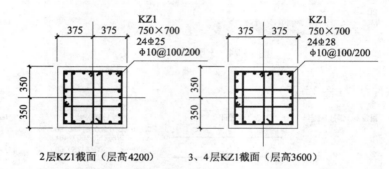

图 13-77　2 层及 3、4 层 KZ1 配筋图

当上柱钢筋直径大于下柱时，按下图方式连接，如图 13-78 所示。

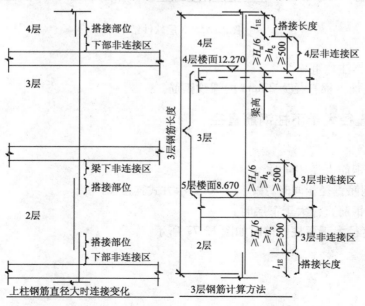

图 13-78　上层钢筋直径大于下层钢筋纵筋连接配置图

2. 钢筋计算（表 13-25）

表 13-25　多出钢筋计算比较

情况	层	算法	长　　　度	根数
上下层钢筋直径相同时	2 层	方法	长度 = 2 层层高 − 2 层非连接区 + 3 层非连接区 + 搭接长度 l_{lE}	24
		计算式	$4200 − 750 + 750 + 48 \times 25 = 5400$	
	3 层	方法	长度 = 3 层层高 − 3 层非连接区 + 4 层非连接区 + 搭接长度 l_{lE}	24
		计算式	$3600 − 750 + 750 + 48 \times 25 = 4800$	
上柱钢筋直径大于下柱时	3 层	方法	长度 = 3 层层高 + 4 层非连接区 + 搭接长度 l_{lE} + 梁高 + 2 层梁下非连接区 + 搭接长度 l_{lE}	24
		计算式	$3600 + 750 + 52 \times 28 + 700 + 750 + 48 \times 25 = 8456$	
	1、2 层	方法	长度 = 2 层层高 − 2 层非连接区 − 3 层梁下非连接区 − 2 层梁高	24
		计算式	$4200 − 750 − 750 − 700 = 2000$	

3. 软件计算过程

（1）2 层 KZ1 属性定义（图 13-79）

	属性名称	属性值	附加
1	名称	KZ1	
2	类别	框架柱	☐
3	截面编辑	否	
4	**截面宽 (B 边) (mm)**	750	☐
5	**截面高 (H 边) (mm)**	700	☐
6	全部纵筋		☐
7	角筋	4B25	☐
8	B 边一侧中部筋	5B25	☐
9	H 边一侧中部筋	5B25	☐
10	箍筋	A10@100/200	☐
11	肢数	5*4	
12	**柱类型**	(中柱)	☐
13	其他箍筋		
14	**备注**		☐
15	+ 芯柱		
20	+ 其他属性		
33	+ 锚固搭接		

图 13-79　2 层 KZ1 属性定义

（2）2 层软件结果（图 13-80）

	筋号	直径 (mm)	级别	图号	图形	计算公式	长度 (mm)	根数
1	B 边纵筋.1	25	Φ	1	2000	4200−max (3500/6, 750, 500)−700−max (3500/6, 750, 500)	2000	10
2	H 边纵筋.1	25	Φ	1	2000	4200−max (3500/6, 750, 500)−700−max (3500/6, 750, 500)	2000	10
3	角筋.1	25	Φ	1	2000	4200−max (3500/6, 750, 500)−700−max (3500/6, 750, 500)	2000	4

图 13-80　软件结果

(3)3、4 层 KZ1 属性定义(图 13-81)

	属性名称	属性值	附加
1	名称	KZ1	
2	类别	框架柱	☐
3	截面编辑	否	
4	**截面宽(B边)(mm)**	750	☐
5	**截面高(H边)(mm)**	700	☐
6	全部纵筋		☐
7	角筋	4B28	☐
8	B边一侧中部筋	5B28	☐
9	H边一侧中部筋	5B28	☐
10	箍筋	A10@100/200	
11	肢数	5*4	
12	柱类型	(中柱)	☐
13	其他箍筋		
14	备注		☐
15	+ 芯柱		
20	+ 其他属性		
33	+ 锚固搭接		

图 13-81 3、4 层 KZ1 属性定义

(4)3 层软件结果(图 13-82)

筋号	直径(m	级别	图号	图形	计算公式	长度(mm)	根数
B边纵筋.1	28	中	1	8456	3600+700+max(3500/6,750,50 0)+48*25+max(2900/6,750,50 0)+52*28	8456	10
H边纵筋.1	28	中	1	8456	3600+700+max(3500/6,750,50 0)+48*25+max(2900/6,750,50 0)+52*28	8456	10
角筋.1	28	中	1	8456	3600+700+max(3500/6,750,50 0)+48*25+max(2900/6,750,50 0)+52*28	8456	4

图 13-82 软件结果

(5)软件操作注意事项

此计算螺纹 28 以下钢筋,以搭接形式考虑。

三、下柱钢筋根数多出上柱根数

1. 详图介绍

下层柱子钢筋根数比上层柱子钢筋根数多的情况(图 13-83)。

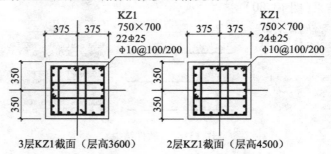

图 13-83 2、3 层 KZ1 配筋图

多出的钢筋按图 13-84 处理。

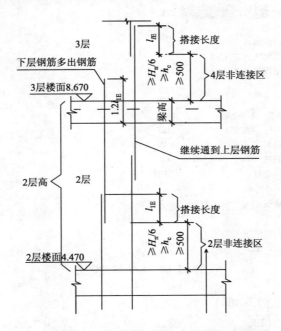

图 13-84 下柱钢筋根数多出上柱纵筋连接配置图

2. 钢筋计算(表 13-26)

表 13-26 下柱钢筋根数多出上柱计算

计算方法	长度 = 2 层层高 − max(h_c,$H_n/6$,500) − 梁高 + 1.2l_{aE}				
	2 层层高	max($H_n/6$,h_c,500)	梁高	1.2l_{aE}	结果
计算过程	4200	max(4200−700)/6,750,(500)	700	1.2×34d	
	4200	max(3500/6,750,500)	700	1.2×34×25	
	4200	max(583,750,500)	700	1.2×34×25	
	4200	750	700	1.2×34×25	
计算式	4200 − 750 − 700 + 1.2×34×25				3770

3. 软件过程

(1)2 层 KZ1 属性定义(图 13-85)

	属性名称	属性值	附加
1	名称	KZ1	
2	类别	框架柱	☐
3	截面编辑	否	
4	截面宽(B边)(mm)	750	☐
5	截面高(H边)(mm)	700	☐
6	全部纵筋		☐
7	角筋	4B25	☐
8	B边一侧中部筋	5B25	☐
9	H边一侧中部筋	5B25	☐
10	箍筋	A10@100/200	☐
11	肢数	5*4	
12	柱类型	(中柱)	☐
13	其他箍筋		
14	备注		☐
15	⊞ 芯柱		
20	⊞ 其他属性		
33	⊞ 锚固搭接		

图 13-85　KZ1 属性定义

(2)2 层软件结果(图 13-86)

筋号	直径(mm)	级别	图号	图形	计算公式	长度(mm)	根数
B边纵筋.1	25	Φ	1	5400	4200-max(3500/6,750,500)+max(2900/6,750,500)+48*25	5400	10
H边纵筋.1	25	Φ	1	3770	4200-max(3500/6,750,500)-700+1.2*34*d	3770	2
H边纵筋.2	25	Φ	1	5400	4200-max(3500/6,750,500)+max(2900/6,750,500)+48*25	5400	8
角筋.1	25	Φ	1	5400	4200-max(3500/6,750,500)+max(2900/6,750,500)+48*25	5400	4

图 13-86　软件结果

4. 3 层 KZ1 属性定义(图 13-87)

	属性名称	属性值	附加
1	名称	KZ1	
2	类别	框架柱	☐
3	截面编辑	否	
4	截面宽(B边)(mm)	750	☐
5	截面高(H边)(mm)	700	☐
6	全部纵筋		☐
7	角筋	4B25	☐
8	B边一侧中部筋	5B25	☐
9	H边一侧中部筋	4B25	☐
10	箍筋	A10@100/200	☐
11	肢数	5*4	
12	柱类型	(中柱)	☐
13	其他箍筋		
14	备注		☐
15	⊞ 芯柱		
20	⊞ 其他属性		
33	⊞ 锚固搭接		

图 13-87　KZ1 属性定义

5. 3 层软件结果（图 13-88）

筋号	直径(mm)	级别	图号	图形	计算公式	长度(mm)	根数
B边纵筋.1	25	Φ	1	4800	3600−max (2900/6, 750, 500)+max (2900/6, 750, 500)+48*25	4800	10
H边纵筋.1	25	Φ	1	4800	3600−max (2900/6, 750, 500)+max (2900/6, 750, 500)+48*25	4800	8
角筋.1	25	Φ	1	4800	3600−max (2900/6, 750, 500)+max (2900/6, 750, 500)+48*25	4800	4

图 13-88　软件结果

6. 软件操作注意事项

下柱比上柱多出 2 根钢筋。

第十一节　柱子截面变化处理

一、$\Delta/h_b \leqslant 1/6$ 情况（绑扎搭接）

1. 详图介绍（图 13-89）

Δ 取值$(750 - 650)/2 = 50$；

$\Delta/h_b = 50/700 = 0.071 < 1/6 = 0.167$；

判断结果符合（$\Delta/h_b \leqslant 1/6$）条件。

柱子纵筋搭接按图 13-90 所示处理。

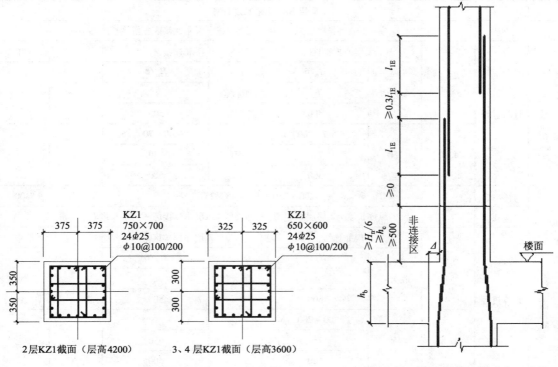

2层KZ1截面（层高4200）　　　3、4层KZ1截面（层高3600）

图 13-89　2 层及 3、4 层 KZ1 配筋图　　　图 13-90　绑扎搭接连接 $\Delta/h_b \leqslant 1/6$

177

上下柱截面变化处理,如图 13-91 所示。

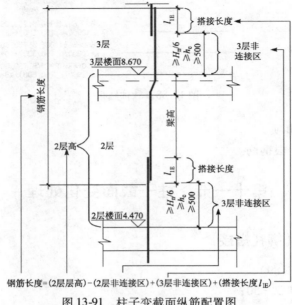

钢筋长度=(2层层高)-(2层非连接区)+(3层非连接区)+(搭接长度 l_{lE})

图 13-91　柱子变截面纵筋配置图

2. 钢筋计算(表 13-27)

表 13-27　截面变化 2 层纵筋长度计算比较($\Delta/h_{\mathrm{b}} \leqslant 1/6$)

<table>
<tr><td colspan="9">2 层 KZ1 纵筋长度计算</td></tr>
<tr><td rowspan="8">上下柱截面相同</td><td>方法</td><td colspan="7">纵筋长度 = 2 层层高 - 2 层非连接区 + 3 层非连接区 + 搭接长度 l_{lE}</td></tr>
<tr><td rowspan="5">计算过程</td><td rowspan="2">2 层层高</td><td colspan="2">2 层非连接区</td><td colspan="2">3 层非连接区</td><td rowspan="2">l_{lE}</td><td>结果</td></tr>
<tr><td rowspan="2">取大值</td><td>$H_{\mathrm{n}}/6$</td><td rowspan="2">取大值</td><td>$H_{\mathrm{n}}/6$</td><td rowspan="2"></td></tr>
<tr><td>h_{c}</td><td>h_{c}</td></tr>
<tr><td></td><td>500</td><td>500</td></tr>
<tr><td rowspan="1">4200</td><td rowspan="1">750</td><td>(4200 - 700)/6</td><td rowspan="1">750</td><td>(3600 - 700)/6</td><td rowspan="1">48d</td><td></td></tr>
<tr><td></td><td></td><td>750</td><td></td><td>750</td><td></td><td></td></tr>
<tr><td>计算式</td><td colspan="6">4200 - 750 + 750 + 48 × 25</td><td>5400</td></tr>
<tr><td rowspan="8">下柱截面相同</td><td>方法</td><td colspan="7">纵筋长度 = 2 层层高 - 2 层非连接区 + 3 层非连接区 + 搭接长度 l_{lE}</td></tr>
<tr><td rowspan="5">计算过程</td><td rowspan="2">2 层层高</td><td colspan="2">2 层非连接区</td><td colspan="2">3 层非连接区</td><td rowspan="2">l_{lE}</td><td>结果</td></tr>
<tr><td rowspan="2">取大值</td><td>$H_{\mathrm{n}}/6$</td><td rowspan="2">取大值</td><td>$H_{\mathrm{n}}/6$</td><td rowspan="2"></td></tr>
<tr><td>h_{c}</td><td>h_{c}</td></tr>
<tr><td></td><td>500</td><td>500</td></tr>
<tr><td rowspan="1">4200</td><td rowspan="1">750</td><td>(4200 - 700)/6</td><td rowspan="1">650</td><td>(3600 - 700)/6</td><td rowspan="1">48d</td><td></td></tr>
<tr><td></td><td></td><td>750</td><td></td><td>650</td><td></td><td></td></tr>
<tr><td>计算式</td><td colspan="6">4200 - 750 + 650 + 48 × 25</td><td>5300</td></tr>
</table>

3. 软件计算过程
(1)2 层 KZ1 属性定义(图 13-92)

	属性名称	属性值	附加
1	名称	KZ1	
2	类别	框架柱	☐
3	截面编辑	否	
4	截面宽(B边)(mm)	750	☐
5	截面高(H边)(mm)	700	☐
6	全部纵筋		☐
7	角筋	4B25	☐
8	B边一侧中部筋	5B25	☐
9	H边一侧中部筋	4B25	☐
10	箍筋	A10@100/200	☐
11	肢数	5*4	
12	柱类型	(中柱)	☐
13	其他箍筋		
14	备注		☐
15	+ 芯柱		
20	+ 其他属性		
33	+ 锚固搭接		

图 13-92　KZ1 属性定义

(2)3、4 层 KZ1 属性定义(图 13-93)

	属性名称	属性值	附加
1	名称	KZ1	
2	类别	框架柱	☐
3	截面编辑	否	
4	截面宽(B边)(mm)	650	☐
5	截面高(H边)(mm)	600	☐
6	全部纵筋		☐
7	角筋	4B25	☐
8	B边一侧中部筋	5B25	☐
9	H边一侧中部筋	4B25	☐
10	箍筋	A10@100/200	☐
11	肢数	5*4	
12	柱类型	(中柱)	☐
13	其它箍筋		
14	备注		☐
15	+ 芯柱		
20	+ 其它属性		
33	+ 锚固搭接		

图 13-93　KZ1 属性定义

(3)变截面后 2 层钢筋软件结果(图 13-94)

筋号	直径(mm)	级别	图号	图形	计算公式	长度(mm)	根数
B边纵筋.1	25	中	1	5300	4200-max(3500/6,750,500)+max(2900/6,650,500)+48*25	5300	10
H边纵筋.1	25	中	1	5300	4200-max(3500/6,750,500)+max(2900/6,650,500)+48*25	5300	8
角筋.1	25	中	1	5300	4200-max(3500/6,750,500)+max(2900/6,650,500)+48*25	5300	4

图 13-94　软件结果

二、$\Delta/h_b > 1/6$ 情况（绑扎搭接）

1. 详图介绍

下面是 2、3 层柱子截面变化的情况（图 13-95）。

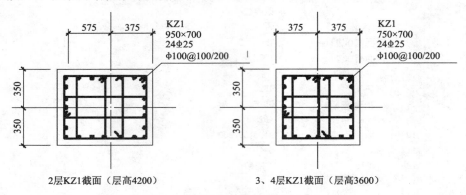

图 13-95　KZ1 配筋图

Δ 取值（$950 - 750$）$= 200$；

$\Delta/h_b = 200/700 = 0.286 > 1/6 = 0.167$；

判断结果：符合 $\Delta/h_b > 1/6$ 条件。

所以，上下柱搭接情况按下图处理（图 13-96）。

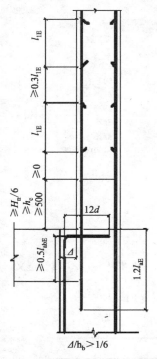

图 13-96　柱子变截面纵筋配置图

2. 钢筋计算

从图 13-96 可知,柱子左 h 边上下层发生变化,其余同前。

(1)2 层柱子钢筋计算(表 13-28)

表 13-28 2 层左 h 边截面变化钢筋长度计算比较($\Delta/h_b > 1/6$)

	方法	纵筋长度 = 2 层层高 − 2 层非连接区 + 3 层非连接区 + 搭接长度 l_{1E}						结果
未发生变化钢筋计算			2 层非连接区		3 层非连接区			
	计算过程	3 层层高	取大值	$H_n/6$	取大值	$H_n/6$	L_{1E}	
				h_c		h_c		
				500		500		
		4200	950	$(4200-700)/6$	750	$(3600-700)/6$	48d	
				950		750		
				500		500		
	计算式	$4200-950+750+48\times25$						5200
发生变化钢筋计算	方法	左 h 边纵筋长度 = 2 层层高 − 2 层下部非连接区 − 梁高 + (梁高 − 保护层)+ 12d						结果
			2 层非连接区		梁高	保护层	Δ	
	计算过程	2 层标高	取大值	$H_n/6$				
				h_c				
				500				
		4200	950	$(4200-700)/6$	700	20	200	
				950				
				500				
	计算式	$4200-950-700+(700-20)+12\times25$						3530

(2)软件计算过程

1)2 层 KZ1 属性定义(图 13-97)

2)软件画 2 层柱(图 13-98)

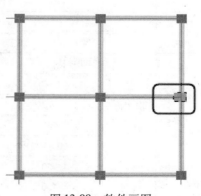

	属性名称	属性值
1	名称	KZ1
2	类别	框架柱
3	截面编辑	否
4	截面宽(B边)(mm)	950
5	截面高(H边)(mm)	700
6	全部纵筋	
7	角筋	4B25
8	B边一侧中部筋	5B25
9	H边一侧中部筋	4B25
10	箍筋	A10@100/200
11	肢数	5*4
12	柱类型	(中柱)
13	其他箍筋	

图 13-97 2 层 KZ1 属性定义

图 13-98 软件画图

3）2 层软件结果（图 13-99）

4）软件操作注意事项

在计算设置节点设置中修改变截面锚固（图 13-100）。

软件节点调整顺序为：工程设置—计算设置—节点设置—柱/墙柱—第 10 条变截面处无节点造—选择节点

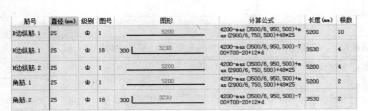

筋号	直径(mm)	级别	图号	图形	计算公式	长度(mm)	根数
B边纵筋.1	25	Φ	1	5200	4200-max(3500/6, 950, 500)+max(2900/6, 750, 500)+48*25	5200	10
H边纵筋.1	25	Φ	18	300⌐ 3230	4200-max(3500/6, 950, 500)-700+700-20+12*d	3530	4
H边纵筋.2	25	Φ	1	5200	4200-max(3500/6, 950, 500)+max(2900/6, 750, 500)+48*25	5200	4
角筋.1	25	Φ	1	5200	4200-max(3500/6, 950, 500)+max(2900/6, 750, 500)+48*25	5200	2
角筋.2	25	Φ	18	300⌐ 3230	4200-max(3500/6, 950, 500)-700+700-20+12*d	3530	2

图 13-99　软件结果

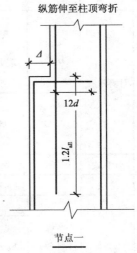

节点一

图 13-100　修改节点设置

（3）3 层左 h 边钢筋计算（表 13-29）

表 13-29　3 层左 h 边截面变化前后纵筋计算比较

	方法	纵筋长度 = 3 层层高 − 3 层非连接区 + 4 层非连接区 + 搭接长度 l_{lE}						结果
纵筋钢筋计算	计算过程	3 层层高	3 层非连接区		4 层非连接区		L_{lE}	
			取大值	$H_n/6$	取大值	$H_n/6$		
				h_c		h_c		
				500		500		
		3600	750	$(3600-700)/6$	750	$(3600-700)/6$	48d	
				750		750		
				500		500		
	计算式	$3600 - 750 + 750 + 48 \times 25$						4800
	方法	纵筋长度 = 3 层非连接区 + 搭接长度 l_{lE} + 1.2l_{aE}						结果
插筋钢筋计算	计算过程		3 层非连接区		搭接长度 l_{lE}	1.2l_{aE}		
			取大值	$H_n/6$				
				h_c				
				500				
		750		$(3600-700)/6$	48$\times 25$	1.2$\times 34 \times 25$		
				750				
				500				
	计算式	$750 + 48 \times 25 + 1.2 \times 34 \times 25$						2970

（4）软件计算过程

1）3、4 层 KZ1 属性定义（图 13-101）

2）3、4 层软件画图（图 13-102）

属性名称	属性值	附加
名称	KZ1	
类别	框架柱	☐
截面编辑	否	
截面宽（B边）(mm)	750	☐
截面高（H边）(mm)	700	☐
全部纵筋		☐
角筋	4B25	☐
B边一侧中部筋	5B25	☐
H边一侧中部筋	4B25	☐
箍筋	A10@100/200	☐
肢数	5*4	
柱类型	（中柱）	☐
其他箍筋		

图 13-101　3、4 层 KZ1 属性定义

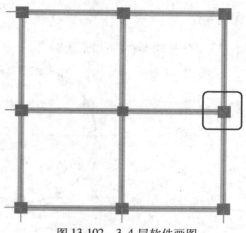

图 13-102　3、4 层软件画图

3）3 层软件结果（图 13-103）

筋号	直径(mm)	级别	图号	图形	计算公式	长度(mm)	根数
B边纵筋.1	25	Φ	1	4800	3600-max (2900/6, 750, 500)+max (2900/6, 750, 500)+48*25	4800	10
H边纵筋.1	25	Φ	1	4800	3600-max (2900/6, 750, 500)+max (2900/6, 750, 500)+48*25	4800	8
角筋.1	25	Φ	1	4800	3600-max (2900/6, 750, 500)+max (2900/6, 750, 500)+48*25	4800	4
插筋.1	25	Φ	1	2970	max (2900/6, 750, 500)+48*d+1.2*34*d	2970	6

图 13-103　软件结果

三、机械连接或焊接（图 13-104）

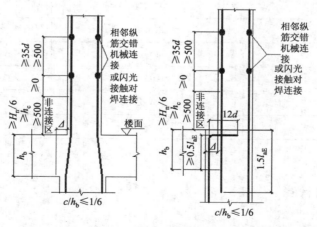

图 13-104　柱子变截面纵筋配置图（机械连接情况）

机械连接或焊接计算方法和绑扎一样，只是搭接长度为 0。

第十二节 圆 形 柱

一、详图介绍

1. 图 13-105 是圆形柱的截面构造。

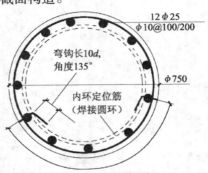

圆形柱子钢筋所处的环境描述			
混凝土强度等级	抗震等级	基础保护层	柱子保护层
C30	一级	40	20

图 13-105 圆形柱子配筋图

2. 各楼层层高与标高(表 13-30)

表 13-30 各楼层层高与标高

屋面	15.870	
4	12.270	3.6
3	8.670	3.6
2	4.470	4.2
1	-0.030	4.5
-1	-4.530	4.5
层号	标高/m	层高/m

二、圆形柱的钢筋计算

1. 纵筋计算

圆形柱的计算方法和矩形框架柱一样,只是将柱子大边 h_c 换成直径 D 就可以了(表 13-31)。

表 13-31 圆形柱纵筋计算表

基础层	方法	长度 = 弯折长度 a + 锚固竖直长度 h_1 + 非连接区 + 搭接长度 l_{lE}	长度	根数
	计算式	$150 + 1160 + 750 + 48 \times 25$	2585	12
-1 层	方法	纵筋长度 = -1 层层高 -1 层非连接区 + 1 层非连接区 $H_n/3$ + 搭接长度 l_{lE}		
	计算式	$4500 - 750 + 1267 + 48 \times 25$	6217	12
1 层	方法	纵筋长度 = 1 层层高 -1 层非连接区 $H_n/3$ + max $(H_n/6, h_c, 500)$ + 搭接长度 l_{lE}		
	计算式	$4500 - 1267 + 750 + 48 \times 25$	5183	12
2 层	方法	纵筋长度 = 2 层层高 -2 层非连接区 + 3 层非连接区 + 搭接长度 l_{lE}		
	计算式	$4200 - 750 + 750 + 48 \times 25$	5400	12
3 层	方法	纵筋长度 = 3 层层高 -3 层非连接区 + 4 层非连接区 + 搭接长度 l_{lE}		
	计算式	$3600 - 750 + 750 + 48 \times 25$	4800	12
4 层	方法	中柱纵筋长度 = 4 层层高 -4 层非连接区 $-$ 梁高 + 梁高 $-$ 保护层 + 12d		
	计算式	$3600 - 750 - 700 + 700 - 20 + 300$	3125	12

2. 基础层软件过程

（1）基础层 KZ2 属性定义（图 13-106）

其他层属性定义同。

（2）基础层圆形柱软件画图（图 13-107）

	属性名称	属性值	附加
1	名称	KZ2	
2	类别	框架柱	☐
3	截面编辑	否	
4	半径(mm)	375	
5	全部纵筋	12B22	
6	箍筋	A10@100/200	
7	箍筋类型	圆形箍筋	☐
8	其他箍筋		
9	备注		☐
10	➕ 芯柱		
15	➕ 其他属性		
28	➕ 锚固搭接		

图 13-106 基础层 KZ2 属性定义

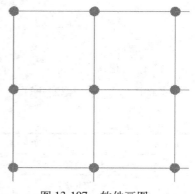

图 13-107 软件画图

其他层软件画图方法同矩形柱子画法，这里不再赘述。

（3）基础层主筋软件结果（图 13-108）

筋号	直径(mm)	级别	图号	图形	计算公式	长度(mm)	根数
全部纵筋插筋.1	25	Φ	18	150 ∟ 3627	3800/3+48*d+1200-40+max (6*d, 150)	3777	12

图 13-108 基础层主筋软件结果

（4）－1 层主筋软件结果（图 13-109）

筋号	直径(mm)	级别	图号	图形	计算公式	长度(mm)	根数
全部纵筋.1	25	Φ	1	 5700	4500-3800/3+3800/3+48*25	5700	12

图 13-109 －1 层主筋软件结果

（5）1 层主筋软件过程（图 13-110）

筋号	直径（mm）	级别	图号	图形	计算公式	长度（mm）	根数
全部纵筋.1	25	Φ	1	5183	4500-3800/3+max（3500/6,750,500)+48*25	5183	12

图 13-110　首层主筋软件结果

（6）2 层主筋软件结果（图 13-111）

筋号	直径（mm）	级别	图号	图形	计算公式	长度（mm）	根数
全部纵筋.1	25	Φ	1	5400	4200-max（3500/6,750,500)+max（2900/6,750,500)+48*25	5400	12

图 13-111　2 层主筋软件结果

（7）3 层主筋软件结果（图 13-112）

筋号	直径（mm）	级别	图号	图形	计算公式	长度（mm）	根数
全部纵筋.1	25	Φ	1	4800	3600-max（2900/6,750,500)+max（2900/6,750,500)+48*25	4800	12

图 13-112　3 层主筋软件结果

（8）4 层主筋软件结果（图 13-113）

筋号	直径（mm）	级别	图号	图形	计算公式	长度（mm）	根数
全部纵筋.1	25	Φ	18	300 ⌐ 2830	3600-max（2900/6,750,500)-700+700-20+12*d	3130	12

图 13-113　4 层主筋软件结果

3. 箍筋计算

（1）箍筋长度

箍筋长度按表 13-32 计算。

表 13-32　圆形柱箍筋长度计算

计算方法	长度 = (柱子直径 − 保护层 × 2) × 3.14 + max(l_{aE}, 300) + 1.9d × 2 + 10d × 2				
	柱子直径	保护层	箍筋直径 d	max(l_{aE}, 300)	结果
计算过程	750	20	10	max(35d, 300)	
	750	20	10	max(35 × 10, 300)	
	750	20	10	350	
计算式	(750 − 20 × 2) × 3.1415 + 350 + 1.9 × 10 × 2 + 10 × 10 × 2				2819

（2）箍筋根数

箍筋根数计算方法同矩形框架柱，这里不再赘述。

（3）圆形柱箍筋软件结果（图 13-114）

筋号	直径（mm）	级别	图号	图形	计算公式	长度（mm）	根数
箍筋.1	10	Φ	356	710 ◯ 350	PI*710+2*11.9*d+max（35*d,300)	2819	37

图 13-114　圆形柱钢筋软件结果

第十三节　梁　上　柱

一、详图介绍

此柱出现在 3 层,层高 3.6m,截面尺寸 450×450,梁截面尺寸 500×800。

二、插筋计算

1. 抗震情况(图 13-115)

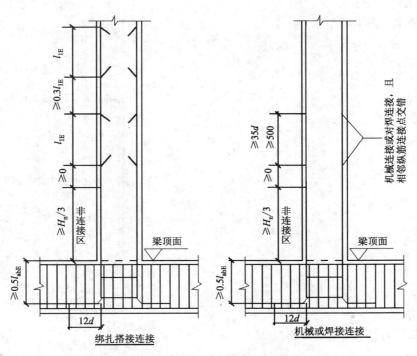

图 13-115　梁上柱 LZ 纵筋构造(抗震)

抗震情况插筋计算见表 13-33。

表 13-33　梁上柱插筋计算(绑扎抗震)

计算方法	长度 = 弯折长度 a + 竖直长度 + 非连接区 $\max(H_n/6, h_c, 500)$ + 搭接长度				
	弯折长度	竖直长度	$H_n/6$	搭接长度	结果
计算过程	$12d$	$800-20$	$(3600-800)/6$	$48d$	
	$12×20$	780	933	$48×20$	
	240	780	933	960	
计算式	240 + 780 + 933 + 960				2913

梁上柱插筋计算(焊接或机械连接抗震)				
计算方法	长度 = 弯折长度 a + 竖直长度 + 非连接区 $\max(H_n/6, h_c, 500)$ + 搭接长度 0			
计算过程	弯折长度	竖直长度	$H_n/6$	搭接长度	结果
	$12d$	$800 - 25$	$(3600 - 800)/6$	0	
	12×25	775	933	0	
	240	775	933	0	
计算式	$240 + 775 + 933 + 0$				1953

2. 软件属性定义(图 13-116)

3. 软件画图(图 13-117)

	属性名称	属性值	附加
1	名称	LZ	
2	类别	框架柱	☐
3	截面编辑	否	
4	截面宽(B边)(mm)	450	
5	截面高(H边)(mm)	450	
6	全部纵筋	16B20	
7	角筋		☐
8	B边一侧中部筋		☐
9	H边一侧中部筋		☐
10	箍筋	A10@100/200	☐
11	肢数	4*4	
12	柱类型	(中柱)	☐
13	其他箍筋		
14	备注		☐
15	⊞ 芯柱		
20	⊞ 其他属性		
33	⊞ 锚固搭接		

图 13-116　LZ 属性定义

图 13-117　软件画图

4. 软件结果

一级抗震绑扎连接(图 13-118)。

筋号	直径(mm)	级别	图号	图形	计算公式	长度(mm)	根数
全部纵筋插筋.1	20	中	18	240 ⌐ 2673	2800/3+48*d+800-20+12*d	2913	16

图 13-118　绑扎连接软件结果

一级抗震机械连接(图 13-119)

筋号	直径(mm)	级别	图号	图形	计算公式	长度(mm)	根数
全部纵筋插筋.1	20	中	18	240 ⌐ 1713	2800/3+800-20+12*d	1953	16

图 13-119　机械连接软件结果

5. 软件注意事项

计算设置里节点设置第 9 行要把梁上柱设置为节点一,并把弯折改为 $12d$,如图 13-120 所示。

6. 非抗震情况（图 13-121）

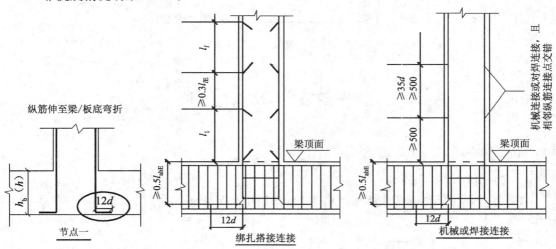

图 13-120　调整节点设置

图 13-121　梁上柱 LZ 纵筋构造（非抗震）

非抗震情况插筋计算见表 13-34。

表 13-34　梁上柱插筋计算（绑扎连接非抗震）

计算方法	长度 = 弯折长度 a + 竖直长度 + 搭接长度			
计算过程	弯折长度	竖直长度	搭接长度	结果
	$12d$	$800 - 20$	$1.4 \times 29d$	
	12×20	780	$41d$	
	240	780	41×20	
计算式	$240 + 780 + 41 \times 20$			1840

梁上柱插筋计算（焊接或机械连接非抗震）				
计算方法	长度 = 弯折长度 a + 竖直长度 + 500			
计算过程	弯折长度	竖直长度	500	结果
	$12d$	$800 - 20$	500	
	12×20	780	500	
	240	780	500	
计算式	$240 + 780 + 500$			1520

7. 非抗震情况软件插筋计算结果

非抗震绑扎情况（图 13-122）。

筋号	直径(mm)	级别	图号	图形	计算公式	长度(mm)	根数
全部纵筋插筋.1	20	Φ	18	240 ⌐___1600___	41*d+800-20+12*d	1840	16

图 13-122　绑扎软件结果

非抗震机械连接情况（图 13-123）。

筋号	直径(mm)	级别	图号	图形	计算公式	长度(mm)	根数
全部纵筋插筋.1	20	Φ	18	240 ⌐ 1280	500+800-20+12*d	1520	16

图 13-123　机械连接软件结果

第十四节　剪力墙上柱

一、抗震情况

1. 详图介绍（图 13-124）

计算条件：2 层层高 4.2m，3 层层高 3.6m，3 层梁高 700mm，柱子尺寸 500mm×500mm，直径 25mm。

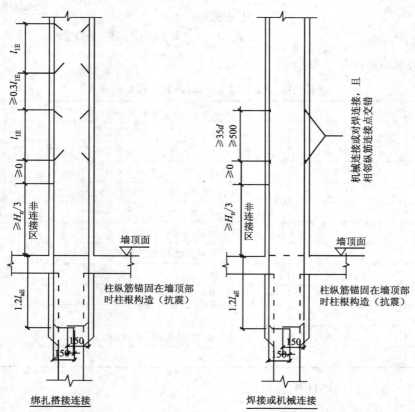

图 13-124　剪力墙上柱纵筋构造（抗震情况）

2. 插筋计算

抗震情况按表 13-35 计算。

190

表 13-35　墙上柱插筋计算

按绑扎计算					
计算方法					
计算过程	弯折长度	$1.2l_{aE}$	$H_n/3$	搭接长	结果
	150	$1.2 \times 34d$	$(3600-700)/3$	$48d$	
	150	$1.2 \times 34 \times 20$	$2900/3$	48×20	
	150	816	967	960	
计算式	$150+816+967+960$				2893

长度 = 弯折长度 $+ 1.2l_{aE} + H_n/3 +$ 搭接长度

按焊接或机械连接计算					
计算方法	长度 = 弯折长度 $+ 1.2l_{aE} + H_n/3 +$ 搭接长度				
计算过程	弯折长度	$1.2l_{aE}$	$H_n/3$	搭接长	结果
	150	$1.2 \times 34d$	$(3600-700)/3$	0	
	150	$1.2 \times 34 \times 20$	$2900/3$	0	
	150	816	967	816	967
计算式	$150+816+967$				1933

3. 软件计算过程

（1）软件剪力墙上柱 2 层属性定义（图 13-125）

（2）剪力墙上柱软件画图（图 13-126）

	属性名称	属性值	附加
1	名称	QZ	
2	类别	框架柱	☐
3	截面编辑	否	
4	**截面宽(B边)(mm)**	500	☐
5	**截面高(H边)(mm)**	500	☐
6	全部纵筋	16B20	
7	角筋		
8	B边一侧中部筋		
9	H边一侧中部筋		
10	箍筋	A10@100/200	
11	肢数	4*4	
12	**柱类型**	(中柱)	
13	其他箍筋		
14	**备注**		
15	⊞ 芯柱		
20	⊞ 其他属性		
33	⊞ 锚固搭接		

图 13-125　QZ 属性定义

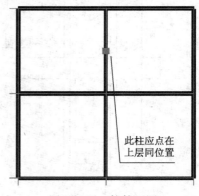

此柱应点在
上层同位置

图 13-126　软件画图

（3）软件剪力墙上柱计算结果

1）钢筋按绑扎软件结果（图 13-127）。

筋号	直径(mm)	级别	图号	图形	计算公式	长度(mm)	根数
插筋.1	20	Φ	18	150 ⌐___ 2743	2900/3+48*d+150+1.2*34*d	2893	16

图 13-127　绑扎软件结果

2）钢筋按机械连接软件结果（图 13-128）

筋号	直径(mm)	级别	图号	图形	计算公式	长度(mm)	根数
插筋.1	20	Φ	18	150 └ 1783	2900/3+150+1.2*34*d	1933	16

图 13-128　机械连接软件结果

（4）软件操作注意事项

1）剪力墙上柱 2 层柱以下相应位置没有柱子；

2）当前层（2 层）没有梁，但是上面层（3 层、4 层）必须有梁；

3）3、4 层相应位置必须有柱子；

4）搭接设置要分别设置成绑扎或焊接。

二、非抗震情况

1. 详图介绍（图 13-129）

计算条件：2 层层高 4.2m，3 层层高 3.6m，3 层梁高 700mm，柱子尺寸 500mm×500mm，直径 25mm，剪力墙厚度为 300mm。

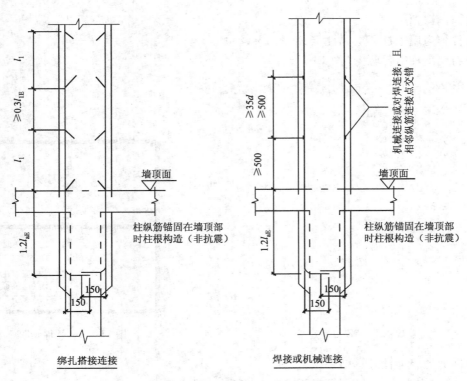

图 13-129　剪力墙上柱纵筋构造（非抗震情况）

2. 插筋计算

非抗震情况按表 13-36 计算。

表 13-36　墙上柱插筋计算（按绑扎计算）

计算方法	长度 = 弯折长度 + 1.2l_a + 2 层层高 + 搭接长度			
	弯折长度	1.2l_a	搭接长度	结果
计算过程	150	1.2 × 29d	41d	
	150	1.2 × 29 × 20	41 × 20	
	150	696	820	
计算式	150 + 696 + 820			1666

墙上柱插筋计算（按焊接或机械连接计算）

计算方法	长度 = 弯折长度 + 1.6l_a + 2 层层高 + 500			
	弯折长度	1.2l_a	500	结果
计算过程	150	1.2 × 29d	500	
	150	1.2 × 29 × 20	500	
	150	696	500	
计算式	150 + 696 + 500			1346

3. 软件结果

（1）软件按绑扎结果（图 13-130）

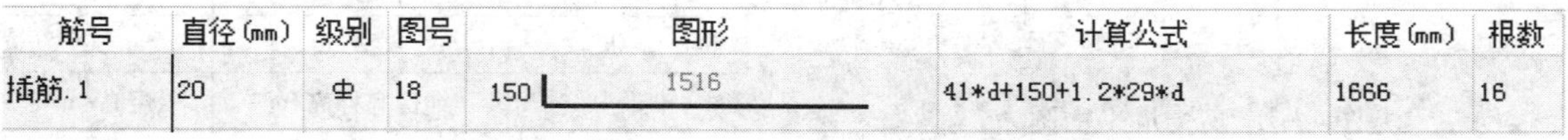

筋号	直径(mm)	级别	图号	图形	计算公式	长度(mm)	根数
插筋.1	20	Φ	18	150 ⌐ 1516	41*d+150+1.2*29*d	1666	16

图 13-130　绑扎软件结果

（2）软件按机械连接结果（图 13-131）

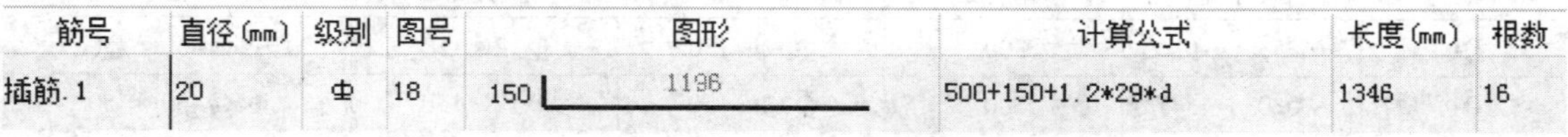

筋号	直径(mm)	级别	图号	图形	计算公式	长度(mm)	根数
插筋.1	20	Φ	18	150 ⌐ 1196	500+150+1.2*29*d	1346	16

图 13-131　机械连接软件结果

（3）软件操作注意事项

1）剪力墙上柱 2 层柱以下相应位置没有柱子；

2）当前层（2 层）没有梁，但是上面层（3 层、4 层）必须有梁；

3）3、4 层相应位置必须有柱子；

4）搭接设置要分别设置成绑扎或机械连接。

第十四章 剪 力 墙

第一节 纯 剪 力 墙

一、识图

图 14-1 的剪力墙中不含门窗、连梁、暗柱、暗梁等情况,属于纯剪力墙(表 14-1 和表 14-2)。

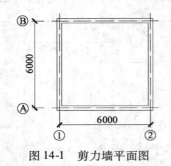

图 14-1 剪力墙平面图

表 14-1 楼层情况

	15.87(顶标高)	
4(顶层)	12.270	3.60
3	8.670	3.60
2	4.470	4.20
1	−0.030	4.50
−1	−4.530	4.50
层号	结构底标高/m	层高/m

表 14-2 剪力墙配筋表

编号	墙标高	墙厚度	水平分布筋	垂直分布筋	拉筋(梅花形布置)
Q1	−4.53 ~ −0.03	300	Φ12@150	Φ12@150	Φ6@450@450
Q1	−0.03 ~ 4.47	300	Φ12@150	Φ12@150	Φ6@450@450
Q1	4.47 ~ 8.67	300	Φ12@150	Φ12@150	Φ6@450@450
Q1	8.67 ~ 12.27	300	Φ12@150	Φ12@150	Φ6@450@450

图 14-1 中有 4 道剪力墙,计算方法都一样,我们只计算 1/A ~ B 轴这道剪力墙。

剪力墙所处的环境描述:

抗震等级:一级抗震;

混凝土强度等级:C30,其他选用 11G101—1 图集。

二、基础层钢筋计算

1. 需要计算的量(表 14-3)

表 14-3 需要计算的量

基础层	基础插筋		长度、根数	本节计算
	水平筋			
		内侧		
		外侧		
	拉筋			

2. 基础插筋计算

（1）基础插筋构造

1）墙体直接生根于基础底板

基础插筋构造（图 14-2）。

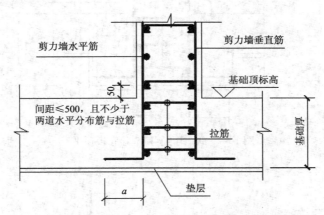

图 14-2　基础插筋构造（一）（基础平板底部与顶部配置钢筋网）

2）墙体生根于基础梁

① 梁底和基础板底平

基础插筋构造（图 14-3）。

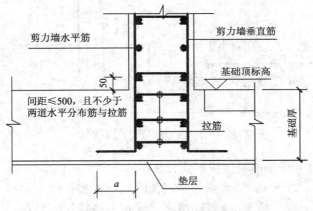

图 14-3　基础梁底和基础板底平

② 梁顶和基础底板顶平

基础插筋构造（图 14-4）。

（2）插筋计算

插筋与上层钢筋绑扎

本图基础筏板厚 $h = 1200\text{mm}$，基础竖向钢筋构造（图 14-5）。

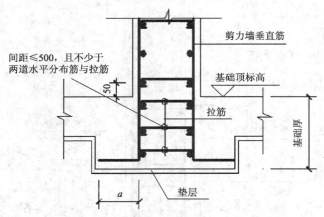

图 14-4 基础梁顶和基础底板顶平

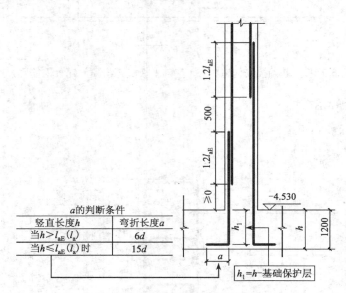

图 14-5 基础竖向钢筋连接构造

根据图 14-5 可知基础插筋长度按下式计算：

基础插筋长度 1 = 弯折长度 a + 锚固竖直长度 h_1 + 搭接长度 $1.2l_{aE}$

基础插筋长度 2 = 弯折长度 a + 锚固竖直长度 h_1 + 搭接长度 $1.2l_{aE}$ + 错开长度 500 + 搭接长度 $1.2l_{aE}$

① 锚固竖直长度 h_1 的计算：

锚固竖直长度 h_1 = 底板厚度 h - 保护层 = $1200 - 40 = 1160$mm

② 弯折长度 a 的计算：

根数 a 的判断条件计算如下：

根据剪力墙环境查平法图集 11G101—1 第 53 页可知：$l_{aE} = \zeta_{aE}l_a$，$l_a = \zeta_a l_{ab}$，从表上查知 l_{ab} 为 $29d$

锚固长度 $l_{aE} = 1.15 \times 1 \times 29d = 33.35d \approx 34d = 34 \times 14 = 476$mm

锚固竖直长度 1200mm $> l_{aE}$（476 mm），所以弯折长度 a 取 $6d$。

③ 插筋长度计算（表 14-4）。

表 14-4　基础插筋长度计算

计算方法	长度 1 = 弯折长度 a + 锚固竖直长度 h_1 + 搭接长度 $1.2l_{aE}$			
参数名称	弯折长度 a	锚固竖直长度 h_1	搭接长度 $1.2l_{aE}$	结果
参数值	$6d$	1160	$1.2\times34\times12$	
计算式	$6\times12+1160+1.2\times34\times12$			1722

计算方法	长度 2 = 弯折长度 a + 锚固竖直长度 h_1 + 搭接长度 $1.2l_{aE}$ + 错开长度 500 + 搭接长度 $1.2l_{aE}$				
参数名称	弯折长度 a	锚固竖直长度 h_1	搭接长度 $1.2L_{aE}$	错开长度	结果
参数值	$6d$	1160	$1.2\times34\times12$	500	
计算式	$6\times12+1160+1.2\times34\times12+500+1.2\times34\times12$				2712

④ 根数(表 14-5)。

表 14-5　基础插筋根数计算

计算方法	根数 =(内外侧平均长度/间距)+1		
参数名称	内外侧平均长度	间距	结果
参数值	6000	150	
计算式	(6000/150)+1		内外各 41

⑤ 软件楼层定义、锚固调整、保护层调整(图 14-6、图 14-7 和图 14-8)。

插入楼层　删除楼层　上移　下移

	编码	楼层名称	层高(m)	首层	底标高(m)	相同层数	板厚(mm)
1	4	第4层	3.6	☐	12.27	1	120
2	3	第3层	3.6	☐	8.67	1	120
3	2	第2层	4.2	☐	4.47	1	120
4	1	首层	4.5	☑	-0.03	1	120
5	-1	第-1层	4.5	☐	-4.53	1	120
6	0	基础层	1.2	☐	-5.73	1	500

图 14-6　楼层定义

楼层缺省钢筋设置(基础层, -5.73m~-4.53m)

	抗震等级	混凝土强度等级	锚固					
			HPB235(A) HPB300(A)	HRB335(B) HRBF335(BF)	HRB400(C) HRBF400(CF) RRB400(D)	HRB500(E) HRBF500(EF)	冷轧带肋	冷轧扭
基础	(一级抗震)	C30	(35)	(34/37)	(41/45)	(50/55)	(35)	(35)
基础梁/承台梁	(一级抗震)	C30	(35)	(34/37)	(41/45)	(50/55)	(35)	(35)
框架梁	(一级抗震)	C30	(35)	(34/37)	(41/45)	(50/55)	(35)	(35)
非框架梁	(非抗震)	C30	(30)	(29/32)	(35/39)	(43/48)	(30)	(35)
柱	(一级抗震)	C30	(35)	(34/37)	(41/45)	(50/55)	(35)	(35)
现浇板	(非抗震)	C30	(30)	(29/32)	(35/39)	(43/48)	(30)	(35)
剪力墙	(一级抗震)	C30	(35)	(34/37)	(41/45)	(50/55)	(35)	(35)
人防门框墙	(一级抗震)	C30	(35)	(34/37)	(41/45)	(50/55)	(35)	(35)
墙梁	(一级抗震)	C30	(35)	(34/37)	(41/45)	(50/55)	(35)	(35)
墙柱	(一级抗震)	C30	(35)	(34/37)	(41/45)	(50/55)	(35)	(35)
圈梁	(一级抗震)	C25	(40)	(38/42)	(46/51)	(56/61)	(41)	(40)

图 14-7　锚固调整

	搭接					保护层厚	
HPB235 (A) HPB300 (A)	HRB335 (B) HRBF335 (BF)	HRB400 (C) HRBF400 (CF) RRB400 (D)	HRB500 (E) HRBF500 (EF)	冷轧带肋	冷轧扭	(mm)	
(42)	(41/45)	(50/54)	(60/66)	(42)	(42)	(40)	包含所有的基础构件,不包
(49)	(48/52)	(58/63)	(70/77)	(49)	(49)	(40)	包含基础主梁、基础次梁
(49)	(48/52)	(58/63)	(70/77)	(49)	(49)	(20)	包含楼层框架梁、屋面框
(42)	(41/45)	(49/55)	(61/68)	(42)	(49)	(20)	包含非框架梁、井字梁、
(49)	(48/52)	(58/63)	(70/77)	(49)	(49)	(20)	包含框架柱、框支柱
(36)	(35/39)	(42/47)	(52/58)	(36)	(42)	(15)	现浇板、螺旋板、柱帽
(42)	(41/45)	(50/54)	(60/66)	(42)	(42)	(15)	仅包含墙身
(49)	(48/52)	(58/63)	(70/77)	(49)	(49)	(15)	人防门框墙
(42)	(41/45)	(50/54)	(60/66)	(42)	(42)	(20)	包含连梁、暗梁、边框梁
(49)	(48/52)	(58/63)	(70/77)	(49)	(49)	(20)	包含暗柱、端柱
(56)	(54/59)	(65/72)	(79/86)	(58)	(56)	(25)	包含圈梁、过梁

图 14-8　保护层调整

⑥ 软件剪力墙的属性定义(图 14-9)。

属性编辑

	属性名称	属性值
1	名称	JLQ-1
2	厚度(mm)	300
3	轴线距左墙皮距离(mm)	(150)
4	水平分布钢筋	(2)B12@150
5	垂直分布钢筋	(2)B12@150
6	拉筋	A6@450*450
7	备注	
8	⊞ 其他属性	
23	⊞ 锚固搭接	

图 14-9　剪力墙属性定义

⑦ 软件画图(图 14-10)。

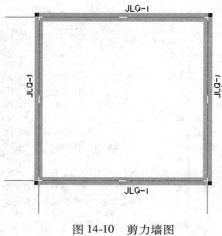

图 14-10　剪力墙图

⑧ 软件结果(图 14-11)。

筋号	直径(mm)	级别	图号	图形	计算公式	长度(mm)	根数
墙身左侧插筋.1	12	Φ	18	72 ⌐ 1650	1.2*34*12+1200-40+6*d	1722	21
墙身左侧插筋.2	12	Φ	18	72 ⌐ 2639	500+1.2*34*d+1.2*34*12+1200-40+6*d	2711	20
墙身右侧插筋.1	12	Φ	18	72 ⌐ 2639	500+1.2*34*d+1.2*34*12+1200-40+6*d	2711	21
墙身右侧插筋.2	12	Φ	18	72 ⌐ 1650	1.2*34*12+1200-40+6*d	1722	20

图 14-11 软件结果

⑨ 软件注意事项

a. 抗震等级为一级;

b. 混凝土强度等级为 C30;

c. 搭接形式为绑扎;

d. 基础层高 1.2m;

e. 基础层上 1 层墙必须画;

f. 调整计算设置:计算设置—计算设置—剪力墙—第 2 行纵筋搭接接头错开百分率调整为 50%;第 35 行墙身钢筋搭接长度调整为按平法图集计算;

g. 基础墙的底标高与满基底标高相同(软件默认为基础底标高)。

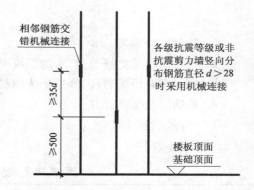

图 14-12 插筋按机械连接考虑情况

(3)插筋与上层钢筋机械连接($d > 28$)

当剪力墙竖向分布筋直径 $d > 28$ 时,按机械连接构造(图 14-12)。

① 弯折长度 a 的计算

假如 $d = 32$

根数 a 的判断条件计算如下:

根据剪力墙环境查平法图集 11G101—1 第 53 页可知:$l_{aE} = \zeta_{aE} l_a$,$l_a = \zeta_a l_{ab}$,从表上查知 l_{ab} 为 $29d$

锚固长度 $l_{aE} = 1.15 \times 12d = 33.35d \approx 34d = 34 \times 32 = 1088$mm

锚固竖直长度 1200mm > l_{aE}(1088 mm),所以弯折长度 a 取 $6d$。

② 插筋长度计算

插筋长度按表 14-6 计算。

表 14-6 基础层插筋长度计算

计算方法	长度 1 = 弯折长度 a + 锚固竖直长度 h_1 + 非连接区 500			
参数名称	弯折长度 a	锚固竖直长度 h_1	非连接区 500	结果
参数值	$6d$	1160	500	
计算式	$6 \times 32 + 1160 + 500$			1852

续表

计算方法	长度2 = 弯折长度 a + 锚固竖直长度 h_1 + 非连接区 500 + 错开长度 35d				
参数名称	弯折长度 a	锚固竖直长度 h_1	非连接区 500	错开长度	结果
参数值	6d	1160	500	35d	
计算式	$6 \times 32 + 1160 + 500 + 35 \times 32$				2972

根数计算同上内外侧各为 41 根。

③ 软件结果（图 14-13）

墙身左侧插筋.1	32	Φ	18	192 ⌐ 1660	500+1200-40+6*d	1852
墙身左侧插筋.2	32	Φ	18	192 ⌐ 2780	35*d+500+1200-40+6*d	2972
墙身右侧插筋.1	32	Φ	18	192 ⌐ 2780	35*d+500+1200-40+6*d	2972
墙身右侧插筋.2	32	Φ	18	192 ⌐ 1660	500+1200-40+6*d	1852

图 14-13　软件结果

④ 软件注意事项

a. 垂直钢筋需要修改为 28 的螺纹钢筋；

b. 搭接需要设置直径 28 以上为机械连接。

3. 基础层水平筋计算

（1）内侧钢筋计算

1）长度（表 14-7）

表 14-7　基础层内侧水平筋长度计算

计算方法	长度 = 墙外侧长度 - 保护层 ×2 + 弯折长度 ×2			
参数名称	墙外侧长度	保护层	弯折长度	结果
计算过程	6000 + 150 + 150	15	15d	
	6300	15	15×12	
计算式	$6300 - 15 \times 2 + 15 \times 12 \times 2$			6630

2）根数（表 14-8）

表 14-8　基础层内侧水平筋根数计算

计算方法	根数 = [（基础高度 - 下排第一根筋距基础底距离 - 上排第一根筋距基础顶距离）/间距] +1			
计算过程	基础高度	距基础底距离	距基础顶距离	间距	结果
	1200	150	100	500	
计算式	$[（1200 - 150 - 100)/500]$（向上取整）+1				3

3）软件结果（图 14-14）

筋号	直径(mm)	级别	图号	图形	计算公式	长度(mm)	根数
墙在基础右侧水平筋.1	12	Φ	64	180 ⌐ 6270 ⌐ 180	5700+300-15+15*d+300-15+15*d	6630	3

图 14-14　软件结果

4）软件调整计算设置

软件要调整计算设置：计算设置—计算设置—剪力墙—第24行墙在基础锚固区内左侧水平分布钢筋排数调整为3；第25行墙在基础锚固区内右侧水平分布钢筋排数调整为3。

（2）外侧钢筋计算

1）长度（表14-9）

表 14-9　基础层外侧水平钢筋计算

计算方法	长度 = 墙外皮长 − 保护层 ×2 + l_{lE}/2 ×2			
计算过程	墙外皮长	保护层	l_{lE}	结果
	6300	15	41d	
计算式	6300 − 15 ×2 + 41 ×12/2 ×2			6762

2）根数

根数计算同内侧 = ［（1200 − 150 − 100）/500］（向上取整）+ 1 = 3 根。

3）软件结果（图14-15）

筋号	直径(mm)	级别	图号	图形	计算公式	长度(mm)	根数
墙在基础左侧水平筋.1	12	中	64	246 6270 246	6300-15+41*d/2-15+41*d/2	6762	3

图 14-15　软件结果

4. 基础层拉筋计算

（1）长度

墙拉筋长度计算（图14-16，表14-10）。

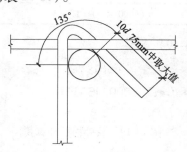

图 14-16　墙拉筋构造

表 14-10　墙拉筋长度计算

计算方法	长度 = 墙厚 − 保护层 ×2 + 1.9d ×2 + max(75,10d) ×2				
计算过程	墙厚	保护层	直径 d	max(75,10d)	结果
	300	15	6	max(75,10 ×6 = 60)	
	300	15	6	75	
计算式	300 − 15 ×2 + 1.9 ×6 ×2 + 75 ×2				443

（2）软件长度结果（图14-17）

筋号	直径(mm)	级别	图号	图形	计算公式	长度(mm)
墙身拉筋.1	6	中	485	270	(300-2*15)+2*(75+1.9*d)	443

图 14-17　软件长度结果

（3）根数

基础层根数计算（图 14-18，表 14-11）。

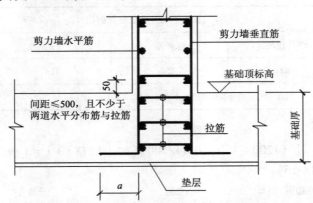

图 14-18　基础插筋构造（一）（基础平板底部与顶部配置钢筋网）

表 14-11　拉筋根数计算

计算方法	根数＝［（墙中心线长度/间距）＋1］×排数			
计算过程	墙中心线长度	间距	排数	结果
	6000	450	3	
计算式	［（6000/450）＋1］×3			45

（4）软件根数计算式（图 14-19）

图 14-19　软件根数计算式

三、地下 1 层钢筋计算

1. 需要计算的量（表 14-12）

表 14-12　需要计算的量

地下 1 层	垂直钢筋		长度、根数	本节计算
	水平钢筋	内侧		
		外侧		
	拉筋			

2. 垂直钢筋计算

（1）长度（表 14-13）

表 14-13　垂直筋长度计算

计算方法	长度 = 层高 + 搭接长度		
计算过程	层高	搭接长度	结果
	4500	$1.2 l_{aE}$	
	4500	$1.2 \times 34d$	
计算式	$4500 + 1.2 \times 34 \times 12$		4990

（2）根数（表 14-14）

表 14-14　垂直筋根数计算

计算方法	根数 = [（中心线长度/间距）+1]×2		
计算过程	中心线长度	间距	结果
	6000	150	
计算式	$[(6000/150)+1] \times 2$		内外侧共 82 根

（3）软件结果（图 14-20）

筋号	直径(mm)	级别	图号	图形	计算公式	长度(mm)	根数
墙身垂直钢筋.1	12	Φ	1	4990	4500+1.2*34*12	4990	82

图 14-20　软件结果

3. 水平钢筋计算

（1）内侧水平钢筋计算

1）长度（表 14-15）

表 14-15　内侧长度计算

计算方法	长度 = 墙外皮长 − 保护层×2 + 弯折长度×2		
计算过程	墙外皮长	保护层	弯折长度	结果
	6300	15	$15d$	
计算式	$6300 - 15 \times 2 + 15 \times 12 \times 2$			6630

2）根数（表 14-16）

表 14-16　内侧根数计算

计算方法	根数 = [（层高 − 起步)/间距]+1		
计算过程	层高	起步	间距	结果
	4500	50	150	
计算式	$[(4500 - 50)/150]+1$			31

3）软件结果（图 14-21）

筋号	直径(mm)	级别	图号	图形	计算公式	长度(mm)	根数
墙身水平钢筋.2	12	Φ	64	180└ 6270 ┘180	5700+300-15+15*d+300-15+15*d	6630	31

图 14-21　软件结果

（2）外侧水平钢筋计算

1）长度（表 14-17）

表 14-17　外侧长度计算

计算方法	长度 = 墙外皮长 − 保护层 × 2 + $l_{lE}/2 × 2$			
计算过程	墙外皮长	保护层	l_{lE}	结果
	6300	15	$41d$	
计算式	$6300 − 15 × 2 + 41 × 12/2 × 2$			6762

2）根数

同内侧根数 = $[(4500 − 50)/150] + 1 = 31$ 根

3）软件结果（图 14-22）

筋号	直径(mm)	级别	图号	图形	计算公式	长度(mm)	根数
墙身水平钢筋.1	12	Φ	64	246└ 6270 ┘246	6300-15+41*d/2-15+41*d/2	6762	31

图 14-22　软件结果

4. 拉筋计算

（1）长度（表 14-18）

表 14-18　拉筋长度计算

计算方法	长度 = 墙厚 − 保护层厚度 × 2 + 弯折长度 × 2			结果
计算过程	墙厚	保护层厚	弯折长度	
	300	15	$75 + 1.9d$	
计算式	$300 − 15 × 2 + (75 + 1.9 × 6) × 2$			443

（2）软件长度结果（图 14-23）

筋号	直径(mm)	级别	图号	图形	计算公式	长度(mm)
墙身拉筋.1	6	Φ	485	270	(300-2*15)+2*(75+1.9*d)	443

图 14-23　软件长度结果

（3）根数（表 14-19）

表 14-19　拉筋根数计算

计算方法	根数 = {墙的面积/(间距 × 间距)} + 1} × 2		结果
计算过程	墙面积	间距 × 间距	108
	6000 × 4500	450 × 450	
计算式	{[6000 × 4500/(450 × 450)] + 1} × 2		270

（4）软件根数计算式（图 14-24）

根数

(Ceil(27000000/(450*450))+1)*2

图 14-24　软件根数计算式

四、1 层钢筋计算

1. 需要计算的量（表 14-20）

表 14-20　需要计算的量

1 层	垂直钢筋			长度、根数	详见地下 1 层
	水平钢筋	内侧			
		外侧			
	拉筋				

2. 垂直钢筋计算

（1）长度

同地下 1 层 $= 4500 + 1.2 \times 34 \times 12 = 4990$

（2）根数

同地下 1 层 $= [(6000/150) + 1] \times 2 = 82$ 根

（3）软件结果（图 14-25）

筋号	直径(mm)	级别	图号	图形	计算公式	长度(mm)	根数
墙身垂直钢筋.1	12	Φ	1	4990	4500+1.2*34*12	4990	82

图 14-25　软件结果

3. 水平钢筋计算

（1）内侧水平钢筋计算

1）长度

同地下 1 层 $= 6300 - 15 \times 2 + 15 \times 12 \times 2 = 6630$

2）根数

同地下 1 层 $= [(4500 - 50)/150] + 1 = 31$ 根

3）软件结果（图 14-26）

筋号	直径(mm)	级别	图号	图形	计算公式	长度(mm)	根数
墙身水平钢筋.2	12	Φ	64	180⌐ 6270 ⌐180	5700+300-15+15*d+300-15+15*d	6630	31

图 14-26　软件结果

（2）外侧水平钢筋计算

1）长度

同地下 1 层 $= 6300 - 15 \times 2 + 41 \times 12/2 \times 2 = 6762$

2）根数

同内侧水平钢筋根数 $= \left\lceil (4500 - 50)/150 \right\rceil + 1 = 31$ 根

3）软件结果（图 14-27）

筋号	直径(mm)	级别	图号	图形	计算公式	长度(mm)	根数
墙身水平钢筋.1	12	中	64	246 ⌐ 6270 ⌐ 246	6300-15+41*d/2-15+41*d/2	6762	31

图 14-27　软件结果

4. 拉筋计算

（1）长度

同地下 1 层 $= 300 - 15 \times 2 + (75 + 1.9 \times 6) \times 2 = 443$

（2）软件结果（图 14-28）

筋号	直径(mm)	级别	图号	图形	计算公式	长度(mm)
墙身拉筋.1	6	中	485	270	(300-2*15)+2*(75+1.9*d)	443

图 14-28　软件长度结果

（3）根数

同地下 1 层 $= \left\{ \left\lceil 6000 \times 4500/(450 \times 450) \right\rceil + 1 \right\}$
$\times 2 = 270$ 根

（4）软件根数计算式（图 14-29）

根数
(Ceil(27000000/(450*450))+1)*2

图 14-29　软件根数计算式

五、2 层钢筋计算

1. 需要计算的量（表 14-21）

表 14-21　需要计算的量

	垂直钢筋		长度、根数	本节计算
2 层	水平钢筋	内侧	长度	详见 1 层
			根数	本节计算
		外侧	长度	详见 1 层
			根数	本节计算
	拉筋		长度	详见 1 层
			根数	本节计算

2. 垂直钢筋计算

（1）长度（表 14-22）

表 14-22　垂直钢筋长度计算

计算方法	长度＝层高＋搭接长度		结果
计算过程	层高	搭接长度	
	4200	$1.2l_{aE} \times d$	
计算式	$4200 + 1.2 \times 34 \times 12$		4690

（2）根数（表 14-23）

表 14-23 垂直钢筋根数计算

计算方法	根数 = [（中心线长度/间距）+ 1] × 2		
计算过程	中心线长度	间距	结果
	6000	150	
计算式	[（6000/150）+ 1] × 2		82

（3）软件结果（图 14-30）

筋号	直径(mm)	级别	图号	图形	计算公式	长度(mm)	根数
墙身垂直钢筋.1	12	Φ	1	4690	4200+1.2*34*12	4690	82

图 14-30 软件结果

3. 水平钢筋计算

（1）内侧水平钢筋计算

1）长度

同 1 层 = 6300 − 15 × 2 + 15 × 12 × 2 = 6630

2）根数（表 14-24）

表 14-24 内侧根数计算

计算方法	根数 = [（层高 − 起步）/间距] + 1		结果
计算过程	层高	间距	
	4200	150	
计算式	[（4200 − 50）/150] + 1		29

3）软件结果（图 14-31）

筋号	直径(mm)	级别	图号	图形	计算公式	长度(mm)	根数
墙身水平钢筋.2	12	Φ	64	180 6270 180	5700+300-15+15*d+300-15+15*d	6630	29

图 14-31 软件结果

（2）外侧水平钢筋计算

1）长度

同 1 层 = 6300 − 15 × 2 + 41 × 12/2 × 2 = 6762

2）根数

同内侧水平钢筋根数 = [（4200 − 50）/150] + 1 = 29 根

3）软件结果（图 14-32）

筋号	直径(mm)	级别	图号	图形	计算公式	长度(mm)	根数
墙身水平钢筋.1	12	Φ	64	246 6270 246	6300-15+41*d/2-15+41*d/2	6762	29

图 14-32 软件结果

4. 拉筋计算

（1）长度

同 1 层 $=300-15\times2+(75+1.9\times6)\times2=443$

（2）软件长度结果（图 14-33）

筋号	直径(mm)	级别	图号	图形	计算公式	长度(mm)
墙身拉筋.1	6	中	485	270	(300-2*15)+2*(75+1.9*d)	443

图 14-33　软件长度结果

（3）根数（表 14-25）

表 14-25　2 层墙拉筋根数计算

计算方法	根数 $=\{[$墙的面积$/($间距$\times$间距$)]+1\}\times2$		结果
计算过程	墙面积	间距×间距	108
	6000×4200	450×450	
计算式	$\{[6000\times4200/(450\times450]+1\}\times2$		252

（4）软件根数计算式（图 14-34）

图 14-34　软件根数计算式

六、3 层钢筋计算

1. 需要计算的量（表 14-26）。

表 14-26　需要计算的量

3 层	垂直钢筋		长度	本节计算
			根数	详见 2 层
	水平钢筋	内侧	长度	详见 2 层
			根数	本节计算
		外侧	长度	详见 2 层
			根数	本节计算
	拉筋		长度	详见 2 层
			根数	本节计算

2. 垂直钢筋计算

（1）长度（表 14-27）

表 14-27　垂直钢筋长度

计算方法	长度 = 层高 + 搭接长度		结果
计算过程	层高	搭接长度	
	3600	$1.2l_{aE}\times d$	
计算式	$3600+1.2\times34\times12$		4090

（2）根数

同 2 层 = [（6000/150）+ 1]× 2 = 82 根

（3）软件结果（图 14-35）

筋号	直径(mm)	级别	图号	图形	计算公式	长度(mm)	根数
墙身垂直钢筋.1	12	Φ	1	4090	3600+1.2*34*12	4090	82

图 14-35　软件结果

3. 水平钢筋计算

（1）内侧水平钢筋计算

1）长度

同 2 层 = 6300 − 15 × 2 + 15 × 12 × 2 = 6630

2）根数（表 14-28）

表 14-28　内侧根数计算

计算方法	根数 = [（层高 − 起步）/150]+ 1		结果
计算过程	层高	间距	
	3600	150	
计算式	[（3600 − 50）/150]+ 1		25

3）软件结果（图 14-36）

筋号	直径(mm)	级别	图号	图形	计算公式	长度(mm)	根数
墙身水平钢筋.2	12	Φ	64	180 | 6270 | 180	5700+300-15+15*d+300-15+15*d	6630	25

图 14-36　软件结果

（2）外侧水平钢筋计算

1）长度

同 2 层 = 6300 − 15 × 2 + 41 × 12/2 × 2 = 6762

2）根数

同内侧水平钢筋根数 = [（3600 − 50）/150]+ 1 = 25 根

3）软件结果（图 14-37）

筋号	直径(mm)	级别	图号	图形	计算公式	长度(mm)	根数
墙身水平钢筋.1	12	Φ	64	246 | 6270 | 246	6300-15+41*d/2-15+41*d/2	6762	25

图 14-37　软件结果

4. 拉筋计算

（1）长度

同 2 层 = 300 − 15 × 2 +（75 + 1.9 × 6）× 2 = 443

（2）软件长度结果（图 14-38）

筋号	直径(mm)	级别	图号	图形	计算公式	长度(mm)
墙身拉筋.1	6	中	485	270	(300-2*15)+2*(75+1.9*d)	443

图 14-38　软件长度结果

（3）根数（表 14-29）

表 14-29　3 层墙拉筋根数计算

计算方法	根数 = {[墙中心线长度×层高/(间距×间距)] + 1} ×2			结果
计算过程	中心线长度	层高	间距×间距	
	6000	3600	450×450	
计算式	{[6000×3600/(450×450)] +1} ×2			216

（4）软件根数计算式（图 14-39）

根数

(Ceil(21600000/(450*450))+1)*2

图 14-39　软件根数计算式

七、顶层钢筋计算

1. 需要计算的量（表 14-30）

表 14-30　需要计算的量

			长度	本节计算
顶层	垂直钢筋		根数	详见3层
	水平钢筋	内侧	长度、根数	详见3层
		外侧		
	拉筋			

2. 垂直钢筋计算

（1）长度（表 14-31）

表 14-31　垂直钢筋长度计算

计算方法	长度1 = 层高 - 板厚 + 板厚 - 保护层 + 弯折12d				结果
计算过程	层高	板厚	保护层	弯折	
	3600	120	15	12d	
计算式	3600 - 120 + 120 - 15 + 12×12				3729
计算方法	长度2 = 层高 - 错开长度 - 搭接长度 - 板厚 + 板厚 - 保护层 + 弯折12d				结果
计算过程	层高	错开长度	搭接长度	板厚	保护层	弯折	
	3600	500	1.2×34×12	120	15	12d	
计算式	3600 - 500 - 1.2×34×12 - 120 + 120 - 15 + 12×12						2739

（2）根数

垂直筋 1 根数 =（6000/150）+1 = 41 根

垂直筋 2 根数 =（6000/150）+1 = 41 根

（3）软件结果（图 14-40）

筋号	直径(mm)	级别	图号	图形	计算公式	长度(mm)	根数
墙身垂直钢筋.1	12	Φ	18	144 ⌐ 3585	3600-120+120-15+12*d	3729	21
墙身垂直钢筋.2	12	Φ	18	144 ⌐ 2595	3600-500-1.2*34*d-120+120-15+12*d	2739	20
墙身垂直钢筋.3	12	Φ	18	144 ⌐ 2595	3600-500-1.2*34*d-120+120-15+12*d	2739	21
墙身垂直钢筋.4	12	Φ	18	144 ⌐ 3585	3600-120+120-15+12*d	3729	20

图 14-40　软件结果

3. 水平钢筋计算

（1）内侧水平钢筋计算

1）长度

同 3 层墙水平筋的长度 = $6300 - 15 \times 2 + 15 \times 12 \times 2 = 6630$

2）根数

同 3 层水平筋的根数 = $[(3600 - 50)/150] + 1 = 25$ 根

3）软件结果（图 14-41）

筋号	直径(mm)	级别	图号	图形	计算公式	长度(mm)	根数
墙身水平钢筋.2	12	Φ	64	180 ⌐ 6270 ⌐ 180	5700+300-15+15*d+300-15+15*d	6630	25

图 14-41　软件结果

（2）外侧水平钢筋计算

1）长度

同 3 层外侧水平筋长度 = $6300 - 15 \times 2 + 41 \times 12/2 \times 2 = 6762$

2）根数

同 3 层水平筋根数 = $[(3600 - 50)/150] + 1 = 25$ 根

3）软件结果（图 14-42）

筋号	直径(mm)	级别	图号	图形	计算公式	长度(mm)	根数
墙身水平钢筋.1	12	Φ	64	246 ⌐ 6270 ⌐ 246	6300-15+41*d/2-15+41*d/2	6762	25

图 14-42　软件结果

4. 拉筋计算

（1）长度

同 3 层墙拉筋的长度 = $300 - 15 \times 2 + (75 + 1.9 \times 6) \times 2 = 443$

（2）软件长度结果（图 14-43）

筋号	直径(mm)	级别	图号	图形	计算公式	长度(mm)
墙身拉筋.1	6	Φ	485	270	(300-2*15)+2*(75+1.9*d)	443

图 14-43　软件结果

（3）根数

同 3 层 = {[6000 × 3600/(450 × 450)] + 1} × 2 = 216 根

（4）软件根数计算式（图 14-44）

根数

(Ceil(21600000/(450*450))+1)*2 ...

图 14-44　软件根数计算式

第二节　增加门洞口

一、识图

图 14-45 是在图 14-1 的基础上增加门洞口（表 14-32 和表 14-33）。

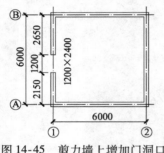

图 14-45　剪力墙上增加门洞口

表 14-32　楼层情况

	15.87（顶标高）	
4（顶层）	12.270	3.60
3	8.670	3.60
2	4.470	4.20
1	−0.030	4.50
−1	−4.530	4.50
层号	结构底标高/m	层高/m

表 14-33　剪力墙配筋表

编号	墙标高	墙厚度	水平分布筋	垂直分布筋	拉筋（梅花形布置）
Q1	−4.53 ~ −0.03	300	φ12@150	φ12@150	Φ6@450@450
Q1	−0.03 ~ 4.47	300	φ12@150	φ12@150	Φ6@450@450
Q1	4.47 ~ 8.67	300	φ12@150	φ12@150	Φ6@450@450
Q1	8.67 ~ 12.27	300	φ12@150	φ12@150	Φ6@450@450

二、基础层钢筋计算

1. 需要计算的量（表 14-34）

表 14-34　需要计算的量

基础层	基础插筋		长度、根数	本节计算
	水平筋	内侧		
		外侧		
	拉筋			

2. 基础插筋计算

基础直接插入满基（满基高 $h = 1200$）

（1）非洞下基础插筋长度（表 14-35）

表 14-35 非洞下基础插筋长度计算

计算方法	长度 1 = 弯折长度 a + 锚固竖直长度 h_1 + 搭接长度 $1.2l_{aE}$			
参数名称	弯折长度 a	锚固竖直长度 h_1	搭接长度 $1.2l_{aE}$	结果
参数值	$6d$	1160	$1.2 \times 34 \times 12$	
计算式	$6 \times 12 + 1160 + 1.2 \times 34 \times 12$			1722
计算方法	长度 2 = 弯折长度 a + 锚固竖直长度 h_1 + 搭接长度 $1.2l_{aE}$ + 错开长度 500 + 搭接长度 $1.2l_{aE}$			
参数名称	弯折长度 a	锚固竖直长度 h_1	搭接长度 $1.2l_{aE}$	错开长度	结果
参数值	$6d$	1160	$1.2 \times 34 \times 12$	500	
计算式	$6 \times 12 + 1160 + 1.2 \times 34 \times 12 + 500 + 1.2 \times 34 \times 12$				2712

（2）非洞下基础插筋根数

墙体竖向钢筋实际施工时是从一边向另一边按照 150 间距排列的，我们假定是从 A 轴向 B 轴排列（表 14-36）。

表 14-36 非洞下基础插筋根数计算

计算方法	根数 = [（墙中心线长度 - 门洞宽 - 保护层×2）/间距] + 1			结果
计算过程	墙中心线	门洞宽	间距	保护层
	6000	1200	150	15
计算式	[（6000 - 1200 - 15×2）/150] + 1			内外侧各 33 根

（3）软件属性定义（图 14-46）

	属性名称	属性值	附加
1	名称	D-1200*2400	
2	洞口宽度 (mm)	1200	☐
3	洞口高度 (mm)	2400	☐
4	离地高度 (mm)	0	☐
5	洞口每侧加强筋		☐
6	斜加筋		☐
7	其他钢筋		
8	加强暗梁高度 (mm)		☐
9	加强暗梁纵筋		☐
10	加强暗梁箍筋		☐
11	汇总信息	洞口加强筋	☐

图 14-46 软件属性定义

（4）软件画图（图 14-47）

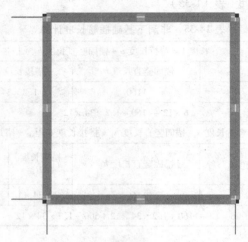

图 14-47　软件画图

注:在 −1 层要点置门洞,具体详见 −1 层计算。

(5)软件结果(图 14-48)

筋号	直径(mm)	级别	图号	图形	计算公式	长度(mm)	根数
墙身左侧插筋.1	12	中	18	72 ⌐ 1650	1.2*34*12+1200-40+6*d	1722	17
墙身左侧插筋.2	12	中	18	72 ⌐ 2639	500+1.2*34*d+1.2*34*12+1200-40+6*d	2711	16
墙身右侧插筋.1	12	中	18	72 ⌐ 2639	500+1.2*34*d+1.2*34*12+1200-40+6*d	2711	17
墙身右侧插筋.2	12	中	18	72 ⌐ 1650	1.2*34*12+1200-40+6*d	1722	16

图 14-48　软件结果

(6)洞下基础插筋长度(表 14-37)

表 14-37　洞下基础插筋长度计算

计算方法	长度 = 弯折长度 a + 锚固竖直长度 h_1 − 保护层 + 弯折			
参数名称	弯折长度 a	锚固竖直长度 h_1	保护层	弯折	结果
参数值	$6d$	1160	15	$12d$	
计算式	$6 \times 12 + 1160 - 15 + 12 \times 12$				1361

(7)洞下基础插筋根数(表 14-38)

表 14-38　洞下基础插筋根数计算

计算方法	洞下根数 = 门洞宽/间距		结果
计算过程	门洞宽	间距	
	1200	150	
计算式	1200/150		内外各 8 根

（8）软件结果（图 14-49）

筋号	直径(mm)	级别	图号	图形	计算公式	长度(mm)	根数
墙身左侧插筋.3	12	中	64	72⌐ 1145 ⌐144	1200-40+6*d-15+12*d	1361	8
墙身右侧插筋.3	12	中	64	72⌐ 1145 ⌐144	1200-40+6*d-15+12*d	1361	8

图 14-49　软件结果

3. 水平钢筋计算

（1）内侧水平钢筋计算

1）长度（表 14-39）

表 14-39　内侧水平钢筋长度计算

计算方法	长度＝墙内侧长度－保护层×2＋弯折长度×2			
参数名称	墙内侧长度	保护层	弯折长度	结果
计算过程	6000＋150＋150	15	15d	
	6300	15	15×12	
计算式	6300－15×2＋15×12×2			6630

2）根数（表 14-40）

表 14-40　内侧水平钢筋根数计算

计算方法	根数＝[（基础高度－下排第一根筋距基础底距离－上排第一根筋距基础顶距离）/间距]＋1			
计算过程	基础高度	距基础底距离	距基础顶距离	间距	结果
	1200	150	100	500	
计算式	[（1200－150－100）/500]（向上取整）＋1				3

3）软件结果（图 14-50）

筋号	直径(mm)	级别	图号	图形	计算公式	长度(mm)	根数
墙在基础右侧水平筋.1	12	中	64	180⌐ 6270 ⌐180	5700+300-15+15*d+300-15+15*d	6630	3

图 14-50　软件结果

（2）外侧水平钢筋计算

1）长度（表 14-41）

表 14-41　外侧水平钢筋长度计算

计算方法	长度＝墙外皮长－保护层×2＋（$l_{lE}/2$）×2			
计算过程	墙外皮长	保护层	l_{lE}	结果
	6300	15	41d	
计算式	6300－15×2＋（41×12/2）×2			6762

2）根数

同内侧水平筋＝[（1200－150－100）/500]（向上取整）＋1＝3 根

3）软件结果（图 14-51）

筋号	直径(mm)	级别	图号	图形	计算公式	长度(mm)	根数
墙在基础左侧水平筋.1	12	Φ	64	246 ⌐ 6270 ⌐ 246	6300-15+41*d/2-15+41*d/2	6762	3

图 14-51　软件结果

4. 拉筋计算

（1）拉筋长度（表 14-42）

表 14-42　拉筋长度计算

计算方法	长度 = 墙厚 − 保护层 ×2 + 1.9d ×2 + max(75,10d) ×2				
计算过程	墙厚	保护层	直径 d	max(75,10d)	结果
	300	15	6	max(75, 10×6 = 60)	
	300	15	6	75	
计算式	300 − 15 ×2 + 1.9 ×6 ×2 + 75 ×2				443

（2）软件长度结果（图 14-52）

筋号	直径(mm)	级别	图号	图形	计算公式	长度(mm)
墙身拉筋.1	6	Φ	485	270	(300-2*15)+2* (75+1.9*d)	443

图 14-52　软件长度结果

（3）拉筋根数（表 14-43）

表 14-43　拉筋根数计算

计算方法	根数 = [（墙中心线长度/间距）+1] ×排数			
计算过程	墙中心线长度	间距	排数	结果
	6000	450	3	
计算式	[（6000/450）+1] ×3			45

（4）软件根数计算式（图 14-53）

图 14-53　软件根数计算式

三、−1 层钢筋计算

1. 需要计算的量（表 14-44）

表 14-44　需要计算的量

-1 层	垂直钢筋	通长钢筋		长度、根数	本节计算
		洞口处钢筋			
	水平钢筋	内侧钢筋	通长钢筋		
			A-洞口钢筋		
			洞口-B 钢筋		
		外侧钢筋	通长钢筋		
			A-洞口钢筋		
			洞口-B 钢筋		
	拉筋				

2. 墙筋遇洞口弯折示意图(图 14-54)

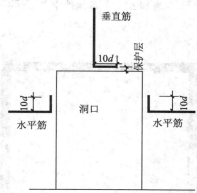

图 14-54　墙筋遇洞口弯折示意图

3. 垂直钢筋计算

(1)通长筋计算

1)长度(表 14-45)

表 14-45　通长筋长度计算

计算方法	长度 = 层高 + 一个搭接		
计算过程	层高	搭接长度	结果
	4500	$1.2l_{aE}$	
	4500	$1.2 \times 34d$	
计算式	$4500 + 1.2 \times 34 \times 12$		4990

2)根数(表 14-46)

表 14-46　通长筋根数计算

计算方法	根数 = [(墙中心线长度 - 门洞宽 - 保护层 ×2)/间距] +1				结果
计算过程	墙中心线长度	门洞宽	间距	保护层	
	6000	1200	150	15	
计算式	$[(6000 - 1200 - 15 \times 2)/150] + 1$				内外侧各 33 根

3）门洞属性定义（图 14-55）

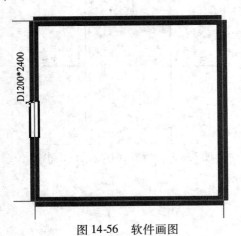

	属性名称	属性值	附加
1	名称	D-1200*2400	
2	洞口宽度 (mm)	1200	□
3	洞口高度 (mm)	2400	□
4	离地高度 (mm)	0	□
5	洞口每侧加强筋		□
6	斜加筋		□
7	其他钢筋		
8	加强暗梁高度 (mm)		□
9	加强暗梁纵筋		□
10	加强暗梁箍筋		□
11	汇总信息	洞口加强筋	□

图 14-55　门洞属性定义

4）软件画图（图 14-56）

D1200*2400

图 14-56　软件画图

5）软件结果（图 14-57）

	筋号	直径 (mm)	级别	图号	图形	计算公式	长度 (mm)	根数
7	墙身垂直钢筋.1	12	Φ	1	4990	4500+1.2*34*12	4990	66

图 14-57　软件结果

（2）洞口处钢筋计算

1）长度（表 14-47）

表 14-47　洞口上垂直筋长度计算

计算方法	长度 = 净高 − 洞口高 − 保护层 + 洞顶弯折 + 板厚 − 保护层 + 顶部弯折						结果
计算过程	净高	洞口高	保护层	洞顶弯折	板厚	顶部弯折	
	4500 − 120	2400	15	10d	120	12d	
计算式	$4380 - 2400 - 15 + 10 \times 12 + 120 - 15 + 12 \times 12$						2334

2）根数（表 14-48）

表 14-48　洞口上垂直筋根数计算

计算方法	根数 = 洞口宽度/间距		结果
计算过程	洞口宽度	间距	
	1200	150	
计算式	1200/150		内外各 8 根

3）软件结果（图 14-58）

筋号	直径(mm)	级别	图号	图形	计算公式	长度(mm)	根数
墙身垂直钢筋.2	12	Φ	64	120 ⌐ 2070 ⌐144	2100-120-15+10*d+120-15+12*d	2334	16

图 14-58　软件结果

4. 水平钢筋计算

（1）内侧水平钢筋计算

1）通长筋长度（表 14-49）

表 14-49　通长筋长度计算

计算方法	长度 = 墙外皮长 - 保护层×2 + 弯折长度×2			
计算过程	墙外皮长	保护层	弯折长度	结果
	6300	15	15d	
计算式	$6300 - 15 \times 2 + 15 \times 12 \times 2$			6630

2）通长筋根数（表 14-50）

表 14-50　通长筋根数计算

计算方法	根数 = [（层高 - 洞高 - 保护层 - 第一根水平筋距门洞距离）/间距] + 1				结果
计算过程	层高	洞高	保护层	第一根水平筋距门洞距离	间距
	4500	2400	15	估 50	150
计算式	[（4500 - 2400 - 15 - 50）/150] + 1				15

3）软件结果（图 14-59）

	筋号	直径(mm)	级别	图号	图形	计算公式	长度(mm)	根数
6	墙身水平钢筋.6	12	Φ	64	180 ⌐ 6270 ⌐180	5700+300-15+15*d+300-15+15*d	6630	15

图 14-59　软件结果

4）A-洞口轴线水平筋长度（表 14-51）

表 14-51　A-洞口轴线内侧水平筋长度计算

计算方法	长度 = 洞口至 A 轴墙外皮长度 – 保护层 + 洞口处弯折 – 保护层 + 拐角处弯折				结果
计算过程	A-洞口轴外皮长度	保护层	洞口处弯折	拐角处弯折	
	2150 + 150	15	10d	15d	
计算式	$2300 - 15 + 10 \times 12 - 15 + 15 \times 12$				2570

5）A-洞口轴线水平筋根数（表 14-52）

表 14-52　A-洞口轴线内侧水平筋根数计算

计算方法	根数 = （洞口高度 – 起步）/间距			结果
计算过程	洞高	起步	间距	
	2400	50	150	
计算式	$(2400 - 50)/150$			16

6）软件结果（图 14-60）

筋号	直径(mm)	级别	图号	图形	计算公式	长度(mm)	根数
墙身水平钢筋.4	12	Φ	64	180 ⌐2270⌐ 120	2000+300-15+15*d-15+10*d	2570	16

图 14-60　软件结果

7）洞口-B 轴线水平筋长度（表 14-53）

表 14-53　洞口-B 轴线水平筋长度计算

计算方法	长度 = 洞口-B 轴墙外皮长度 – 保护层 + 洞口处弯折 – 保护层 + 拐角处弯折				结果
计算过程	洞口-B 轴外皮长度	保护层	洞口处弯折	拐角处弯折	
	2650 + 150	15	10d	15d	
计算式	$2800 - 15 + 10 \times 12 - 15 + 15 \times 12$				3070

8）洞口-B 轴线水平筋根数

同 A-洞口轴线的根数 = $(2400 - 50)/150 = 16$ 根

9）软件结果（图 14-61）

筋号	直径(mm)	级别	图号	图形	计算公式	长度(mm)	根数
墙身水平钢筋.5	12	Φ	64	120 ⌐2770⌐ 180	2500-15+10*d+300-15+15*d	3070	16

图 14-61　软件结果

（2）外侧水平钢筋计算

1）通长筋长度（表 14-54）

表 14-54　通长筋长度计算

计算方法	长度 = 墙外皮长 – 保护层 ×2 + （l_{IE}）/2 ×2			
计算过程	墙外皮长	保护层	l_{IE}	结果
	6300	15	41d	
计算式	$6300 - 15 \times 2 + (41 \times 12/2) \times 2$			6762

2）通长筋根数（表 14-55）

表 14-55　通长筋根数计算

计算方法	根数＝［（层高－洞高－保护层－第一根水平筋距门洞距离）/间距］＋1					结果
计算过程	层高	洞高	保护层	第一根水平筋距门洞距离	间距	
	4500	2400	15	估 50	150	
计算式	［（4500－2400－15－50）/150］＋1					15

3）软件结果（图 14-62）

筋号	直径(mm)	级别	图号	图形	计算公式	长度(mm)	根数
墙身水平钢筋.3	12	中	64	246 ⌐ 6270 ⌐ 246	6300-15+41*d/2-15+41*d/2	6762	15

图 14-62　软件结果

4）A-洞口轴线水平筋长度（表 14-56）

表 14-56　A-洞口轴线外侧水平筋长度计算

计算方法	长度＝A-洞口轴墙外皮长度－保护层×2＋弯折＋l_{lE}/2				结果
计算过程	A-洞口轴外皮长度	保护层	弯折	l_{lE}	
	2150＋150	15	10d	41d	
计算式	2300－15×2＋10×12＋41×12/2				2636

5）A-洞口轴线水平筋根数（表 14-57）

表 14-57　A-洞口轴线外侧水平筋根数计算

计算方法	根数＝（洞口高度－起步）/间距			结果
计算过程	洞高	起步	间距	
	2400	50	150	
计算式	（2400－50）/150			16

6）软件结果（图 14-63）

筋号	直径(mm)	级别	图号	图形	计算公式	长度(mm)	根数
墙身水平钢筋.1	12	中	64	246 ⌐ 2270 ⌐ 120	2300-15+41*d/2-15+10*d	2636	16

图 14-63　软件结果

7）洞口-B 轴线筋长度（表 14-58）

表 14-58　洞口-B 轴线外侧水平筋长度计算

计算方法	长度＝洞口-B 轴墙外皮长度－保护层×2＋弯折＋$l_{lE}/2$				结果
计算过程	洞口-B 轴外皮长度	保护层	弯折	l_{lE}	
	2650＋150	15	10d	41d	
计算式	2800－15×2＋10×12＋41×12/2				3136

8）洞口-B 轴线筋根数

同 A-洞口轴线筋根数＝（2400－50）/150＝16 根

9）软件结果（图 14-64）

筋号	直径(mm)	级别	图号	图形	计算公式	长度(mm)	根数
墙身水平钢筋.2	12	中	64	120 ⌐ 2770 ⌐ 246	2800-15+10*d-15+41*d/2	3136	16

图 14-64　软件结果

5. 拉筋计算

（1）长度＝300－15×2＋（75＋1.9×6）×2＝443mm

（2）软件长度结果（图 14-65）

筋号	直径(mm)	级别	图号	图形	计算公式	长度(mm)
墙身拉筋.1	6	中	485	270	(300-2*15)+2*(75+1.9*d)	443

图 14-65　软件长度结果

（3）根数（表 14-59）

表 14-59　墙拉筋根数计算

计算方法	｛[（墙总面积－洞口面积）/（间距×间距）]＋1｝×2			结果
计算过程	墙面积	洞口面积	间距×间距	
	6000×4500	2400×1200	450×450	
计算式	｛[（6000×4500－2400×1200）/（450×450）]＋1｝×2			242

（4）软件根数计算式（图 14-66）

图 14-66　软件根数计算式

四、1 层钢筋计算

1. 需要计算的量（表 14-60）

表 14-60 需要计算的量

1层	垂直钢筋	通长钢筋	长度、根数	同－1层
		洞口处钢筋		
	水平钢筋	内侧钢筋 通长钢筋		
		内侧钢筋 A-洞口钢筋		
		内侧钢筋 洞口-B 钢筋		
		外侧钢筋 通长钢筋		
		外侧钢筋 A-洞口钢筋		
		外侧钢筋 洞口-B 钢筋		
	墙拉筋			

2. 计算方法和结果

计算方法和结果同－1层,这里不再赘述。

五、2 层钢筋计算

1. 需要计算的量(表 14-61)

表 14-61 需要计算的量

2层	垂直钢筋	通长钢筋	长度	本节计算
			根数	同－1层
		洞口处钢筋	长度	本节计算
			根数	同－1层
	水平钢筋	内侧钢筋 通长钢筋	长度	同－1层
			根数	本节计算
		内侧钢筋 A-洞口钢筋	长度	同－1层
			根数	
		内侧钢筋 洞口-B 钢筋	长度	
			根数	
		外侧钢筋 通长钢筋	长度	
			根数	本节计算
		外侧钢筋 A-洞口钢筋	长度	同－1层
			根数	
		外侧钢筋 洞口-B 钢筋	长度	
			根数	本节计算
	墙拉筋		长度	同－1层
			根数	本节计算

2. 垂直钢筋计算

(1)通长钢筋计算

1)长度(表 14-62)

表 14-62　通长钢筋长度计算

计算方法	长度 = 层高 + 搭接长度		结果
计算过程	层高	搭接长度 $(1.2 l_{aE})$	
	4200	$1.2 \times 34 d$	
计算式	$4200 + 1.2 \times 34 \times 12$		4690

2）根数

同 -1 层 $= \left[(6000 - 1200 - 15 \times 2)/150 \right] + 1 = $ 内外侧各 33 根

3）软件结果（图 14-67）

筋号	直径(mm)	级别	图号	图形	计算公式	长度(mm)	根数
墙身垂直钢筋.1	12	中	1	4690	4200+1.2*34*12	4690	66

图 14-67　软件结果

（2）洞口处钢筋计算

1）长度（表 14-63）

表 14-63　洞口处钢筋长度计算

计算方法	长度 = 净高 - 洞口高 - 保护层 + 洞顶弯折 + 板厚 - 保护层 + 顶部弯折						结果
计算过程	净高	洞口高	保护层	洞顶弯折	板厚	顶部弯折	
	$4200 - 120$	2400	15	$10 d$	120	$12 d$	
计算式	$4080 - 2400 - 15 + 10 \times 12 + 120 - 15 + 12 \times 12$						2034

2）根数

同 -1 层 $= (1200/150) \times 2 = 16$ 根

3）软件结果（图 14-68）

筋号	直径(mm)	级别	图号	图形	计算公式	长度(mm)	根数
墙身垂直钢筋.2	12	中	64	120 ⌐ 1770 ⌐ 144	1800-120-15+10*d+120-15+12*d	2034	16

图 14-68　软件结果

3. 水平钢筋计算

（1）内侧水平钢筋计算

1）通长筋长度

同 -1 层内侧水平筋 $= 6300 - 15 \times 2 + 15 \times 12 \times 2 = 6630$ mm

2）通长筋根数（表 14-64）

表 14-64　通长筋根数计算

计算方法	根数 = [(层高 - 洞高 - 保护层)/间距] + 1				结果
计算过程	层高	洞高	保护层	间距	
	4200	2400	15	150	
计算式	$\left[(4200 - 2400 - 15)/150 \right] + 1$				13

3）软件结果（图 14-69）

筋号	直径(mm)	级别	图号	图形	计算公式	长度(mm)	根数
墙身水平钢筋.6	12	Φ	64	180 ∟ 6270 ∟ 180	5700+300-15+15*d+300-15+15*d	6630	13

图 14-69　软件结果

4）A-洞口轴线水平筋长度

同 -1 层 $= 2300 - 15 + 10 \times 12 - 15 + 15 \times 12 = 2570$

5）A-洞口轴线水平筋根数

同 -1 层 $= (2400 - 50)/150 = 16$ 根

6）软件结果（图 14-70）

筋号	直径(mm)	级别	图号	图形	计算公式	长度(mm)	根数
墙身水平钢筋.4	12	Φ	64	180 ∟ 2270 ∟ 120	2000+300-15+15*d-15+10*d	2570	16

图 14-70　软件结果

7）洞口-B 轴线水平筋长度

同 -1 层 $= 2500 - 15 + 10 \times 12 + 300 - 15 + 15 \times 12 = 3070$mm

8）洞口-B 轴线水平筋根数

同 -1 层 $= (2400 - 50)/150 = 16$ 根

9）软件结果（图 14-71）

筋号	直径(mm)	级别	图号	图形	计算公式	长度(mm)	根数
墙身水平钢筋.5	12	Φ	64	120 ∟ 2770 ∟ 180	2500-15+10*d+300-15+15*d	3070	16

图 14-71　软件结果

（2）外侧水平钢筋计算

1）通长筋长度

同 -1 层 $= 6300 - 15 \times 2 + (41 \times 12/2) \times 2 = 6762$mm

2）通长筋根数（表 14-65）

表 14-65　通长筋根数计算

计算方法	根数 = [（层高 - 洞高 - 保护层）/间距] + 1				结果
计算过程	层高	洞高	保护层	间距	
	4200	2400	15	150	
计算式	[（4200 - 2400 - 15）/150] + 1				13

3）软件结果（图 14-72）

筋号	直径(mm)	级别	图号	图形	计算公式	长度(mm)	根数
墙身水平钢筋.3	12	Φ	64	246 ∟ 6270 ∟ 246	6300-15+41*d/2-15+41*d/2	6762	13

图 14-72　软件结果

4）A-洞口轴线水平筋长度

$$同-1层=2300-15\times2+10\times12+41\times12/2=2636$$

5）A-洞口轴线水平筋根数

$$同-1层=(2400-50)/150=16根$$

6）软件结果（图14-73）

筋号	直径(mm)	级别	图号	图形	计算公式	长度(mm)	根数
墙身水平钢筋.1	12	Φ	64	246 ⌐2270⌐ 120	2300-15+41*d/2-15+10*d	2636	16

图14-73　软件结果

7）洞口-B 轴线水平筋长度

$$同-1层=2650+150-15\times2+10\times12+41\times12/2=3136$$

8）洞口-B 轴线水平筋根数

$$同\ A-洞口轴的根数=(2400-50)/150=16根$$

9）软件结果（图14-74）

筋号	直径(mm)	级别	图号	图形	计算公式	长度(mm)	根数
墙身水平钢筋.2	12	Φ	64	120 ⌐2770⌐ 246	2800-15+10*d-15+41*d/2	3136	16

图14-74　软件结果

4. 拉筋计算

（1）长度

$$同-1层=300-15\times2+(75+1.9\times6)\times2=443mm$$

（2）根数（表14-66）

表14-66　拉筋根数计算

计算方法	{[（墙总面积-洞口面积）/（间距×间距）]+1}×2			结果
计算过程	墙面积	洞口面积	间距×间距	
	6000×4200	2400×1200	450×450	
计算式	{[（6000×4200-2400×1200）/（450×450）]+1}×2			224

（3）软件长度结果（图14-75）

筋号	直径(mm)	级别	图号	图形	计算公式	长度(mm)
墙身拉筋.1	6	Φ	485	270	(300-2*15)+2*(75+1.9*d)	443

图14-75　软件长度结果

（4）软件根数计算式（图14-76）

图14-76　软件根数计算式

六、3 层钢筋计算

1. 需要计算的量（表 14-67）

表 14-67　需要计算的量

					长度	本节计算
3 层	垂直钢筋		通长钢筋		根数	同 2 层
			洞口处钢筋		长度	本节计算
					根数	同 2 层
	水平钢筋	内侧钢筋	通长钢筋		长度	同 2 层
					根数	本节计算
			A-洞口钢筋		长度	同 2 层
					根数	
			洞口-B 钢筋		长度	
					根数	
		外侧钢筋	通长钢筋		长度	本节计算
					根数	
			A-洞口钢筋		长度	同 2 层
					根数	
			洞口-B 钢筋		长度	本节计算
					根数	
	墙拉筋				长度	同 2 层
					根数	本节计算

2. 垂直钢筋计算

（1）通长钢筋计算

① 长度（表 14-68）

表 14-68　通长垂直筋长度计算

计算方法	长度 = 层高 + 一个搭接长度		
计算过程	层高	搭接长度	结果
	3600	$1.2l_{aE}$	
	3600	$1.2 \times 34d$	
计算式	$3600 + 1.2 \times 34 \times 12$		4090

② 根数

同 2 层 = $[(6000 - 1200 - 15 \times 2)/150] + 1$ = 内外侧各 33 根

③ 软件结果（图 14-77）

筋号	直径(mm)	级别	图号	图形	计算公式	长度(mm)	根数
墙身垂直钢筋.1	12	中	1	4090	3600+1.2*34*12	4090	66

图 14-77　软件结果

227

（2）洞口处钢筋计算

1）长度（表 14-69）

表 14-69　洞口处垂直筋长度计算

计算方法	长度＝净高－洞口高－保护层＋洞顶弯折＋板厚－保护层＋顶部弯折						结果
计算过程	净高	洞口高	保护层	洞顶弯折	板厚	顶部弯折	
	3600－120	2400	15	10d	120	12d	
计算式	3480－2400－15＋10×12＋120－15＋12×12						1434

2）根数

同 2 层＝（1200/150）×2＝16 根

3）软件结果（图 14-78）

筋号	直径(mm)	级别	图号	图形	计算公式	长度(mm)	根数
墙身垂直钢筋.2	12	Φ	64	120└ 1170 ┘144	1200-120-15+10*d+120-15+12*d	1434	16

图 14-78　软件结果

3. 水平钢筋计算

（1）内侧钢筋计算

1）通长筋长度

同 2 层＝6300－15×2＋15×12×2＝6630mm

2）通长筋根数（表 14-70）

表 14-70　通长筋根数计算

计算方法	根数＝[（层高－洞高－保护层）/间距]＋1				结果
计算过程	层高	洞高	保护层	间距	
	3600	2400	15	150	
计算式	[（3600－2400－15）/150]＋1				9

3）软件结果（图 14-79）

筋号	直径(mm)	级别	图号	图形	计算公式	长度(mm)	根数
墙身水平钢筋.6	12	Φ	64	180└ 6270 ┘180	5700+300-15+15*d+300-15+15*d	6630	9

图 14-79　软件结果

4）A-洞口轴线水平筋长度

同 2 层＝2300－15＋10×12－15＋15×12＝2570mm

5）A-洞口轴线水平筋根数

同 2 层＝（2400－50）/150＝16 根

6）软件结果（图 14-80）

筋号	直径(mm)	级别	图号	图形	计算公式	长度(mm)	根数
墙身水平钢筋.4	12	Φ	64	180└ 2270 ┘120	2000+300-15+15*d-15+10*d	2570	16

图 14-80　软件结果

7）洞口-B 轴线水平筋长度

同 2 层 $= 2800 - 15 + 10 \times 12 - 15 + 15 \times 12 = 3070\text{mm}$

8）洞口-B 轴线水平筋根数

同 2 层 $= (2400 - 50)/150 = 16$ 根

9）软件结果（图 14-81）

筋号	直径(mm)	级别	图号	图形	计算公式	长度(mm)	根数
墙身水平钢筋.5	12	Φ	64	120 ⌐ 2770 ⌐ 180	2500-15+10*d+300-15+15*d	3070	16

图 14-81　软件结果

（2）外侧钢筋计算

1）通长筋长度

同 2 层 $= 6300 - 15 \times 2 + (41 \times 12/2) \times 2 = 6762\text{mm}$

2）通长筋根数

同内侧通长水平筋 $= [(3600 - 2400 - 15)/150] + 1 = 9$ 根

3）软件结果（图 14-82）

筋号	直径(mm)	级别	图号	图形	计算公式	长度(mm)	根数
墙身水平钢筋.3	12	Φ	64	246 ⌐ 6270 ⌐ 246	6300-15+41*d/2-15+41*d/2	6762	9

图 14-82　软件结果

4）A-洞口轴线水平筋长度

同 2 层 $= 2300 - 15 \times 2 + 10 \times 12 + 41 \times 12/2 = 2636\text{mm}$

5）A-洞口轴线水平筋根数

同 2 层 $= (2400 - 50)/150 = 16$ 根

6）软件结果（图 14-83）

筋号	直径(mm)	级别	图号	图形	计算公式	长度(mm)	根数
墙身水平钢筋.1	12	Φ	64	246 ⌐ 2270 ⌐ 120	2300-15+41*d/2-15+10*d	2636	16

图 14-83　软件结果

7）洞口-B 轴线水平筋长度

同 2 层 $= 2800 - 15 \times 2 + 10 \times 12 + 41 \times 12/2 = 3136\text{mm}$

8）洞口-B 轴线水平筋根数

同 2 层 $= (2400 - 50)/150 = 16$ 根

9）软件结果（图 14-84）

筋号	直径(mm)	级别	图号	图形	计算公式	长度(mm)	根数
墙身水平钢筋.2	12	Φ	64	120 ⌐ 2770 ⌐ 246	2800-15+10*d-15+41*d/2	3136	16

图 14-84　软件结果

4. 拉筋计算

（1）长度

同 2 层 $= 300 - 15 \times 2 + (75 + 1.9 \times 6) \times 2 = 443\text{mm}$

（2）根数（表14-71）

表14-71　墙拉筋根数计算

计算方法	{［（墙总面积−洞口面积)/(间距×间距)］+1}×2			结果
计算过程	墙面积	洞口面积	间距×间距	
	6000×3600	2400×1200	450×450	
计算式	{［（6000×3600−2400×1200)/(450×450)］向上取整+1}×2			188

（3）软件长度结果（图14-85）

筋号	直径(mm)	级别	图号	图形	计算公式	长度(mm)
墙身拉筋.1	6	中	485	270	(300-2*15)+2*(75+1.9*d)	443

图14-85　软件长度结果

（4）软件根数计算式（图14-86）

图14-86　软件根数计算式

七、顶层钢筋计算

1. 需要计算的量（表14-72）

表14-72　需要计算的量

				长度	本节计算
顶层	垂直钢筋	通长钢筋		长度	本节计算
				根数	同2层
		洞口处钢筋		长度	本节计算
				根数	同2层
	水平钢筋	内侧钢筋	通长钢筋	长度	同2层
				根数	本节计算
			A-洞口钢筋	长度	同2层
				根数	
			洞口-B钢筋	长度	同2层
				根数	
		外侧钢筋	通长钢筋	长度	本节计算
				根数	
			A-洞口钢筋	长度	同2层
				根数	
			洞口-B钢筋	长度	本节计算
				根数	
	拉筋			长度	同3层
				根数	

2. 非洞口处垂直钢筋计算

通长钢筋计算

（1）长度

非洞口处垂直钢筋长度计算（表14-73）。

表14-73 非洞口处垂直钢筋长度计算

计算方法	长度1＝层高－板厚＋板厚－保护层＋弯折				结果
计算过程	层高	板厚	保护层	弯折	
	3600	120	15	12d	
计算式	3600－120＋120－15＋12×12				3729
计算方法	长度2＝层高－板厚－错开长度－搭接长度＋板厚－保护层＋弯折					结果
计算过程	层高	板厚	错开长度	搭接长度	保护层	弯折
	3600	120	500	1.2×34d	15	12d
计算式	3600－120－500－1.2×34×12＋120－15＋12×12					2739

（2）根数

非洞口处垂直钢筋根数计算（表14-74）。

表14-74 非洞口处垂直钢筋根数计算

计算方法	根数＝［（墙中心线长度－门洞宽－保护层×2）/间距］＋1				结果
计算过程	墙中心线	门洞宽	间距	保护层	
	6000	1200	150	15	
计算式	［（6000－1200－15×2）/150］＋1				内外侧各33根

（3）软件结果（图14-87）

	筋号	直径(mm)	级别	图号	图形	计算公式	长度(mm)	根数
7	墙身垂直钢筋.1	12	Φ	18	144 ⌐ 3585	3600-120+120-15+12*d	3729	17
8	墙身垂直钢筋.2	12	Φ	18	144 ⌐ 2595	3600-500-1.2*34*d-120+120-15+12*d	2739	16
9	墙身垂直钢筋.4	12	Φ	18	144 ⌐ 2595	3600-500-1.2*34*d-120+120-15+12*d	2739	17
10	墙身垂直钢筋.5	12	Φ	18	144 ⌐ 3585	3600-120+120-15+12*d	3729	16

图14-87 软件结果

3. 洞口处垂直钢筋计算

（1）长度

洞口处垂直钢筋长度计算（表14-75）。

表 14-75　洞口处垂直钢筋长度计算

计算方法	长度 = 净高 − 洞口高 − 保护层 + 洞顶弯折 + 板厚 − 保护层 + 顶部弯折						结果
计算过程	净高	洞口高	保护层	洞顶弯折	板厚	顶部弯折	
	3600 − 120	2400	15	10d	120	12d	
计算式	$3480 − 2400 − 15 + 10 \times 12 + 120 − 15 + 12 \times 12$						1434

（2）根数

同 2 层 $= 1200/150 =$ 内外侧各 8 根

（3）软件结果（图 14-88）

筋号	直径(mm)	级别	图号	图形	计算公式	长度(mm)	根数
墙身垂直钢筋.3	12	Φ	64	120 ⌐ 1170 ⌐ 144	1200-120-15+10*d+120-15+12*d	1434	8
墙身垂直钢筋.6	12	Φ	64	120 ⌐ 1170 ⌐ 144	1200-120-15+10*d+120-15+12*d	1434	8

图 14-88　软件结果

4. 水平钢筋计算

（1）内侧钢筋计算

1）通长筋长度

同 2 层 $= 6300 − 15 \times 2 + 15 \times 12 \times 2 = 6630mm$

2）通长筋根数（表 14-76）

表 14-76　通长筋根数计算

计算方法	根数 = [(层高 − 洞高 − 保护层)/间距] + 1				结果
计算过程	层高	洞高	保护层	间距	
	3600	2400	15	150	
计算式	$[(3600 − 2400 − 15)/150] + 1$				9

3）软件结果（图 14-89）

筋号	直径(mm)	级别	图号	图形	计算公式	长度(mm)	根数
墙身水平钢筋.6	12	Φ	64	180 ⌐ 6270 ⌐ 180	5700+300-15+15*d+300-15+15*d	6630	9

图 14-89　软件结果

4）A-洞口轴线水平筋长度

同 2 层 $= 2300 − 15 + 10 \times 12 − 15 + 15 \times 12 = 2570mm$

5）A-洞口轴线水平筋根数

同 2 层 $= (2400 − 50)/150 = 16$ 根

6）软件结果（图 14-90）

筋号	直径(mm)	级别	图号	图形	计算公式	长度(mm)	根数
墙身水平钢筋.4	12	Φ	64	180 ⌐ 2270 ⌐ 120	2000+300-15+15*d-15+10*d	2570	16

图 14-90　软件结果

7）洞口-B 轴线水平筋长度

同 2 层 $= 2800 - 15 + 10 \times 12 - 15 + 15 \times 12 = 3070$mm

8）洞口-B 轴线水平筋根数

同 2 层 $= (2400 - 50)/150 = 16$ 根

9）软件结果（图 14-91）

筋号	直径(mm)	级别	图号	图形	计算公式	长度(mm)	根数
墙身水平钢筋.5	12	Φ	64	120⌐ 2770 ⌐180	2500-15+10*d+300-15+15*d	3070	16

图 14-91　软件结果

（2）外侧钢筋计算

1）通长筋长度

同 2 层 $= 6300 - 15 \times 2 + (41 \times 12/2) \times 2 = 6762$mm

2）通长筋根数

同内侧通长水平筋 $= \left[(3600 - 2400 - 15)/150 \right] + 1 = 9$ 根

3）软件结果（图 14-92）

筋号	直径(mm)	级别	图号	图形	计算公式	长度(mm)	根数
墙身水平钢筋.3	12	Φ	64	246⌐ 6270 ⌐246	6300-15+41*d/2-15+41*d/2	6762	9

图 14-92　软件结果

4）A-洞口轴线水平筋长度

同 2 层 $= 2300 - 15 \times 2 + 10 \times 12 + 41 \times 12/2 = 2636$mm

5）A-洞口轴线水平筋根数

同 2 层 $= (2400 - 50)/150 = 16$ 根

6）软件结果（图 14-93）

筋号	直径(mm)	级别	图号	图形	计算公式	长度(mm)	根数
墙身水平钢筋.1	12	Φ	64	246⌐ 2270 ⌐120	2300-15+41*d/2-15+10*d	2636	16

图 14-93　软件结果

7）洞口-B 轴线水平筋长度

同 2 层 $= 2650 + 150 - 15 \times 2 + 10 \times 12 + 41 \times 12/2 = 3136$mm

8）洞口-B 轴线水平筋根数

同 2 层 $= (2400 - 50)/150 = 16$ 根

9）软件结果（图 14-94）

筋号	直径(mm)	级别	图号	图形	计算公式	长度(mm)	根数
墙身水平钢筋.2	12	Φ	64	120⌐ 2770 ⌐246	2800-15+10*d-15+41*d/2	3136	16

图 14-94　软件结果

5. 拉筋计算

1）长度

同 3 层 $= 300 - 15 \times 2 + (75 + 1.9 \times 6) \times 2 = 443$ mm

2）根数

同 3 层 $= \{[(6000 \times 3600 - 2400 \times 1200)/(450 \times 450)](向上取整) + 1\} \times 2 = 188$ 根

3）软件长度结果（图 14-95）

筋号	直径(mm)	级别	图号	图形	计算公式	长度(mm)
墙身拉筋.1	6	Φ	485	270	(300-2*15)+2*(75+1.9*d)	443

图 14-95　软件长度结果

4）软件根数计算式（图 14-96）

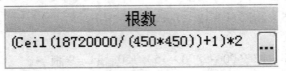

图 14-96　软件根数计算式

第三节　增加窗洞口

一、识图

图 14-97 是在图 14-45 的基础上增加窗洞口 1800×2100，离地高度 900mm（图 14-97、图 14-98、表 14-77 和表 14-78）。

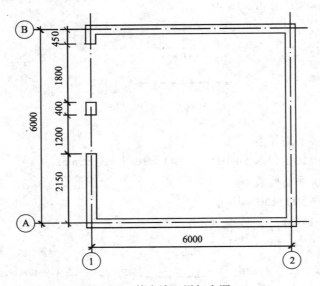

图 14-97　剪力墙上增加窗洞口

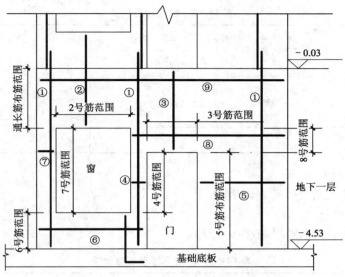

图 14-98 增加窗洞口墙体配筋图

表 14-77 楼层情况

	15.87（顶标高）	
4（顶层）	12.270	3.60
3	8.670	3.60
2	4.470	4.20
1	−0.030	4.50
−1	−4.530	4.50
层号	结构底标高/m	层高/m

表 14-78 剪力墙配筋表

编号	墙标高	墙厚度	水平分布筋	垂直分布筋	拉筋（梅花形布置）
Q1	−4.53 ~ −0.03	300	Φ12@150	Φ12@150	Φ6@450@450
Q1	−0.03 ~ 4.47	300	Φ12@150	Φ12@150	Φ6@450@450
Q1	4.47 ~ 8.67	300	Φ12@150	Φ12@150	Φ6@450@450
Q1	8.67 ~ 12.27	300	Φ12@150	Φ12@150	Φ6@450@450

二、基础层剪力墙钢筋计算

1. 需要计算的量（表 14-79）

235

表 14-79 需要计算的量

基础层	基础插筋	非窗下插筋	长度、根数	本节计算
		窗下插筋		
	水平钢筋	内侧		
		外侧		
	拉筋			

2. 基础插筋计算

剪力墙直接插入满堂基础 $h = 1200$

（1）非窗下插筋计算

1）非窗下插筋长度（表 14-80）

表 14-80 非窗下插筋长度计算

计算方法	长度1 = 弯折长度 a + 锚固竖直长度 h_1 + 搭接长度 $1.2l_{aE}$			
参数名称	弯折长度 a	锚固竖直长度 h_1	搭接长度 $1.2l_{aE}$	结果
参数值	$6d$	1160	$1.2 \times 34 \times 12$	
计算式	$6 \times 12 + 1160 + 1.2 \times 34 \times 12$			1722
计算方法	长度2 = 弯折长度 a + 锚固竖直长度 h_1 + 搭接长度 $1.2l_{aE}$ + 错开长度 500 + 搭接长度 $1.2l_{aE}$			
参数名称	弯折长度 a	锚固竖直长度 h_1	搭接长度 $1.2l_{aE}$	错开长度	结果
参数值	$6d$	1160	$1.2 \times 34 \times 12$	500	
计算式	$6 \times 12 + 1160 + 1.2 \times 34 \times 12 + 500 + 1.2 \times 34 \times 12$				2712

2）非窗下插筋根数

墙体竖向钢筋实际施工时,是从一边向另一边按照 150 间距排列的,我们假定是从 A 轴向 B 轴排列（表 14-81）。

表 14-81 非窗下插筋根数计算

计算方法	根数 = [（墙中心线长度 − 门洞宽 − 窗洞宽 − 保护层 × 2)/间距] + 1					结果
计算过程	墙中心线长度	门洞宽	窗洞宽	间距	保护层	
	6000	1200	1800	150	15	
计算式	[（6000 − 1200 − 1800 − 15 × 2)/150] + 1					内外侧各 21 根

3）软件属性定义（图 14-99）

	属性名称	属性值	附加
1	名称	D-1800*2100	
2	洞口宽度(mm)	1800	☐
3	洞口高度(mm)	2100	☐
4	**离地高度(mm)**	900	☐
5	洞口每侧加强筋		☐
6	斜加筋		☐
7	其他钢筋		
8	加强暗梁高度(mm)		☐
9	加强暗梁纵筋		☐
10	加强暗梁箍筋		☐
11	汇总信息	洞口加强筋	☐
12	备注		☐

属性编辑

图 14-99 软件属性定义

4) 软件画图(图 14-100)

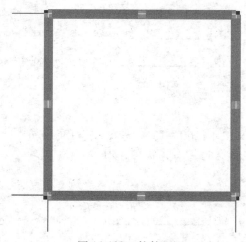

图 14-100 软件画图

注:在 -1 层要点置窗洞,具体详见 -1 层计算。

5) 软件结果(图 14-101)

筋号	直径(mm)	级别	图号	图形	计算公式	长度(mm)	根数
墙身左侧插筋.1	12	Φ	18	72 ⌐ 1650	1.2*34*12+1200-40+6*d	1722	11
墙身左侧插筋.2	12	Φ	18	72 ⌐ 2639	500+1.2*34*d+1.2*34*12+1200-40+6*d	2711	10
墙身右侧插筋.1	12	Φ	18	72 ⌐ 2639	500+1.2*34*d+1.2*34*12+1200-40+6*d	2711	11
墙身右侧插筋.2	12	Φ	18	72 ⌐ 1650	1.2*34*12+1200-40+6*d	1722	10

图 14-101 软件结果

（2）窗下插筋计算

1）窗下插筋长度（表14-82）

表14-82　窗下插筋长度计算

计算方法	长度 = 弯折长度 a + 锚固竖直长度 h_1 + 窗离地高度 − 保护层 + 弯折					
参数名称	弯折长度 a	锚固竖直长度 h_1	窗离地高度	保护层	弯折	结果
参数值	$6d$	1160	900	15	$10d$	
计算式	$6 \times 12 + 1160 + 900 - 15 + 10 \times 12$					2237

2）窗下插筋根数（表14-83）

表14-83　窗下插筋根数计算

计算方法	窗宽/间距		结果
计算过程	窗洞宽	间距	
	1800	150	
计算式	1800/150		各12根

3）软件结果（图14-102）

筋号	直径(mm)	级别	图号	图形	计算公式	长度(mm)	根数
墙身左侧插筋.4	12	Φ	64	72 ⎿2045⏋120	900+1200-40+6*d-15+10*d	2237	12
墙身右侧插筋.4	12	Φ	64	72 ⎿2045⏋120	900+1200-40+6*d-15+10*d	2237	12

图14-102　软件结果

（3）门洞下插筋计算

1）门洞下插筋长度 $= 6 \times 12 + 1160 - 15 + 1.2 \times 12 = 1361$ mm

2）门洞下插筋根数 $= 1200/150 = $ 内外侧各8根

3）软件结果（图14-103）

筋号	直径(mm)	级别	图号	图形	计算公式	长度(mm)	根数
墙身左侧插筋.3	12	Φ	64	72 ⎿1145⏋144	1200-40+6*d-15+12*d	1361	8
墙身右侧插筋.3	12	Φ	64	72 ⎿1145⏋144	1200-40+6*d-15+12*d	1361	8

图14-103　软件结果

3. 基础水平筋计算

（1）内侧水平钢筋计算

1）长度（表14-84）

表14-84　内侧水平钢筋长度计算

计算方法	长度 = 墙外侧长度 − 保护层 ×2 + 弯折长度 ×2			结果
参数名称	墙外侧长度	保护层	弯折长度	
计算过程	6000 + 150 + 150	15	$15d$	
	6300	15	15×12	
计算式	$6300 - 15 \times 2 + 15 \times 12 \times 2$			6630

2）根数（表 14-85）

表 14-85　内侧水平钢筋根数计算

计算方法	根数＝[（基础高度－下排第一根筋距基础底距离－上排第一根筋距基础顶距离）/间距]+1				
计算过程	基础高度	距基础底距离	距基础顶距离	间距	结果
	1200	150	100	500	
计算式	[（1200－150－100）/500]（向上取整）+1				3

3）软件结果（图 14-104）

筋号	直径(mm)	级别	图号	图形	计算公式	长度(mm)	根数
墙在基础右侧水平筋.1	12	Φ	64	180└ 6270 ┘180	5700+300-15+15*d+300-15+15*d	6630	3

图 14-104　软件结果

（2）外侧水平钢筋计算

1）长度（表 14-86）

表 14-86　外侧水平钢筋长度计算

计算方法	长度＝墙外皮长－保护层×2+(l_{IE})/2×2			
计算过程	墙外皮长	保护层	l_{IE}	结果
	6300	15	41d	
计算式	6300－15×2+（41×12/2）×2			6762

2）根数

同内侧水平筋＝[（1200－150－100）/500]（向上取整）+1=3 根

③ 软件结果（图 14-105）

筋号	直径(mm)	级别	图号	图形	计算公式	长度(mm)	根数
墙在基础左侧水平筋.1	12	Φ	64	246└ 6270 ┘246	6300-15+41*d/2-15+41*d/2	6762	3

图 14-105　软件结果

4. 基础拉筋计算

1）拉筋长度（表 14-87）

表 14-87　墙拉筋长度计算

计算方法	长度＝墙厚－保护层×2+1.9d×2+max(75,10d)×2				
计算过程	墙厚	保护层	直径d	max(75,10d)	结果
	300	15	6	max(75,10×6=60)	
	300	15	6	75	
计算式	300－15×2+1.9×6×2+75×2				443

2）软件长度结果（图 14-106）

筋号	直径(mm)	级别	图号	图形	计算公式	长度(mm)
墙身拉筋.1	6	中	485	270	(300-2*15)+2*(75+1.9*d)	443

图 14-106　软件长度结果

3) 根数（表 14-88）

表 14-88　拉筋根数计算

计算方法	根数 =［（墙中心线长度/间距）+1］×排数			
计算过程	墙中心线长度	间距	排数	结果
	6000	450	3	
计算式	［（6000/450）+1］×3			45

4) 软件根数计算式（图 14-107）

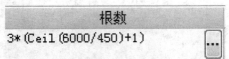

图 14-107　软件根数计算式

三、-1 层剪力墙钢筋计算

1. 需要计算的量（表 14-89）

表 14-89　需要计算的量

-1 层	垂直钢筋	通长 1 号钢筋	长度、根数	本节计算
		窗上 2 号筋		
		门上 3 号筋		
	水平钢筋	内侧	9 号通长筋	长度	同基础层
				根数	本节计算
			A-窗（8 号筋）	长度、根数	本节计算
			窗-B（7 号筋）		
			窗-门（4 号筋）		
			A-门（5 号筋）		
			门-B（6 号筋）		
		外侧	9 号通长筋	长度	同基础层
				根数	本节计算
			A-窗（8 号筋）	长度、根数	本节计算
			窗-B（7 号筋）		
			窗-门（4 号筋）		
			A-门（5 号筋）		
			门-B（6 号筋）		
	拉筋		长度	同基础层
			根数	本节计算

2. 增加窗洞口钢筋布置图(图 14-108)

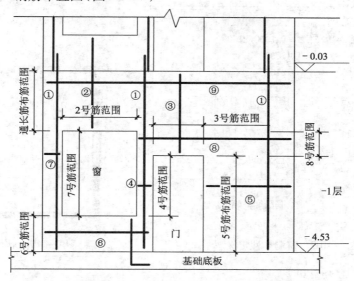

图 14-108 −1 层剪力墙增加窗洞口钢筋布置图

3. 垂直筋计算

(1)通长 1 号筋计算

1)通长筋长度(表 14-90)

表 14-90 通长筋长度计算

计算方法	长度 = 层高 + 一个搭接		
计算过程	层高	搭接长度	结果
	4500	$1.2l_{aE}$	
	4500	$1.2 \times 34d$	
计算式	$4500 + 1.2 \times 34 \times 12$		4990

2)通长筋根数(表 14-91)

表 14-91 通长筋根数计算

计算方法	根数 = [(墙中心线长度 − 门洞宽 − 窗洞宽 − 保护层×2)/间距] + 1					结果
计算过程	墙中心线长	门洞宽	窗洞宽	间距	保护层	
	6000	1200	1800	150	15	
计算式	$[(6000 − 1200 − 1800 − 15 \times 2)/150] + 1$					内外侧各 21 根

3)窗洞属性定义(图 14-109)

4)软件画图(图 14-110)

	属性名称	属性值	附加
1	名称	D-1800*2100	
2	洞口宽度 (mm)	1800	☐
3	洞口高度 (mm)	2100	☐
4	离地高度 (mm)	900	☐
5	洞口每侧加强筋		☐
6	斜加筋		☐
7	其他钢筋		
8	加强暗梁高度 (mm)		☐
9	加强暗梁纵筋		☐
10	加强暗梁箍筋		☐
11	汇总信息	洞口加强筋	☐
12	备注		☐

属性编辑

图 14-109 窗洞属性定义

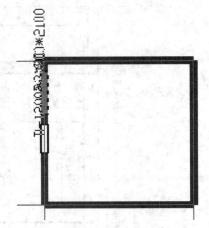

图 14-110 软件画图

5）软件结果（图 14-111）

筋号	直径 (mm)	级别	图号	图形	计算公式	长度 (mm)	根数
墙身垂直钢筋.1	12	Φ	1	4990	4500+1.2*34*12	4990	42

图 14-111 软件结果

（2）窗上 2 号筋计算

1）长度（表 14-92）

表 14-92 长度计算

计算方法	长度 = 本层窗上至上层窗下高度 – 保护层 ×2 + 弯折 ×2			结果
计算过程	本层窗上至上层窗下高度	保护层	弯折	
	2400	15	$10d$	
计算式	$2400 - 15 \times 2 + 10 \times 12 \times 2$			2610

2）根数（表 14-93）

表 14-93 根数计算

计算方法	根数 =（窗宽/间距）×2		结果
计算过程	窗宽	间距	
	1800	150	
计算式	（1800/150）×2		24

3）软件结果（图 14-112）

筋号	直径 (mm)	级别	图号	图形	计算公式	长度 (mm)	根数
墙身垂直钢筋.3	12	Φ	64	120 ⌐ 2370 ¬ 120	2400-15+10*d-15+10*d	2610	24

图 14-112 软件结果

（3）门上 3 号筋计算

1）长度（表 14-94）

表 14-94 长度计算

计算方法	长度＝净高－洞口高－保护层＋洞顶弯折＋板厚－保护层＋顶部弯折						结果
计算过程	净高	洞口高	保护层	洞顶弯折	板厚	顶部弯折	
	4500－120	2400	15	10d	120	12d	
计算式	4380－2400－15＋10×12＋120－15＋12×12						2334

2）根数（表 14-95）

表 14-95 根数计算

计算方法	根数＝（门洞宽/间距）×2		结果
计算过程	门洞宽	间距	
	1200	15	
计算式	（1200/150）×2		16

3）软件结果（图 14-113）

筋号	直径(mm)	级别	图号	图形	计算公式	长度(mm)	根数
墙身垂直钢筋.2	12	Φ	64	120⌐2070⌐144	2100-120-15+10*d+120-15+12*d	2334	16

图 14-113 软件结果

4. 水平筋计算

（1）内侧水平筋计算

1）9 号通长筋计算

① 长度

同基础层内侧水平筋长度＝6300－15×2＋15×12×2＝6630mm

② 根数（表 14-96）

表 14-96 根数计算

计算方法	根数＝［（层高－窗高－窗离地高度－保护层）/间距］＋1					结果
计算过程	层高	窗高	窗离地高度	保护层	间距	
	4500	2100	900	15	150	
计算式	［（4500－2100－900－15）/150］＋1					11

③ 软件结果（图 14-114）

筋号	直径(mm)	级别	图号	图形	计算公式	长度(mm)	根数
墙身水平钢筋.11	12	Φ	64	180⌐6270⌐180	5700+300-15+15*d+300-15+15*d	6630	11

图 14-114 软件结果

2）8 号筋计算

① 长度（表 14-97）

表14-97 长度计算

计算方法	长度＝墙外皮长－窗宽－窗右距离－保护层＋洞边弯折－保护层＋拐角弯折						结果
计算过程	墙外皮长度	窗宽	窗右距离	保护层	洞边弯折	拐角弯折	
	6300	1800	600	15	$10d$	$15d$	
计算式	$6300-1800-600-15+10\times12-15+15\times12$						4170

② 根数（表14-98）

表14-98 根数计算

计算方法	根数＝2号布筋范围/间距		结果
计算过程	2号布筋范围	间距	
	600	150	
计算式	600/150		4

③ 软件结果（图14-115）

筋号	直径(mm)	级别	图号	图形	计算公式	长度(mm)	根数
墙身水平钢筋.10	12	Φ	64	180⌐ 3870 ⌐120	3600+300-15+15*d-15+10*d	4170	4

图14-115 软件结果

3)7号筋计算

① 长度（表14-99）

表14-99 长度计算

计算方法	长度＝图示墙长－保护层＋洞边弯折－保护层＋拐角弯折				结果
计算过程	图示墙长	保护层	洞边弯折	拐角弯折	
	600	15	$10d$	$15d$	
计算式	$600-15+10\times12-15+15\times12$				870

② 根数（表14-100）

表14-100 根数计算

计算方法	根数＝7号布筋范围/间距		结果
计算过程	7号布筋范围	间距	
	2100	150	
计算式	2100/150		14

③ 软件结果（图14-116）

筋号	直径(mm)	级别	图号	图形	计算公式	长度(mm)	根数
墙身水平钢筋.9	12	Φ	64	120⌐ 570 ⌐180	300-15+10*d+300-15+15*d	870	14

图14-116 软件结果

4)4号筋计算

① 长度（表14-101）

表 14-101 长度计算

计算方法	长度 = 图示墙长 - 保护层 × 2 + 弯折 × 2			结果
计算过程	图示墙长	保护层	弯折	
	600	15	10d	
计算式	$400 - 15 × 2 + 10 × 12 × 2$			610

② 根数(表 14-102)

表 14-102 根数计算

计算方法	根数 = 4 号布筋范围/间距		结果
计算过程	4 号布筋范围	间距	
	1500	150	
计算式	1500/150		10

③ 软件结果(图 14-117)

筋号	直径(mm)	级别	图号	图形	计算公式	长度(mm)	根数
墙身水平钢筋.3	12	Φ	64	120 ⌐ 370 ⌐ 120	400-15+10*d-15+10*d	610	20

图 14-117 软件结果

注:软件计算时,内外侧钢筋根数同时考虑。

5)5 号筋计算

① 长度(表 14-103)

表 14-103 长度计算

计算方法	长度 = 图示墙长 - 保护层 + 洞边弯折 - 保护层 + 拐角弯折				结果
计算过程	图示墙长	保护层	洞边弯折	拐角弯折	
	2300	15	10d	15d	
计算式	$2300 - 15 + 10 × 12 - 15 + 15 × 12$				2570

② 根数(表 14-104)

表 14-104 根数计算

计算方法	根数 = (5 号布筋范围 - 起步)/间距			结果
计算过程	5 号布筋范围	起步	间距	
	2400	50	150	
计算式	$(2400 - 50)/150$			16

③ 软件结果(图 14-118)

筋号	直径(mm)	级别	图号	图形	计算公式	长度(mm)	根数
墙身水平钢筋.7	12	Φ	64	180 ⌐ 2270 ⌐ 120	2000+300-15+15*d-15+10*d	2570	16

图 14-118 软件结果

6)6 号筋计算

① 长度(表 14-105)

表 14-105　长度计算

计算方法	长度 = 图示墙长 − 保护层 + 洞边弯折 − 保护层 + 拐角弯折				结果
计算过程	图示墙长	保护层	洞边弯折	拐角弯折	
	2800	15	10d	15d	
计算式	$2300 - 15 + 10 \times 12 - 15 + 15 \times 12$				3070

② 根数(表 14-106)

表 14-106　根数计算

计算方法	根数 = (6 号布筋范围 − 起步)/间距			结果
计算过程	6 号布筋范围	起步	间距	
	900	50	150	
计算式	$(900 - 50)/150$			6

③ 软件结果(图 14-119)

筋号	直径(mm)	级别	图号	图形	计算公式	长度(mm)	根数
墙身水平钢筋.8	12	Φ	64	120└ 2770 ┘180	2500−15+10*d+300−15+15*d	3070	6

图 14-119　软件结果

(2)外侧水平筋计算

1)9 号通长筋计算

① 长度

同基础层外侧水平筋长度 $= 6300 - 15 \times 2 + (41 \times 12/2) \times 2 = 6762$ mm

② 根数

同内侧通长水平筋根数 $= [(4500 - 2100 - 900 - 15)/150] + 1 = 11$ 根

③ 软件结果(图 14-120)

筋号	直径(mm)	级别	图号	图形	计算公式	长度(mm)	根数
墙身水平钢筋.6	12	Φ	64	246└ 6270 ┘246	6300−15+41*d/2−15+41*d/2	6762	11

图 14-120　软件结果

2)8 号筋计算

① 长度(表 14-107)

表 14-107　长度计算

计算方法	长度 = 墙外皮长度 − 窗宽 − 窗右距离 − 保护层 ×2 + 弯折 + $l_{1E}/2$						结果
计算过程	墙外皮长度	窗宽	窗右距离	保护层	弯折	l_{1E}	
	6300	1800	600	15	10d	41d	
计算式	$6300 - 1800 - 600 - 15 \times 2 + 10 \times 12 + (41 \times 12/2)$						4236

② 根数

同内侧 8 号水平筋根数 $= 600/150 = 4$ 根

③ 软件结果（图 14-121）

筋号	直径(mm)	级别	图号	图形	计算公式	长度(mm)	根数
墙身水平钢筋.5	12	Φ	64	246⌐ 3870 ⌐120	3900-15+41*d/2-15+10*d	4236	4

图 14-121　软件结果

3) 7 号筋计算

① 长度（表 14-108）

表 14-108　长度计算

计算方法	长度 = 图示墙长 − 保护层 ×2 + 弯折 ×2 + l_{IE}/2				结果
计算过程	图示墙长	保护层	弯折	l_{IE}	
	600	15	10d	41d	
计算式	$600 - 15 \times 2 + 10 \times 12 + (41 \times 12/2)$				936

② 根数

＝2100（窗高）/150＝14 根

③ 软件结果（图 14-122）

筋号	直径(mm)	级别	图号	图形	计算公式	长度(mm)	根数
墙身水平钢筋.4	12	Φ	64	120⌐ 570 ⌐246	600-15+10*d-15+41*d/2	936	14

图 14-122　软件结果

4) 4 号筋计算

① 长度

同内侧 4 号水平筋长度 = $400 − 15 \times 2 + 10 \times 12 \times 2 = 610$mm

② 根数

同内侧 4 号水平筋根数 = （1500/150）= 10 根

③ 软件结果（图 14-123）

筋号	直径(mm)	级别	图号	图形	计算公式	长度(mm)	根数
墙身水平钢筋.3	12	Φ	64	120⌐ 370 ⌐120	400-15+10*d-15+10*d	610	20

图 14-123　软件结果

注:软件计算时,内外侧钢筋根数同时考虑。

5) 5 号筋计算

① 长度（表 14-109）

表 14-109　长度计算

计算方法	长度 = 图示墙长 − 保护层 ×2 + 弯折 + l_{IE}/2				结果
计算过程	图示墙长	保护层	弯折	l_{IE}	
	2300	15	10d	41d	
计算式	$2300 - 15 \times 2 + 10 \times 12 + (41 \times 12/2)$				2636

② 根数

同内侧 5 号水平筋根数 = (2400 - 50)/150 = 16 根

③ 软件结果(图 14-124)

筋号	直径(mm)	级别	图号	图形	计算公式	长度(mm)	根数
墙身水平钢筋.1	12	Φ	64	246 ⌐2270⌐ 120	2300-15+41*d/2-15+10*d	2636	16

图 14-124　软件结果

6)6 号筋计算

① 长度(表 14-110)

表 14-110　长度计算

计算方法	长度 = 图示墙长 - 保护层 ×2 + 弯折 + l_{lE}/2				结果
计算过程	图示墙长	保护层	弯折	l_{lE}	
	2800	15	10d	41d	
计算式	2800 - 15 ×2 + 10 ×12 + (41 ×12/2)				3136

② 根数

同内侧 6 号水平筋根数 = (900 - 50)/150 = 6 根

③ 软件结果(图 14-125)

筋号	直径(mm)	级别	图号	图形	计算公式	长度(mm)	根数
墙身水平钢筋.2	12	Φ	64	120 ⌐2770⌐ 246	2800-15+10*d-15+41*d/2	3136	6

图 14-125　软件结果

5. 拉筋计算

(1)长度

同基础层 = 300 - 15 ×2 + 1.9 ×6 ×2 + 75 ×2 = 443mm

(2)软件长度结果(图 14-126)

筋号	直径(mm)	级别	图号	图形	计算公式	长度(mm)
墙身拉筋.1	6	Φ	485	⌐270⌐	(300-2*15)+2*(75+1.9*d)	443

图 14-126　软件长度结果

(3)根数(表 14-111)

表 14-111　根数计算

计算方法	根数 = {[(墙总面积 - 门洞面积 - 窗洞面积)/(间距 ×间距)] +1} ×2				
计算过程	墙总面积	门洞面积	窗洞面积	间距 ×间距	结果
	6000 ×4500	1200 ×2400	1800 ×2100	450 ×450	
计算式	{[(6000 ×4500 - 1200 ×2400 - 1800 ×2100)/(450 ×450)] +1} ×2				204

(4)软件根数计算式(图 14-127)

根数

(Ceil(20340000/(450*450))+1)*2

图 14-127　软件根数计算式

四、1 层剪力墙钢筋计算

1. 增加窗洞口钢筋布置图(图 14-128)

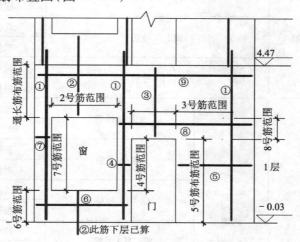

图 14-128　增加窗洞口钢筋布置图

2. 需要计算的量(表 14-112)

表 14-112　需要计算的量

1层	垂直筋		通长 1 号钢筋	长度、根数	同 -1 层
			窗上 2 号筋		
			门上 3 号筋		
	水平筋	内侧	9 号通长筋		
			A-窗(8 号筋)		
			窗-B(7 号筋)		
			窗-门(4 号筋)		
			A-门(5 号筋)		
			门-B(6 号筋)		
		外侧	9 号通长筋		
			A-窗(8 号筋)		
			窗-B(7 号筋)		
			窗-门(4 号筋)		
			A-门(5 号筋)		
			门-B(6 号筋)		
	拉筋				

249

由表 14-112 可知,1 层需要计算的钢筋同 −1 层,这里不再赘述。

五、2 层剪力墙钢筋计算

1. 需要计算的量(表 14-113)

表 14-113 需要计算的量

2 层	垂直筋	通长 1 号钢筋	长度	本节计算
			根数	同 −1 层
		窗上 2 号筋	长度	本节计算
			根数	同 −1 层
		门上 3 号筋	长度	本节计算
			根数	同 −1 层
	水平筋	内侧	9 号通长筋	长度	同 −1 层
				根数	本节计算
			A-窗(8 号筋)	长度	同 −1 层
				根数	
			窗-B(7 号筋)	长度	
				根数	
			窗-门(4 号筋)	长度	
				根数	
			A-门(5 号筋)	长度	
				根数	
			门-B(6 号筋)	长度	
				根数	
		外侧	9 号通长筋	长度	同 −1 层
				根数	本节计算
			A-窗(8 号筋)	长度	同 −1 层
				根数	
			窗-B(7 号筋)	长度	
				根数	
			窗-门(4 号筋)	长度	
				根数	
			A-门(5 号筋)	长度	
				根数	
			门-B(6 号筋)	长度	
				根数	
	拉筋			长度	同 −1 层
				根数	本节计算

2. 增加窗洞口钢筋布置图（图 14-129）

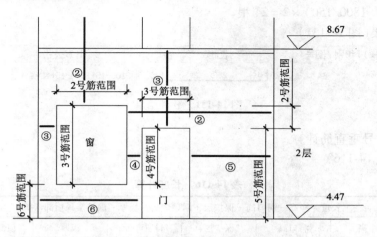

图 14-129　增加窗洞口钢筋布置图

3. 垂直筋计算

（1）通长 1 号垂直筋计算

1）长度（表 14-114）

表 14-114　长度计算

计算方法	长度 = 层高 + 一个搭接长度		
计算过程	层高	一个搭接长度	结果
	4200	$1.2 l_{aE}$	
	4200	$1.2 \times 34d$	
计算式	$4200 + 1.2 \times 34 \times 12$		4690

2）根数

同 -1 层 $= [(6000 - 1200 - 1800 - 15 \times 2)/150] + 1 = $ 内外侧各 21 根

3）软件结果（图 14-130）

筋号	直径(mm)	级别	图号	图形	计算公式	长度(mm)	根数
墙身垂直钢筋.1	12	中	1	4690	4200+1.2*34*12	4690	42

图 14-130　软件结果

（2）窗上 2 号垂直筋计算

1）长度（表 14-115）

表 14-115　长度计算

计算方法	长度 = 本层窗上至上层窗下高度 - 保护层 ×2 + 弯折 ×2			结果
计算过程	本层窗上至上层窗下高度	保护层	弯折	
	2100	15	$10d$	
计算式	$2100 - 15 \times 2 + 10 \times 12 \times 2$			2310

2）根数

同 – 1 层 = （1800/150） × 2 = 24 根

3）软件结果（图 14-131）

筋号	直径（mm）	级别	图号	图形	计算公式	长度（mm）	根数
墙身垂直钢筋.3	12	Φ	64	120 ⊏ 2070 ⊐ 120	2100-15+10*d-15+10*d	2310	24

图 14-131　软件结果

（3）门上 3 号垂直筋计算

1）长度（表 14-116）

表 14-116　长度计算

计算方法	长度 = 净高 – 洞口高 – 保护层 + 洞顶弯折 + 板厚 – 保护层 + 顶部弯折						结果
计算过程	净高	洞口高	保护层	洞顶弯折	板厚	顶部弯折	
	4200 – 120	2400	15	10d	120	12d	
计算式	4080 – 2400 – 15 + 10 × 12 + 120 – 15 + 12 × 12						2034

2）根数

同 – 1 层 = （1200/150） × 2 = 16 根

3）软件结果（图 14-132）

筋号	直径（mm）	级别	图号	图形	计算公式	长度（mm）	根数
墙身垂直钢筋.2	12	Φ	64	120 ⊏ 1770 ⊐ 144	1800-120-15+10*d+120-15+12*d	2034	16

图 14-132　软件结果

4. 水平筋计算

（1）内侧水平筋计算

1）9 号通长水平筋计算

① 长度

同 – 1 层内侧水平筋长度 = 6300 – 15 × 2 + 15 × 12 × 2 = 6630mm

② 根数（表 14-117）

表 14-117　根数计算

计算方法	根数 = ［（层高 – 窗高 – 窗离地高度）/间距］ + 1				结果
计算过程	层高	窗高	窗离地高度	间距	
	4200	2100	900	150	
计算式	［（4200 – 2100 – 900）/150］ + 1				9

③ 软件结果（图 14-133）

	筋号	直径（mm）	级别	图号	图形	计算公式	长度（mm）	根数
11	墙身水平钢筋.11	12	Φ	64	180 ⊏ 6270 ⊐ 180	5700+300-15+15*d+300-15+15*d	6630	9

图 14-133　软件结果

2)4~8号水平筋计算

① 长度

同-1层内侧4~8号筋长度。

② 根数

同-1层内侧4~8号筋根数。

(2)外侧水平筋计算

1)9号通长水平筋计算

① 长度

同-1层筋长度 $= 6300 - 15 \times 2 + (41 \times 12/2) \times 2 = 6762 \text{mm}$

② 根数

同内侧通长筋根数 $= [(4200 - 2100 - 900)/150] + 1 = 9$ 根

③ 软件结果(图14-134)

筋号	直径(mm)	级别	图号	图形	计算公式	长度(mm)	根数
墙身水平钢筋.6	12	Φ	64	246 ⊢6270⊣ 246	6300-15+41*d/2-15+41*d/2	6762	9

图14-134 软件结果

2)4~8号水平筋计算

① 长度

同-1层外侧4~8号筋长度。

② 根数

同-1层外侧4~8号筋根数。

5. 拉筋计算

(1)长度

同-1层。

(2)软件长度结果(图14-135)

筋号	直径(mm)	级别	图号	图形	计算公式	长度(mm)
墙身拉筋.1	6	Φ	485	270	(300-2*15)+2*(75+1.9*d)	443

图14-135 软件长度结果

(3)根数(表14-118)

表14-118 根数计算

计算方法	根数 $= \{[(墙总面积 - 门洞面积 - 窗洞面积)/间距] + 1\} \times 2$				
计算过程	墙总面积	门洞面积	窗洞面积	间距	结果
	6000×4200	1200×2400	1800×2100	450×450	
计算式	$\{[(6000 \times 4200 - 1200 \times 2400 - 1800 \times 2100)/(450 \times 450)] + 1\} \times 2$				186

(4)软件根数计算式(图14-136)

根数

(Ceil(18540000/(450*450))+1)*2

图14-136 软件根数计算式

六、3 层剪力墙钢筋计算

1. 需要计算的量（表 14-119）

表 14-119　需要计算的量

3 层	垂直筋		通长 1 号钢筋	长度	本节计算
				根数	同 −1 层
			窗上 2 号筋	长度	本节计算
				根数	同 −1 层
			门上 3 号筋	长度	本节计算
				根数	同 −1 层
	水平筋	内侧	9 号通长筋	长度	
				根数	本节计算
			A-窗（8 号筋）	长度	
				根数	
			窗-B（7 号筋）	长度	
				根数	
			窗-门（4 号筋）	长度	
				根数	同 −1 层
			A-门（5 号筋）	长度	
				根数	
			门-B（6 号筋）	长度	
				根数	
		外侧	9 号通长筋	长度	
				根数	本节计算
			A-窗（8 号筋）	长度	
				根数	
			窗-B（7 号筋）	长度	
				根数	
			窗-门（4 号筋）	长度	
				根数	同 −1 层
			A-门（5 号筋）	长度	
				根数	
			门-B（6 号筋）	长度	
				根数	
	拉筋			长度	
				根数	本节计算

2. 垂直筋计算

1)通长 1 号垂直筋计算
① 长度(表 14-120)

表 14-120 长度计算

计算方法	长度 = 层高 + 一个搭接长度		
计算过程	层高	一个搭接长度	结果
	3600	$1.2L_{aE}$	
	3600	$1.2 \times 34d$	
计算式	$3600 + 1.2 \times 34 \times 12$		4090

② 根数
同 -1 层 $= [(6000 - 1200 - 1800 - 15 \times 2)/150] + 1 =$ 内外侧各 21 根
③ 软件结果(图 14-137)

筋号	直径(mm)	级别	图号	图形	计算公式	长度(mm)	根数
墙身垂直钢筋.1	12	Φ	1	4090	3600+1.2*34*12	4090	42

图 14-137 软件结果

2)窗上 2 号垂直筋计算
① 长度(表 14-121)

表 14-121 长度计算

计算方法	长度 = 本层窗上至上层窗下高度 − 保护层 ×2 + 弯折 ×2			结果
计算过程	本层窗上至上层窗下高度	保护层	弯折	
	1500	15	$10d$	
计算式	$1500 - 15 \times 2 + 10 \times 12 \times 2$			1710

② 根数
同 -1 层 2 号垂直筋根数 $= (1800/150) \times 2 = 24$ 根
③ 软件结果(图 14-138)

筋号	直径(mm)	级别	图号	图形	计算公式	长度(mm)	根数
墙身垂直钢筋.3	12	Φ	64	120 1470 120	1500-15+10*d-15+10*d	1710	24

图 14-138 软件结果

3)门上 3 号垂直筋计算
① 长度(表 14-122)

表 14-122　长度计算

计算方法	长度 = 净高 - 洞口高 - 保护层 + 洞顶弯折 + 板厚 - 保护层 + 顶部弯折						结果
计算过程	净高	洞口高	保护层	洞顶弯折	板厚	顶部弯折	
	3600 - 120	2400	15	10d	120	12d	
计算式	3480 - 2400 - 15 + 10 × 12 + 120 - 15 + 12 × 12						1434

② 根数

同 -1 层垂直筋根数 = (1200/150) × 2 = 16 根

③ 软件结果(图 14-139)

筋号	直径(mm)	级别	图号	图形	计算公式	长度(mm)	根数
墙身垂直钢筋.2	12	Φ	64	120 ⎿1170⏌ 144	1200-120-15+10*d+120-15+12*d	1434	16

图 14-139　软件结果

3. 水平筋计算

(1)内侧水平筋计算

1)9 号通长水平筋计算

① 长度

同 -1 层内侧水平筋长度 = 6300 - 15 × 2 + 15 × 12 × 2 = 6630mm

② 根数(表 14-123)

表 14-123　根数计算

计算方法	根数 = [(层高 - 窗高 - 窗离地高度 - 保护层)/间距] + 1					结果
计算过程	层高	窗高	窗离地高度	保护层	间距	
	3600	2100	900	15	150	
计算式	[(3600 - 2100 - 900 - 15)/150] + 1					5

③ 软件结果(图 14-140)

筋号	直径(mm)	级别	图号	图形	计算公式	长度(mm)	根数
墙身水平钢筋.11	12	Φ	64	180 ⎿6270⏌ 180	5700+300-15+15*d+300-15+15*d	6630	5

图 14-140　软件结果

2)4 ~8 号水平筋计算

① 长度

同 -1 层 4 ~8 号水平筋长度。

② 根数

同 -1 层 4 ~8 号水平筋根数。

(2)外侧水平筋计算

1)9 号通长水平筋计算

① 长度

同 −1 层水平筋长度 $= 6300 − 15 × 2 + (41 × 12/2) × 2 = 6762\text{mm}$

② 根数

同内侧水平筋根数 $= [(3600 − 2100 − 900 − 15)/150] + 1 = 5$

③ 软件结果(图 14-141)

筋号	直径(mm)	级别	图号	图形	计算公式	长度(mm)	根数
墙身水平钢筋.6	12	中	64	246⌐6270⌐246	6300-15+41*d/2-15+41*d/2	6762	5

图 14-141 软件结果

2)4 ~ 8 号水平筋计算

① 长度

同 −1 层外侧 4 ~ 8 号水平筋长度。

② 根数

同 2 层外侧 4 ~ 8 号水平筋根数。

4. 拉筋计算

(1)长度

同 −1 层。

(2)软件长度结果(图 14-142)

筋号	直径(mm)	级别	图号	图形	计算公式	长度(mm)
墙身拉筋.1	6	中	485	270	(300-2*15)+2*(75+1.9*d)	443

图 14-142 软件长度结果

(3)根数(表 14-124)

表 14-124 根数计算

计算方法	根数 $= \{[(墙总面积 − 门洞面积 − 窗洞面积)/间距 × 间距] + 1\} × 2$				
计算过程	墙总面积	门洞面积	窗洞面积	间距×间距	结果
	6000 × 3600	1200 × 2400	1800 × 2100	450 × 450	
计算式	$\{[(6000 × 3600 − 1200 × 2400 − 1800 × 2100)/(450 × 450)] + 1\} × 2$				150

(4)软件根数计算式(图 14-143)

图 14-143 软件根数计算式

七、顶层剪力墙钢筋计算

1. 需要计算的量(表 14-125)

表 14-125 需要计算的量

顶层	垂直筋	通长 1 号钢筋		长度	本节计算
				根数	同 -1 层
		窗上 2 号筋		长度	本节计算
				根数	同 -1 层
		门上 3 号筋		长度、根数	同 3 层
	水平筋	内侧	9 号通长筋		
			A-窗(8 号筋)		
			窗-B(7 号筋)		
			窗-门(4 号筋)		
			A-门(5 号筋)		
			门-B(6 号筋)		
		外侧	9 号通长筋		
			A-窗(8 号筋)		
			窗-B(7 号筋)		
			窗-门(4 号筋)		
			A-门(5 号筋)		
			门-B(6 号筋)		
	拉筋				

2. 垂直筋计算

(1)非洞口垂直筋计算

1)长度(表 14-126)

表 14-126　非洞口顶层墙垂直筋长度计算

计算方法	长度1＝层高－板厚＋板厚－保护层＋弯折				结果
计算过程	层高	板厚	保护层	弯折	
	3600	120	15	12d	
计算式	3600－120＋120－15＋12×12				3729
计算方法	长度2＝层高－板厚－错开长度－搭接长度＋板厚－保护层＋弯折				结果
计算过程	层高	板厚	错开长度	搭接长度	保护层	弯折
	3600	120	500	1.2×34d	15	12d
计算式	3600－120－500－1.2×34×12＋120－15＋12×12					2739

2)根数

同－1层＝[(6000－1200－1800－15×2)/150]＋1＝内外侧各21根

3)软件结果(图14-144)

筋号	直径(mm)	级别	图号	图形	计算公式	长度(mm)	根数
墙身垂直钢筋.1	12	Φ	18	144└ 3585	3600-120+120-15+12*d	3729	11
墙身垂直钢筋.2	12	Φ	18	144└ 2595	3600-500-1.2*34*d-120+120-15+12*d	2739	10
墙身垂直钢筋.5	12	Φ	18	144└ 2595	3600-500-1.2*34*d-120+120-15+12*d	2739	11
墙身垂直钢筋.6	12	Φ	18	144└ 3585	3600-120+120-15+12*d	3729	10

图 14-144　软件结果

(2)窗上2号垂直筋计算

1)长度(表14-127)

表 14-127　垂直筋长度计算

计算方法	长度＝净高－窗洞口高－窗离地高度－保护层＋洞顶弯折＋板厚－保护层＋顶部弯折						结果
计算过程	净高	窗洞口高	窗离地高度	保护层	洞顶弯折	板厚	顶部弯折
	3600－120	2100	900	15	10d	120	12d
计算式	3480－2100－900－15＋10×12＋120－15＋12×12						834

2)根数

同－1层2号垂直筋根数＝1800/150＝内外侧各12根

3)软件结果(图14-145)

	筋号	直径(mm)	级别	图号	图形	计算公式	长度(mm)	根数
15	墙身垂直钢筋.4	12	Φ	64	120┌ 570 ┐144	600-120-15+10*d+120-15+12*d	834	12
16*	墙身垂直钢筋.8	12	Φ	64	120┌ 570 ┐144	600-120-15+10*d+120-15+12*d	834	12

图 14-145　软件结果

(3)门上3号垂直筋计算

1)长度

同 3 层 $= 3480 - 2400 - 15 + 10 \times 12 + 120 - 15 + 12 \times 12 = 1434\text{mm}$

2）根数

同 3 层垂直筋根数 $1200/150 = $ 内外侧各 8 根

3）软件结果（图 14-146）

筋号	直径(mm)	级别	图号	图形	计算公式	长度(mm)	根数
墙身垂直钢筋.3	12	Φ	64	120 ⌐——1170——⌐ 144	1200-120-15+10*d+120-15+12*d	1434	8
墙身垂直钢筋.7	12	Φ	64	120 ⌐——1170——⌐ 144	1200-120-15+10*d+120-15+12*d	1434	8

图 14-146　软件结果

3. 水平筋计算

同 3 层。

4. 拉筋计算

同 3 层。

第四节　增 加 暗 柱

一、识图

1. 所有暗柱按绑扎考虑（图 14-147，图 14-148，表 14-128 和表 14-129）

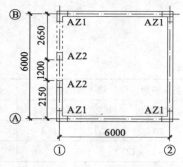

图 14-147　增加暗柱示意图

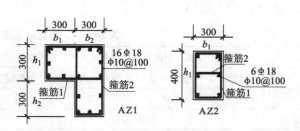

图 14-148　暗柱钢筋布置图

2. 有柱子示意图（图 14-149）

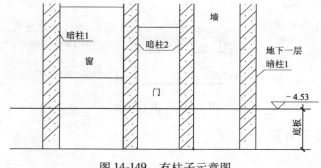

图 14-149　有柱子示意图

表 14-128 楼层情况

	15.87（顶标高）	
4（顶层）	12.270	3.60
3	8.670	3.60
2	4.470	4.20
1	−0.030	4.50
−1	−4.530	4.50
层号	结构底标高/m	层高/m

表 14-129 剪力墙配筋表

编号	墙标高	墙厚度	水平分布筋	垂直分布筋	拉筋（梅花形布置）
Q1	−4.53 ~ −0.03	300	Φ12@150	Φ12@150	Φ6@450@450
Q1	−0.03 ~ 4.47	300	Φ12@150	Φ12@150	Φ6@450@450
Q1	4.47 ~ 8.67	300	Φ12@150	Φ12@150	Φ6@450@450
Q1	8.67 ~ 12.27	300	Φ12@150	Φ12@150	Φ6@450@450

二、基础层剪力墙钢筋计算

1. 需要计算的量（表 14-130）

表 14-130 需要计算的量

					长度	同第三节
基础层	墙身	基础插筋		非窗下插筋	长度	同第三节
					根数	本节计算
			门窗下插筋		长度	同第三节
					根数	同第三节
		水平筋	内侧		长度	同第三节
					根数	同第三节
			外侧		长度	本节计算
					根数	同第三节
		墙拉筋			长度	同第三节
					根数	同第三节
	暗柱	插筋			长度	本节计算
					根数	本节计算
		AZ1 箍筋			长度	本节计算
					根数	本节计算
		AZ2 箍筋			长度	本节计算
					根数	本节计算

2. 基础插筋计算

（1）非窗下插筋计算

261

1）长度

同第三节。

2）根数

从图 14-147 可以看出，只有 A 轴-门洞间有剪力墙（表 14-131）。

表 14-131　根数计算

计算方法	根数＝[（A 轴-门洞处外皮长度－门洞宽－AZ1 宽－AZ2 宽－起始竖向筋距暗柱边距离×2）/间距]＋1					结果
计算过程	A 轴-门洞处外皮长度	AZ1 宽	AZ2 宽	起始竖向筋距暗柱边距离	间距	
	2300	600	400	竖向筋间距 200/2＝100	150	
计算式	[（2300－600－400－100×2）/150]＋1					内外侧各 9 根

3）软件属性定义（图 14-150 和图 14-151）

	属性名称	属性值	附加
1	名称	AZ1	
2	类别	暗柱	☐
3	截面编辑	否	
4	**截面形状**	L-a形	☐
5	截面宽（B边）(mm)	600	☐
6	截面高（H边）(mm)	600	☐
7	全部纵筋	16B18	☐
8	箍筋1	A10@100	☐
9	箍筋2	A10@100	☐
10	拉筋1		☐
11	拉筋2		☐
12	其他箍筋		
13	**备注**		☐
14	⊞ 其他属性		
26	⊞ 锚固搭接		

图 14-150　AZ1 属性定义

	属性名称	属性值	附加
1	名称	AZ2	
2	类别	暗柱	☐
3	截面编辑	否	
4	**截面形状**	一字形	☐
5	截面宽（B边）(mm)	400	☐
6	截面高（H边）(mm)	300	☐
7	全部纵筋	6B18	☐
8	箍筋1	A10@100	☐
9	拉筋1	A10@100	☐
10	其他箍筋		
11	**备注**		☐
12	⊞ 其他属性		
24	⊞ 锚固搭接		

图 14-151　AZ2 属性定义

4）软件画图（图 14-152）

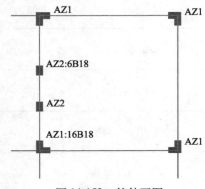

图 14-152　软件画图

5）软件结果（图 14-153）

筋号	直径(mm)	级别	图号	图形	计算公式	长度(mm)	根数
墙身左侧插筋.1	12	Φ	18	72 ⌐ 1650	1.2*34*12+1200-40+6*d	1722	5
墙身左侧插筋.2	12	Φ	18	72 ⌐ 2639	500+1.2*34*d+1.2*34*12+1200-40+6*d	2711	4
墙身右侧插筋.1	12	Φ	18	72 ⌐ 2639	500+1.2*34*d+1.2*34*12+1200-40+6*d	2711	5
墙身右侧插筋.2	12	Φ	18	72 ⌐ 1650	1.2*34*12+1200-40+6*d	1722	4

图 14-153 软件结果

（2）门窗下插筋计算

1）长度

同第三节。

2）根数

同第三节。

3）软件结果（图 14-154）

筋号	直径(mm)	级别	图号	图形	计算公式	长度(mm)	根数
墙身左侧插筋.1	12	Φ	18	72 ⌐ 1650	1.2*34*12+1200-40+6*d	1722	5
墙身左侧插筋.2	12	Φ	18	72 ⌐ 2639	500+1.2*34*d+1.2*34*12+1200-40+6*d	2711	4
墙身右侧插筋.1	12	Φ	18	72 ⌐ 2639	500+1.2*34*d+1.2*34*12+1200-40+6*d	2711	5
墙身右侧插筋.2	12	Φ	18	72 ⌐ 1650	1.2*34*12+1200-40+6*d	1722	4

图 14-154 软件结果

3. 水平筋计算

（1）内侧水平筋计算

同第三节。

（2）外侧水平筋计算

如果墙体加上暗柱的话，墙体外侧水平筋会连续穿过。

1）长度（表 14-132）

表 14-132 长度计算

计算方法	长度 = 墙外皮长 - 保护层×2		
计算过程	墙外皮长	保护层	结果
	6300	15	
计算式	6300 - 15 ×2		6270

2）根数

同第三节。

3）软件结果（图 14-155）

筋号	直径(mm)	级别	图号	图形	计算公式	长度(mm)	根数
墙在基础左侧水平筋.1	12	Φ	1	6270	6300-15-15	6270	3

图 14-155 软件结果

4. 拉筋计算

同第三节。

5. 暗柱插筋计算（图 14-156）

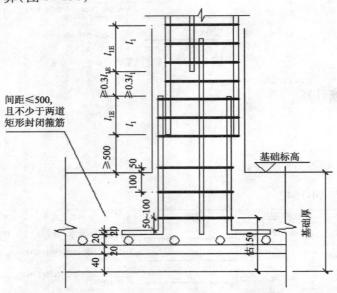

图 14-156　暗柱插筋构造（一）（基础平板底部与顶部配置钢筋网）

间距小于或等于 500 且不少于两道矩形封闭箍筋。

1）长度（表 14-133）

表 14-133　长度计算

计算方法	长度 = 弯折长度 a + 锚固竖直长度 h_1 + 非连接区 + 搭接长度 l_{1E}				
参数名称	弯折长度 a	锚固竖直长度 h_1	非连接区	l_{1E}	结果
参数值	150	1160	500	$1.4 \times 34d = 48d$	
计算式	$150 + 1160 + 500 + 48 \times 16$				2578

弯折长度 a 的计算

根数 a 的判断条件计算如下：

根据剪力墙环境查平法图集 11G101—1 第 53 页可知：$l_{aE} = \zeta_{aE} l_a$，$l_a = \zeta_a l_{ab}$ 从表上查知 l_{ab} 为 29d。

锚固长度 $l_{aE} = 1.15 \times 1 \times 29d = 33.35d \approx 34d = 34 \times 16 = 544mm$

锚固竖直长度 1200mm > l_{aE}（544 mm），所以弯折长度 a 取 max(6d,150)。

2）软件结果（图 14-157）

筋号	直径(mm)	级别	图号	图形	计算公式	长度(mm)
全部纵筋插筋.1	16	中	18	150　2428	500+48*d+1200-40+max(6*d,150)	2578

图 14-157　软件结果

3）根数（表 14-134）

表 14-134 根数计算

名称	AZ1	AZ2	合计
单根数量	16	6	
暗柱根数	3	3	
总根数	16 × 2 = 32	6 × 2 = 12	32 + 12 = 44

6. 暗柱箍筋计算

（1）AZ1 箍筋计算

1）长度（表 14-135）

表 14-135 长度计算

	计算方法	长度 = $(b_1 + b_2 + h_1) \times 2 -$ 保护层 $\times 8 +$ 弯钩 $\times 2$						结果
箍筋 1	计算过程	b_1	b_2	h_1	保护层	弯钩	直径	
		300	300	300	20	11.9d	10	
	计算式	$(300 + 300 + 300) \times 2 - 20 \times 8 + 11.9 \times 10 \times 2$						1878
箍筋 2		同箍筋 1						

2）根数（表 14-136）

表 14-136 根数计算

计算方法	根数 = [（基础高度 - 下排第一根筋距基础底距离 - 上排第一根筋距基础顶距离)/间距] - 1				
计算过程	基础高度	距基础底距离	距基础顶距离	间距	结果
	1200	150	100	500	
计算式	[（1200 - 150 - 100)/500]（向上取整) + 1				3
箍筋 2	同箍筋 1				

3）软件结果（图 14-158）

筋号	直径(mm)	级别	图号	图形	计算公式	长度(mm)	根数
箍筋1	10	Φ	195	260 560	2*（300+300-2*20+300-2*20)+2*(11.9*d)	1878	3
箍筋2	10	Φ	195	260 560	2*（300+300-2*20+300-2*20)+2*(11.9*d)	1878	3

图 14-158 软件结果

注：基础暗柱箍筋根数要调整计算设置：计算设置-计算设置-柱/墙柱-柱/墙柱在基础插筋锚固区内的箍筋数量调整为 3。

（2）AZ2 箍筋计算

1）长度（表 14-137）

表 14-137 长度计算

	计算方法	长度 = $(b_1 + h_1 -$ 保护层 $\times 4) \times 2 +$ 弯钩 $\times 2$					结果
箍筋 1	计算过程	b_1	h_1	保护层	弯钩	直径	
		300	400	20	11.9d	10	
	计算式	$(300 + 400 - 20 \times 4) \times 2 + 11.9 \times 10 \times 2$					1478

	计算方法	长度 = b_1 – 保护层 × 2 + 弯钩 × 2				
拉筋1	计算过程	b_1	保护层	弯钩	直径	
		300	20	11.9b	10	
	计算式	$300 – 20 × 2 + 11.9 × 10 × 2$				498

2）根数

同 AZ1 根数 = [（1200 – 150 – 100）/500]（向上取整）+ 1 = 3

3）软件结果（图 14-159）

筋号	直径(mm)	级别	图号	图形	计算公式	长度(mm)	根数
箍筋1	10	中	195	260 360	2*(0+400-2*20+150+150-2*20)+2*(11.9*d)	1478	3
拉筋1	10	中	485	260	150+150-2*20+2*(11.9*d)	498	3

图 14-159　软件结果

三、–1 层剪力墙钢筋计算（图 14-160）

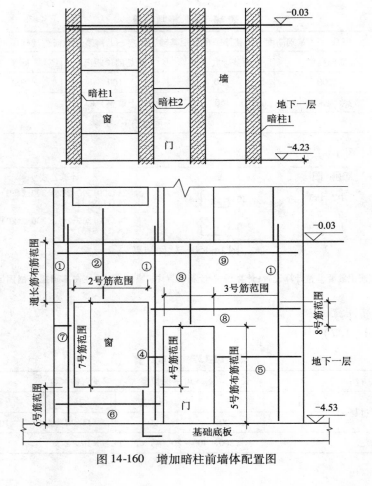

图 14-160　增加暗柱前墙体配置图

266

注:图中左边 AZ1,左边是墙边,右边是洞口;左边 AZ2 两边都是洞口,这两种情况,暗柱范围内既没有墙的垂直筋,也没有墙的水平筋(独立的暗柱)。

1. 需要计算的量(表 14-138)

表 14-138　需要计算的量

					长度	本节计算
1层	墙身	垂直筋	通长筋		根数	同基础非窗下筋
			窗上 2 号筋			
			门上 3 号筋			
		水平筋	内侧	9 号通长筋	长度、根数	同第三节
				A-窗(8 号钢筋)		
				A-门(5 号钢筋)		
				窗下(6 号钢筋)		
			外侧	9 号通长筋	长度	本节计算
					根数	同第三节
				A-窗(8 号钢筋)	长度	本节计算
					根数	同第三节
				A-门(5 号钢筋)	长度	本节计算
					根数	同第三节
				窗下(6 号钢筋)	长度	本节计算
					根数	同第三节
		拉筋			长度	同基础层
					根数	本节计算
	暗柱	主筋			长度	本节计算
					根数	按图示
		箍筋			长度	同基础层
					根数	本节计算

2. 垂直筋计算

(1)通长筋计算

1)根数

同基础层非窗下插筋根数 =[(2300 −600 −400 −200/2 ×2)/150]+1 =内外侧各 9 根

2)软件结果(图 14-161)

267

筋号	直径(mm)	级别	图号	图形	计算公式	长度(mm)	根数
墙身垂直钢 筋.1	12	Φ	1	4990	4500+1.2*34*12	4990	18

图 14-161　软件结果

（2）2 号筋、3 号筋计算

1）2 号筋、3 号筋长度计算

同第三节同部位。

2）2 号筋、3 号筋根数计算

同第三节同部位。

3. 水平筋计算

（1）内侧水平筋计算

9 号通长筋、8 号筋、5 号筋、6 号筋的长度与根数分别同第三节同部位。

（2）外侧水平筋计算

1）9 号通长筋计算

① 长度

同基础层外侧水平筋长度 $= 6300 - 15 \times 2 = 6270$ mm

② 根数

同第三节根数 11 根。

③ 软件结果（图 14-162）

筋号	直径(mm)	级别	图号	图形	计算公式	长度(mm)	根数
墙身水平钢 筋.4	12	Φ	1	6270	6300-15-15	6270	11

图 14-162　软件结果

2）8 号筋计算

① 长度（表 14-139）

表 14-139　长度计算

计算方法	长度 = 墙外皮长 - 窗宽 - 窗右距离 - 保护层 × 2 + 弯折					结果
计算过程	墙外皮长度	窗宽	窗右距离	保护层	弯折	
	6300	1800	600	15	10d	
计算式	$6300 - 1800 - 600 - 15 \times 2 + 10 \times 12$					3990

② 根数

同内侧 2 号水平筋根数 $= 600/150 = 4$ 根

③ 软件结果（图 14-163）

筋号	直径(mm)	级别	图号	图形	计算公式	长度(mm)	根数
墙身水平钢 筋.3	12	Φ	18	120 ⌐ 3870	3900-15-15+10*d	3990	4

图 14-163　软件结果

3）5 号筋计算

① 长度（表 14-140）

表 14-140　长度计算

计算方法	长度 = 图示墙长 - 保护层 ×2 + 弯折			结果
计算过程	图示墙长	保护层	弯折	
	2300	15	10d	
计算式	2300 - 15 ×2 + 10 ×12			2390

② 根数

同内侧 5 号水平筋根数 =（2400 - 50）/150 = 16 根

③ 软件结果（图 14-164）

筋号	直径(mm)	级别	图号	图形	计算公式	长度(mm)	根数
墙身水平钢筋.3	12	Φ	18	120 ⌐ 3870	3900-15-15+10*d	3990	4

图 14-164　软件结果

4）6 号筋计算

① 长度（表 14-141）

表 14-141　长度计算

计算方法	长度 = 图示墙长 - 保护层 ×2 + 弯折			结果
计算过程	图示墙长	保护层	弯折	
	2800	15	10 ×d	
计算式	2800 - 15 ×2 + 10 ×12			2890

② 根数

同内侧 6 号水平筋根数 =（900 - 50）/150 = 6 根

③ 软件结果（图 14-165）

筋号	直径(mm)	级别	图号	图形	计算公式	长度(mm)	根数
墙身水平钢筋.2	12	Φ	18	120 ⌐ 2770	2800-15+10*d-15	2890	6

图 14-165　软件结果

4. 拉筋计算

（1）长度

同基础层 = 300 - 15 ×2 + 1.9 ×6 ×2 + 75 ×2 = 443mm

（2）软件结果（图 14-166）

筋号	直径(mm)	级别	图号	图形	计算公式	长度(mm)
墙身拉筋.1	6	Φ	485	270	(300-2*15)+2*(75+1.9*d)	443

图 14-166　软件结果

（3）根数（表 14-142）

表 14-142　根数计算

计算方法	根数＝［（墙总面积－门洞面积－窗洞面积－暗柱占墙面积）/间距＋1］×2					
计算过程	墙总面积	门洞面积	窗洞面积	暗柱占墙面积	间距	结果
	6000×4500	1200×2400	1800×2100	1700×4500	450×450	
计算式	［（6000×4500－1200×2400－1800×2100－1700×4500）/（450×450）＋1］×2					134

（4）软件根数计算式（图 14-167）

根数

(Ceil(5850000/(450*450))+1+Ceil(2520000/
(450*450))+1+Ceil(4320000/(450*450))+1)*2

图 14-167　软件根数计算式

5. 暗柱

（1）主筋计算

1）长度（表 14-143）

表 14-143　长度计算

计算方法	长度＝层高－本层非连接区＋上层非连接区＋搭接				结果
计算过程	层高	本层非连接区	上层非连接区	搭接	
	4500	500	500	$1.4×34d=48d$	
计算式	4500－500＋500＋48×16				5268

2）软件结果（图 14-168）

筋号	直径(mm)	级别	图号	图形	计算公式	长度(mm)	根数
全部纵筋.1	16	中	1	5268	4500-500+500+48*16	5268	16

图 14-168　软件结果

3）根数

按图示 44 根，此处根数为图示所有暗柱纵筋根数合计。

（2）箍筋计算

1）长度

同基础层箍筋长度。

2）根数（表 14-144）

表 14-144　根数计算

计算方法	根数＝（层高－搭接区域－50）/间距＋1＋搭接区域/mix(5d,间距)			结果
计算过程	层高	间距	搭接区域	
	4500	100	$2.3l_{lE}$	
计算式	（4500－2.3×48×16－50）/100＋1＋2.3×48×16/80＝28＋23			51

3）软件根数计算式（图 14-169）

根数

Ceil(2.3*48*16/min(5*16,100))+Ceil(2683/100)+1 ...

图 14-169　软件根数计算式

四、1 层剪力墙钢筋计算

1. 1 层需要计算的量（表 14-145）

表 14-145　需要计算的量

					长度	本节计算
1层	墙身	垂直筋		通长筋	根数	同基础非窗下筋
				窗上 2 号筋	长度、根数	同第三节
				门上 3 号筋		
		水平筋	内侧	9 号通长筋		
				A-窗（8 号钢筋）		
				A-门（5 号钢筋）		
				窗下（6 号钢筋）		
			外侧	9 号通长筋	长度	同 1 层计算
					根数	同第三节
				A-窗（8 号钢筋）	长度	同 1 层计算
					根数	同第三节
				A-门（5 号钢筋）	长度	同 1 层计算
					根数	同第三节
				窗下（6 号钢筋）	长度	同 1 层计算
					根数	同第三节
		拉筋			长度	同基础层
					根数	本节计算
	暗柱	主筋			长度	本节计算
					根数	按图示
		箍筋			长度	同基础层
					根数	本节计算

2. 1 层剪力墙钢筋计算

所有钢筋均同 −1 层。

五、2 层剪力墙钢筋计算

1. 需要计算的量（表 14-146）

表 14-146 需要计算的量

2 层	墙身	垂直筋	通长筋		长度	本节计算
					根数	同基础非窗下插筋
			窗上 2 号筋			
			门上 3 号筋			
		水平筋	内侧	9 号通长筋	长度、根数	同第三节
				A-窗（8 号钢筋）		
				A-门（5 号钢筋）		
				窗下（6 号钢筋）		
			外侧	9 号通长筋	长度	同 1 层计算
					根数	同第三节
				A-窗（8 号钢筋）	长度	同 1 层计算
					根数	同第三节
				A-门（5 号钢筋）	长度	同 1 层计算
					根数	同第三节
				窗下（6 号钢筋）	长度	同 1 层计算
					根数	同第三节
		拉筋			长度	同基础层
					根数	本节计算
	暗柱	主筋			长度	本节计算
					根数	按图示
		箍筋			长度	同基础层
					根数	本节计算

2. 垂直筋计算

（1）通长筋计算

1）根数

同基础层非窗下插筋根数 =［(2300 −600 −400 −200/2 ×2)/150］+1 = 内外侧各 9 根

2）软件结果（图 14-170）

筋号	直径(mm)	级别	图号	图形	计算公式	长度(mm)	根数
墙身垂直钢筋.1	12	中	1	4690	4200+1.2*34*12	4690	18

图 14-170　软件结果

（2）2 号筋、3 号筋计算

2 号筋、3 号筋长度、根数

同第三节同部位。

3. 水平筋计算

内侧、外侧水平筋计算：9 号通长筋、8 号筋、5 号筋、6 号筋的长度及根数分别同第三节同部位。

4. 拉筋计算

（1）长度

同基础层 $= 300 - 15 \times 2 + 1.9 \times 6 \times 2 + 75 \times 2 = 443$ 根

（2）软件结果（图 14-171）

筋号	直径(mm)	级别	图号	图形	计算公式	长度(mm)
墙身拉筋.1	6	中	485	270	(300-2*15)+2*(75+1.9*d)	443

图 14-171　软件计算

（3）根数（表 14-147）

表 14-147　根数计算

计算方法	根数 = {[（墙总面积 - 门洞面积 - 窗洞面积 - 暗柱占墙面积）/（间距 × 间距）] + 1} × 2					
计算过程	墙总面积	门洞面积	窗洞面积	暗柱占墙面积	间距 × 间距	结果
	6000 × 4200	1200 × 2400	1800 × 2100	1700 × 4200	450 × 450	
计算式	{[（6000 × 4200 - 1200 × 2400 - 1800 × 2100 - 1700 × 4200）/（450 × 450）] + 1} × 2					116

④ 软件根数计算式（图 14-172）

图 14-172　软件根数计算式

5. 暗柱

（1）主筋计算

1）长度（表 14-148）

表 14-148   长度计算

计算方法	长度 = 层高 - 本层非连接区 + 上层非连接区 + 搭接				结果
计算过程	层高	本层非连接区	上层非连接区	搭接	
	4200	500	500	$1.4 \times 34d = 48d$	
计算式	$4500 - 500 + 500 + 48 \times 16$				4968

2）软件结果（图 14-173）

筋号	直径(mm)	级别	图号	图形	计算公式	长度(mm)
全部纵筋.1	16	中	1	4968	4200-500+500+48*16	4968

图 14-173   软件结果

3）根数

按图示 44 根。

（2）箍筋计算

1）长度

同基础层箍筋长度。

2）根数（表 14-149）

表 14-149   根数计算

计算方法	根数 = [（层高 - 搭接区域 - 50）/间距] + 1 + 搭接区域/min(5d, 间距)			结果
计算过程	层高	间距	搭接区域	
	4200	100	$2.3l_{1E}$	
计算式	$[(4200 - 2.3 \times 48 \times 16 - 50)/100] + 1 + [2.3 \times 48 \times 16/80] + 1 = 25 + 23$			48

3）软件根数计算式（图 14-174）

图 14-174   软件根数计算式

六、3 层剪力墙钢筋计算

1. 需要计算的量（表 14-150）

表 14-150 需要计算的量

3层	墙身	垂直筋	通长筋		长度	本节计算
					根数	同基础非窗下插筋
			窗上2号筋			
			门上3号筋			
		水平筋	内侧	9号通长筋	长度、根数	同第三节
				A-窗(8号钢筋)		
				A-门(5号钢筋)		
				窗下(6号钢筋)		
			外侧	9号通长筋	长度	同1层计算
					根数	同第三节
				A-窗(8号钢筋)	长度	同1层计算
					根数	同第三节
				A-门(5号钢筋)	长度	同1层计算
					根数	同第三节
				窗下(6号钢筋)	长度	同1层计算
					根数	同第三节
		拉筋			长度	同基础层
					根数	本节计算
	暗柱	主筋			长度	本节计算
					根数	按图示
		箍筋			长度	同基础层
					根数	本节计算

2. 垂直筋计算

（1）通长筋计算

1）长度

长度 $= 3600 + 1.2 \times 34 \times 12 = 4090$ mm

2）根数

同基础层非窗下插筋根数 $= \{[(2300 - 600 - 400 - 200)/2] \times 2/150\} + 1 =$ 内外侧各 9 根

3）软件结果（图 14-175）

筋号	直径(mm)	级别	图号	图形	计算公式	长度(mm)	根数
墙身垂直钢 筋.1	12	Φ	1	4090	3600+1.2*34*12	4090	18

图 14-175　软件结果

（2）2 号筋、3 号筋计算

长度：同第三节同部位。

3. 水平筋计算

内侧、外侧水平筋计算：9 号通长筋、8 号筋、5 号筋、6 号筋的长度及根数分别同第三节同部位。

4. 拉筋计算

1）长度

同基础层 $= 300 - 15 \times 2 + 1.9 \times 6 \times 2 + 75 \times 2 = 443$mm

2）软件结果（图 14-176）

筋号	直径(mm)	级别	图号	图形	计算公式	长度(mm)
墙身拉筋.1	6	Φ	485	270	(300-2*15)+2*(75+1.9*d)	443

图 14-176　软件结果

3）根数（表 14-151）

表 14-151　根数计算

计算方法	根数 $= \{[（墙总面积 - 门洞面积 - 窗洞面积 - 暗柱占墙面积）/间距] + 1\} \times 2$					
计算过程	墙总面积	门洞面积	窗洞面积	暗柱占墙面积	间距	结果
	6000×4200	1200×2400	1800×2100	1700×4200	450×450	
计算式	$\{[（6000 \times 3600 - 1200 \times 2400 - 1800 \times 2100 - 1700 \times 3600）/（450 \times 450）] + 1\} \times 2$					94

（4）软件根数计算式（图 14-177）

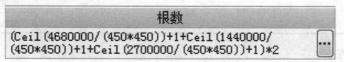

根数
(Ceil(4680000/(450*450))+1+Ceil(1440000/
(450*450))+1+Ceil(2700000/(450*450))+1)*2

图 14-177　软件根数计算式

5. 暗柱

（1）主筋计算

1）长度（表 14-152）

表 14-152　长度计算

计算方法	长度 = 层高 − 本层非连接区 + 上层非连接区 + 搭接				结果
计算过程	层高	本层非连接区	上层非连接区	搭接	
	3600	500	500	$1.4 \times 34d = 48d$	
计算式	$3600 - 500 + 500 + 48 \times 16$				4368

2）根数，图示根数 = 16 根

3）软件结果（图 14-178）

筋号	直径(mm)	级别	图号	图形	计算公式	长度(mm)	根数
全部纵筋.1	16	中	1	4368	3600−500+500+48*16	4368	16

图 14-178　软件结果

（2）箍筋计算

1）长度

同基础层箍筋长度。

2）根数（表 14-153）

表 14-153　根数计算

计算方法	根数 = [（层高 − 搭接区域 − 50）/间距] + 1 + 搭接区域/mix(5d, 间距)			结果
计算过程	层高	间距	搭接区域	
	3600	100	$2.3l_{1E}$	
计算式	$[(3600 - 2.3 \times 48 \times 16 - 50)/100] + 1 + [(2.3 \times 48 \times 16)/80] + 1 = 19 + 23$			42

3）软件根数计算式（图 14-179）

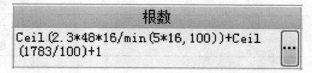

图 14-179　软件根数计算式

七、顶层剪力墙钢筋计算

1. 需要计算的量（表 14-154）

表 14-154　需要计算的量

顶层	墙身	垂直筋		通长筋		长度	本节计算
						根数	同基础非窗下插筋
				窗上 2 号筋			
				门上 3 号筋			
		水平筋	内侧	9 号通长筋		长度、根数	同第三节
				A-窗(8 号钢筋)			
				A-门(5 号钢筋)			
				窗下(6 号钢筋)			
			外侧	9 号通长筋		长度	同 1 层计算
						根数	同第三节
				A-窗(8 号钢筋)		长度	同 1 层计算
						根数	同第三节
				A-门(5 号钢筋)		长度	同 1 层计算
						根数	同第三节
				窗下(6 号钢筋)		长度	同 1 层计算
						根数	同第三节
		墙拉筋				长度	同三层
						根数	同三层
	暗柱	主筋				长度	本节计算
						根数	按图示
		箍筋				长度	同基础层
						根数	本节计算

2. 垂直筋计算

（1）通长筋

长度 1 = 3600 − 120 + 120 − 15 + 12 × 12 = 3729mm

长度 2 = 3600 − 120 + 120 − 500 − 1.2 × 34 × 12 + 120 − 15 + 12 × 12 = 2739mm

1）根数

同基础层非窗下插筋根数 = {[(2300 − 600 − 400 − 200)/2] × 2/150} + 1 = 内外侧各 9 根

2）软件结果（图 14-180）

（2）2 号筋、3 号筋计算

长度同第三节同部位。

筋号	直径(mm)	级别	图号	图形	计算公式	长度(mm)	根数
墙身垂直钢筋.1	12	Φ	18	144 └ 3585	3600-120+120-15+12*d	3729	5
墙身垂直钢筋.2	12	Φ	18	144 └ 2595	3600-500-1.2*34*d-120+120-15+12*d	2739	4
墙身垂直钢筋.5	12	Φ	18	144 └ 2595	3600-500-1.2*34*d-120+120-15+12*d	2739	5
墙身垂直钢筋.6	12	Φ	18	144 └ 3585	3600-120+120-15+12*d	3729	4

图 14-180　软件结果

3. 水平筋计算

内侧、外侧水平筋计算:9 号通长筋、8 号筋、5 号筋、6 号筋的长度及根数分别同第三节同部位。

4. 拉筋计算

长度、根数同 3 层。

5. 暗柱

(1)主筋计算

1)长度(表 14-155)

表 14-155　长度计算

计算方法	长度 = 层高 − 板厚 − 本层非连接区 + 锚固				结果
计算过程	净高	板厚	本层非连接区	锚固	
	3600 − 120	120	500	34d	
计算式	3600 − 120 − 500 + 34 × 16				3524

2)根数

图示根数 16 根。

3)软件结果(图 14-181)

筋号	直径(mm)	级别	图号	图形	计算公式	长度(mm)	根数
全部纵筋.1	16	Φ	18	444 └ 3080	3600-500-120+34*d	3524	16

图 14-181　软件结果

(2)箍筋计算

1)长度

同基础层箍筋长度。

2)根数(表 14-156)

表 14-156　根数

计算方法	根数 = [(层高 − 搭接区域 −50)/间距] + 1 + 搭接区域/mix(5d,间距)			结果
计算过程	层高	间距	搭接区域	
	3600	100	2.3l_{lE}	
计算式	[(3600 − 2.3 × 48 × 16 −50)/100] + 1 + [(2.3 × 48 × 16)/80] + 1 = 19 + 23			42

3)软件根数计算式(图 14-182)

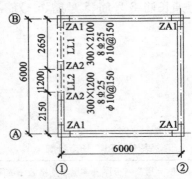

图 14-182　软件根数计算式

第五节　增 加 连 梁

一、识图（图 14-183，图 14-184 和图 14-185）

图 14-183　剪力墙上增加连梁

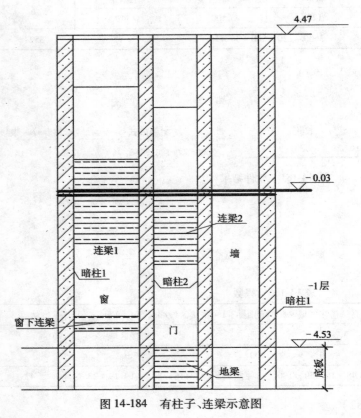

图 14-184　有柱子、连梁示意图

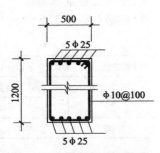

图 14-185　地梁钢筋配筋图

二、基础层剪力墙钢筋计算

1. 需要计算的量（表 14-157）

表 14-157　需要计算的量

				长度	同第三节
基础层	墙身	基础插筋	非窗下插筋	长度	同第三节
				根数	本节计算
		基础插筋	窗下插筋	长度、根数	同第三节
		水平钢筋	内侧		
			外侧	长度	同第四节
				根数	同第三节
		墙拉筋		长度、根数	同第三节
	暗柱	插筋		长度、根数	本节计算
		AZ1 箍筋			
		AZ2 箍筋			
	地梁	纵筋		长度	本节计算
				根数	按图示
		箍筋		长度、根数	本节计算

除地梁以外所有筋均同第三节同部位的钢筋。

2. 地梁

（1）纵筋计算

1）长度（表 14-158）

表 14-158　长度计算

计算方法	长度 = 洞口宽 + 锚固 × 2		结果
计算过程	洞口宽	锚固	
	1200	34d	
计算式	1200 + 34d × 2		2900

2）根数

图示根数 = 10 根螺纹 25 的钢筋。

3）软件属性定义（图 14-186）

4）软件画图（图 14-187）

	属性名称	属性值	附加
1	名称	DL	
2	**截面宽度**(mm)	500	☐
3	**截面高度**(mm)	1200	☐
4	**轴线距梁左边线距离**(mm)	(250)	☐
5	全部纵筋		☐
6	上部纵筋	5B20	☐
7	下部纵筋	5B20	☐
8	箍筋	A10@100	
9	肢数	4	
10	拉筋		☐
11	备注		☐
12	⊞ 其他属性		
30	⊞ 锚固搭接		

图 14-186   软件属性定义

图 14-187   软件画图

5）软件结果（图 14-188）

筋号	直径(mm)	级别	图号	图形	计算公式	长度(mm)	根数
连梁上部纵筋.1	20	Φ	64	300 ⌐1160⌐ 300	1200-20+15*d-20+15*d	1760	5
连梁下部纵筋.1	20	Φ	64	300 ⌐1160⌐ 300	1200-20+15*d-20+15*d	1760	5

图 14-188   软件结果

注：软件处理地梁与规范不相符，我们可以手工做出调整。

（2）箍筋计算

1）长度（表 14-159）

表 14-159   长度计算

计算方法	长度 =（截面宽 + 截面高）×2 − 保护层 ×8 + 弯折长度 ×2				结果
计算过程	截面宽	截面高	保护层	弯折长度	
	500	1200	20	11.9d	
计算式	（500 + 1200）×2 − 20 × 8 + 11.9 × 10 × 2				3478

2）软件结果（图 14-189）

筋号	直径(mm)	级别	图号	图形	计算公式	长度(mm)	根数
连梁箍筋.1	10	Φ	195	1160 460	2*((500-2*20)+(1200-2*20)) +2*(11.9*d)	3478	12

图 14-189   软件结果

3）根数（表 14-160）

表 14-160   根数计算

计算方法	根数 =［（洞口宽 − 50 ×2）/间距］+1		结果
计算过程	洞口宽	间距	
	1200	100	
计算式	［（1200 − 50 ×2）/100］+1		12

④ 软件根数计算(图 14-190)

根数

Ceil((1200-100)/100)+1

图 14-190 软件根数计算

三、-1 层剪力墙钢筋计算

1. 需要计算的量(15 - 161)。

表 14-161 需要计算的量

					长度	同第三节
-1 层	墙身	垂直筋	通长筋		根数	同基础非窗下筋
		水平筋	内侧	9 号通长筋	长度、根数	同第四节
				A-窗(8 号钢筋)		
				A-门(5 号钢筋)		
				窗下(6 号钢筋)		
			外侧	9 号通长筋		
				A-窗(8 号钢筋)		
				A-门(5 号钢筋)		
				窗下(6 号钢筋)		
		拉筋				
	暗柱	主筋				
		箍筋				
	连梁	纵筋	LL1、LL2		长度	本节计算
					根数	图示根数
		箍筋	LL1、LL2		长度、根数	本节计算

2. 垂直筋计算

通长筋长度、根数均同第三节同部位钢筋。

因连梁里没有墙的垂直筋,所以本节里没有 2 号、3 号垂直筋。

3. 水平筋计算

水平筋均同第四节同部位钢筋。

4. 拉筋计算

长度、根数同第四节。

5. 暗柱计算

所有钢筋均同第四节同部位。

6. 连梁计算

边跨连梁与中间连梁纵筋长度示意图(图 14-191)。

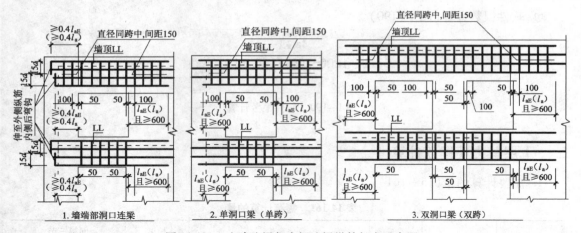

图 14-191　边跨连梁与中间连梁纵筋长度示意图

（1）LL1、LL2 计算

1）LL1 属性定义（图 14-192）

	属性名称	属性值	附加
1	名称	LL1	
2	截面宽度 (mm)	300	
3	截面高度 (mm)	2400	
4	轴线距梁左边线距离 (mm)	(150)	
5	全部纵筋		
6	上部纵筋	4B20	
7	下部纵筋	4B20	
8	箍筋	A10@100	
9	肢数	2	
10	拉筋		
11	备注		
12	⊞ 其他属性		
30	⊞ 锚固搭接		

图 14-192　LL1 属性定义

2）LL2 属性定义（图 14-193）

	属性名称	属性值	附加
1	名称	LL2	
2	截面宽度 (mm)	300	
3	截面高度 (mm)	2100	
4	轴线距梁左边线距离 (mm)	(150)	
5	全部纵筋		
6	上部纵筋	4B20	
7	下部纵筋	4B20	
8	箍筋	A10@100	
9	肢数	2	
10	拉筋		
11	备注		
12	⊞ 其他属性		
30	⊞ 锚固搭接		

图 14-193　LL2 属性定义

3）长度（表14-162）

表14-162 LL1 与 LL2 纵筋长度计算

计算方法	长度 = 洞口宽 + 锚固 + 支座宽 − 保护层 + 弯折					结果	洞口宽 + 锚固×2		结果
计算过程	洞口宽	锚固	支座宽	保护层	弯折		洞口宽	锚固	
	1800	34d	600	25	15d		1200	34d	
计算式	$1800 + 34 \times 25 + 600 - 25 + 15 \times 25$					3600	$1200 + 34 \times 25 \times 2$		2900

4）根数

图示根数。

5）软件画图（图14-194）

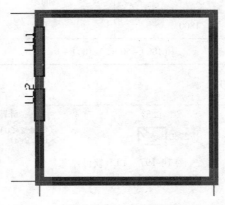

图14-194 软件画图

6）LL1 软件结果（图14-195）

筋号	直径(mm)	级别	图号	图形	计算公式	长度(mm)	根数
连梁上部纵筋.1	20	Φ	18	300 ⌐ 3060	1800+34*d+600-20+15*d	3360	4
连梁下部纵筋.1	20	Φ	18	300 ⌐ 3060	1800+34*d+600-20+15*d	3360	4

图14-195 LL1 软件结果

7）LL2 软件结果（图14-196）

筋号	直径(mm)	级别	图号	图形	计算公式	长度(mm)	根数
连梁上部纵筋.1	20	Φ	1	2560	1200+34*d+34*d	2560	4
连梁下部纵筋.1	20	Φ	1	2560	1200+34*d+34*d	2560	4

图14-196 LL2 软件结果

（2）箍筋计算

1）LL1 长度（表14-163）

表 14-163　长度计算

计算方法	长度 =（截面宽 + 截面高）×2 − 保护层 ×8 + 弯折长度 ×2				结果
计算过程	截面宽	截面高	保护层	弯折长度	
	300	2400	20	11.9d	
计算式	$(300 + 2400) \times 2 - 20 \times 8 + 11.9 \times 10 \times 2$				5478

2）LL1 根数（表 14-164）

表 14-164　根数

计算方法	根数 =［（洞口宽 − 50 ×2）/间距］+1		结果
计算过程	洞口宽	间距	
	1800	100	
计算式	［（1800 − 50 ×2）/100］+1		18

3）LL1 软件结果（图 14-197）

筋号	直径(mm)	级别	图号	图形	计算公式	长度(mm)	根数
连梁箍筋.1	10	中	195	2360 260	2*((300-2*20)+(2400-2*20))+2*(11.9*d)	5478	18

图 14-197　LL1 软件结果

4）LL2 长度（表 14-165）

表 14-165　长度

计算方法	长度 =（截面宽 + 截面高）×2 − 保护层 ×8 + 弯折长度 ×2					结果
计算过程	截面宽	截面高	保护层	弯折长度	直径	
	300	2100	20	11.9d	10	
计算式	$(300 + 2100) \times 2 - 20 \times 8 + 11.9 \times 10 \times 2$					4878

5）LL2 根数（表 14-166）

表 14-166　根数

计算方法	根数 =［（洞口宽 − 50 ×2）/间距］+1		结果
计算过程	洞口宽	间距	
	1200	100	
计算式	［（1200 − 50 ×2）/100］+1		12

6）LL2 软件结果（图 14-198）

筋号	直径(mm)	级别	图号	图形	计算公式	长度(mm)	根数
连梁箍筋.1	10	中	195	2060 260	2*((300-2*20)+(2100-2*20)) +2*(11.9*d)	4878	12

图 14-198 LL2 软件结果

四、1 层剪力墙钢筋计算

1. 需要计算的量（表 14-167）

表 14-167 需要计算的量

1 层	墙身	垂直筋	通长筋		长度	同第三节
					根数	同基础非窗下筋
		水平筋	内侧	9 号通长筋	长度、根数	同第四节
				A-窗（8 号钢筋）		
				A-门（5 号钢筋）		
				窗下（6 号钢筋）		
			外侧	9 号通长筋		
				A-窗（8 号钢筋）		
				A-门（5 号钢筋）		
				窗下（6 号钢筋）		
		拉筋				
	暗柱	主筋				
		箍筋				
	连梁	纵筋	LL1、LL2		长度	本节计算
					根数	图示根数
		箍筋	LL1、LL2		长度、根数	本节计算

2. 1 层剪力墙钢筋计算

所有钢筋均同 −1 层，这里不再赘述。

五、2 层剪力墙钢筋计算

1. 需要计算的量（表 14-168）

表 14-168　需要计算的量

				长度	同第三节
		垂直筋	通长筋	根数	同基础非窗下筋
			9 号通长筋		
		内侧	A-窗（8 号钢筋）		
			A-门（5 号钢筋）		
	墙身		窗下（6 号钢筋）		
		水平筋	9 号通长筋	长度、根数	同第四节
2 层		外侧	A-窗（8 号钢筋）		
			A-门（5 号钢筋）		
			窗下（6 号钢筋）		
			拉筋		
	暗柱	主筋			
		箍筋			
		纵筋	LL1、LL2	长度	同 -1 层
	连梁			根数	图示根数
		箍筋	LL1、LL2	长度、根数	本节计算

2. 垂直筋计算

通长筋长度、根数均同第三节同部位钢筋。因连梁里没有墙的垂直筋,所以本节里没有 2 号、3 号垂直筋。

3. 水平筋计算

水平筋均同第四节同部位钢筋。

4. 拉筋计算

长度、根数同第四节。

5. 暗柱计算

所有钢筋均同第四节同部位。

6. 连梁计算

（1）纵筋计算

1）长度

同 -1 层。

2）根数

图示数量。

（2）箍筋计算

1）LL1 计算

① 长度（表 14-169）

表 14-169　长度计算

计算方法	长度 =（截面宽 + 截面高）×2 - 保护层 ×8 + 弯钩 ×2					结果
计算过程	截面宽	截面高	保护层	弯钩	直径	
	300	2100	20	11.9d	10	
计算式	（300 + 2100）×2 - 20 ×8 + 11.9 ×10 ×2					4878

② 根数（表 14-170）

表 14-170　根数计算

计算方法	根数 =［（洞口宽 - 50 ×2）/间距］+1		结果
计算过程	洞口宽	间距	
	1800	100	
计算式	［（1800 - 50 ×2）/100］+1		18

③ 连梁属性定义（图 14-199 和图 14-200）

属性编辑

	属性名称	属性值	附加
1	名称	LL1	
2	截面宽度(mm)	300	☐
3	截面高度(mm)	2100	☐
4	轴线距梁左边线距离(mm)	(150)	☐
5	全部纵筋		☐
6	上部纵筋	3B20	☐
7	下部纵筋	3B20	☐
8	箍筋	A10@100	☐
9	肢数	2	
10	拉筋		☐
11	备注		☐
12	+ 其它属性		
30	+ 锚固搭接		

图 14-199　LL1 属性定义

属性编辑

	属性名称	属性值	附加
1	名称	LL2	
2	截面宽度(mm)	300	☐
3	截面高度(mm)	1800	☐
4	轴线距梁左边线距离(mm)	(150)	☐
5	全部纵筋		☐
6	上部纵筋	3B20	☐
7	下部纵筋	3B20	☐
8	箍筋	A10@100	☐
9	肢数	2	
10	拉筋		☐
11	备注		☐
12	+ 其它属性		
30	+ 锚固搭接		

图 14-200　LL2 属性定义

④ 软件画图(图 14-201)

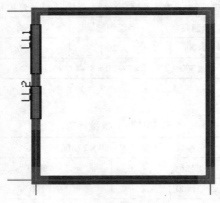

图 14-201　软件画图

⑤ LL1 箍筋软件结果(图 14-202)

筋号	直径(mm)	级别	图号	图形	计算公式	长度(mm)	根数
连梁箍筋.1	10	中	195	2060 260	2*((300-2*20)+(2100-2*20))+2*(11.9*d)	4878	18

图 14-202　LL1 箍筋软件结果

⑥ LL2 箍筋长度(表 14-171)

表 14-171　LL2 箍筋长度计算

计算方法	长度 = (截面宽 + 截面高) × 2 − 保护层 × 8 + 弯钩 × 2				结果
计算过程	截面宽	截面高	保护层	弯钩	
	300	1800	20	11.9d	
计算式	$(300 + 1800) × 2 − 20 × 8 + 11.9 × 10 × 2$				4278

⑦ LL1、LL2 箍筋根数(表 14-172)

表 14-172　LL1、LL2 箍筋根数计算

计算方法	LL1 根数 = [(洞口宽 − 50 × 2)/间距] + 1		结果	LL2 根数 = [(洞口宽 − 50 × 2)/间距] + 1		结果
计算过程	洞口宽	间距		洞口宽	间距	
	1800	100		1200	100	
计算式	$[(1800 − 50 × 2)/100] + 1$		18	$[(1200 − 50 × 2)/100] + 1$		12

⑧ LL2 箍筋软件结果(图 14-203)

筋号	直径(mm)	级别	图号	图形	计算公式	长度(mm)	根数
连梁箍筋.1	10	中	195	1760 260	2*((300-2*20)+(1800-2*20))+2*(11.9*d)	4278	12

图 14-203　LL2 箍筋软件结果

六、3 层剪力墙钢筋计算

1. 需要计算的量（表 14-173）

表 14-173　需要计算的量

3 层	墙身	垂直筋	通长筋		长度	同第三节
					根数	同基础非窗下筋
		水平筋	内侧	9 号通长筋	长度、根数	同第四节
				A-窗（8 号钢筋）		
				A-门（5 号钢筋）		
				窗下（6 号钢筋）		
			外侧	9 号通长筋		
				A-窗（8 号钢筋）		
				A-门（5 号钢筋）		
				窗下（6 号钢筋）		
			拉筋			
	暗柱	主筋				
		箍筋				
	连梁	纵筋	LL1、LL2		长度	同 -1 层
					根数	图示根数
		箍筋	LL1		长度、根数	本节计算
			LL2		长度	
					根数	同 2 层相同部位

2. 垂直筋计算

通长筋长度、根数均同第三节同部位钢筋。因连梁里没有墙的垂直筋，所以本节里没有 2 号、3 号垂直筋。

3. 水平筋计算

水平筋均同第四节同部位钢筋。

4. 拉筋计算

长度、根数同第四节。

5. 暗柱计算

所有钢筋均同第四节同部位。

6. 连梁计算

（1）纵筋计算

长度、根数同 -1 层。

（2）箍筋计算

1）LL1 长度（表 14-174）

表 14-174　长度

计算方法	长度 =（截面宽 + 截面高）×2 − 保护层 ×8 + 弯钩 ×2					结果
计算过程	截面宽	截面高	保护层	弯钩	直径	
	300	1500	20	11.9d	10	
计算式	$(300 + 1500) \times 2 - 20 \times 8 + 11.9 \times 10 \times 2$					4878

2）LL1 根数

同 2 层同部位。

3）LL1、LL2 属性定义（图 14-204、图 14-205）

属性编辑

	属性名称	属性值	附加
1	名称	LL1	
2	截面宽度(mm)	300	☐
3	截面高度(mm)	1500	☐
4	轴线距梁左边线距离(mm)	(150)	☐
5	全部纵筋		☐
6	上部纵筋	3B20	☐
7	下部纵筋	3B20	☐
8	箍筋	A10@100	☐
9	肢数	2	
10	拉筋		☐
11	备注		☐
12	⊞ 其它属性		
30	⊞ 锚固搭接		

图 14-204　LL1 属性定义

属性编辑

	属性名称	属性值	附加
1	名称	LL2	
2	截面宽度(mm)	300	☐
3	截面高度(mm)	1200	☐
4	轴线距梁左边线距离(mm)	(150)	☐
5	全部纵筋		☐
6	上部纵筋	3B20	☐
7	下部纵筋	3B20	☐
8	箍筋	A10@100	☐
9	肢数	2	
10	拉筋		☐
11	备注		☐
12	⊞ 其它属性		
30	⊞ 锚固搭接		

图 14-205　LL2 属性定义

4）软件画图（图 14-206）

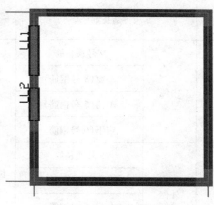

图 14-206　软件画图

5）软件结果（图 14-207）

筋号	直径(mm)	级别	图号	图形	计算公式	长度(mm)	根数
连梁箍筋.1	10	中	195	1460 260	2*((300-2*20)+(1500-2*20)) +2*(11.9*d)	3678	18

图 14-207　软件结果

6）LL2 长度（表 14-175）

表 14-175　LL2 箍筋长度计算

计算方法	长度 =（截面宽 + 截面高）×2 - 保护层 ×8 + 弯折 ×2					结果
计算过程	截面宽	截面高	保护层	弯折	直径	
	300	1200	20	11.9d	10	
计算式	（300 + 1200）×2 - 20 ×8 + 11.9 ×10 ×2					3078

7）LL2 根数

同 2 层同部位。

8）软件结果（图 14-208）

筋号	直径(mm)	级别	图号	图形	计算公式	长度(mm)	根数
连梁箍筋.1	10	中	195	1160 260	2*((300-2*20)+(1200-2*20)) +2*(11.9*d)	3078	12

图 14-208　软件结果

七、顶层剪力墙钢筋计算

1. 需要计算的量（表 14-176）。

表 14-176　需要计算的量

					长度	同第三节
顶层	墙身	垂直筋		通长筋	根数	同基础非窗下筋
		水平筋	内侧	9 号通长筋	长度、根数	同第四节
				A-窗（8 号钢筋）		
				A-门（5 号钢筋）		
				窗下（6 号钢筋）		
			外侧	9 号通长筋		
				A-窗（8 号钢筋）		
				A-门（5 号钢筋）		
				窗下（6 号钢筋）		
			墙拉筋			
	暗柱		主筋			
			箍筋			
	连梁	纵筋	LL1、LL2		长度	同 -1 层
					根数	图示根数
		箍筋	LL1、LL2		长度、根数	本节计算

2. 垂直筋计算

通长筋长度、根数均同第三节同部位钢筋。因连梁里没有墙的垂直筋，所以本节里没有 2 号、3 号垂直筋。

3. 水平筋计算

水平筋均同第四节同部位钢筋。

4. 拉筋计算

长度、根数同第四节。

5. 暗柱计算

所有钢筋均同第四节同部位。

6. 连梁计算

（1）纵筋计算

长度、根数同 -1 层。

1）LL1 属性定义（图 14-209）

顶层连梁定义时应注意其他属性里的"是否是顶层连梁"，选择是"是"。

属性编辑			
	属性名称	属性值	附加
1	名称	LL1	
2	截面宽度(mm)	300	☐
3	截面高度(mm)	600	☐
4	轴线距梁左边线距离(mm)	(150)	☐
5	全部纵筋		☐
6	上部纵筋	3B20	☐
7	下部纵筋	3B20	☐
8	箍筋	A10@100	☐
9	肢数	2	
10	拉筋		☐
11	备注		☐
12	⊟ 其它属性		
13	— 侧面纵筋		☐
14	— 其它箍筋		
15	— 汇总信息	连梁	☐
16	— 保护层厚度(mm)	(20)	☐
17	— 顶层连梁	是	☐

图 14-209　LL1 属性定义

2）LL2 属性定义（图 14-210）

属性编辑			
	属性名称	属性值	附加
1	名称	LL2	
2	截面宽度(mm)	300	☐
3	截面高度(mm)	1200	☐
4	轴线距梁左边线距离(mm)	(150)	☐
5	全部纵筋		☐
6	上部纵筋	3B20	☐
7	下部纵筋	3B20	☐
8	箍筋	A10@100	☐
9	肢数	2	
10	拉筋		☐
11	备注		☐
12	⊟ 其它属性		
13	— 侧面纵筋		☐
14	— 其它箍筋		
15	— 汇总信息	连梁	☐
16	— 保护层厚度(mm)	(20)	☐
17	— 顶层连梁	是	☐

图 14-210　LL2 属性定义

3)软件画图(图14-211)

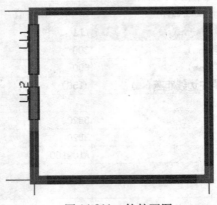

图14-211　软件画图

4)LL1 软件结果(图14-212)

筋号	直径(mm)	级别	图号	图形	计算公式	长度(mm)	根数
1* 连梁上部纵筋.1	20	Φ	18	300 ⌐ 3060	1800+34*d+600-20+15*d	3360	3
2 连梁下部纵筋.1	20	Φ	18	300 ⌐ 3060	1800+34*d+600-20+15*d	3360	3

图14-212　LL1 软件结果

5)LL2 软件结果(图14-213)

筋号	直径(mm)	级别	图号	图形	计算公式	长度(mm)	根数
连梁上部纵筋.1	20	Φ	1	2560	1200+34*d+34*d	2560	3
连梁下部纵筋.1	20	Φ	1	2560	1200+34*d+34*d	2560	3

图14-213　LL2 软件结果

(2)箍筋计算

1)LL1 长度(表14-177)

表14-177　LL1 长度计算

计算方法	长度 =（截面宽 + 截面高）×2 - 保护层 ×8 + 弯钩 ×2				结果
计算过程	截面宽	截面高	保护层	弯钩	
	300	600	20	11.9d	
计算式	（300 + 600）×2 - 20 × 8 + 11.9 × 10 × 2				1878

2)LL1 软件结果(图14-214)

筋号	直径(mm)	级别	图号	图形	计算公式	长度(mm)	根数
连梁箍筋.1	10	Φ	195	560 260	2*((300-2*20)+(600-2*20))+2*(11.9*d)	1878	28

图14-214　LL1 箍筋软件结果

3）LL2 长度（表 14-178）

表 14-178　LL2 长度计算

计算方法	长度 =（截面宽 + 截面高）×2 − 保护层 ×8 + 弯钩 ×2 + 箍筋直径 ×8					结果
计算过程	截面宽	截面高	保护层	弯钩	直径	
	300	1200	20	11.9d	10	
计算式	$(300 + 1200) \times 2 - 20 \times 8 + 11.9 \times 10 \times 2$					3078

4）LL2 软件结果（图 14-215）

筋号	直径(mm)	级别	图号	图形	计算公式	长度(mm)	根数
连梁箍筋.1	10	中	195	1160 ⬚260	2*((300-2*20)+(1200-2*20))+2*(11.9*d)	3078	22

图 14-215　LL2 软件结果

5）LL1 根数（表 14-179）

如图 14-191 顶层连梁锚入墙内长度有箍筋，间距 150。

表 14-179　LL1 根数计算

计算方法	根数 =［（洞口宽 −50 ×2）/间距］+1 +［（左锚入墙内长度 −100）/墙内间距］+1 +［（右锚入墙内长度 −100）/墙内间距］+1					结果
计算过程	洞口宽	间距	左墙内长度	右墙内长度	墙内间距	
	1800	100	575	850	150	
计算式	［（1800 −50 ×2）/100］+1 +［（575 −100）/150］+1 +［（850 −100）/150］+1					29

6）LL1 软件根数计算式（图 14-216）

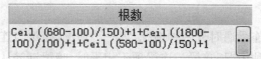

图 14-216　LL1 软件根数计算式

7）LL2 根数（表 14-180）

表 14-180　LL2 根数

计算方法	根数 =［（洞口宽 −50 ×2）/间距］+1 +［（左锚入墙内长度 −100）/墙内间距］+1 +［（右锚入墙内长度 −100）/墙内间距］+1					结果
计算过程	洞口宽	间距	左墙内长度	右墙内长度	墙内间距	
	1200	100	850	850	150	
计算式	［（1200 −50 ×2）/100］+1					24

8）LL2 软件根数计算式（图 14-217）

图 14-217　LL2 软件根数计算式

第六节　增 加 暗 梁

一、识图

1. 顶层板下设一道暗梁,截面为 $300mm \times 500mm$,配筋 $4 \oplus 22$、$\phi 10@ 150$(图 14-218)
2. 增加暗梁对其他钢筋并不产生影响(图 14-219)

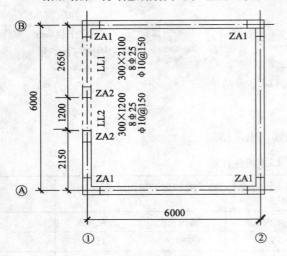

图 14-218　顶层剪力墙上增加暗梁

图 14-219　暗梁配筋示意图

二、顶层暗梁钢筋计算

　　增加暗梁后,暗梁与连梁遇时分两种情况:第一种情况,暗梁与连梁顶想平时,暗梁纵筋与连梁纵筋进行搭接;第二种情况,暗梁与连梁顶不相平时,暗梁钢筋从连梁中间穿过。

　　1. 暗梁纵筋计算

　　(1)长度(表 14-181、表 14-182)

表 14-181　A 轴-门洞处暗梁纵筋长度计算

计算方法	长度 = 暗柱端头距门距离 + 左锚固 - 连梁锚固 + 搭接				结果
计算过程	暗柱端头距门距离	左锚固	连梁锚固	搭接	
	1700	$600 - 20 + 15 \times 22$	34×20	48×22	
计算式	$1700 + (600 - 20 + 15 \times 22) - 34 \times 20 + 48 \times 22$				2986

表 14-182　B 轴-门洞处暗梁纵筋长度计算

计算方法	长度 = 暗柱端头距门距离 + 左锚固 - 连梁锚固 + 搭接				结果
计算过程	暗柱端头距门距离	左锚固	连梁锚固	搭接	
	2200	$600 - 20 + 15 \times 22$	34×20	48×22	
计算式	$2200 + (600 - 20 + 15 \times 22) - 34 \times 20 + 48 \times 22$				3486

2）根数

图示根数。

3）软件属性定义（图 14-220）

4）软件画图（图 14-221）

属性编辑

	属性名称	属性值	附加
1	名称	AL-1	
2	类别	暗梁	☐
3	**截面宽度**(mm)	300	☐
4	**截面高度**(mm)	500	☐
5	轴线距梁左边线距离(mm)	(150)	☐
6	上部钢筋	2B22	☐
7	下部钢筋	2B22	☐
8	箍筋	A10@150 (2)	☐
9	肢数	2	
10	拉筋		☐
11	**起点为顶层暗梁**	否	
12	**终点为顶层暗梁**	否	
13	备注		☐
14	⊞ 其它属性		
24	⊞ 锚固搭接		

图 14-220 暗梁属性定义

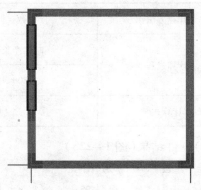

图 14-221 软件画图

5）软件结果（图 14-222）

筋号	直径(mm)	级别	图号	图形	计算公式	长度(mm)	根数
上部纵筋.1	22	Φ	18	330 ⌐ 2656	1020+600-20+15*d+48*d	2986	2
上部纵筋.2	22	Φ	18	330 ⌐ 3156	1520+48*d+600-20+15*d	3486	2
下部纵筋.1	22	Φ	18	330 ⌐ 2656	1020+600-20+15*d+48*d	2986	2
下部纵筋.2	22	Φ	18	330 ⌐ 3156	1520+48*d+600-20+15*d	3486	2

图 14-222 软件结果

2. 箍筋计算

1）长度（表 14-183）

表 14-183 长度计算

计算方法	长度 =（截面宽 + 截面高）×2 − 保护层 ×4 + 弯折长度 ×2					结果
计算过程	截面宽	截面高	保护层	弯折长度	直径	
	300	500	25	11.9d	10	
计算式	（300 + 500）×2 − 25 ×4 + 11.9 ×10 ×2					1678

2）根数

只有暗柱之间有箍筋（表 14-184、表 14-185）。

299

表 14-184　A 轴-门洞处暗梁箍筋根数计算

计算方法	根数 = [（暗梁净长 − 50 × 2）/间距] + 1		结果
计算过程	暗梁净长	间距	
	1300	100	
计算式	[（1300 − 50 × 2）/50] + 1		9

表 14-185　B 轴-门洞处暗梁箍筋根数计算

计算方法	根数 = [（暗梁净长 − 50 × 2）/间距] + 1		结果
计算过程	暗梁净长	间距	
	1800	100	
计算式	[（1800 − 50 × 2）/150] + 1		13

3）软件结果（图 14-223）

筋号	直径（mm）	级别	图号	图形	计算公式	长度（mm）	根数
箍筋.1	10	Φ	195	460　260	2*((300-2*20)+(500-2*20))+2*(11.9*d)	1678	21

图 14-223　软件结果

第七节　变 截 面 墙

一、识图

墙变截面分为三个类型，在图 14-224 中选择①进行计算（图 14-224，图 14-225，表 14-186 和表 14-187）。

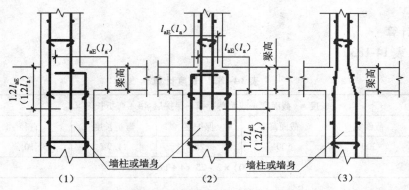

图 14-224　剪力墙变截面处竖向分布筋构造

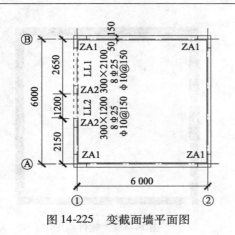

图 14-225 变截面墙平面图

表 14-186 楼层情况

层号	结构底标高/m	层高/m
	15.87(顶标高)	
4(顶层)	12.270	3.60
3	8.670	3.60
2	4.470	4.20
1	−0.030	4.50
−1	−4.530	4.50

表 14-187 剪力墙配筋表

编号	墙标高	墙厚度	水平分布筋	垂直分布筋	拉筋(梅花形布置)
Q1	−4.53 ~ −0.03	300	Φ12@150	Φ12@150	Φ6@450@450
Q1	−0.03 ~ 4.47	300	Φ12@150	Φ12@150	Φ6@450@450
Q1	4.47 ~ 8.67	300	Φ12@150	Φ12@150	Φ6@450@450
Q1	8.67 ~ 12.27	300	Φ12@150	Φ12@150	Φ6@450@450

二、垂直筋计算

1. 外侧垂直筋计算

(1)−1 层垂直筋计算

1)长度(表 14-188)

表 14-188 长度计算

计算方法	长度 = 层高 + 搭接长度		
计算过程	层高	搭接长度	结果
	4500	$1.2l_{aE}$	
	4500	$1.2 \times 34d$	
计算式	$4500 + 1.2 \times 34 \times 12$		4990

2)根数(表 14-189)

表 14-189 根数计算

计算方法	根数 = (墙的中心线长度 − 门洞宽 − 窗洞宽 − 暗柱宽)/间距				结果
计算过程	墙中心线长度	门洞宽	窗洞宽	间距	暗柱宽
	6000	1200	1800	150	1700
计算式	$(6000 − 1200 − 1800 − 1700)/150$				9

3)软件属性定义(图 14-226)

4)软件画图(图 14-227)

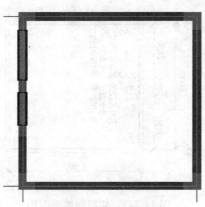

图 14-226　属性定义

图 14-227　软件画图

（2）1 层垂直筋计算

1）软件属性定义（图 14-228）

2）软件画图（图 14-229）

图 14-228　软件属性定义

图 14-229　软件画图

3）软件结果（图 14-230）

筋号	直径(mm)	级别	图号	图形	计算公式	长度(mm)	根数
墙身垂直钢筋.1	12	Φ	1	4990	4500+1.2*34*12	4990	9

图 14-230　软件结果

2. −1 层内侧垂直筋计算

（1）−1 层垂直筋计算

1）长度（表 14-190）

表 14-190　长度计算

计算方法	长度 1 = 层高 − 板厚 + 板厚 − 保护层 + 12d			
计算过程	层高	板厚	12d	结果
	4500	120	12×12	
计算式	$4500 - 120 + 120 - 15 + 12 \times 12$			4629

计算方法	长度2 = 层高 − 搭接 − 错开长度 − 板厚 + 板厚 − 保护层 + 12d				
计算过程	层高	搭接	错开长度	板厚	12d	结果
	4500	1.2 × 34 × 12	500	120	12 × 12	
计算式	4500 − 1.2 × 34 × 12 − 500 − 120 + 120 − 15 + 12 × 12					3639

2）根数

同外侧 = (6000 − 1200 − 1800 − 1700)/150 = 9 根

3）软件结果（图 14-231）

筋号	直径(mm)	级别	图号	图形	计算公式	长度(mm)	根数
墙身垂直钢筋.2	12	Φ	18	144 └─ 3495	4500-500-1.2*34*d-120+120-15+12*d	3639	5
墙身垂直钢筋.3	12	Φ	18	144 └─ 4485	4500-120+120-15+12*d	4629	4

图 14-231　软件结果

其余钢筋见第五节同部位。

3. 1 层内、外侧垂直筋计算

1）长度（表 14-191）

表 14-191　长度计算

计算方法	长度 = 层高 + 搭接长度		
计算过程	层高	搭接长度	结果
	4500	$1.2l_{aE}$	
	4500	41d	
计算式	4500 + 1.2 × 34 × 12		4990

2）根数（表 14-192）

表 14-192　根数计算

计算方法	根数 = [(墙的中心线长度 − 门洞宽 − 窗洞宽 − 暗柱宽)/间距] × 2					结果
计算过程	墙中心线长度	门洞宽	窗洞宽	间距	暗柱宽	
	6000	1200	1800	150	1700	
计算式	[(6000 − 1200 − 1800 − 1700)/150] × 2					18

3）软件结果（图 14-232）

筋号	直径(mm)	级别	图号	图形	计算公式	长度(mm)	根数
墙身垂直钢筋.1	12	Φ	1	4990	4500+1.2*34*12	4990	18

图 14-232　软件结果

4. 1 层内侧插筋计算

1)非窗下插筋长度(表14-193)

表 14-193　长度计算

计算方法	长度1 = 搭接长度 + 下插1.2×锚固长度		
计算过程	搭接长度	锚固长度	结果
	$1.2 \times 34d$	$34d$	
计算式	$1.2 \times 34 \times 12 + 1.2 \times 34 \times 12$		982
计算方法	长度2 = 搭接长度 + 错开长度 + 搭接 + 下插1.2×锚固长度		
计算过程	搭接长度	错开长度	锚固长度	结果
	$1.2 \times 34d$	500	$34d$	
计算式	$1.2 \times 34 \times 12 + 500 + 1.2 \times 34 \times 12 + 1.2 \times 34 \times 12$			1972

2)非窗下插筋根数

同墙根数 = $(6000 - 1200 - 1800 - 1700)/150 = 9$(两种长度共9根)

3)软件结果(图14-233)

筋号	直径(mm)	级别	图号	图形	计算公式	长度(mm)	根数
墙身插筋.1	12	中	1	1972	41*d+500+1.2*34*d+1.2*34*d	1972	5
墙身插筋.2	12	中	1	982	41*d+1.2*34*d	982	4

图 14-233　软件结果

其余钢筋见第五节同部位。

第十五章 梁

第一节 单 跨 梁

一、单跨梁的平法标注(图 15-1)

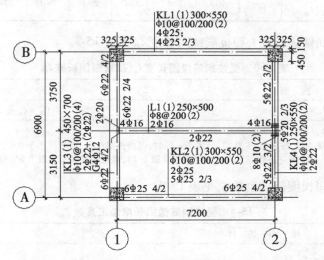

图 15-1 单跨梁的平法标注

其中柱子截面为 650mm × 600mm。

单跨梁的环境描述(表 15-1)

表 15-1 梁的环境描述

梁的环境描述	层属性	抗震等级	混凝土强度等级	保护层/mm
	楼层梁	2 级	C30	20

注:直径 >18mm 时为机械连接,直径 ≤18mm 时为搭接。

1. 纵向受拉钢筋基本锚固长度 l_{ab}、l_{abE} 见表 15-2。

表 15-2 受拉钢筋基本锚固长度 l_{ab}、l_{abE}

钢筋种类	抗震等级	混凝土强度等级								
		C20	C25	C30	C35	C40	C45	C50	C55	≥C60
HRB300	一、二级(l_{abE})	$45d$	$39d$	$35d$	$32d$	$29d$	$28d$	$26d$	$25d$	$24d$
	三级(l_{abE})	$41d$	$36d$	$32d$	$29d$	$26d$	$25d$	$24d$	$23d$	$22d$
	四级(l_{abE}) 非抗震(l_{ab})	$39d$	$34d$	$30d$	$28d$	$25d$	$24d$	$23d$	$22d$	$21d$

钢筋种类	抗震等级	混凝土强度等级								
		C20	C25	C30	C35	C40	C45	C50	C55	≥C60
HRB335	一、二级(l_{abE})	$44d$	$38d$	$33d$	$31d$	$29d$	$26d$	$25d$	$24d$	$24d$
	三级(l_{abE})	$40d$	$35d$	$31d$	$28d$	$26d$	$24d$	$23d$	$22d$	$22d$
	四级(l_{abE})非抗震(l_{ab})	$38d$	$33d$	$29d$	$27d$	$25d$	$23d$	$22d$	$21d$	$21d$
HRB400	一、二级(l_{abE})	—	$46d$	$40d$	$37d$	$33d$	$32d$	$31d$	$30d$	$29d$
	三级(l_{abE})	—	$42d$	$37d$	$34d$	$30d$	$29d$	$28d$	$27d$	$26d$
	四级(l_{abE})非抗震(l_{ab})		$40d$	$35d$	$32d$	$29d$	$28d$	$27d$	$26d$	$25d$

2. 纵向受拉钢筋锚固长度 l_a 和抗震锚固长度 l_{aE} 见表 15-3。

表 15-3 受拉钢筋锚固长度 l_a、抗震锚固长度 l_{aE}

非 抗 震	抗 震
$l_a = \zeta_a l_{ab}$	$l_{aE} = \zeta_{aE} l_{ab}$

注:1. l_a 不应小于 200。
    2. 锚固长度修正系数 ζ_a 按表 15-4 取用,当多于一项时,可按连乘计算,但不应小于 0.6。
    3. ζ_{aE} 为抗震锚固长度修正系数,对一、二级抗震等级取 1.15,对三级抗震等级取 1.05,对四级抗震等级取 1.00。

3. 受拉钢筋锚固长度修正系数 ζ_a 见表 15-4。

表 15-4 受拉钢筋锚固长度修正系数 ζ_a

锚 固 条 件		ζ_a
带肋钢筋的公称直径大于 25		1.1
环氧树脂涂层带肋钢筋		1.25
施工过程中易受扰动的钢筋		1.1
锚固区保护层厚度	$3d$	0.8
	$5d$	0.7

注:1. 中间时按内插值。d 为锚固钢筋直径。
    2. 本工程抗震等级为二级,且钢筋直径不超过 25mm,所以 $l_{aE} = 1.15 \times l_a = 1.15 \times 1 \times l_{ab}$。

4. 纵向受拉钢筋的绑扎搭接长度 l_{lE}、l_l 与锚固的关系见表 15-5。

表 15-5 纵向受拉钢筋绑扎搭接长度 l_l、l_{lE}

抗 震	非 抗 震
$l_{lE} = \zeta_l l_{aE}$	$l_l = \zeta_l l_a$
纵向受拉钢筋搭接长度修正系数 ζ_a	

纵向钢筋搭接接头面积百分率/%	≤25	50	100
ζ_l	1.2	1.4	1.6

注:1. 当不同直径的钢筋搭接时,l_l、l_{lE} 按直径较小的钢筋计算。
    2. 任何情况下不应小于 300mm。
    3. 式中 ζ 为纵向受拉钢筋搭接长度修正系数。当纵向钢筋搭接接头百分率为表的中间值时,可按内插取值。

其实修正系数与纵向钢筋搭接接头面积百分率有关系，其关系如下所示。

① 当纵向钢筋搭接接头面积百分率 $\zeta_l \leqslant 25$ 时，搭接长度 = $1.2 \times$ 锚固长度；

② 当纵向钢筋搭接接头面积百分率 $25 < \zeta_l \leqslant 50$ 时，搭接长度 = $1.4 \times$ 锚固长度；

③ 当纵向钢筋搭接接头面积百分率 $50 < \zeta_l \leqslant 100$ 时，搭接长度 = $1.6 \times$ 锚固长度。

北京 2012 年定额第五章规定：直径 $\leqslant 12mm$ 时，12m 一个搭接或接头，直径 $> 12mm$ 时，8m 一个搭接或接头。

二、单跨梁的钢筋计算

1. KL1 钢筋计算

（1）详图介绍（图 15-2）

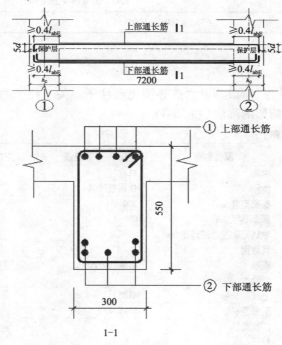

图 15-2　KL1 纵筋配置图

（2）需要计算的量（表 15-6）

表 15-6　需要计算的量

纵　　　筋		箍　　　筋
上部通长筋	下部通长筋	
	长度　　　根数	

（3）上部通筋计算

1）判断钢筋是否直锚

①公式：上部通筋长度 = 净跨 + 左锚固长度 + 右锚固长度

②净跨 = 根据图纸计算

③是否直锚判断：

当直锚长度 $\geqslant l_{aE}$ 且 $\geqslant 0.5 h_c + 5d$ 时,可以进行直锚,不需弯锚。

KL1 的锚固判断 $l_{aE} = 1.15 \times 29d = 34d = 34 \times 25 = 850\text{mm} > 630\text{mm}$,所以必须弯锚。

2)上部通长筋长度(表 15-7)

表 15-7　上部通长筋长度计算

计算方法	上部通长筋长度 = 净跨长 + 左支座锚固 + 右支座锚固				
计算过程	净　跨	左右支座锚固长度判断		结果	根数
		取大值	$0.4 l_{abE} + 15d$		
			支座宽 − 保护层 + 弯折 $15d$		
	$7200 - 325 - 325 = 6550$	1005	$0.4 \times 33 \times 25 + 15 \times 25 = 705$		
			$650 - 20 + 15 \times 25 = 1005$		
计算式	$6550 + 1005 + 1005$			8560	4

3)软件计算过程

① 定义梁的属性

因为梁需要以柱为支座,所以画梁之前必须先点柱子。关于柱子的属性定义在柱子一章中会详细介绍,这里只介绍梁的画法(图 15-3)。

	属性名称	属性值	附加
1	名称	KL1	
2	类别	楼层框架梁	☐
3	截面宽度 (mm)	300	☐
4	截面高度 (mm)	550	☐
5	轴线距梁左边线距离 (mm)	(150)	☐
6	跨数量		
7	箍筋	A10@100/200 (2)	☐
8	肢数	2	
9	上部通长筋	4B25	☐
10	下部通长筋	5B25 2/3	☐
11	侧面纵筋		☐
12	拉筋		☐
13	其他箍筋		
14	备注		☐
15	⊞ 其它属性		
23	⊞ 锚固搭接		

图 15-3　KL1 属性定义

② 软件画梁(图 15-4)

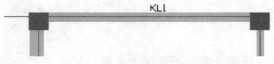

图 15-4　软件画梁

梁画上后颜色为粉色,要进行重新识别。

点屏幕上方重提梁跨(图 15-5)。

15-5 重提梁跨

下一步,点 KL1(图 15-6)。

KL1 300×550
A10@100/200(2)4B25j5B252/3

图 15-6 点击 KL1

点右键,确定。

③ 上部通长筋软件计算结果(图 15-7)。

筋号	直径(mm)	级别	图号	图形	计算公式	长度(mm)	根数
1跨.上通长筋1	25	中	64	375 ⌐7810¬ 375	650-20+15*d+6550+650-20+15*d	8560	4

图 15-7 上部通筋软件计算结果

④ 软件操作注意事项

a. 要在楼层管理里调整梁的抗震级别和混凝土强度等级(图 15-8);

b. 要在楼层管理里调整梁的保护层厚度为 20mm。

	抗震等级	砼标号	锚固						搭接						保护层厚(mm)
			HPB235(A) HPB300(A)	HRB335(B) HRBF335(BF)	HRB400(C) HRBF400(CF)	HRB500(E) HRBF500(EF)	冷轧带肋	冷轧扭	HPB235(A) HPB300(A)	HRB335(B) HRBF335(BF)	HRB400(C HRBF400(CF)	HRB500(E HRBF500(EF)	冷轧带肋	冷轧扭	
基础	二级抗震	C30	(35)	(34/37)	(41/45)	(50/55)	(35)	(35)	(42)	(41/45)	(50/54)	(60/66)	(42)	(42)	(40)
基础梁/承台梁	二级抗震	C30	(35)	(34/37)	(41/45)	(50/55)	(35)	(35)	(49)	(48/52)	(58/63)	(70/77)	(49)	(49)	(40)
框架梁	二级抗震	C30	(35)	(34/37)	(41/45)	(50/55)	(35)	(35)	(49)	(48/52)	(58/63)	(70/77)	(49)	(49)	(20)
非框架梁	非抗震	C30	(30)	(29/32)	(35/39)	(43/48)	(30)	(35)	(42)	(41/45)	(49/55)	(61/68)	(42)	(49)	(20)

图 15-8 调整楼层管梁保护层

(4)下部通长筋计算

1)长度(表 15-8)

表 15-8 下部通长筋长度计算

计算方法	下部通筋长度 = 净跨长 + 左支座锚固 + 右支座锚固				
计算过程	净 跨	左右支座锚固长度判断		结果	根数
		取大值	$0.4l_{abE}+15d$		
			支座宽 − 保护层 + 弯折 $15d$		
	$7200-325-325=6550$	1005	$0.4 \times 33 \times 25 + 15 \times 25 = 705$		
			$650 - 20 + 15 \times 25 = 1005$		
计算式	$6550 + 1005 + 1005$			8560	5

309

2）软件结果（图 15-9）

筋号	直径(mm)	级别	图号	图形	计算公式	长度(mm)	根数
1跨.下部钢筋1	25	Φ	64	375 ⌐ 7810 ⌐ 375	650-20+15*d+6550+650-20+15*d	8560	3
1跨.下部钢筋4	25	Φ	64	375 ⌐ 7810 ⌐ 375	650-20+15*d+6550+650-20+15*d	8560	2

图 15-9　软件计算结果

（5）箍筋计算

1）箍筋长度按图 15-10 计算。

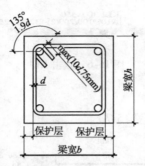

图 15-10　箍筋长度计算

2）箍筋长度计算公式推导

箍筋长度 = （梁宽 b - 保护层 ×2）×2 + （梁高 h - 保护层 ×2）×2 + 1.9d×2 + max（10d，75mm）×2

3）箍筋长度计算（表 15-9）

表 15-9　箍筋长度计算

计算方法	长度 = 2×（梁宽 b - 2×保护层 + 梁高 h - 2×保护层）+ 2×max(10d,75mm) + 2×1.9d			
计算过程	梁宽 b - 2×保护层 + 梁高 h - 2×保护层	取大值	10d	结果
			75mm	
	300 - 2×20 + 550 - 2×20	100	10×10 = 100mm	
	770		75mm	
计算式	2×770 + 2×100 + 2×1.9×10			1778mm

4）软件结果（图 15-11）

筋号	直径(mm)	级别	图号	图形	计算公式	长度(mm)	根数
1跨.箍筋1	10	Φ	195	510 ▱ 260	2*((300-2*20)+(550-2*20))+2*(11.9*d)	1778	42

图 15-11　软件结果

5）箍筋的根数计算

① 箍筋根数计算公式

箍筋根数 = ｛［（左加密区长度 - 50）/加密间距］+ 1｝+ ［（非加密区长度/非加密间距）- 1］+ ｛［（右加密区长度 - 50）/加密间距］+ 1｝

　　其中加密区长度计算:加密区长度 $\geqslant 1.5h_b \geqslant 500$(其中一级抗震为 $2h_b$,二、三、四级为 $1.5h_b$,本工程是二级抗震),如图 15-12 所示。

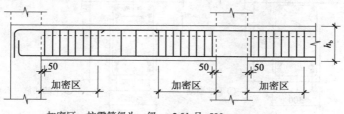

加密区:抗震等级为一级:$>2.0h_b$且>500
抗震等级为二~四级:$>1.5h_b$且>500

图 15-12　梁箍筋加密区示意图

　　$1.5h_b = 1.5 \times 550 = 825mm > 500mm$,取 825mm;

　　左加密区长度 $= 825mm$;

　　同理,右加密区长度 $= 825mm$。

　　② KL1 箍筋根数计算(表 15-10)

表 15-10　箍筋根数计算

计算方法	箍筋根数 = 左加密区根数 + 右加密区根数 + 非加密区根数		
计算过程	加密区根数	非加密区根数	结果
	$[(1.5 \times 梁高 - 50)/加密间距] + 1$	$[(净跨长 - 左加密区 - 右加密区)/非加密间距] - 1$	
	$[(1.5 \times 550 - 50)/100] + 1$	$[(7200 - 450 \times 2 - 550 \times 1.5 \times 2)/200] - 1$	
	9 根	24 根	
计算式	$9 \times 2 + 24$		42 根

　　③ 软件计算公式(图 15-13)

图 15-13　软件计算公式

2. KL2 钢筋计算

　　(1)详图介绍(图 15-14)

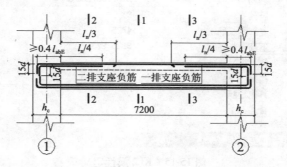

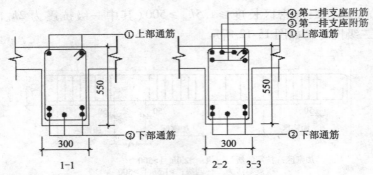

图 15-14　KL2 钢筋布置图

（2）需要计算的量（表 15-11）

表 15-11　需要计算的量

纵　　　　　筋						箍筋
上部纵筋	下部纵筋	支　座　负　筋				
		左支座负筋		右支座负筋		
上部通长筋	下部通长筋	第一排	第二排	第一排	第二排	
		长度	根数			

（3）上部通筋计算

1）上部通筋和 KL1 的计算方法一样

2）上部通筋长度 = 7200 − 325 − 325 + (650 − 20 + 15 × 25) × 2 = 8560mm

3）上部通长筋根数：2 根

4）上部通筋软件计算过程

① 定义梁属性（图 15-15）

	属性名称	属性值	附加
1	名称	KL1	
2	类别	楼层框架梁	☐
3	截面宽度(mm)	300	☐
4	截面高度(mm)	550	☐
5	轴线距梁左边线距离(mm)	(150)	☐
6	跨数量		☐
7	箍筋	A10@100/200(2)	☐
8	肢数	2	
9	上部通长筋	4B25	☐
10	下部通长筋	5B25 2/3	☐
11	侧面纵筋		☐
12	拉筋		☐
13	其他箍筋		
14	备注		☐
15	⊞ 其它属性		
23	⊞ 锚固搭接		

属性编辑

图 15-15　KL2 属性定义

② 软件画图（图 15-16）

图 15-16 软件画图

画图后重新识别后填写原位标注编辑框，这里只介绍手工填写的部分（图 15-17）。

上部通长筋	上部钢筋		
	左支座钢筋	跨中钢筋	右支座钢筋
2B25	6B25 4/2		6B25 4/2

图 15-17 原位标注编辑框

③ 软件结果（图 15-18）

筋号	直径(mm)	级别	图号	图形	计算公式	长度(mm)	根数
1跨.上通长筋1	25	Φ	64	375 〔7810〕 375	650-20+15*d+6550+650-20+15*d	8560	2

图 15-18 软件结果

（4）下部通长筋计算

1）下部通长筋和上部通长筋的计算方法一样

2）下部通长筋长度 = $7200 - 325 - 325 + (650 - 20 + 15 \times 25) \times 2 = 8560$mm

3）下部通长筋根数：5 根

4）软件结果（图 15-19）。

筋号	直径(mm)	级别	图号	图形	计算公式	长度(mm)	根数
1跨.下部钢筋1	25	Φ	64	375 〔7810〕 375	650-20+15*d+6550+650-20+15*d	8560	3
1跨.下部钢筋4	25	Φ	64	375 〔7810〕 375	650-20+15*d+6550+650-20+15*d	8560	2

图 15-19 软件结果

（5）左支座负筋计算

1）第一排钢筋

① 左支座负筋的长度 = 净跨长/3 + 支座锚固

② 判断是否直锚：

锚固长度 $l_{aE} = 34 \times 25 = 850$

$h_c - $ 保护层 $= 650 - 20 = 630$

因 $630 < 850$，所以必须弯锚

③ KL2 左支座第一排负筋计算过程，见表 15-12。

表 15-12 左支座第一排负筋长度计算

计算方法	支座负筋长度 = 净跨长/3 + 左支座负筋锚固长度				
计算过程	净 跨	左支座锚固长度判断		结果	根数
		取大值	$0.4 l_{abE} + 15d$		
			支座宽 - 保护层 + 弯折 $15d$		
	$7200 - 325 - 325 = 6550$	1005	$0.4 \times 33 \times 25 + 15 \times 25 = 705$		
			$650 - 20 + 15 \times 22 = 1005$		
计算式	$6550/3 + 1005$			3188	2

这里着重讲一下它的根数,6Φ254/2 表示第一排为 4Φ25,第二排为 2Φ25,其中含上部通长筋 2Φ25,剩下第一排支座负筋根数为 2Φ25。

2)左支座第一排负筋软件结果(图 15-20)

筋号	直径(mm)	级别	图号	图形	计算公式	长度(mm)	根数
1跨.左支座筋1	25	Φ	18	375 ⌐ 2813	650-20+15*d+6550/3	3188	2

图 15-20　左支座第一排负筋软件结果

3)左支座负筋第二排钢筋计算(表 15-13)

表 15-13　左支座第二排支座负筋长度计算

计算方法	左支座负筋的长度 = 净跨长/4 + 左支座锚固长度				
计算过程	净　跨	左支座锚固判断		长度	根数
		取大值	$0.4l_{abE} + 15d$		
			支座宽 − 保护层 + 弯折 $15d$		
计算过程	$7200 - 325 - 325 = 6550$	1005	$0.4 \times 33 \times 25 + 15 \times 25 = 705$		
			$650 - 20 + 15 \times 25 = 1005$		
计算式	$6550/4 + 1005$			2643	2

4)左支座第二排负筋钢筋软件结果(图 15-21)

筋号	直径(mm)	级别	图号	图形	计算公式	长度(mm)	根数
1跨.左支座筋3	25	Φ	18	375 ⌐ 2268	650-20+15*d+6550/4	2643	2

图 15-21　左支座第二排负筋软件结果

(6)右支座负筋计算

1)右支座负筋同左支座负筋,计算过程同上。

2)软件结果(图 15-22)

筋号	直径(mm)	级别	图号	图形	计算公式	长度(mm)	根数
1跨.右支座筋1	25	Φ	18	375 ⌐ 2813	6550/3+650-20+15*d	3188	2
1跨.右支座筋3	25	Φ	18	375 ⌐ 2268	6550/4+650-20+15*d	2643	2

图 15-22　软件结果

(7)箍筋计算

1)箍筋长度 = $(300 - 2 \times 20) \times 2 + (550 - 2 \times 20) \times 2 + 2 \times 11.9 \times 10 = 1778$mm

2)箍筋根数 = $[(825 - 50)/100 + 1] + (4900/200 - 1) + [(825 - 50)/100 + 1] = 9 + 24 + 9 = 42$ 根

3)软件结果(图 15-23)。

筋号	直径(mm)	级别	图号	图形	计算公式	长度(mm)	根数
1跨.箍筋1	10	Φ	195	510 ▱ 260	2*(300-2*20)+(550-2*20))+2*(11.9*d)	1778	42

图 15-23　箍筋软件结果

3. KL3 钢筋计算

(1)详图介绍(图 15-24)

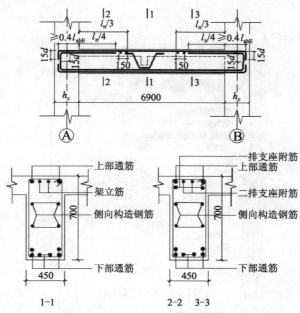

图 15-24　KL3 钢筋配置图

（2）需要计算的量（表 15-14）

表 15-14　需要计算的量

纵		筋						箍	筋	
上部纵筋	下部纵筋	支 座 负 筋				架立筋	侧面构造钢筋	箍筋	拉筋	吊筋
上部通长筋	下部通长筋	左支座负筋		右支座负筋						
		第一排	第二排	第一排	第二排					
		长度　　　根数								

（3）上部通长筋计算

1）判断是否直锚：

锚固长度 $l_{aE} = 34 \times 22 = 748$

$h_c -$ 保护层 $= 600 - 20 = 580$

因 $580 < 748$，所以必须弯锚

2）上部通长筋的计算过程见表 15-15。

表 15-15　上部通长筋计算

计算方法	上部通长筋长度 = 净跨长 + 左支座负筋 + 右支座负筋				
计算过程	净　跨	取大值	左、右支座锚固长度	结果	根数
			$0.4l_{abE} + 15d$		
			支座宽 $-$ 保护层 $+$ 弯折 $15d$		
	$6900 - 450 - 450 = 6000$	910	$0.4 \times 33 \times 22 + 15 \times 22 = 620$		
			$600 - 20 + 15 \times 22 = 910$		
计算式		$6000 + 910 + 910$		7820	2

3）软件计算如下：

① 属性定义（图15-25）

	属性名称	属性值	附加
1	名称	KL3	
2	类别	楼层框架梁	☐
3	截面宽度 (mm)	450	☐
4	截面高度 (mm)	700	☐
5	轴线距梁左边线距离 (mm)	(225)	☐
6	跨数量		☐
7	箍筋	A10@100/200 (4)	☐
8	肢数	4	
9	上部通长筋	2B22+ (2B12)	☐
10	下部通长筋	6B22 2/4	
11	侧面纵筋	G4B12	
12	拉筋	(A8)	
13	其他箍筋		
14	备注		☐
15	⊞ 其他属性		
23	⊞ 锚固搭接		

图 15-25　KL3 属性定义

② 软件画图（图15-26）

图 15-26　软件画图

重新识别后填写原位标注编辑框，这里只介绍手工需要填写的部分（图15-27）。

次梁宽度	次梁加筋	吊筋	吊筋锚固
250	8	2B20	20*d

图 15-27　原位标注编辑框

③ 软件结果（图15-28）

筋号	直径 (mm)	级别	图号	图形	计算公式	长度 (mm)	根数
1跨.上通长筋1	22	Φ	64	330 ⎿7160⏌ 330	600-20+15*d+6000+600-20+15*d	7820	2

图 15-28　软件结果

（4）下部通长筋计算

1）下部通筋的计算过程，见表15-16。

表 15-16　下部通长筋计算

计算方法	下部通长筋长度 = 净跨长 + 左支座负筋 + 右支座负筋			
	净跨	左、右支座锚固长度判断	结果	根数
计算过程	6900 − 450 − 450 = 6000	取大值 910	$0.4 \times 33 \times 22 + 15 \times 22 = 620$	
			$600 − 20 + 15 \times 22 = 910$	
计算式	6000 + 910 + 910			7820	7

2）软件结果（图 15-29）：

筋号	直径(mm)	级别	图号	图形	计算公式	长度(mm)	根数
1跨.下部钢筋1	22	Φ	64	330 ∟ 7160 ⌐330	600-20+15*d+6000+600-20+15*d	7820	4
1跨.下部钢筋5	22	Φ	64	330 ∟ 7160 ⌐330	600-20+15*d+6000+600-20+15*d	7820	2

图 15-29　软件结果

（5）左支座负筋计算

判断是否直锚（同上通筋），必须弯锚。

1）左支座负筋第一排计算

① 左支座负筋第一排计算，见表 15-17。

表 15-17　左支座负筋第一排计算

计算方法	左支座负筋第一排长度 = 净跨长/3 + 左支座负筋				
计算过程	净　跨	取大值	左支座锚固长度	结果	根数
			$0.4l_{abE}+15d$		
			支座宽 − 保护层 + 弯折 $15d$		
计算过程	$6900 \times 450 - 450 = 6000$	910	$0.4 \times 33 \times 22 + 15 \times 22 = 620$		
			$600 - 20 + 15 \times 22 = 910$		
计算式	$6900/3 + 910$			2910	2

② 软件结果（图 15-30）。

筋号	直径(mm)	级别	图号	图形	计算公式	长度(mm)	根数
1跨.左支座筋1	22	Φ	18	330 ∟ 2580	600-20+15*d+6000/3	2910	2

图 15-30　软件结果

2）左支座负筋第二排计算

① 左支座负筋第二排计算见，表 15-18。

表 15-18　左支座负筋第二排计算

计算方法	左支座负筋第二排长度 = 净跨长/4 + 左支座负筋			
计算结果	净　跨	左右支座锚固长度判断	结果	根数
	$6900 - 450 - 450 = 6000$	取大值 910　$0.4 \times 33 \times 22 + 15 \times 22 = 620$		
		$600 - 20 + 15 \times 22 = 910$		
计算式	$6000/4 + 910$		2410	2

② 软件结果（图 15-31）。

筋号	直径(mm)	级别	图号	图形	计算公式	长度(mm)	根数
1跨.左支座筋3	22	Φ	18	330 ∟ 2080	600-20+15*d+6000/4	2410	2

图 15-31　软件结果

（6）右支座负筋计算

1）右支座负筋第一排计算

① 长度 = $(6900 - 450 - 450)/3 + (600 - 20 + 15 \times 22) = 2910$mm

② 根数 = 2 根

2）右支座负筋第二排计算

① 长度 = $(6900 - 450 - 450)/4 + (600 - 20 + 15 \times 22) = 2410$mm

② 根数 = 2 根

3）软件结果（图 15-32）

筋号	直径(mm)	级别	图号	图形	计算公式	长度(mm)	根数
1跨.右支座筋1	22	中	18	330 └─ 2580 ─┘	6000/3+600-20+15*d	2910	2
1跨.右支座筋3	22	中	18	330 └─ 2080 ─┘	6000/4+600-20+15*d	2410	2

图 15-32　软件结果

（7）架立筋计算

架立筋钢筋的具体说明：当箍筋的肢数大于上部通长筋的根数时就需要加架立筋，$2\,\Phi\,22 + 2\,\Phi\,12$ 用于四支箍，其中 $2\,\Phi\,22$ 为通长筋，$2\,\Phi\,12$ 为架立筋，且架立筋与支座负筋的搭接长度为 150mm。

1）架立筋长度计算如图 15-33 所示。

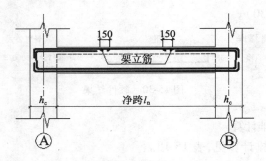

图 15-33　架立钢筋示意图

2）KL3 的架立筋计算过程如下：

① 长度 = $6900 - 450 \times 2 - 2 \times (6900 - 450 \times 2)/3 + 150 \times 2 = 2300$mm

② 根数 = 2 根

3）软件结果（图 15-34）。

筋号	直径(mm)	级别	图号	图形	计算公式	长度(mm)	根数
1跨.架立筋1	12	中	1	─── 2300 ───	150-6000/3+6000+150-6000/3	2300	2

图 15-34　软件结果

（8）侧面构造钢筋计算（图 15-35）

318

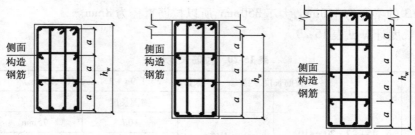

图 15-35 侧面构造钢筋示意图

注:1. 当 $h_w \geqslant 450$mm 时,在梁的两个侧面应沿高度配置纵向构造钢筋,纵向构造钢筋间距 $a \leqslant 200$mm;

　　2. 当梁宽 $\leqslant 350$mm 时,拉筋直径为 6mm;梁宽 > 350mm 时,拉筋直径为 8mm。拉筋间距为非加密区箍筋间距的 2 倍。当设有多排拉筋时,上下两排竖向错开设置。

1)侧向构造钢筋的具体说明:当梁腹板高度(梁高度减去板高度)$h_w \geqslant 450$mm 时,须配置纵向构造钢筋,其搭接长度和锚固长度可取为 $15d$(表 15-19)。

表 15-19　侧向构造钢筋长度计算

计算方法	侧向构造钢筋长度 = 净跨长 + $2 \times 15d$ + 两个弯钩			
侧向构造钢筋长度计算	净　跨	$15d$	结果	根数
	$6900 - 450 - 450 = 6000$	15×12		
		180		
计算式	$6000 + 2 \times 180$		6360	4

2)软件结果(图 15-36)

筋号	直径(mm)	级别	图号	图形	计算公式	长度(mm)	根数
1跨.侧面构造筋1	12	Φ	1	6360	15*d+6000+15*d	6360	4

图 15-36　软件结果

(9)拉筋计算(表 15-37)

1)有梁侧面构造钢筋,就必须配置拉筋。拉筋构造如图 15-37 所示。

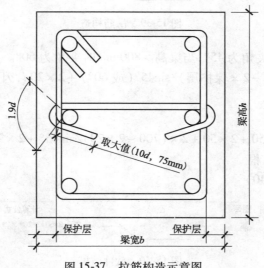

图 15-37　拉筋构造示意图

因为 KL3 的梁宽为 450mm，大于 350mm，所以拉筋直径为 8mm。

2）拉筋长度计算见表 15-20。

表 15-20　拉筋长度计算

计算方法	拉筋长度 = 梁宽 − 2 × 保护层 + 2 × 1.9d + 2 × max(10d, 75mm)			
计算过程	450 − 2 × 20 = 410	锚固长度		结果
			10d	75mm	
		取大值 80mm	10 × 8	75mm	
			80mm	75mm	
计算式	410 + 2 × 1.9 × 8 + 2 × 80				600

3）KL3 的拉筋根数计算：见梁侧面构造筋和拉筋图介绍。

拉筋根数 = $\{[(6900 − 450 × 2)/400] + 1\} × 2 = 32$ 根。

4）软件结果（图 15-38）

筋号	直径(mm)	级别	图号	图形	计算公式	长度(mm)	根数
1跨.拉筋1	8	Φ	485	410	(450−2*20)+2*(11.9*d)	600	32

图 15-38　软件结果

（10）吊筋计算

1）详图介绍（图 15-39）

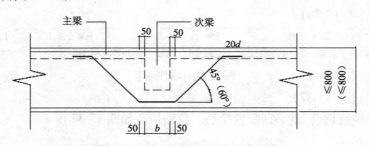

图 15-39　吊筋构造

当梁高 ≤800mm 时夹角为 45°，当梁高 >800mm 时夹角为 60°。所以，一个吊筋长度 = 次梁宽 + 2 × 50 + 2 × (梁高 − 2 × 保护层)/sin45°（或 60°）+ 2 × 20d，因 KL3 梁高 <800mm，所以夹角以 45° 考虑。

2）KL3 的吊筋计算

KL3 的吊筋长度 = 250 + 2 × 50 + 2 × (700 − 2 × 20)/sin45° + 2 × 20 × 20 = 3017mm

KL3 的吊筋根数 = 2 根

3）软件结果（图 15-40）

筋号	直径(mm)	级别	图号	图形	计算公式	长度(mm)	根数
1跨.吊筋1	20	Φ	486	400 45.00 350 660	250+2*50+2*20*d+2*1.414*(700−2*20)	3017	2

图 15-40　软件结果

（11）箍筋计算

1）箍筋 1 计算

① 长度

KL3 的箍筋 1 长度计算见表 15-21。

表 15-21　箍筋长度计算

计算方法	箍筋长度 = 2×(梁宽−2×保护层 + 梁高−2×保护层) + 2×max(10d,75mm) + 2×1.9d			
计算过程	梁宽 + 梁高 − 4×保护层	取大值	10d	结果
			75mm	
	450 + 700 − 4×25 = 1050	100	10×10 = 100mm	
			75mm	
计算式	2×1050 + 2×100 + 2×1.9×10			2378mm

② 根数

箍筋的根数计算方法前面已经讲过,这时不再重复。

如图 15-41 所示,在次梁交接处增加了吊筋,吊筋两侧各增加了 4 个箍筋,而该区域的正常箍筋或加密区箍筋照设。所以 KL3 除正常箍筋照设外,又增加了 8 个箍筋。附加箍筋构造如图 15-41 所示。

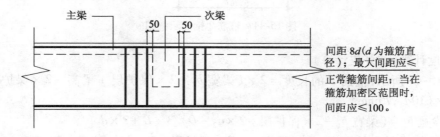

图 15-41　附加箍筋构造

KL3 的箍筋根数计算见表 15-22。

表 15-22　箍筋根数计算

计算方法	箍筋根数 = 左加密区根数 + 右加密区根数 + 非加密区根数 + 8 个箍筋		
计算过程	加密区根数	非加密区根数	结果
	[(1.5×梁高−50)/加密间距] + 1	[(净跨长 − 左加密区 − 右加密区)/非加密间距] − 1	
	[(1.5×700−50)/100] + 1	[(6900 − 450×2 − 700×1.5×2)/200] − 1	
	11 根	19 根	
计算式	11×2 + 19 + 8		49

③ 软件结果（图 15-42）

筋号	直径(mm)	级别	图号	图形	计算公式	长度(mm)	根数
1跨.箍筋1	10	中	195	660 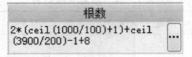 410	2*((450-2*20)+(700-2*20))+ 2*(11.9*d)	2378	49

图 15-42　软件结果

根数计算过程如图 15-43 所示。

根数

2*(ceil(1000/100)+1)+ceil
(3900/200)-1+8　　　···

图 15-43　根数计算过程

2）箍筋 2 计算（图 15-44）

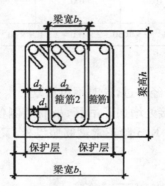

图 15-44　箍筋 2 钢筋示意图

① 长度计算（按外皮计算）

如图 15-44 所示，箍筋 2 的长度 = 2 ×（梁宽 b_2 − 2 × 保护层 + 梁高 − 2 × 保护层）+ 2 × 1.9d_2 + 2 ×（10d_2,75mm）

其中梁宽 b_2 =（梁宽 b_1 − 2 × 保护层 − 2 × d_2 − D）/3 + D + 2 × d_2

综上所述，箍筋2 的长度 = 2[（梁宽 b_1 − 2 × 保护层 − 2 × d_2 − D）/3 + D + 2 × d_2] + 2 ×（梁高 h − 2 × 保护层）+ 2 × 1.9d_2 + 2 × max（10d_2,75mm）

$$= 2 × [（450 − 2 × 20 − 2 × 10 − 22）/3 × 1 + 22 + 2 × 10] + 2 ×（700 − 2 × 20）+ 2 ×（11.9 × 10）= 1887mm$$

② 根数计算

箍筋 2 的根数和箍筋 1 的根数一样，为 49 根。

③ 软件结果（图 15-45）

筋号	直径(mm)	级别	图号	图形	计算公式	长度(mm)	根数
1跨.箍筋2	10	中	195	660 185	2*(((450-2*20-2*d-22)/3*1+ 22+2*d)+(700-2*20))+2*(11. 9*d)	1887	49

图 15-45　软件结果

4. KL4 钢筋计算

KL4 增加 8A10 的加筋。

计算方法可以参照 KL3 的计算方法，自己动手手工算一下和软件算一下，这里不再赘述。

软件结果(图 15-46)。

筋号	直径(mm)	级别	图号	图形	计算公式	长度(mm)	根数
1跨.上通长筋1	22	Φ	64	330 ⌐—7160—⌐ 330	600-20+15*d+6000+600-20+15*d	7820	2
1跨.左支座筋1	22	Φ	18	330 ⌐—2580	600-20+15*d+6000/3	2910	1
1跨.左支座筋2	22	Φ	18	330 ⌐—2080	600-20+15*d+6000/4	2410	2
1跨.右支座筋1	22	Φ	18	330 ⌐—2580	6000/3+600-20+15*d	2910	1
1跨.右支座筋2	22	Φ	18	330 ⌐—2080	6000/4+600-20+15*d	2410	2
1跨.下部钢筋1	22	Φ	64	330 ⌐—7160—⌐ 330	600-20+15*d+6000+600-20+15*d	7820	3
1跨.下部钢筋4	22	Φ	64	330 ⌐—7160—⌐ 330	600-20+15*d+6000+600-20+15*d	7820	2
1跨.吊筋1	20	Φ	486	400 / 45.00 350 \510	250+2*50+2*20*d+2*1.414*(550-2*20)	2592	2
1跨.箍筋1	10	Φ	195	510 210	2*((250-2*20)+(550-2*20))+2*(11.9*d)	1678	47

图 15-46　软件结果

5. L1 钢筋计算

L1 为普通梁,其计算方法和框架梁略有不同。

(1)需要计算的量(表 15-23)

表 15-23　需要计算的量

纵		筋				箍筋
上部通长筋	下部通长筋	支座负筋				
		左支座负筋		右支座负筋		
		第一排	第二排	第一排	第二排	
长度　　　　根数						

(2)上部通长筋计算

1)详图(图 15-47)

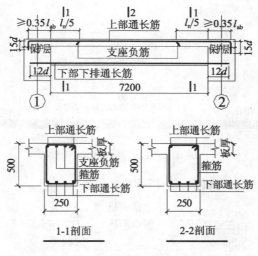

图 15-47　L1 钢筋配置图

2）上部通长筋长度计算（表15-24）

表15-24　上部通长筋长度计算

计算方法	上部通长筋长度 = 净跨长 + 左、右锚固长度						
计算过程	净　跨	取大值	左支座锚固长度		取大值	右支座锚固长度		结果	根数
			$0.4l_{ab} + 15d$			$0.4l_{ab} + 15d$			
			支座宽 − 保护层 + $15d$			支座宽 − 保护层 + $15d$			
	$7200 - 125 - 125$ $= 6950$	670	$0.4 \times 29 \times 16 + 15 \times 16 = 426$		470	$0.4 \times 29 \times 16 + 15 \times 16 = 426$			
			$450 - 20 + 15 \times 16 = 670$			$250 - 20 + 15 \times 16 = 470$			
计算式	$6950 + 670 + 470$							8090	2

3）软件计算过程

① 属性定义（图15-48）。

	属性名称	属性值	附加
1	名称	L1	
2	类别	非框架梁	
3	截面宽度(mm)	250	
4	截面高度(mm)	500	
5	轴线距梁左边线距离(mm)	(125)	
6	跨数量		
7	箍筋	A8@100/200(2)	
8	肢数	2	
9	上部通长筋	2B16	
10	下部通长筋	2B22	
11	侧面纵筋		
12	拉筋		
13	其他箍筋		
14	备注		
15	⊞ 其他属性		
23	⊞ 锚固搭接		

图15-48　L1 属性定义

② 软件画图（图15-49）

L1 250×500
A8@100/200(2)2B16j2B22
4B16　　　　　　　　　　　　　　　4B16

图15-49　软件画图

重新识别后填写原位标注编辑框（图15-50）。

上部钢筋		
左支座钢筋	跨中钢筋	右支座钢筋
4B16		4B16

图15-50　原位标注编辑框

③ 软件结果(图 15-51)

筋号	直径(mm)	级别	图号	图形	计算公式	长度(mm)	根数
1跨.上通长筋1	16	Φ	64	240 └─ 7610 ─┘ 240	450-20+15*d+6950+250-20+15*d	8090	2

图 15-51 软件结果

(3)下部通长筋计算

1)判断是否直锚:$12d = 12 \times 22 = 264$ 左支座 h_c - 保护层 $= 450 - 50 = 425 > 264$,所以左支座为直锚。右支座 h_c - 保护层 $= 350 - 25 = 325 > 264$,所以右支座为直锚(表 15-25)。

表 15-25 下部通长筋计算

计算方法	下部通长筋长度 = 净跨长 + 直锚长度 ×2			
下通筋长度计算	净 跨	直锚长度	结果	根数
	7200 - 125 - 125 = 6950	12×22		
		264		
计算式	6950 + 264 × 2		7478	6

2)软件结果(图 15-52)

筋号	直径(mm)	级别	图号	图形	计算公式	长度(mm)	根数
1跨.下部钢筋1	22	Φ	18	34 └─ 7444 ─	12*d+6950+12*d	7478	2

图 15-52 软件结果

(4)左支座负筋计算

1)左支座负筋长度计算,见表 15-26。

表 15-26 左支座负筋长度计算

计算方法	左支座负筋长度 = 净跨长/5 + 左支座锚固长度				
左支座负筋长度计算	净 跨	左支座锚固长度		结果	根数
		取大值	$0.4l_a + 15d$		
			支座宽 - 保护层 + 15d		
	7200 - 125 - 125 = 6950	670	$0.4 \times 29 \times 16 + 15 \times 16 = 426$		
			$450 - 20 + 15 \times 16 = 670$		
计算式	6950/5 + 670			2060	2

2)软件结果(图 15-53)

筋号	直径(mm)	级别	图号	图形	计算公式	长度(mm)	根数
1跨.左支座筋1	16	Φ	18	240 └─ 1820	450-20+15*d+6950/5	2060	2

图 15-53 软件结果

（5）右支座负筋计算

1）右支座负筋长度计算，见表15-27。

表15-27　右支座负筋长度计算

计算方法	右支座负筋长度 = 净跨长/5 + 右支座锚固长度			
左支座负筋 长度计算	净　跨	右支座锚固长度		结果
		取大值	$0.4l_{ab} + 15d$ 支座宽 − 保护层 + $15d$	
	$7200 - 125 - 125 = 6950$	470	$0.4 \times 29 \times 16 + 15 \times 16 = 426$ $250 - 20 + 15 \times 16 = 470$	
计算式	$6950/5 + 470$			1860	2

2）软件结果（图15-54）

筋号	直径(mm)	级别	图号	图形	计算公式	长度(mm)	根数
1跨.右支座 筋1	16	Φ	18	240 ⌐ 1620	6950/5+250-20+15*d	1860	2

图15-54　软件结果

（6）箍筋计算

1）箍筋长度计算，见表15-28。

表15-28　箍筋长度计算

计算方法	箍筋长度 = 2×（梁宽 + 梁高 − 4×保护层）+ 2×max(10d,75mm) + 2×1.9d			
计算过程	梁宽 + 梁高 − 4×保护层	取大值	$10d$ 75mm	结果
	$250 + 500 - 4 \times 20 = 670$	80	$10 \times 8 = 80mm$ 75mm	
计算式	$2 \times 670 + 2 \times 80 + 2 \times 1.9 \times 8$			1530

2）箍筋根数 =（净跨长/间距）+ 1

　　　　 = [（7200 − 50×2 − 125 − 125）/200] + 1 = 36 根

3）软件结果（图15-55）

筋号	直径(mm)	级别	图号	图形	计算公式	长度(mm)	根数
1跨.箍筋1	8	Φ	195	460 210	2*((250-2*20)+(500-2*20))+ 2*(11.9*d)	1530	36

图15-55　软件结果

第二节　双　跨　梁

一、双跨梁的平法标注（图15-56）

其中柱子截面为 $650mm \times 600mm$。

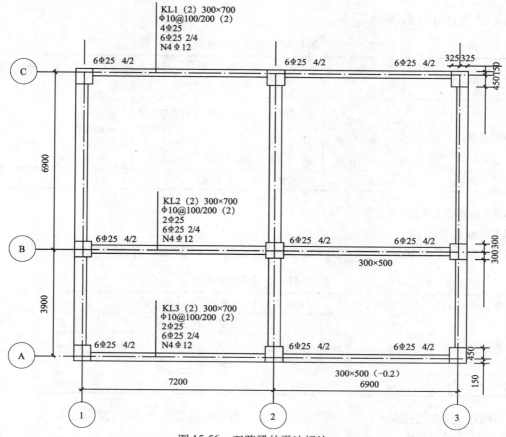

图 15-56　双跨梁的平法标注

双跨梁的环境描述(表 15-29)

表 15-29　双跨梁的环境描述

梁的环境描述	层属性	抗震等级	混凝土强度等级	保护层/mm
	楼层梁	2 级	C30	20

注:直径 >18mm 时为机械连接,直径 ≤18mm 时为搭接。

二、双跨梁的钢筋计算

1. KL1 钢筋计算

(1)详图介绍(图 15-57)

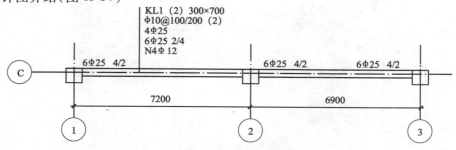

图 15-57　KL1 平法标注

（2）需要计算的量（表 15-30）

表 15-30　需要计算的量

纵											箍筋	拉筋
上部纵筋	下部纵筋			支座负筋						侧面受扭纵向钢筋		
上部通长筋	第一跨跨中钢筋		第二跨跨中钢筋		左支座负筋		中间支座		右支座负筋			
	第一排	第二排	第一排	第二排	第一排	第二排	第一排	第二排	第一排	第二排		
					长度　　　根数							

（3）上部通长筋计算（表 15-31）

1）判断是否直锚

$l_{aE} = 34 \times 25 = 850mm$，$650 - 20 = 630mm$，因 $630mm < 850mm$，所以必须弯锚。

表 15-31　上部通筋长度计算

计算方法	上部通筋长度 = 净跨长 + 左、右支座锚固长度			
计算过程	净　跨	左、右支座锚固长度判断		结果	根数
	$7200 + 6900 - 325 - 325$ $= 13450$	取大值 1005	$0.4 \times 33 \times 25 + 15 \times 25 = 705$		
			$650 - 20 + 15 \times 25 = 1005$		
计算式	$13450 + 1005 + 1005$			15460	2

前面已讲过，超过 8m 会有一个接头，所以上部通长筋有一个接头，接头为 1 个。

2）软件计算过程

① 属性定义（图 15-58）

	属性名称	属性值	附加
1	名称	KL1	
2	类别	楼层框架梁	☐
3	截面宽度(mm)	300	☐
4	截面高度(mm)	700	☐
5	轴线距梁左边线距离(mm)	(150)	☐
6	跨数量		☐
7	箍筋	A10@100/200 (2)	☐
8	肢数	2	
9	上部通长筋	2B25	☐
10	下部通长筋	6B25 2/4	☐
11	侧面纵筋	N4B12	☐
12	拉筋	(A6)	
13	其他箍筋		
14	备注		☐
15	⊞ 其他属性		
23	⊞ 锚固搭接		

图 15-58　属性定义

② 软件画图（图15-59）

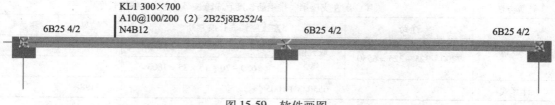

图15-59　软件画图

③ 重新识别后填写原位标注编辑框（图15-60）

上部钢筋		
左支座钢筋	跨中钢筋	右支座钢筋
6B25 4/2		
6B25 4/2		6B25 4/2

图15-60　原位标注编辑框

④ 软件结果（图15-61）

筋号	直径(mm)	级别	图号	图形	计算公式	长度(mm)	根数	搭接
1跨.上通长筋1	25	中	64	375⌐14710⌐375	650-20+15*d+13450+650-20+15*d	15460	2	1

图15-61　软件结果

（4）下部通长筋计算

1）下部通长筋长度计算，见表15-32。

表15-32　下部通长筋长度计算

计算方法	下部通长筋长度＝净跨长＋左、右支座锚固长度			
计算过程	净　跨	左、右支座锚固长度判断		结果	根数
	$7200+6900-325-325=13450$	取大值 1005	$0.4\times33\times25+15\times25=705$		
			$650-20+15\times25=1005$		
计算式	$13450+1005+1005$			15460	6

2）接头为6个。

3）软件结果（图15-62）

筋号	直径(mm)	级别	图号	图形	计算公式	长度(mm)	根数	搭接
1跨.下通长筋1	25	中	64	375⌐14710⌐375	650-20+15*d+13450+650-20+15*d	15460	4	1
1跨.下通长筋5	25	中	64	375⌐14710⌐375	650-20+15*d+13450+650-20+15*d	15460	2	1

图15-62　软件结果

（5）第一跨左支座第一排钢筋计算

1）第一跨左支座第一排钢筋长度计算（表15-33）

表 15-33　第一跨左支座第一排钢筋长度计算

计算方法	第一跨左支座第一排钢筋长度 = 净跨长/3 + 左支座锚固长度				
计算过程	净跨	左支座锚固长度判断		结果	根数
	$7200 - 325 - 325 = 6550$	取大值 1005	$0.4 \times 33 \times 25 + 15 \times 25 = 705$		
			$650 - 20 + 15 \times 25 = 1005$		
计算式	$6550/3 + 1005$			3188	2

2）软件结果（图 15-63）

筋号	直径(mm)	级别	图号	图形	计算公式	长度(mm)	根数
1跨. 左支座 筋1	25	Φ	18	375 ⌐ 2813	650-20+15*d+6550/3	3188	2

图 15-63　软件结果

3）第一跨左支座第二排钢筋长度计算（表 15-34）

表 15-34　第一跨左支座第二排钢筋长度计算

计算方法	第一跨左支座第二排钢筋长度 = 净跨长/4 + 左支座锚固长度				
计算过程	净跨	左支座锚固长度判断		结果	根数
	$7200 - 325 - 325 = 6550$	取大值 1005	$0.4 \times 33 \times 25 + 15 \times 25 = 705$		
			$650 - 20 + 15 \times 25 = 1005$		
计算式	$6550/4 + 1005$			2643	4

4）软件结果（图 15-64）

筋号	直径(mm)	级别	图号	图形	计算公式	长度(mm)	根数
1跨. 左支座 筋3	25	Φ	18	375 ⌐ 2268	650-20+15*d+6550/4	2643	2

图 15-64　软件结果

（6）中间支座钢筋计算

1）中间支座第一排钢筋长度计算（表 15-35）

表 15-35　中间支座第一排钢筋长度计算

计算方法	中间支座第一排钢筋长度 = 2×max(第一跨,第二跨)净跨长/3 + 支座宽			
计算过程	第一跨净跨长	第二跨净跨长	结果	根数
	$7200 - 325 - 325 = 6550$	$6900 - 325 - 325 = 6250$		
	取大值 6550			
计算式	$2 \times 6550/3 + 650$		5017	2

2）软件结果（图 15-65）

筋号	直径(mm)	级别	图号	图形	计算公式	长度(mm)	根数
1跨. 右支座 筋1	25	Φ	1	5016	6550/3+650+6550/3	5016	2

图 15-65　软件结果

3）中间支座第二排钢筋长度计算（表 15-36）

表 15-36　中间支座第二排钢筋长度计算

计算方法	中间支座第二排钢筋长度 = 2 × max（第一跨，第二跨）净跨长/4 + 支座宽			
计算过程	第一跨净跨长	第二跨净跨长	结果	根数
	7200 − 325 − 325 = 6550	6900 − 325 − 325 = 6250		
	取大值 6550			
计算式	2 × 6550/4 + 650		3925	4

4）软件结果（图 15-66）

筋号	直径（mm）	级别	图号	图形	计算公式	长度（mm）	根数
1跨.右支座筋3	25	Φ	1	3926	6550/4+650+6550/4	3926	2

图 15-66　软件结果

（7）第二跨右支座钢筋

1）第二跨右支座第一排钢筋长度计算（表 15-37）

表 15-37　第二跨右支座第一排钢筋长度计算

计算方法	第二跨右支座第一排钢筋长度 = 净跨长/3 + 右支座锚固长度			
计算过程	净跨	右支座锚固长度判断	结果	根数
	6900 − 325 − 325 = 6250	取大值 1005	0.4 × 33 × 25 + 15 × 25 = 705	
			650 − 20 + 15 × 25 = 1005	
计算式	6250/3 + 1005		3088	2

2）软件结果（图 15-67）

筋号	直径（mm）	级别	图号	图形	计算公式	长度（mm）	根数
2跨.右支座筋1	25	Φ	18	375 ⌐ 2713	6250/3+650-20+15*d	3088	2

图 15-67　软件结果

3）第二跨右支座第二排钢筋长度计算（表 15-38）

表 15-38　第二跨右支座第二排钢筋长度计算

计算方法	第二跨右支座第二排钢筋长度 = 净跨长/4 + 右支座锚固长度			
计算过程	净跨	右支座锚固长度判断	结果	根数
	6900 − 325 − 325 = 6250	取大值 1005	0.4 × 33 × 25 + 15 × 25 = 705	
			650 − 20 + 15 × 25 = 1005	
计算式	6250/4 + 1005		2568	2

4）软件结果（图 15-68）

筋号	直径（mm）	级别	图号	图形	计算公式	长度（mm）	根数
2跨.右支座筋3	25	Φ	18	375 ⌐ 2193	6250/4+650-20+15*d	2568	2

图 15-68　软件结果

(8)受扭纵向钢筋计算

受扭纵向钢筋规定如下:当为梁侧面受扭纵向钢筋时,其搭接长度为 l_1 或 l_{1E}(抗震)。其锚固长度与方式同框架梁下部纵筋。

1)判断是否直锚:

当直锚长度 $\geq l_{aE}$ 且 $\geq 0.5h_c + 5d$ 时,可以进行直锚,不需弯锚。

KL1 的锚固判断:$l_{aE} = 34 \times 12 = 408mm < 625mm$,所以必须直锚。

2)长度计算(表 15-39)

表 15-39　梁侧面受扭纵向钢筋计算

计算方法	梁侧面受扭纵向钢筋长度 = 净跨长 + 左、右直锚长度				
计算过程	净　跨	左、右直锚长度判断		结果	根数
		取大值	l_{aE}		
			$0.5h_c + 5d$		
	$7200 + 6900 - 325 - 325$ $= 13450$	408	$34 \times 12 = 408$		
			$0.5 \times 650 + 5 \times 10 = 375$		
计算式	$13450 + 408 + 408$			14266	4

这里我们必须考虑搭接:因为受扭纵向钢筋超过 12m,所以中间会有一个搭接。其搭接长度为 $48d = 48 \times 12 = 576mm$,总搭接长度为 $576 \times 4 = 2304mm$。

3)软件结果(图 15-69)

筋号	直径(mm)	级别	图号	图形	计算公式	长度(mm)	根数	搭接
1跨.侧面受扭筋1	12	Φ	1	14266	34*d+13450+34*d	14266	4	576

图 15-69　软件结果

(9)箍筋计算

1)第一跨

① 长度计算(表 15-40)

表 15-40　箍筋长度计算

计算方法	箍筋长度 = 2 ×(梁宽 - 2 × 保护层 + 梁高 - 2 × 保护层)+ 2 × max(10d, 75mm)+ 2 × 1.9d		
计算过程	梁宽 + 梁高 - 4 × 保护层	取大值	$10d$
			75mm
			$10 \times 10 = 100mm$
	$300 + 700 - 4 \times 20 = 920$	100	结果
			75mm
计算式	$2 \times 920 + 2 \times 100 + 2 \times 1.9 \times 10$		2078

② 根数计算(表 15-41)

表 15-41 箍筋根数计算

计算方法	箍筋根数 = 左加密区根数 + 右加密区根数 + 非加密区根数		
计算过程	加密区根数	非加密区根数	结果
	$[(1.5 \times 梁高 - 50)/加密间距] + 1$	$[(净跨长 - 左加密区 - 右加密区)/非加密间距] - 1$	
	$[(1.5 \times 700 - 50)/100] + 1$	$[(7200 - 325 \times 2 - 700 \times 1.5 \times 2)/200] - 1$	
	11	22	
计算式	$11 \times 2 + 22$		44

③ 软件结果（图 15-70）

筋号	直径(mm)	级别	图号	图形	计算公式	长度(mm)	根数
1跨.箍筋1	10	中	195	660 260	2*((300-2*20)+(700-2*20))+2*(11.9*d)	2078	44

图 15-70 软件结果

2）第二跨

① 长度计算

第二跨箍筋长度计算方法和结果同第一跨,计算如下:

长度 = $2 \times 920 + 2 \times 100 + 2 \times 1.9 \times 10 = 2078mm$

② 根数计算（表 15-42）

表 15-42 箍筋根数计算

计算方法	箍筋根数 = 左加密区根数 + 右加密区根数 + 非加密区根数		
计算过程	加密区根数	非加密区根数	结果
	$[(1.5 \times 梁高 - 50)/加密间距] + 1$	$[(净跨长 - 左加密区 - 右加密区)/非加密间距] - 1$	
	$[(1.5 \times 700 - 50)/100] + 1$	$[(6900 - 325 \times 2 - 700 \times 1.5 \times 2)/200] - 1$	
	11	21	
计算式	$11 \times 2 + 21$		42

③ 软件结果（图 15-71）

筋号	直径(mm)	级别	图号	图形	计算公式	长度(mm)	根数
2跨.箍筋1	10	中	195	660 260	2*((300-2*20)+(700-2*20))+2*(11.9*d)	2078	42

图 15-71 软件结果

（10）拉接筋计算

1）拉筋长度计算（表 15-43）

表 15-43 拉筋长度计算

计算方法	拉筋长度 = 梁宽 - 2 × 保护层 + 2 × 1.9d + 2 × max(10d, 75mm)			
计算过程	$300 - 2 \times 20 = 260$	左支座锚固长度判断		结果
		取大值 75mm	$10d$	75mm	
			10×6	75mm	
			60mm	75mm	
计算式	$260 + 2 \times 1.9 \times 6 + 2 \times 75$			433

2）拉筋根数计算

① 第一跨拉筋总根数 = {[(7200 − 325 − 325)/400] + 1} × 2 = 36 根

软件结果（图 15-72）

筋号	直径(mm)	级别	图号	图形	计算公式	长度(mm)	根数
1跨.拉筋1	6	中	485	260	(300-2*20)+2*(75+1.9*d)	433	36

图 15-72　软件结果

② 第二跨拉筋总根数 = {[(6900 − 325 − 325)/400] + 1} × 2 = 34 根

软件结果（图 15-73）

筋号	直径(mm)	级别	图号	图形	计算公式	长度(mm)	根数
2跨.拉筋1	6	中	485	260	(300-2*20)+2*(75+1.9*d)	433	34

图 15-73　软件结果

2. KL2 钢筋计算

KL2 与 KL1 不同之处为第二跨截面为 300×500，这样纵筋会发生一些变化。

（1）详图介绍（图 15-74）

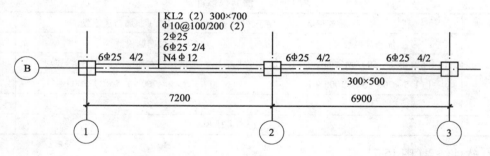

图 15-74　KL2 平法标注

（2）需要计算的量（表 15-44）

表 15-44　需要计算的量

纵									筋		箍筋	拉筋
上部纵筋	下部纵筋				支座负筋					侧面受扭纵向钢筋		
	下部钢筋				左支座负筋		中间支座		右支座负筋			
	第一跨		第二跨									
上部通长筋	第一排	第二排	第一排	第二排	第一排	第二排	第一排	第二排	第一排	第二排		
				长度　　　　根数								

（3）上部通长筋计算

1）长度 = $(7200+6900-325-325)$ + $(650-20+15\times25)$ + $(650-20+15\times25)=15460$ mm

根数 =2 根

接头为 2 个。

2）软件计算过程

① 属性定义（图 15-75）

	属性名称	属性值	附加
1	名称	KL2	
2	类别	楼层框架梁	☐
3	截面宽度 (mm)	300	☐
4	截面高度 (mm)	700	☐
5	轴线距梁左边线距离 (mm)	(150)	☐
6	跨数量		☐
7	箍筋	A10@100/200 (2)	☐
8	肢数	2	
9	上部通长筋	2B25	☐
10	下部通长筋	6B25 2/4	☐
11	侧面纵筋	N4B12	☐
12	拉筋	(A6)	☐
13	其他箍筋		
14	备注		☐
15	⊞ 其他属性		
23	⊞ 锚固搭接		

图 15-75　KL2 属性定义

② 软件画图（图 15-76）

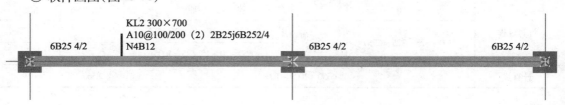

图 15-76　软件画图

③ 重新识别后填写原位标注编辑框（图 15-77）。

构件尺寸 (mm)							侧面钢筋		
A1	A2	A3	A4	跨长	截面(B*H)	距左边线距离	侧面通长筋	侧面原位标注筋	拉筋
(325)	(325)	(325)		(7200)	(300*700)	(150)		N4B12	(A6)
	(325)	(325)	(325)	(6900)	300*500	(150)			

图 15-77　原位标注编辑框

④ 软件结果（图 15-78）

筋号	直径(mm)	级别	图号	图形	计算公式	长度(mm)	根数	搭接
1跨.上通长筋1	25	Φ	64	375 ⌐14710⌐ 375	650-20+15*d+13450+650-20+15*d	15460	2	1

图 15-78　软件结果

（4）下部通长筋计算

因为 KL2 属于上平下不平情况，下部钢筋构造就会发生变化，其构造详图如图 15-79 所示。

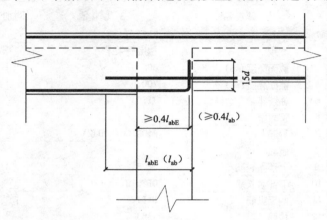

图 15-79　KL2 变截面钢筋构造

1）下部通长筋第一跨

① 下部钢筋第一跨长度计算，见表 15-45。

表 15-45　下部钢筋第一跨长度计算

计算方法	下部钢筋第一跨长度 = 净跨长 + 左、右支座锚固长度				
计算过程	净　跨	左、右支座锚固长度判断		结果	根数
	7200 − 325 − 325 = 6550	取大值 1005	$0.4 \times 33 \times 25 + 15 \times 25 = 705$		
			$650 − 20 + 15 \times 25 = 1005$		
计算式	6550 + 1005 + 1005			8560	7

② 软件结果（图 15-80）

筋号	直径(mm)	级别	图号	图形	计算公式	长度(mm)	根数
1跨.下部钢筋1	25	Φ	64	375 ⌐7810⌐ 375	650-20+15*d+6550+650-20+15*d	8560	4.
1跨.下部钢筋5	25	Φ	64	375 ⌐7810⌐ 375	650-20+15*d+6550+650-20+15*d	8560	2

图 15-80　软件结果

2）下部通长筋第二跨

① 下部通长筋第二跨长度计算，见表 15-46。

表 15-46 下部通长筋第二跨长度计算

计算方法	下部通长筋第二跨长度 = 净跨长 + 左、右支座锚固长度					
计算过程	净 跨	左支座锚固 长度判断	右支座锚固长度判断		结果	根数
计算过程	$6900 - 325 - 325 = 6250$	l_{aE}	$34 \times 25 = 850$	取大值 1005		
计算过程	$6900 - 325 - 325 = 6250$	$34 \times 25 = 850$	$0.4 \times 34 \times 25 + 15 \times 22 = 705$	取大值 1005		
计算过程	$6900 - 325 - 325 = 6250$	$34 \times 25 = 850$	$650 - 25 + 15 \times 25 = 1005$	取大值 1005		
计算式	$6250 + 850 + 1005$				8105	7

② 软件结果(图 15-81)

筋号	直径(mm)	级别	图号	图形	计算公式	长度(mm)	根数
2跨.下部钢筋1	25	Φ	18	375 ⌐ 7730	34*d+6250+650-20+15*d	8105	4
2跨.下部钢筋5	25	Φ	18	375 ⌐ 7730	34*d+6250+650-20+15*d	8105	2

图 15-81 软件结果

(5)支座负筋计算

1)左支座负筋

① 第一排负筋计算

左支座第一排负筋计算方法及锚固判断前面已讲过,计算如下:

长度 $= (7200 - 325 \times 2)/3 + (650 - 20 + 15 \times 25) = 3138$mm

根数 $= 2$ 根

② 第二排负筋计算

第一跨左支座第二排负筋计算:

长度 $= (7200 - 325 \times 2)/4 + (650 - 20 + 15 \times 25) = 2643$mm

根数 $= 2$ 根

③ 软件结果(图 15-82)

筋号	直径(mm)	级别	图号	图形	计算公式	长度(mm)	根数
1跨.左支座筋1	25	Φ	18	375 ⌐ 2813	650-20+15*d+6550/3	3188	2
1跨.左支座筋3	25	Φ	18	375 ⌐ 2268	650-20+15*d+6550/4	2643	2

图 15-82 软件结果

2)中间支座负筋

① 第一排负筋计算

长度 $= 2 \times (7200 - 325 - 325)/3 + 650 = 5017$mm

根数 $= 2$ 根

② 软件结果(图 15-83)

筋号	直径(mm)	级别	图号	图形	计算公式	长度(mm)	根数
1跨.右支座筋1	25	Φ	1	5016	6550/3+650+6550/3	5016	2

图 15-83 软件结果

③ 第二排负筋计算

长度 $=2 \times (7200 - 325 - 325)/4 + 650 = 3925mm$

根数 $=2$ 根

④ 软件结果（图 15-84）

筋号	直径(mm)	级别	图号	图形	计算公式	长度(mm)	根数
1跨.右支座筋3	25	Φ	1	3926	6550/4+650+6550/4	3926	2

图 15-84　软件结果

3）右支座第二跨负筋

① 第一排长度计算

第二跨右支座第一排钢筋计算方法和结果同第一跨左支座第一排钢筋，计算如下：

长度 $=6250/3 + 1005 = 3088mm$

根数 $=2$ 根

② 软件结果（图 15-85）

筋号	直径(mm)	级别	图号	图形	计算公式	长度(mm)	根数
2跨.右支座筋1	25	Φ	18	375 ⌐ 2713	6250/3+650-20+15*d	3088	2

图 15-85　软件结果

③ 第二排长度计算

第二跨右支座第二排钢筋计算方法和结果同第一跨左支座第一排钢筋，计算如下：

长度 $=6250/4 + 955 = 2568mm$

根数 $=2$ 根

④ 软件结果（图 15-86）

筋号	直径(mm)	级别	图号	图形	计算公式	长度(mm)	根数
2跨.右支座筋3	25	Φ	18	375 ⌐ 2193	6250/4+650-20+15*d	2568	2

图 15-86　软件结果

（6）侧面受扭纵向钢筋计算

1）长度计算（表 15-47）

表 15-47　侧面受扭纵向钢筋长度计算

计算方法	侧面纵向钢筋长度 = 净跨长 + 左、右直锚长度					
计算过程	净　跨	取大值	左、右直锚长度判断		结果	根数
			l_{aE}			
			$0.5h_c + 5 \times d$			
	$7200 - 325 - 325 = 6550$	408	$34 \times 12 = 408$			
			$0.5 \times 650 + 5 \times 12 = 385$			
计算式	$6550 + 408 + 408$				7366	4

2）软件结果（图 15-87）

筋号	直径(mm)	级别	图号	图形	计算公式	长度(mm)	根数
1跨.侧面受扭筋1	12	中	1	7366	34*d+6550+34*d	7366	4

图 15-87　软件结果

（7）箍筋计算

1）第一跨箍筋 1 计算

第一跨箍筋 1 的计算方法前面已讲过，这里不再讲解。

长度 $= 2 \times (300 + 700 - 4 \times 25) + 2 \times 11.9 \times 10 = 2078mm$

根数 $= \{ [(700 \times 1.5 - 50)/100] + 1 \} \times 2 + [(7200 - 325 \times 2 - 700 \times 1.5 \times 2)/200] - 1 = 44$ 根

2）软件结果（图 15-88）

筋号	直径(mm)	级别	图号	图形	计算公式	长度(mm)	根数
1跨.箍筋1	10	中	195	660 260	2*((300-2*20)+(700-2*20))+2*(11.9*d)	2078	44

图 15-88　软件结果

3）第二跨箍筋长度计算（表 15-48）

表 15-48　第二跨箍筋长度计算

计算方法	第二跨箍筋长度 $= 2 \times$（梁宽 $- 2 \times$ 保护层 $+$ 梁高 $- 2 \times$ 保护层）$+ 2 \times \max(10d, 75mm) + 2 \times 1.9d$			
计算过程	梁宽 + 梁高 $- 4 \times$ 保护层	取大值	$10d$	结果
			75mm	
	$300 + 500 - 4 \times 20 = 720$	100	$10 \times 10 = 100mm$	
			75mm	
计算式	$2 \times 720 + 2 \times 100 + 2 \times 1.9 \times 10$			1678mm

4）根数（表 15-49）

表 15-49　箍筋根数计算

计算方法	箍筋根数 = 左加密区根数 + 右加密区根数 + 非加密区根数		
箍筋长度计算	左、右加密区根数	非加密区根数	结果
	$[(1.5 \times$ 梁高 $-50)/$ 加密间距 $] + 1$	$[($ 净跨长 $-$ 左加密区 $-$ 右加密区 $)/$ 非加密间距 $] - 1$	
	$(1.5 \times 500 - 50)/100 + 1$	$(7200 - 325 \times 2 - 500 \times 1.5 \times 2)/200 - 1$	
	8 根	25 根	
计算式	$8 \times 2 + 25$		41

5）软件结果（图 15-89）

筋号	直径(mm)	级别	图号	图形	计算公式	长度(mm)	根数
2跨.箍筋1	10	中	195	460 260	2*((300-2*20)+(500-2*20))+2*(11.9*d)	1678	39

图 15-89　软件结果

（8）拉筋计算

1）KL1 的拉筋已讲过，这里只列公式。

长度 $=(300-2\times20)+2\times75+2\times1.9\times6=433\text{mm}$

根数 $=\{[(7200-325\times2)/400]+1\}\times2=36$ 根

2)软件结果(图 15-90)

筋号	直径(mm)	级别	图号	图形	计算公式	长度(mm)	根数
1跨.拉筋1	6	Ф	485	260	(300-2*20)+2*(75+1.9*d)	433	36

图 15-90　软件结果

3. KL3 钢筋计算

(1)详图介绍(图 15-91)

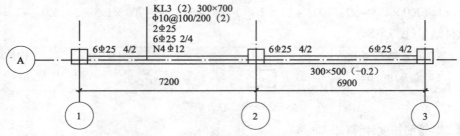

图 15-91　KL3 平法标注

(2)需要计算的量(表 15-50)

表 15-50　需要计算的量

纵								筋			
上部纵筋		下部纵筋	支座负筋						侧面受扭纵向钢筋	箍筋	拉筋
			左支座负筋		中间支座		右支座负筋				
第一跨上部钢筋	第二跨上部钢筋	下部通长筋	第一排	第二排	第一排	第二排	第一排	第二排			
长度　　　根数											

(3)第一跨

1)上部钢筋计算

KL3 属于下平上不平情况,其钢筋构造也发生了变化,其构造详图如图 15-92 所示。

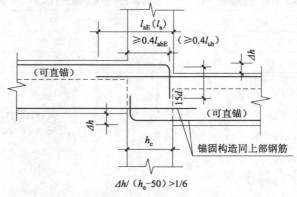

图 15-92　KL3 变截面钢筋构造

判断是否直锚：$l_{abE} = 34 \times 25 = 850\text{mm}$，$650 - 20 = 630\text{mm}$，因 $630 < 850$，所以必须弯锚。

① 上部钢筋长度计算（表 15-51）

表 15-51　上部钢筋长度计算

计算方法	第一跨上部钢筋长度 ＝净跨长＋左、右支座锚固长度						
计算过程	净　　跨	取大值	左支座锚固长度		取大值	右支座锚固长度		结果	根数
			$0.4l_{abE} + 15d$			$0.4l_{abE} + 15d$			
			支座宽－保护层＋弯折 $15d$			支座宽－保护层＋弯折 $15d$			
	$7200 - 325 - 325$ $= 6550$	1005	$0.4 \times 33 \times 25 + 15 \times 25 = 705$		1005	$0.4 \times 33 \times 25 + 15 \times 25 = 705$			
			$600 - 20 + 15 \times 25 = 1005$			$600 - 20 + 15 \times 25 = 1005$			
计算式	$6550 + 1005 + 1005$							8560	2

② 软件属性定义（图 15-93）

	属性名称	属性值	附加
1	名称	KL3	
2	类别	楼层框架梁	☐
3	截面宽度(mm)	300	☐
4	截面高度(mm)	700	☐
5	轴线距梁左边线距离(mm)	(150)	☐
6	跨数量		☐
7	箍筋	A10@100/200 (2)	☐
8	肢数	2	
9	上部通长筋	2B25	☐
10	下部通长筋	6B25 2/4	☐
11	侧面纵筋		☐
12	拉筋		☐
13	其他箍筋		
14	备注		☐
15	⊞ 其他属性		
23	⊞ 锚固搭接		

图 15-93　KL3 属性定义

③ 软件画图（图 15-94）

KL3 300×700
A10@100/200（2）2B25 6B252/4
6B25 4/2　　6B25 4/2　　6B25 4/2
N4B12　　300×500

图 15-94　软件画图

④ 重新识别后填写原位标注编辑框（图 15-95）

跨号	标高(m)		构件尺寸(mm)						
	起点标高	终点标高	A1	A2	A3	A4	跨长	截面(B*H)	距左边线距离
1	5.95	5.95	(325)	(325)	(325)		(7200)	(300*700)	(150)
2	5.75	5.75		(325)	(325)	(325)	(6900)	300*500	(150)

图 15-95　原位标注编辑框

⑤ 软件结果(图15-96)

筋号	直径(mm)	级别	图号	图形	计算公式	长度(mm)	根数
1跨.上通长筋1	25	Φ	64	375 ⌐7810┐ 375	650-20+15*d+6550+650-20+15*d	8560	2

图15-96　软件结果

2)下部通长筋计算

① 下部通长筋长度计算方法同上部通长筋(表15-52)

表15-52　下部通长筋长度计算

计算方法	下部通长筋长度 = 净跨长 + 左、右支座锚固长度				
计算过程	净　跨	左、右支座锚固长度判断		结果	根数
	$7200+6900-325-325$ $=13450$	取大值 1005	$0.4 \times 33 \times 25 + 15 \times 25 = 705$		
			$650-20+15 \times 25 = 1005$		
计算式	$13450+1005+1005$			15460	6

接头为6个。

② 软件结果(图15-97)

筋号	直径(mm)	级别	图号	图形	计算公式	长度(mm)	根数	搭接
1跨.下通长筋1	25	Φ	64	375 ⌐14710┐ 375	650-20+15*d+13450+650-20+15*d	15460	4	1
1跨.下通长筋5	25	Φ	64	375 ⌐14710┐ 375	650-20+15*d+13450+650-20+15*d	15460	2	1

图15-97　软件结果

3)左支座第一排负筋计算

第一跨左支座第一排负筋计算方法及锚固判断前面已讲过,计算如下:

长度 $= (7200-325 \times 2)/3 + (650-20+15 \times 25) = 3188$mm

根数 $=2$ 根

4)左支座第二排负筋计算

第一跨左支座第二排负筋计算如下:

长度 $= (7200-325 \times 2)/4 + (650-20+15 \times 25) = 2643$mm

根数 $=2$ 根

软件结果(图15-98)

筋号	直径(mm)	级别	图号	图形	计算公式	长度(mm)	根数
1跨.左支座筋1	25	Φ	18	375 ∟2813	650-20+15*d+6550/3	3188	2
1跨.左支座筋3	25	Φ	18	375 ∟2268	650-20+15*d+6550/4	2643	2

图15-98　软件结果

5)侧面受扭纵向钢筋计算(表15-53)

表 15-53 侧面受扭纵向钢筋计算

计算方法	侧面受扭纵向钢筋长度 = 净跨长 + 左、右直锚长度				
计算过程	净 跨	左、右直锚长度判断		结果	根数
		取大值	l_{aE}		
			$0.5h_c + 5 \times d$		
	$7200 - 325 - 325 = 6550$	408	$34 \times 12 = 408$		
			$0.5 \times 650 + 5 \times 12 = 385$		
计算式	$6550 + 408 + 408$			7366	4

软件结果（图 15-99）

筋号	直径(mm)	级别	图号	图形	计算公式	长度(mm)	根数
1跨. 侧面受扭筋1	12	Φ	1	7366	34*d+6550+34*d	7366	4

图 15-99 软件结果

6）右支座第一排负筋计算（表 15-54）

表 15-54 右支座第一排负筋长度计算

计算方法	第一排支座负筋长度 = 净跨长/3 + 右支座锚固长度				
计算过程	净 跨	右支座锚固长度判断		结果	根数
		取大值	$0.4l_{aE} + 15d$		
			支座宽 - 保护层 + 弯折 $15d$		
	$7200 - 325 - 325 = 6550$	取大值 1005	$0.4 \times 33 \times 25 + 15 \times 25 = 705$		
			$650 - 20 + 15 \times 25 = 1005$		
计算式	$6550/3 + 1005$			3138	2

软件结果（图 15-100）

筋号	直径(mm)	级别	图号	图形	计算公式	长度(mm)	根数
1跨. 右支座筋1	25	Φ	18	375 ⌐ 2813	6550/3+650-20+15*d	3188	2

图 15-100 软件结果

7）右支座第二排负筋计算（表 15-55）

表 15-55 右支座第一排负筋长度计算

计算方法	右支座第一排负筋长度 = 净跨长/4 + 右支座锚固长度				
计算过程	净 跨	右支座锚固长度判断		结果	根数
		取大值	$0.4l_{abE} + 15d$		
			支座宽 - 保护层 + 弯折 $15d$		
	$7200 - 325 - 325 = 6550$	取大值 1005	$0.4 \times 33 \times 25 + 15 \times 25 = 705$		
			$650 - 20 + 15 \times 25 = 1005$		
计算式	$6550/4 + 1005$			2643	2

软件结果(图 15-101)

筋号	直径(mm)	级别	图号	图形	计算公式	长度(mm)	根数
1跨.右支座筋3	25	Φ	18	375 ⌐ 2268	6550/4+650-20+15*d	2643	2

图 15-101 软件结果

8)第一跨箍筋 1 计算

箍筋 1 的计算方法前面已讲过,这里不再讲解。

长度 $= 2 \times (300 + 700 - 4 \times 20) + 2 \times 11.9 \times 10 = 2078mm$

根数 $= \{[(700 \times 1.5 - 50)/100] + 1\} \times 2 + \{[(7200 - 325 \times 2 - 700 \times 1.5 \times 2)/200] - 1\} = 44$ 根

软件结果(图 15-102)

筋号	直径(mm)	级别	图号	图形	计算公式	长度(mm)	根数
1跨.箍筋1	10	Φ	195	660 260	2*((300-2*20)+(700-2*20))+2*(11.9*d)	2078	44

图 15-102 软件结果

9)拉筋计算

KL1 的拉筋已讲过,这时只列公式:

长度 $= (300 - 2 \times 20) + 2 \times 75 + 2 \times 1.9 \times 6 = 433mm$

根数 $= \{[(7200 - 325 \times 2)/400] + 1\} \times 2 = 36$ 根

软件结果(图 15-103)

筋号	直径(mm)	级别	图号	图形	计算公式	长度(mm)	根数
1跨.拉筋1	6	Φ	485	260	(300-2*20)+2*(75+1.9*d)	433	36

图 15-103 软件结果

(4)第二跨

1)上部钢筋长度计算(表 15-56)

表 15-56 第二跨上部钢筋长度计算

计算方法	第二跨上部钢筋长度 = 净跨长 + 左、右支座锚固长度					
计算过程	净 跨	左支座锚固长度判断	右支座锚固长度判断		结果	根数
	6900 - 325 - 325 = 6250	l_{aE}	取大值 1005	$0.4 \times 33 \times 25 + 15 \times 25 = 705$		
		$34 \times 25 = 850$		$650 - 20 + 15 \times 25 = 1005$		
计算式	6250 + 850 + 1005				8105	2

软件结果(图 15-104)

筋号	直径(mm)	级别	图号	图形	计算公式	长度(mm)	根数
2跨.上通长筋1	25	Φ	18	375 ⌐ 7730	34*d+6250+650-20+15*d	8105	2

图 15-104 软件结果

2)左支座第一排负筋计算(表15-57)

表 15-57 左支座第一排负筋长度计算

计算方法	左支座第一排负筋长度 = 净跨长/3 + 左支座锚固长度				
计算过程	净 跨	左支座锚固长度		结果	根数
		l_{aE}			
		34×25			
	$6900 - 325 - 325 = 6250$	850			
计算式	$6250/3 + 850$			2933	2

软件结果(图15-105)

筋号	直径(mm)	级别	图号	图形	计算公式	长度(mm)	根数
2跨.左支座筋1	25	Φ	1	3033	34*d+6550/3	3033	2

图 15-105 软件结果

3)左支座第二排负筋计算(表15-58)

表 15-58 左支座第二排负筋长度计算

计算方法	左支座第二排负筋长度 = 净跨长/4 + 左支座锚固长度				
计算过程	净 跨	左支座锚固长度		结果	根数
		l_{aE}			
		34×25			
	$6900 - 325 - 325 = 6250$	850			
计算式	$6250/4 + 850$			2413	2

软件结果(图15-106)

筋号	直径(mm)	级别	图号	图形	计算公式	长度(mm)	根数
2跨.左支座筋3	25	Φ	1	2488	34*d+6550/4	2488	2

图 15-106 软件结果

4)右支座第一排负筋计算

第二跨右支座第一排负筋计算方法和结果同第一跨左支座第一排负筋,计算如下:

长度 = $6250/3 + 1005 = 3088$mm

根数 = 2 根

软件结果(图15-107)

筋号	直径(mm)	级别	图号	图形	计算公式	长度(mm)	根数
2跨.右支座筋1	25	Φ	18	375 2713	6250/3+650-20+15*d	3088	2

图 15-107 软件结果

5)右支座第二排负筋计算

第二跨右支座第二排负筋计算方法和结果同第一跨左支座第一排负筋,计算如下:

长度 $=6250/4+1005=2568$mm

根数 $=2$ 根

软件结果(图 15-108)

筋号	直径(mm)	级别	图号	图形	计算公式	长度(mm)	根数
2跨.右支座筋3	25	Φ	18	375 ⌐ 2193	6250/4+650-20+15*d	2568	2

图 15-108　软件结果

6)第二跨箍筋 1 长度计算(表 15-59)

表 15-59　第二跨箍筋 1 长度计算

计算方法	箍筋长度 $=2\times($梁宽$-2\times$保护层$+$梁高$-2\times$保护层$)+2\times\max(10d,75$mm$)+2\times1.9d$			
计算过程	梁宽$+$梁高$-4\times$保护层	取大值	$10d$	结果
			75mm	
	$300+500-4\times20=720$	100	$10\times10=100$mm	
			75mm	
计算式	$2\times720+2\times100+2\times1.9\times10$			1678

7)第二跨箍筋 1 根数计算(表 15-60)

表 15-60　箍筋根数计算

计算方法	箍筋根数 $=$左加密区根数$+$右加密区根数$+$非加密区根数		结果
计算过程	左、右加密区根数	非加密区根数	
	$[(1.5\times$梁高$-50)/$加密间距$]+1$	$[($净跨长$-$左加密区$-$右加密区$)/$非加密间距$]-1$	
	$[(1.5\times500-50)/100]+1$	$[(6900-325\times2-500\times1.5\times2)/200]-1$	
	8	23	
计算式	$8\times2+23$		39

软件结果(图 15-109)

筋号	直径(mm)	级别	图号	图形	计算公式	长度(mm)	根数
2跨.箍筋1	10	Φ	195	460 260	2*((300-2*20)+(500-2*20))+2*(11.9*d)	1678	39

图 15-109　软件结果

第三节　多　跨　梁

一、多跨梁的平法标注(图 15-110)

其中柱子截面为 650mm×600mm。

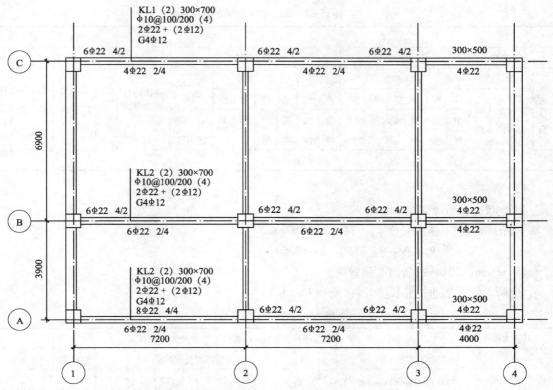

图 15-110　多跨梁的平法标注

多跨梁的环境描述（表 15-61）

表 15-61　梁的环境描述

梁的环境描述	层属性	抗震等级	混凝土强度等级	保护层/mm
	楼层梁	2 级	C30	20

注：直径 > 18mm 时为机械连接，直径 ≤ 18mm 时为搭接。

二、多跨梁的钢筋计算

1. KL1 钢筋计算

（1）详图介绍（图 15-111）

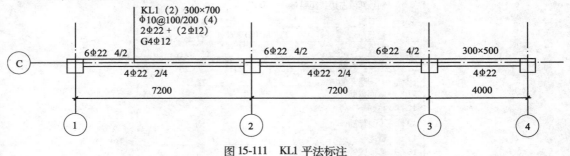

图 15-111　KL1 平法标注

（2）需要计算的量（表 15-62）

表15-62　KL1 需要计算的量

纵　筋																		箍　筋			拉　筋		
上部纵筋				下部纵筋					支座负筋								侧面构造纵向钢筋						
上部通长筋	架立筋			下部钢筋					左支座负筋		中间支座				右支座负筋			第一跨	第二跨	第三跨	第一跨	第二跨	第三跨
	第一跨	第二跨	第三跨	第一跨		第二跨		第三跨			第二跨		第三跨										
				第一排	第二排	第一排	第二排	第一排	第一排	第二排	第一排	第二排	第一排	第二排	第一排	第二排							
							长度　　　　　　　　根数																

(3)第一跨

1)上部通长筋计算

判断是否直锚：锚固长度 $l_{aE} = 34 \times 25 = 850\mathrm{mm}$

$$h_c - 保护层 = 650 - 25 = 625\mathrm{mm}$$

因 $625\mathrm{mm} < 850\mathrm{mm}$，所以必须弯锚。

① KL1 的上部通长筋长度计算，见表15-63。

表15-63　上部通长筋长度计算

计算方法	上部通长筋长度 = 净跨长 + 左、右支座锚固长度				
计算过程	净　跨	左、右支座锚固长度判断		结果	根数
	$7200 + 7200 + 4000 - 325 - 325$ $= 17750$	取大值 910	$0.4 \times 33 \times 22 + 15 \times 22 = 620$		
			$650 - 20 + 15 \times 22 = 910$		
计算式	$17750 + 910 + 910$			19670	2

接头数量为 4 个。

② 软件计算过程

③ 属性定义（图 15-112）

	属性名称	属性值	附加
1	名称	KL1	
2	类别	楼层框架梁	☐
3	截面宽度(mm)	300	☐
4	截面高度(mm)	700	☐
5	轴线距梁左边线距离(mm)	(150)	☐
6	跨数量		☐
7	箍筋	A10@100/200(4)	☐
8	肢数	4	
9	上部通长筋	2B22+(2B12)	☐
10	下部通长筋		☐
11	侧面纵筋	G4B12	☐
12	拉筋	(A6)	☐
13	其他箍筋		
14	备注		☐
15 ⊞	其他属性		
23 ⊞	锚固搭接		

图 15-112　KL1 属性定义

④ 软件画图（图 15-113）

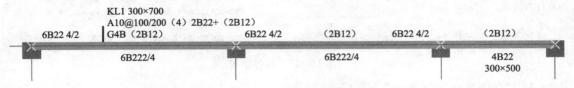

图 15-113 软件画图

⑤ 重新识别后填写原位标注编辑框（图 15-114）

距左边线距离	上通长筋	上部钢筋			下部钢筋		侧面钢筋		
		左支座钢筋	跨中钢筋	右支座钢筋	下通长筋	下部钢筋	侧面通长筋	侧面原位标注筋	拉筋
(150)	2B22	6B22 4/2	(2B12)			6B22 2/4		G4B12	(A6)
(150)		6B22 4/2	(2B12)	6B22 4/2		6B22 2/4		G4B12	(A6)
(150)			(2B12)			4B22			

图 15-114 原位标注编辑框

⑥ 软件结果（图 15-115）

筋号	直径(mm)	级别	图号	图形	计算公式	长度(mm)	根数	搭接
1跨.上通长筋1	22	Φ	64	330 ⌐19010⌐ 330	650-20+15*d+17750+650-20+15*d	19670	2	2

图 15-115 软件结果

2）架立筋计算

KL1 的第一跨架立筋计算如下：

架立筋长度 $= 7200 - 325 \times 2 - 2 \times (7200 - 325 \times 2)/3 + 150 \times 2 = 2438\text{mm}$

架立筋根数为 2 根

软件结果（图 15-116）

	筋号	直径(mm)	级别	图号	图形	计算公式	长度(mm)	根数
6	1跨.架立筋1	12	Φ	1	2484	150-6550/3+6550+150-6550/3	2484	2

图 15-116 软件结果

3）下部通长筋计算（表 15-64）

表 15-64 第一跨下部通长筋长度计算

计算方法		第一跨下部通长筋长度 = 净跨长 + 左、右锚固长度						
计算过程	净跨	左锚固长度			右锚固长度		结果	根数
		取大值	$0.4l_{abE} + 15d$	取大值	l_{aE}			
			支座宽 - 保护层 + 弯折 $15d$		$0.5h_c + 5d$			
	$7200 - 325 - 325 = 6550$	960	$0.4 \times 33 \times 22 + 15 \times 22 = 620$	715	$34 \times 22 = 748$			
			$650 - 20 + 15 \times 22 = 960$		$0.5 \times 650 + 5 \times 22 = 435$			
计算式		6550 + 960 + 748					8258	6

软件结果（图 15-117）

筋号	直径(mm)	级别	图号	图形	计算公式	长度(mm)	根数	搭接
1跨.下部钢筋1	22	Φ	18	330⌐___7928___	650-20+15*d+6550+34*d	8258	4	1
1跨.下部钢筋5	22	Φ	18	330⌐___7928___	650-20+15*d+6550+34*d	8258	2	1

图 15-117　软件结果

4）左支座第一排负筋计算（表 15-65）

表 15-65　左支座第一排负筋长度计算

计算方法	左支座第一排负筋长度 = 净跨长/3 + 左支座锚固长度				
计算过程	净跨	左支座锚固长度判断		结果	根数
	$7200 - 325 - 325 = 6550$	取大值 960	$0.4 \times 33 \times 22 + 15 \times 22 = 620$		
			$650 - 20 + 15 \times 22 = 960$		
计算式	$6550/3 + 960$			3143	2

软件结果（图 15-118）

筋号	直径(mm)	级别	图号	图形	计算公式	长度(mm)	根数
1跨.左支座筋1	22	Φ	18	330⌐___2813___	650-20+15*d+6550/3	3143	2

图 15-118　软件结果

5）左支座第二排负筋计算（表 15-66）

表 15-66　左支座第二排负筋长度计算

计算方法	左支座第二排负筋长度 = 净跨长/4 + 左支座锚固长度				
计算过程	净跨	左支座锚固长度判断		结果	根数
	$7200 - 325 - 325 = 6550$	取大值	$0.4 \times 33 \times 22 + 15 \times 22 = 620$		
		960	$650 - 20 + 15 \times 22 = 960$		
计算式	$6550/4 + 960$			2598	2

软件结果（图 15-119）

筋号	直径(mm)	级别	图号	图形	计算公式	长度(mm)	根数
1跨.左支座筋3	22	Φ	18	330⌐___2268___	650-20+15*d+6550/4	2598	2

图 15-119　软件结果

6）侧面构造纵向钢筋计算（表 15-67）

表 15-67　侧面构造纵向钢筋长度计算

计算方法	侧面构造纵向钢筋长度 = 净跨长 $+ 2 \times 15d$			
计算过程	净跨	$15d$	结果	根数
	$7200 - 325 - 325 = 6550$	15×12		
		180		
计算式	$6550 + 2 \times 180$		6910	4

软件结果（图 15-120）

筋号	直径(mm)	级别	图号	图形	计算公式	长度(mm)	根数
1跨. 侧面构造筋1	12	Φ	1	6910	15*d+6550+15*d	6910	4

图 15-120　软件结果

7）箍筋计算

① 箍筋 1 长度计算（表 15-68）

表 15-68　箍筋 1 长度计算

计算方法	箍筋长度 $=2\times$（梁宽 $-2\times$ 保护层 $+$ 梁高 $-2\times$ 保护层）$+2\times\max(10d,75\mathrm{mm})+2\times1.9d$			
计算过程	梁宽 $+$ 梁高 $-4\times$ 保护层	取大值	$10d$	结果
			75mm	
	$300+700-4\times20=920$	100	$10\times10=100\mathrm{mm}$	
			75mm	
计算式	$2\times920+2\times100+2\times1.9\times10$			2078

② 箍筋 1 根数计算（表 15-69）

表 15-69　箍筋根数计算

计算方法	箍筋 1 根数 $=$ 左加密区根数 $+$ 右加密区根数 $+$ 非加密区根数		
计算过程	加密区根数	非加密区根数	结果
	$[(1.5\times$ 梁高 $-50)/$ 加密间距 $]+1$	$[($ 净跨长 $-$ 左加密区 $-$ 右加密区 $)/$ 非加密间距 $]-1$	
	$[(1.5\times700-50)/100]+1$	$[(7200-325\times2-700\times1.5\times2)/200]-1$	
	11	22	
计算式	$11\times2+22$		44

③ 软件结果（图 15-121）

筋号	直径(mm)	级别	图号	图形	计算公式	长度(mm)	根数
1跨. 箍筋1	10	Φ	195	660 260	2*((300-2*20)+(700-2*20))+2*(11.9*d)	2078	44

图 15-121　软件结果

④ 箍筋 2 计算

KL1 的第一跨箍筋 2 的长度计算方法前面已讲过，其长度计算过程如下：

$2\times\{[(300-2\times20-2\times10-22)/4\times2+22+2\times10]+(700-2\times20)\}+2\times(11.9\times10)=1787\mathrm{mm}$

根数和 KL1 的第一跨箍筋 1 一样，为 44 根。

⑤ 软件结果（图 15-122）

筋号	直径(mm)	级别	图号	图形	计算公式	长度(mm)	根数
1跨. 箍筋2	10	Φ	195	660 115	2*(((300-2*20-2*d-22)/3*1+22+2*d)+(700-2*20))+2*(11.9*d)	1787	44

图 15-122　软件结果

8）拉筋计算（表 15-70）

因为梁宽 <350mm，所以拉接筋的直径为 6mm。

表 15-70　拉筋长度计算

计算方法	拉筋长度 =（梁宽 -2 × 保护层）+2 ×1.9d +2 × max(10d,75mm)				
计算过程	300 - 2 × 20 = 260	左支座锚固长度			结果
		取大值 75	10d	75mm	
			10 × 6	75mm	
			60mm	75mm	
计算式	260 + 2 × 1.9 × 6 + 2 × 75				433

拉筋总根数 = ｛[（7200 - 325 - 325)/400] + 1｝×2 = 36 根

软件结果（图 15-123）

筋号	直径(mm)	级别	图号	图形	计算公式	长度(mm)	根数
1跨.拉筋1	6	中	485	260	(300-2*20)+2*(75+1.9*d)	433	36

图 15-123　软件结果

（4）第二跨

1）架立筋计算

KL1 的第二跨架立筋计算如下：

架立筋长度 = 7200 - 325 × 2 - 2 × (7200 - 325 × 2)/3 + 150 × 2 = 2483mm

架立筋根数 = 2 根

软件结果（图 15-124）

筋号	直径(mm)	级别	图号	图形	计算公式	长度(mm)	根数
2跨.架立筋1	12	中	1	2484	150-6550/3+6550+150-6550/3	2484	2

图 15-124　软件结果

2）下部通长筋计算（表 15-71）

表 15-71　下部通长筋计算

计算方法	下部通长筋长度 = 净跨长 + 左、右支座锚固长度						
计算过程	净 跨	左支座锚固长度		右支座锚固长度		结果	根数
		取大值	l_{aE}	取大值	l_{aE}		
			$0.5h_c + 5d$		支座宽 - 保护层 + 15d		
	7200 - 325 - 325 = 6550	748	34 × 22 = 748	960	34 × 22 = 748		
			0.5 × 650 + 5 × 22 = 435		650 - 20 + 15 × 22 = 960		
计算式	6550 + 748 + 960					8258	6

软件结果（图 15-125）

筋号	直径(mm)	级别	图号	图形	计算公式	长度(mm)	根数
2跨.下部钢筋1	22	中	18	330 ⌐ 7928	34*d+6550+650-20+15*d	8258	4
2跨.下部钢筋5	22	中	18	330 ⌐ 7928	34*d+6550+650-20+15*d	8258	2

图 15-125　软件结果

3)左支座第一排负筋计算(表15-72)

表 15-72　中间支座第一排负筋长度计算

计算方法	左支座第一排负筋长度 = 2×第一跨第二跨净跨长/3(取大值) + 支座宽			
计算过程	第一跨净跨长	第二跨净跨长	结果	根数
	7200 − 325 − 325 = 6550	7200 − 325 − 325 = 6550		
	取大值 6550			
计算式	2×6550/3 +650		5017	2

软件结果(图 15-126)

筋号	直径(mm)	级别	图号	图形	计算公式	长度(mm)	根数
1跨.右支座筋1	22	中	1	5016	6550/3+650+6550/3	5016	2

图 15-126　软件结果

4)左支座第二排负筋计算(表15-73)

表 15-73　左支座第二排负筋长度计算

计算方法	左支座第二排负筋长度 = 2×第一跨第二跨净跨长/4(取大值) + 支座宽			
计算过程	第一跨净跨长	第二跨净跨长	结果	根数
	7200 − 325 − 325 = 6550	7200 − 325 − 325 = 6550		
	取大值 6550			
计算式	2×6550/4 +650		3925	2

软件结果(图 15-127)

筋号	直径(mm)	级别	图号	图形	计算公式	长度(mm)	根数
1跨.右支座筋3	22	中	1	3926	6550/4+650+6550/4	3926	2

图 15-127　软件结果

5)右支座第一排负筋计算(表15-74)

表 15-74　右支座第一排负筋长度计算

计算方法	右支座第一排负筋长度 = 2×第二跨第三跨净跨长/3(取大值) + 支座宽			
计算过程	第二跨净跨长	第三跨净跨长	结果	根数
	7200 − 325 − 325 = 6550	4000 − 325 − 325 = 3350		
	取大值 6550			
计算式	2×6550/3 +650		5017	2

软件结果（图 15-128）

筋号	直径(mm)	级别	图号	图形	计算公式	长度(mm)	根数
2跨.右支座筋1	22	中	1	5016	6550/3+650+6550/3	5016	2

图 15-128　软件结果

6）右支座第二排负筋计算（表 15-75）

表 15-75　右支座第二排负筋长度计算

计算方法	右支座第二排负筋长度 = 2×第二跨第三跨净跨长/3（取大值）+ 支座宽			
计算过程	第二跨净跨长	第三跨净跨长	结果	根数
	7200 − 325 − 325 = 6550	4000 − 325 − 325 = 6350		
	取大值 6550			
计算式	2×6550/4 + 650		3925	2

软件结果（图 15-129）

筋号	直径(mm)	级别	图号	图形	计算公式	长度(mm)	根数
2跨.右支座筋3	22	中	1	3926	6550/4+650+6550/4	3926	2

图 15-129　软件结果

7）侧面构造纵向钢筋计算（表 15-76）

表 15-76　侧面构造纵向钢筋长度计算

计算方法	侧面构造纵向钢筋长度 = 净跨长 + 2×15d			
计算过程	净跨	15d	结果	根数
	7200 − 325 − 325	15 × 12		
	6550	180		
计算式	6550 + 2×180		6910	4

软件结果（图 15-130）

筋号	直径(mm)	级别	图号	图形	计算公式	长度(mm)	根数
2跨.侧面构造筋1	12	中	1	6910	15*d+6550+15*d	6910	4

图 15-130　软件结果

8）箍筋计算

① 箍筋 1 长度计算（表 15-77）

表 15-77　箍筋 1 长度计算

计算方法	箍筋 1 长度 = 2×（梁宽 − 2×保护层 + 梁高 − 2×保护层）+ 2×max(10d,75mm) + 2×1.9d			
计算过程	梁宽 + 梁高 − 4×保护层	取大值	10d	结果
			75mm	
	300 + 700 − 4×20 = 920	100	10 × 10 = 100mm	
			75mm	
计算式	2×920 + 2×100 + 2×1.9×10			2078

② 箍筋 1 根数计算（表 15-78）

表 15-78 箍筋 1 根数计算

计算方法	箍筋根数＝左加密区根数＋右加密区根数＋非加密区根数		
计算过程	加密区根数	非加密区根数	结果
	［（1.5×梁高－50）/加密间距］＋1	［（净跨长－左加密区－右加密区）/非加密间距］－1	
	［（1.5×700－50）/100］＋1	［（7200－325×2－700×1.5×2）/200］－1	
	11	22	
计算式	11×2＋22		44

③ 软件结果（图 15-131）

筋号	直径(mm)	级别	图号	图形	计算公式	长度(mm)	根数
2跨.箍筋1	10	Φ	195	660 260	2*((300-2*20)+(700-2*20))+2*(11.9*d)	2078	44

图 15-131 软件结果

④ 箍筋 2 计算

KL1 的第二跨箍筋 2 的长度计算方法前面已讲过，其长度计算过程如下：

长度＝2×｛［（300－2×20－2×10－22）/4］×2＋22＋2×10｝＋（700－2×20）＋2×（11.9×10）＝1787mm

根数（和 KL1 的第一跨箍筋 1 一样）＝44 根

⑤ 软件结果（图 15-132）

筋号	直径(mm)	级别	图号	图形	计算公式	长度(mm)	根数
2跨.箍筋2	10	Φ	195	660 115	2*(((300-2*20-2*d-22)/3*1+22+2*d)+(700-2*20))+2*(11.9*d)	1787	44

图 15-132 软件结果

9）拉筋计算

① 因为梁宽＜350mm，所以拉筋的直径为 6mm。拉筋长度计算见表 15-79。

表 15-79 拉筋长度计算

计算方法	拉筋长度＝梁宽－2 保护层＋2×1.9d＋2×max（10d,75mm）			
计算过程	300－2×20＝260	左支座锚固长度		结果
		10d	75mm	
	取大值 75	10×6	75mm	
		60mm	75mm	
计算式	260＋2×1.9×6＋2×75			433

② 拉筋总根数＝｛［（7200－325－325）/400］＋1｝×2＝36 根

③ 软件结果（图 15-133）

筋号	直径(mm)	级别	图号	图形	计算公式	长度(mm)	根数
2跨.拉筋1	6	Φ	485	260	(300-2*20)+2*(75+1.9*d)	433	36

图 15-133 软件结果

（5）第三跨

1）架立筋计算

KL1 的第二跨架立筋计算如下：

架立筋长度 $= 4000 - 325 \times 2 - (7200 - 325 \times 2)/3 - (400 - 325 \times 2)/3 + 150 \times 2 = 350$ mm

架立筋根数 = 2 根

软件结果（图 15-134）

筋号	直径(mm)	级别	图号	图形	计算公式	长度(mm)	根数
3跨.架立筋1	12	Φ	1	350	150-6550/3+3350+150-3350/3	350	2

图 15-134　软件结果

2）下部通长筋计算

① 下部通长筋计算，见表 15-80。

表 15-80　下部通长筋长度计算

计算方法	下部通长筋长度 = 净跨长 + 左支座锚固长度 + 右支座锚固长度						
计算过程	净　跨	左支座锚固长度		右支座锚固长度		结果	根数
		l_{aE}	取大值	$0.4 l_{abE} + 15d$			
				支座宽 − 保护层 + 弯折 $15d$			
	$4000 - 325 - 325 = 3350$	$34 \times 22 = 748$	960	$0.4 \times 33 \times 22 + 15 \times 22 = 620$			
				$650 - 20 + 15 \times 22 = 960$			
计算式	$3350 + 748 + 960$					5058	4

② 软件结果（图 15-135）

筋号	直径(mm)	级别	图号	图形	计算公式	长度(mm)	根数
3跨.下部钢筋1	22	Φ	18	330　4728	34*d+3350+650-20+15*d	5058	4

图 15-135　软件结果

3）箍筋计算

① 箍筋 1 长度计算，见表 15-81。

表 15-81　箍筋 1 长度计算

计算方法	箍筋 1 长度 = $2 \times ($梁宽 $- 2 \times$保护层 + 梁高 $- 2 \times$保护层$) + 2 \times \max(10d, 75\text{mm}) + 2 \times 1.9d$			
计算过程	梁宽 + 梁高 $- 4 \times$保护层	取大值	$10d$	结果
			75mm	
	$300 + 500 - 4 \times 20 = 720$	100	$10 \times 10 = 100\text{mm}$	
			75mm	
计算式	$2 \times 720 + 2 \times 100 + 2 \times 1.9 \times 10$			1678mm

② 箍筋 1 根数计算，见表 15-82。

表 15-82 箍筋 1 根数计算

计算方法	箍筋 1 根数 = 左加密区根数 + 右加密区根数 + 非加密区根数		
计算过程	加密区根数	非加密区根数	结果
	$[(1.5 \times 梁高 - 50)/加密间距] + 1$	(净跨长 - 左加密区 - 右加密区)/非加密间距 - 1	
	$[(1.5 \times 500 - 50)/100] + 1$	$[(4000 - 325 \times 2 - 500 \times 1.5 \times 2)/200] - 1$	
	8	9	
计算式	$8 \times 2 + 9$		25

③ 软件结果(图 15-136)

筋号	直径(mm)	级别	图号	图形	计算公式	长度(mm)	根数
3跨.箍筋1	10	Φ	195	460 [260]	2*((300-2*20)+(500-2*20))+2*(11.9*d)	1678	25

图 15-136 软件结果

④ 箍筋 2 计算

KL1 的第二跨箍筋 2 的长度计算方法前面已讲过,其长度计算过程如下:

长度 $= 2 \times \{[(300 - 2 \times 20 - 22 - 2 \times 10)/4] \times 2 + 22 + 2 \times 10\} + (500 - 2 \times 20) + 2 \times (11.9 \times 10) + (8 \times 10) = 1387mm$

根数(和 KL1 的第一跨箍筋 1 根数一样)= 25 根

⑤ 软件结果(图 15-137)

筋号	直径(mm)	级别	图号	图形	计算公式	长度(mm)	根数
3跨.箍筋2	10	Φ	195	460 [115]	2*(((300-2*20-2*d-22)/3*1+22+2*d)+(500-2*20))+2*(11.9*d)	1387	25

图 15-137 软件结果

2. KL2 钢筋计算

(1)详图介绍(图 15-138)

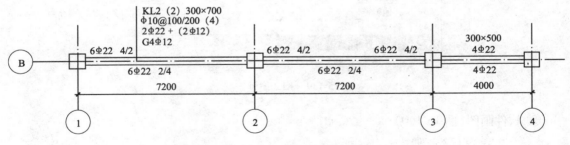

图 15-138 KL2 平法标注

KL2 在 KL1 的基础上稍稍改动一下,在第三跨增加了跨中钢筋,钢筋构造发生了变化,下面以 KL2 为例作介绍。

(2)需要计算的量(表 15-83)

表 15-83　需要计算的量

纵筋																	箍筋			拉筋		
上部纵筋			下部纵筋					支座负筋						侧面构造纵向钢筋								
上部通长筋	架立筋	第三跨跨中钢筋	下部钢筋					第一跨左支座		第二跨				第一跨	第二跨	第一跨	第二跨	第三跨	第一跨	第二跨	第三跨	
	第一跨 / 第二跨		第一跨	第二跨	第三跨					左支座		右支座										
	第一排 / 第二排		第一排	第二排	第一排	第二排	第一排	第一排	第二排	第一排	第二排	第一排	第二排									

长度　　　根数

（3）第一跨

1）上部通长筋计算

长度 $= 7200 + 7200 + 4000 - 325 \times 2 + 2 \times (650 - 20 + 15 \times 22) = 19670\text{mm}$

根数 $= 2$ 根

接头数量 $= 4$ 个

① 属性定义（图 15-139）

	属性名称	属性值	附加
1	名称	KL2	
2	类别	楼层框架梁	
3	截面宽度(mm)	300	
4	截面高度(mm)	700	
5	轴线距梁左边线距离(mm)	(150)	
6	跨数量		
7	箍筋	A10@100/200 (4)	
8	肢数	4	
9	上部通长筋	2B22+ (2B12)	
10	下部通长筋		
11	侧面纵筋	G4B12	
12	拉筋	(A6)	
13	其他箍筋		
14	备注		
15	⊞ 其他属性		
23	⊞ 锚固搭接		

属性编辑

图 15-139　KL2 属性定义

② 软件画图（图 15-140）

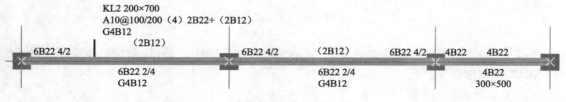

图 15-140　软件画图

③ 重新识别后填写原位编辑框,其他原位标注可参照 KL1(图 15-141)

上部钢筋		
左支座钢筋	跨中钢筋	右支座钢筋
6B22 4/2	(2B12)	
6B22 4/2	(2B12)	6B22 4/2
4B22	4B22	

图 15-141 原位标注编辑框

④ 软件结果(图 15-142)

筋号	直径(mm)	级别	图号	图形	计算公式	长度(mm)	根数	搭接
1跨.上通长筋1	22	Φ	64	330 ⌐‾‾19010‾‾⌐ 330	650-20+15*d+17750+650-20+15*d	19670	2	2

图 15-142 软件结果

注:第三跨跨中钢筋填写 4B22,左支座必须填写 4B22,这样算出量才是正确的。

2)架立筋计算

长度 $= 7200 - 325 \times 2 - 2 \times (7200 - 325 \times 2)/3 + 2 \times 150 = 2483$ mm

根数 $= 2$ 根

软件结果(图 15-143)

	筋号	直径(mm)	级别	图号	图形	计算公式	长度(mm)	根数
6	1跨.架立筋1	12	Φ	1	‾‾‾2484‾‾‾	150-6550/3+6550+150-6550/3	2484	2

图 15-143 软件结果

3)下部通长筋计算

长度 $= 7200 - 325 \times 2 + (650 - 20 + 15 \times 22) + 34 \times 22 = 8258$ mm

根数 $= 7$ 根

软件结果(图 15-144)

筋号	直径(mm)	级别	图号	图形	计算公式	长度(mm)	根数	搭接
1跨.下部钢筋1	22	Φ	18	330 ⌐‾‾7928‾‾	650-20+15*d+6550+34*d	8258	4	1
1跨.下部钢筋5	22	Φ	18	330 ⌐‾‾7928‾‾	650-20+15*d+6550+34*d	8258	2	1

图 15-144 软件结果

4)左支座第一排负筋计算

长度 $= (7200 - 325 \times 2)/3 + (650 - 20 + 15 \times 22) = 3143$ mm

根数 $= 2$ 根

软件结果(图 15-145)

筋号	直径(mm)	级别	图号	图形	计算公式	长度(mm)	根数
1跨.左支座筋1	22	Φ	18	330 ⌐‾‾2813‾‾	650-20+15*d+6550/3	3143	2

图 15-145 软件结果

5)左支座第二排负筋计算

长度 = $(7200 - 325 \times 2)/4 + (650 - 20 + 15 \times 22) = 2598$ mm

根数 = 2 根

软件结果（图 15-146）

筋号	直径(mm)	级别	图号	图形	计算公式	长度(mm)	根数
1跨.左支座筋3	22	Φ	18	330 ⌐ 2268	650-20+15*d+6550/4	2598	2

图 15-146　软件结果

6)侧面构造纵向钢筋计算

长度 = $7200 - 325 \times 2 + 15 \times 12 + 15 \times 12 = 6910$ mm

根数 = 4 根

软件结果（图 15-147）

筋号	直径(mm)	级别	图号	图形	计算公式	长度(mm)	根数
1跨.侧面构造筋1	12	Φ	1	6910	15*d+6550+15*d	6910	4

图 15-147　软件结果

7)箍筋计算

① 箍筋 1 计算

长度 = $2 \times (300 + 700 - 4 \times 20) + 2 \times 11.9 \times 10 = 2078$ mm

根数 = $\{[(700 \times 1.5 - 50)/100] + 1\} \times 2 + \{[(7200 - 325 \times 2 - 700 \times 1.5 \times 2)/200] - 1\} =$ 44 根

软件结果（图 15-148）

筋号	直径(mm)	级别	图号	图形	计算公式	长度(mm)	根数
1跨.箍筋1	10	Φ	195	660 ▢260	2*((300-2*20)+(700-2*20))+2*(11.9*d)	2078	44

图 15-148　软件结果

② 箍筋 2 计算

长度 = $2 \times \{[(300 - 2 \times 20 - 2 \times 10 - 22)/4] \times 2 + 22 + 2 \times 10\} + (700 - 2 \times 20) + 2 \times (11.9 \times 10) = 1787$ mm

根数 = $\{[(700 \times 1.5 - 50)/100] + 1\} \times 2 + \{[(7200 - 325 \times 2 - 700 \times 1.5 \times 2)/200] - 1\} =$ 44 根

软件结果（图 15-149）

筋号	直径(mm)	级别	图号	图形	计算公式	长度(mm)	根数
1跨.箍筋2	10	Φ	195	660 ▢115	2*(((300-2*20-2*d-22)/3*1+22+2*d)+(700-2*20))+2*(11.9*d)	1787	44

图 15-149　软件结果

8)拉筋计算

长度 $=(300-2\times20)+2\times75+2\times1.9\times6=433\text{mm}$

根数 $=\{[(7200-325\times2)/400]+1\}\times2=36$ 根

软件结果（图 15-150）

筋号	直径(mm)	级别	图号	图形	计算公式	长度(mm)	根数
1跨.拉筋1	6	中	485	260	(300-2*20)+2*(75+1.9*d)	433	36

图 15-150　软件结果

（4）第二跨

1）架立筋计算

长度 $=7200-325\times2-2\times[(7200-325\times2)/3]+2\times150=2483\text{mm}$

根数 $=2$ 根

软件结果（图 15-151）

筋号	直径(mm)	级别	图号	图形	计算公式	长度(mm)	根数
2跨.架立筋1	12	中	1	2484	150-6550/3+6550+150-6550/3	2484	2

图 15-151　软件结果

2）下部通长筋计算

长度 $=7200-325\times2+34\times22+(625-20+15\times22)=8258\text{mm}$

根数 $=7$ 根

软件结果（图 15-152）

筋号	直径(mm)	级别	图号	图形	计算公式	长度(mm)	根数
2跨.下部钢筋1	22	中	18	330 ⌐ 7928	34*d+6550+650-20+15*d	8258	4
2跨.下部钢筋5	22	中	18	330 ⌐ 7928	34*d+6550+650-20+15*d	8258	2

图 15-152　软件结果

3）左支座第一排负筋计算（表 15-84）

表 15-84　左支座第一排钢筋长度计算

计算方法	左支座第一排钢筋长度 =2×(第一跨第二跨净跨长)(取大值)/3 + 支座宽			根数
计算过程	第一跨净跨长	第二跨净跨长	结果	
	7200 - 325 - 325 = 6550	7200 - 325 - 325 = 6550		
	取大值 6550			
计算式	2×6550/3 +650		5017	2

软件结果（图 15-153）

筋号	直径(mm)	级别	图号	图形	计算公式	长度(mm)	根数
1跨.右支座筋1	22	中	1	5016	6550/3+650+6550/3	5016	2

图 15-153　软件结果

4）左支座第二排负筋计算

长度 $= (7200 - 325 \times 2) \times 2/4 + 650 = 3925\,mm$

根数 $= 2$ 根

软件结果（图15-154）

筋号	直径(mm)	级别	图号	图形	计算公式	长度(mm)	根数
1跨.右支座筋3	22	中	1	3926	6550/4+650+6550/4	3926	2

图 15-154　软件结果

5）右支座第一排负筋计算（图15-155）

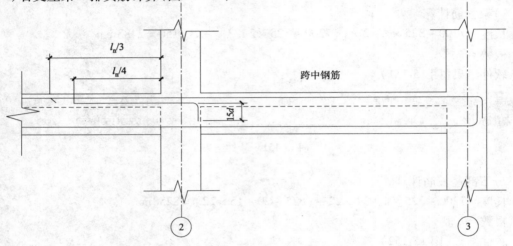

图 15-155　右支座第一排负筋构造

跨中钢筋除过2根上部通长筋,剩余2根跨中钢筋伸过左边支座 $l_n/3$,代替第二跨第一排右支座负筋。

6）右支座第二排负筋计算（表15-85）

表 15-85　右支座第二排负筋长度计算

计算方法	右支座第二排负筋长度 = 净跨长/4 + 右支座锚固长度					
计算过程	净　跨	取大值	右支座锚固长度		长度	根数
			$0.4 l_{abE} + 15d$			
			支座宽 − 保护层 + 弯折 $15d$			
	$7200 - 325 - 325 = 6550$	960	$0.4 \times 33 \times 22 + 15 \times 22 = 620$			
			$650 - 20 + 15 \times 22 = 960$			
计算式	$6550/4 + 960$				2593	2

另一种情况:右支座第二排负筋长度 = 净跨长/4 + 右支座锚固长度 $= 6550 + 34 \times 22 = 2386\,mm$

软件结果（图15-156）

筋号	直径(mm)	级别	图号	图形	计算公式	长度(mm)	根数
2跨.右支座筋3	22	中	1	2386	6550/4+34*d	2386	2

图 15-156　软件结果

7）侧面构造纵向钢筋计算

长度 $= 7200 - 325 \times 2 + 15 \times 12 + 15 \times 12 = 6910 \text{mm}$

根数 $= 4$ 根

软件结果（图 15-157）

筋号	直径(mm)	级别	图号	图形	计算公式	长度(mm)	根数
2跨.侧面构造筋1	12	Φ	1	6910	15*d+6550+15*d	6910	4

图 15-157　软件结果

8）箍筋计算

① 箍筋 1 计算

长度 $= 2 \times (300 + 700 - 4 \times 20) + 2 \times 11.9 \times 10 = 2078 \text{mm}$

根数 $= [(700 \times 1.5 - 50)/100 + 1] \times 2 + [(7200 - 325 \times 2 - 700 \times 1.5 \times 2)/200] - 1 = 44$ 根

软件结果（图 15-158）

筋号	直径(mm)	级别	图号	图形	计算公式	长度(mm)	根数
2跨.箍筋1	10	Φ	195	660 260	2*((300-2*20)+(700-2*20))+2*(11.9*d)	2078	44

图 15-158　软件结果

② 箍筋 2 计算

长度 $= 2 \times \{[(300 - 2 \times 25 - 2 \times 10 - 22)/4] \times 2 + 22 + 2 \times 10\} + (700 - 2 \times 25) + 2 \times (11.9 \times 10) = 1787 \text{mm}$

根数 $= \{[(700 \times 1.5 - 50)/100] + 1\} \times 2 + [(7200 - 325 \times 2 - 700 \times 1.5 \times 2)/200] - 1 = 44$ 根

软件结果（图 15-159）

筋号	直径(mm)	级别	图号	图形	计算公式	长度(mm)	根数
2跨.箍筋2	10	Φ	195	660 115	2*(((300-2*20-2*d-22)/3*1+22+2*d)+(700-2*20))+2*(11.9*d)	1787	44

图 15-159　软件结果

9）拉筋计算

长度 $= (300 - 2 \times 20) + 2 \times 75 + 2 \times 1.9 \times 6 = 433 \text{mm}$

根数 $= \{[(7200 - 325 \times 2)/400] + 1\} \times 2 = 36$ 根

软件结果（图 15-160）

筋号	直径(mm)	级别	图号	图形	计算公式	长度(mm)	根数
2跨.拉筋1	6	Φ	485	260	(300-2*20)+2*(75+1.9*d)	433	36

图 15-160　软件结果

（5）第三跨

1）跨中钢筋计算

跨中钢筋的构造如图 15-155 所示,除过 2 根上部通长筋,剩余 2 根伸进第二跨三分之一,其计算方法见表 15-86。

表 15-86　跨中筋长度计算

计算方法	长度 = 第三跨净跨长 + 左支座宽 + 第二跨净跨长/3 + 右支座锚固长度						
计算过程	第三跨净跨	支座宽	第二跨净跨长/3	取大值	右支座锚固长度		结果	根数
					$0.4l_{abE} + 15d$		
					支座宽 − 保护层 + 弯折 $15d$		
	$4000 - 325 - 325$ $= 3350$	650	$(7200 - 325 - 325)/3$ $= 2183$	960	$0.4 \times 33 \times 22 + 15 \times 22 = 620$		
					$650 - 20 + 15 \times 22 = 960$		
计算式	$3350 + 650 + 2183 + 960$						7143	2

软件结果(图 15-161)

筋号	直径(mm)	级别	图号	图形	计算公式	长度(mm)	根数
2跨.右支座筋1	22	中	18	330 | 6813	6550/3+650+3350+650-20+15*d	7143	2

图 15-161　软件结果

2)下部通长筋计算

长度 $= 4000 - 325 \times 2 + 34 \times 22 + (650 - 20 + 15 \times 22) = 5058$mm

根数 = 5 根

软件结果(图 15-162)

筋号	直径(mm)	级别	图号	图形	计算公式	长度(mm)	根数
3跨.下部钢筋1	22	中	18	330 | 4728	34*d+3350+650-20+15*d	5058	4

图 15-162　软件结果

3)箍筋计算

① 箍筋 1 计算

长度 $= 2 \times (300 + 500 - 4 \times 20) + 2 \times 11.9 \times 10 = 1678$mm

根数 $= 2 \times [(1.5 \times 500 - 50)/100 + 1] + (1850/200) - 1 = 25$ 根

软件结果(图 15-163)

筋号	直径(mm)	级别	图号	图形	计算公式	长度(mm)	根数
3跨.箍筋1	10	中	195	460 | 260	2*((300-2*20)+(500-2*20))+2*(11.9*d)	1678	25

图 15-163　软件结果

② 箍筋 2 计算

长度 $= 2 \times \{[(300 - 2 \times 25 - 22 - 2 \times 10)/4] \times 2 + 22 + 2 \times 10 + (500 - 2 \times 25)\} + 2 \times (11.9 \times 10) = 1387$mm

根数 $= 2 \times \{[(1.5 \times 500 - 50)/100] + 1\} + (1850/200) - 1 = 25$ 根

软件结果(图 15-164)

筋号	直径(mm)	级别	图号	图形	计算公式	长度(mm)	根数
3跨.箍筋2	10	Φ	195	460 ⟋115⟍	2*(((300-2*20-2*d-22)/3*1+22+2*d)+(500-2*20))+2*(11.9*d)	1387	25

图 15-164　软件结果

3. KL3 的钢筋计算

（1）详图介绍（图 15-165）

KL3 在 KL2 基础上稍微有了一些变化,其钢筋构造钢筋就发生了变化,其钢筋构造如图 15-165 所示。

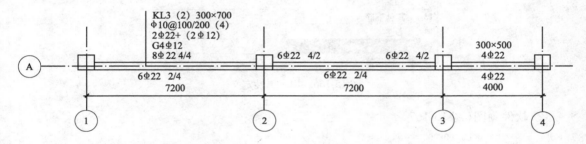

图 15-165　KL3 平法标注

KL3 的第一跨增加了跨中钢筋。

（2）需要计算的量（表 15-87）

表 15-87　需要计算的量

纵　　筋																箍　筋			拉　筋		
上部纵筋			下部纵筋						支座负筋					侧面构造纵向钢筋		第一跨	第二跨	第三跨	第一跨	第二跨	第三跨
上部钢筋	跨中钢筋			下部钢筋						中间支座				第一跨	第二跨						
				第一跨		第二跨		第三跨		第二跨		第三跨									
	第一排	第二排1	第二排2	第一排	第二排	第一排	第二排	第一排	第二排	第一排	第二排	第一排	第二排								
长度						根数															

（3）第一跨

1）上部通长筋计算

长度 $= 7200 + 7200 + 4000 - 325 \times 2 + 2 \times (650 - 20 + 15 \times 22) = 19670$mm

根数 $= 2$ 根

接头数量 $= 4$ 个

① 属性定义（图 15-166）

属性编辑

	属性名称	属性值	附加
1	名称	KL3	
2	类别	楼层框架梁	☐
3	截面宽度(mm)	300	☐
4	截面高度(mm)	700	☐
5	轴线距梁左边线距离(mm)	(150)	☐
6	跨数量		☐
7	箍筋	A10@100/200(4)	☐
8	肢数	4	
9	上部通长筋	2B22+(2B12)	☐
10	下部通长筋		☐
11	侧面纵筋	G4B12	☐
12	拉筋	(A6)	☐
13	其他箍筋		
14	备注		☐
15	⊞ 其他属性		
23	⊞ 锚固搭接		

图 15-166　KL3 属性定义

② 软件画图（图 15-167）

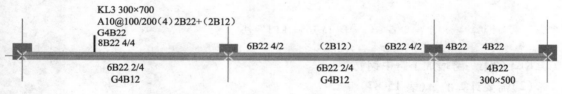

图 15-167　软件画图

③ 重新识别后填写原位标注编辑框，其他原位标注可以参照 KL2（图 15-168）

上部钢筋		
左支座钢筋	跨中钢筋	右支座钢筋
	8B22 4/4	8B22 4/4
6B22 4/2	(2B12)	6B22 4/2
4B22	4B22	

图 15-168　原位标注编辑框

④ 软件结果（图 15-169）

筋号	直径(mm)	级别	图号	图形	计算公式	长度(mm)	根数	搭接
1跨.上通长筋1	22	Φ	64	330⌐ 19010 ⌐330	650-20+15*d+17750+650-20+15*d	19670	2	2

图 15-169　软件结果

⑤ 软件注意事项

在第一跨跨中钢筋位置填写 8B22 4/4 时，在第一跨右支座位置也必须填写 8B22 4/4，这样软件计算出来的量才是正确的。

2)跨中钢筋第一排计算(图 15-170)

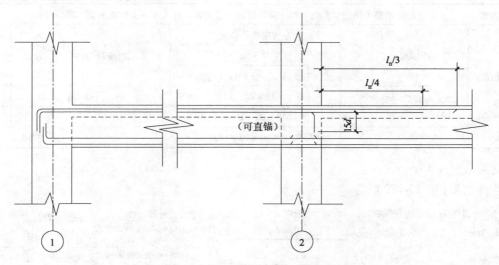

图 15-170　跨中钢筋第一排构造

对图 15-170,第一跨跨中钢筋第一排有Φ22 四根,除过 2 根上部通长筋,还剩余 2 根是跨中钢筋;第二跨左支座第一排有Φ22 四根,除过 2 根是上通筋,还剩余 2 根是支座负筋,第一跨第一排 2 根跨中筋伸进第二跨三分之一,代替第二跨第一排左支座负筋,其计算过程见表 15-88。

表 15-88　跨中钢筋第一排长度计算

计算方法	跨中钢筋第一排长度＝第一跨净跨长＋左支座锚固长度＋支座宽＋第二跨净跨长/3						
计算过程	第一跨净跨长	支座宽	左支座锚固长度		第二跨净跨长/3	结果	根数
			取大值	$0.4l_{abE}+15d$			
				支座宽－保护层＋弯折 $15d$			
	$7200-325-325$ $=6550$	650	960	$0.4\times33\times22+15\times22=620$	$(7200-325-325)/3$ $=2183$		
				$650-20+15\times22=960$			
计算式	$6550+960+650+2183$					10343	2

接头数量＝2 个

软件结果(图 15-171)

筋号	直径(mm)	级别	图号	图形	计算公式	长度(mm)	根数	搭接
1跨.跨中筋1	22	Φ	18	330 ⌐ 10013	650-20+15*d+6550+650+6550/3	10343	2	1

图 15-171　软件结果

3)跨中钢筋 1 第二排计算

第一跨跨中钢筋第二排有四根Φ22;第二跨第二排左支座负筋有四根Φ22,第一跨第二排跨中钢筋有四根伸进第二跨四分之一,代替第二跨第二排左支座负筋,其计算过程见表 15-89。

表15-89 跨中钢筋1第二排长度计算

计算方法	跨中钢筋1第二排长度 = 第一跨净跨长 + 左支座锚固长度 + 支座宽 + 第二跨净跨长/4						
计算过程	第一跨净跨长	支座宽	取大值	左支座锚固长度	第二跨净跨长/4	结果	根数
				$0.4l_{abE} + 15d$			
				支座宽 − 保护层 + 弯折15d			
	$7200 - 325 - 325$ $= 6550$	650	960	$0.4 \times 33 \times 22 + 15 \times 22 = 620$	$(7200 - 325 - 325)/4$ $= 1638$		
				$650 - 20 + 15 \times 22 = 960$			
计算式	$6550 + 960 + 650 + 1638$					9798	4

接头数量 = 4个

软件结果(图15-172)

筋号	直径(mm)	级别	图号	图形	计算公式	长度(mm)	根数	搭接
1跨.跨中筋3	22	Φ	18	330 ⌐ 9468	650−20+15*d+6550+650+6550/4	9798	1	1
1跨.跨中筋4	22	Φ	18	330 ⌐ 9468	650−20+15*d+6550+650+6550/4	9798	1	1

图15-172 软件结果

4)跨中钢筋2第二排计算

第一跨第二排还剩余两根Φ22,应锚进第一跨的右支座中。其计算过程见表15-90。

表15-90 跨中钢筋2第一跨长度计算

计算方法	跨中钢筋2第二排长度 = 第一跨净跨长 + 左支座锚固 + 右支座锚固				
计算过程	第一跨净跨长	左、右支座锚固长度		结果	根数
		取大值	$0.4Ll_{abE} + 15d$		
			支座宽 − 保护层 + 弯折15d		
	$7200 - 325 - 325 = 6550$	960	$0.4 \times 33 \times 22 + 15 \times 22 = 620$		
			$650 - 20 + 15 \times 22 = 960$		
计算式	$6550 + 960 + 960$			8470	2

右支座锚固也可以按一个直锚考虑:长度 = 第一跨净跨长 + 左支座锚固长度 + 右支座锚固长度 = $6550 + 960 + 34 \times 22 = 8258$mm

软件结果(图15-173)

筋号	直径(mm)	级别	图号	图形	计算公式	长度(mm)	根数	搭接
1跨.跨中筋5	22	Φ	18	330 ⌐ 7928	650−20+15*d+6550+34*d	8258	2	1

图15-173 软件结果

5)下部通长筋计算

长度 = $7200 - 325 \times 2 + (650 - 20 + 15 \times 22) + 34 \times 22 = 8258$mm

根数 = 6根

软件结果(图15-174)

筋号	直径(mm)	级别	图号	图形	计算公式	长度(mm)	根数	搭接
1跨.下部钢筋1	22	Φ	18	330 ∟ 7928	650-20+15*d+6550+34*d	8258	4	1
1跨.下部钢筋5	22	Φ	18	330 ∟ 7928	650-20+15*d+6550+34*d	8258	2	1

图 15-174　软件结果

6）侧面构造纵向钢筋计算

长度 $= 7200 - 325 - 325 + 2 \times 150 \times 12 = 6910$ mm

根数 $= 4$ 根

软件结果（图 15-175）

筋号	直径(mm)	级别	图号	图形	计算公式	长度(mm)	根数
1跨.侧面构造筋1	12	Φ	1	6910	15*d+6550+15*d	6910	4

图 15-175　软件结果

7）箍筋计算

① 箍筋 1 计算

长度 $= 2 \times (300 + 700 - 4 \times 20) + 2 \times 11.9 \times 10 = 2078$ mm

根数 $= \{[(700 \times 1.5 - 50)/100] + 1\} \times 2 + [(7200 - 325 \times 2 - 700 \times 1.5 \times 2)/200] - 1 = 44$ 根

软件结果（图 15-176）

筋号	直径(mm)	级别	图号	图形	计算公式	长度(mm)	根数
1跨.箍筋1	10	Φ	195	660 260	2*((300-2*20)+(700-2*20))+2*(11.9*d)	2078	44

图 15-176　软件结果

② 箍筋 2 计算

长度 $= 2 \times \{[(300 - 2 \times 20 - 2 \times 10 - 22)/4] \times 2 + 22 + 2 \times 10\} + (700 - 2 \times 20) + 2 \times (11.9 \times 10) + (8 \times 10) = 1787$ mm

根数 $= \{[(700 \times 1.5 - 50)/100] + 1\} \times 2 + [(7200 - 325 \times 2 - 700 \times 1.5 \times 2)/200] - 1 = 44$ 根

软件结果（图 15-177）

筋号	直径(mm)	级别	图号	图形	计算公式	长度(mm)	根数
1跨.箍筋2	10	Φ	195	660 115	2*(((300-2*20-2*d-22)/3*1+22+2*d)+(700-2*20))+2*(11.9*d)	1787	44

图 15-177　软件结果

8）拉筋计算

长度 $= (300 - 2 \times 20) + 2 \times 75 + 2 \times 1.9 \times 6 = 433$ mm

根数 $= \{[(7200 - 325 \times 2)/400] + 1\} \times 2 = 36$ 根

软件结果（图 15-178）

筋号	直径(mm)	级别	图号	图形	计算公式	长度(mm)	根数
1跨.拉筋1	6	Φ	485	260	(300-2*20)+2*(75+1.9*d)	433	36

图 15-178　软件结果

（4）第二跨

1）架立筋计算

长度 $= 7200 - 325 \times 2 - 2 \times [(7200 - 325 \times 2)/3] + 2 \times 150 = 2483$mm

根数 $= 2$ 根

软件结果（图 15-179）

筋号	直径(mm)	级别	图号	图形	计算公式	长度(mm)	根数
2跨.架立筋1	12	Φ	1	2484	150-6550/3+6550+150-6550/3	2484	2

图 15-179　软件结果

2）下部通长筋计算

长度 $= 7200 - 325 \times 2 + 34 \times 22 + 650 - 20 + 15 \times 22 = 8258$mm

根数 $= 7$ 根

软件结果（图 15-180）

筋号	直径(mm)	级别	图号	图形	计算公式	长度(mm)	根数
2跨.下部钢筋1	22	Φ	18	330　7928	34*d+6550+650-20+15*d	8258	4
2跨.下部钢筋5	22	Φ	18	330　7928	34*d+6550+650-20+15*d	8258	2

图 15-180　软件结果

3）左支座第一排负筋计算

因为第一跨第一排跨中钢筋 2 根Φ22 伸进第二跨三分之一，代替第二跨左支座第一排支座负筋。

4）左支座第二排负筋计算

因为第一跨第二排跨中钢筋 2 根Φ22 伸进第二跨四分之一，代替第二跨左支座第二排支座负筋。

5）右支座第一排负筋计算

具体钢筋构造如图 15-170 所示。

第三跨跨中钢筋除过 2 根上部通长筋，剩余 2 根跨中钢筋伸过左边支座 $l_n/3$，代替第二跨右支座第一排负筋。

6）右支座第二排负筋计算

长度 $= [(7200 - 325 \times 2)/4] + 650 - 20 + 15 \times 22 = 2593$mm 或

$\quad\quad = [(7200 - 325 \times 2)/4] + 34 \times 22 = 2386$mm

根数 $= 2$ 根

软件结果（图 15-181）

筋号	直径(mm)	级别	图号	图形	计算公式	长度(mm)	根数
2跨.右支座筋3	22	Φ	1	2386	6550/4+34*d	2386	2

图 15-181　软件结果

7）侧面构造纵向钢筋计算

长度 $= 7200 - 325 - 325 + 2 \times 150 + 2 \times 6.25 \times 12 = 6910\text{mm}$

根数 $= 4$ 根

软件结果（图 15-182）

筋号	直径(mm)	级别	图号	图形	计算公式	长度(mm)	根数
2跨.侧面构造筋1	12	Φ	1	6910	15*d+6550+15*d	6910	4

图 15-182　软件结果

8）箍筋计算

① 箍筋 1 计算

长度 $= 2 \times (300 + 700 - 4 \times 20) + 2 \times 11.9 \times 10 = 2078\text{mm}$

根数 $= \{[(700 \times 1.5 - 50)/100] + 1\} \times 2 + [(7200 - 325 \times 2 - 700 \times 1.5 \times 2)/200] - 1 = 44$ 根

软件结果（图 15-183）

筋号	直径(mm)	级别	图号	图形	计算公式	长度(mm)	根数
2跨.箍筋1	10	Φ	195	660 　260	2*((300-2*20)+(700-2*20))+ 2*(11.9*d)	2078	44

图 15-183　软件结果

② 箍筋 2 计算

长度 $= 2 \times \{[(300 - 2 \times 25 - 22 - 2 \times 10)/4] \times 2 + 22 + 2 \times 10\} + (700 - 2 \times 25) + 2 \times (11.9 \times 10) + (8 \times 10) = 1787\text{mm}$

根数 $= \{[(700 \times 1.5 - 50)/100] + 1\} \times 2 + [(7200 - 325 \times 2 - 700 \times 1.5 \times 2)/200] - 1 = 44$ 根

软件结果（图 15-184）

筋号	直径(mm)	级别	图号	图形	计算公式	长度(mm)	根数
2跨.箍筋2	10	Φ	195	660 　115	2*(((300-2*20-2*d-22)/3*1+ 22+2*d)+(700-2*20))+2*(11. 9*d)	1787	44

图 15-184　软件结果

9）拉筋计算

长度 $= (300 - 2 \times 20) + 2 \times 75 + 2 \times 1.9 \times 6 = 433\text{mm}$

根数 $= \{[(7200 - 325 \times 2)/400] + 1\} \times 2 = 36$ 根

软件结果（图 15-185）

筋号	直径(mm)	级别	图号	图形	计算公式	长度(mm)	根数
2跨.拉筋1	6	中	485	260	(300-2*20)+2*(75+1.9*d)	433	36

图 15-185　软件结果

（5）第三跨

1）跨中钢筋计算

跨中钢筋的构造如图 15-170 所示，除过 2 根上部通长筋，剩余 2 根伸进第二跨三分之一。

长度 $=(4000-325-325)+650+[(7200-325-325)/3]+(600-20+15\times22)=7143$mm

根数 $=2$ 根

软件结果（图 15-186）

筋号	直径(mm)	级别	图号	图形	计算公式	长度(mm)	根数
2跨.右支座筋1	22	中	18	330 ⌐ 6813	6550/3+650+3350+650-20+15*d	7143	2

图 15-186　软件结果

2）下部通长筋计算

长度 $=4000-325\times2+34\times22+(650-20+15\times22)=5058$mm

根数 $=4$ 根

软件结果（图 15-187）

筋号	直径(mm)	级别	图号	图形	计算公式	长度(mm)	根数
3跨.下部钢筋1	22	中	18	330 ⌐ 4728 ⌐	34*d+3350+650-20+15*d	5058	4

图 15-187　软件结果

3）箍筋计算

① 箍筋 1 计算

长度 $=2\times(300+500-4\times25)+2\times11.9\times10+8\times10=1678$mm

根数 $=[(4000-325-325)/100]+1=35$ 根

软件结果（图 15-188）

筋号	直径(mm)	级别	图号	图形	计算公式	长度(mm)	根数
3跨.箍筋1	10	中	195	460 260	2*((300-2*20)+(500-2*20))+2*(11.9*d)	1678	25

图 15-188　软件结果

② 箍筋 2 计算

长度 $=2\times\{[(300-2\times25-22-2\times10)/4]\times2+22+2\times10+(500-2\times25)\}+2\times(11.9\times10)=1387$mm

根数 $=[(4000-325-325)/100]+1=35$ 根

软件结果（图 15-189）

筋号	直径(mm)	级别	图号	图形	计算公式	长度(mm)	根数
3跨.箍筋2	10	中	195	460 115	2*(((300-2*20-2*d-22)/3*1+22+2*d)+(500-2*20))+2*(11.9*d)	1387	25

图 15-189　软件结果

第四节　悬　挑　梁

一、单面悬挑梁的平法标注(图 15-190)

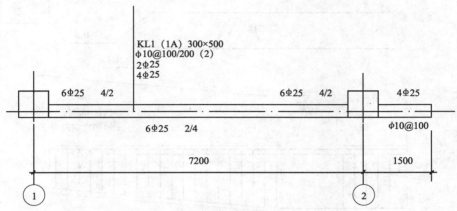

图 15-190　单面悬挑梁 KL1 平法标注

二、单面悬挑梁的钢筋计算(图 15-191)

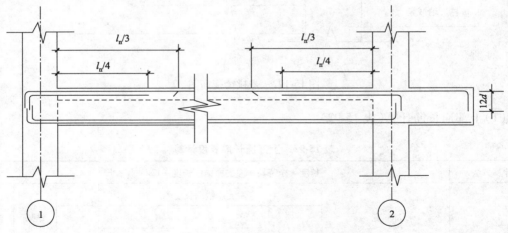

图 15-191　单面悬挑梁的钢筋构造

1. 需要计算的量(表 15-91)

表 15-91　需要计算的量

纵　筋							箍　筋	
上部纵筋		下部纵筋	支座负筋					
	悬挑纵筋		左支座负筋		右支座负筋		第一跨	悬挑跨
上部通长筋		下部通长筋	第一排	第二排	第一排	第二排		
长度		根数						

2. 通长筋（图 15-192）

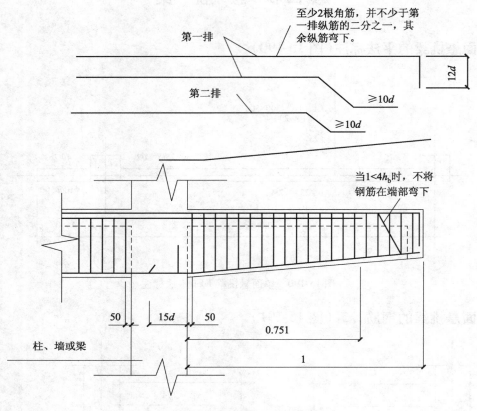

图 15-192　悬挑梁配筋图

（1）上部通长筋计算（表 15-92）

表 15-92　上部通长筋长度计算

计算方法	长度＝净跨长＋左支座锚固长度＋12d－保护层					
计算过程	净　跨		左支座锚固长度		12d	结果	根数
		取大值 1005	$0.4l_{abE}+15d$				
			支座宽－保护层＋15d				
	$7200+1500-325-25$ $=8355$		$0.4\times33\times25+15\times25=705$				
			$600-20+15\times25=1005$				
计算式	$8355+1005+300$					9660	2

软件计算过程

① 属性定义（图 15-193）

② 软件画图（图 15-194）

	属性名称	属性值	附加
1	名称	KL1	
2	类别	楼层框架梁	☐
3	截面宽度(mm)	300	☐
4	截面高度(mm)	550	☐
5	轴线距梁左边线距离(mm)	(150)	☐
6	跨数量		☐
7	箍筋	A10@100/200 (2)	☐
8	肢数	2	
9	上部通长筋	2B25	☐
10	下部通长筋	4B25	☐
11	侧面纵筋		☐
12	拉筋		☐
13	其他箍筋		
14	备注		☐
15	⊞ 其他属性		
23	⊞ 锚固搭接		

属性编辑

图 15-193　KL1 属性定义

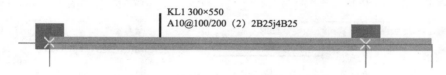

KL1 300×550
A10@100/200 (2) 2B25j4B25

图 15-194　软件画图

③ 重新识别后填写原位标注编辑框（图 15-195）

上通长筋	上部钢筋			下部钢筋		箍筋	肢数
	左支座钢筋	跨中钢筋	右支座钢筋	下通长筋	下部钢筋		
2B25	6B25 4/2		6B25 4/2	4B25	6B25 2/4	A10@100/200 (2)	2
	4B25	4B25				A10@100 (2)	2

图 15-195　原位标注编辑框

④ 软件结果（图 15-196）

筋号	直径(mm)	级别	图号	图形	计算公式	长度(mm)	根数	搭接
1跨.上通长筋1	25	Φ	64	375 ⌐ 8985 ⌐ 300	650-20+15*d+8375+300-20	9660	2	1

图 15-196　软件结果

⑤ 软件注意事项

在原位标注里，悬挑跨中钢筋填写为 4B25，必须在第三跨左支座填写 4B25，这样汇总出来的结果才是正确的。结果看到悬挑端图如下（图 15-197）。

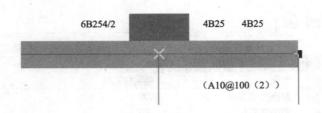

图 15-197　悬挑端图

（2）下部通长筋计算（表 15-93）

表 15-93　下部通长筋长度计算

计算方法	长度 = 净跨长 + 左支座锚固长度				
计算过程	净　跨	左支座锚固长度		结果	根数
		取大值	$0.4l_{abE} + 15d$		
			支座宽 - 保护层 + 弯折 $15d$		
	$7200 + 1500 - 325 - 20$ $= 8355$	1005	$0.4 \times 33 \times 25 + 15 \times 25 = 705$		
			$600 - 20 + 15 \times 25 = 1005$		
计算式	$8355 + 1005$			9360	5

软件结果（图 15-198）

筋号	直径(mm)	级别	图号	图形	计算公式	长度(mm)	根数	搭接
1跨.下通长筋1	25	Φ	18	375 ⌐ 8985	650-20+15*d+8375-20	9360	4	1

图 15-198　软件结果

3. 第一跨

（1）第二排下部钢筋计算（表 15-94）

表 15-94　第二排下部钢筋长度计算

计算方法	长度 = 净跨长 + 左、右锚固长度						
计算过程	净　跨	左支座锚固长度		右支座锚固长度		结果	根数
		取大值	$0.4l_{abE} + 15d$	取大值	l_{aE}		
			支座宽 - 保护层 + 弯折 $15d$		$0.5h_c + 5d$		
	$7200 - 325 - 325$ $= 6550$	1000	$0.4 \times 33 \times 25 + 15 \times 25 = 705$	850	$34 \times 25 = 850$		
			$650 - 20 + 15 \times 25 = 1005$		$0.5 \times 650 + 5 \times 25 = 450$		
计算式	$6550 + 1005 + 850$					8405	2

软件结果（图 15-199）

筋号	直径(mm)	级别	图号	图形	计算公式	长度(mm)	根数	搭接
1跨.下部钢筋1	25	Φ	18	375 ⌐ 8030	650-20+15*d+6550+34*d	8405	2	1

图 15-199　软件结果

（2）左支座负筋计算

1）第一排计算（表15-95）

表15-95　左支座第一排钢筋长度计算

计算方法	长度 = 净跨长/3 + 左支座锚固长度				
计算过程		净跨	左支座锚固长度判断		结果	根数
	7200 − 325 − 325 = 6550	取大值 1005	0.4 × 33 × 25 + 15 × 25 = 705		
			650 − 20 + 15 × 25 = 1005		
计算式	6550/3 + 1005				3188	2

软件结果（图15-200）

筋号	直径(mm)	级别	图号	图形	计算公式	长度(mm)	根数
1跨.左支座筋1	25	Φ	18	375 ⌐ 2813	650-20+15*d+6550/3	3188	2

图15-200　软件结果

2）第二排计算（表15-96）

表15-96　左支座第二排钢筋长度计算

计算方法	长度 = 净跨长/4 + 左支座锚固长度				
计算过程		净跨	左支座锚固长度判断		结果	根数
	7200 − 325 − 325 = 6550	取大值 1005	0.4 × 33 × 25 + 15 × 25 = 705		
			650 − 20 + 15 × 25 = 1005		
计算式	6550/4 + 1005				2643	4

软件结果（图15-201）

筋号	直径(mm)	级别	图号	图形	计算公式	长度(mm)	根数
1跨.左支座筋3	25	Φ	18	375 ⌐ 2268	650-20+15*d+6550/4	2643	2

图15-201　软件结果

（3）右支座负筋计算

1）第一排计算

KL1 第一跨第一排右支座有Φ25四根,除2根为上部通长筋外,还有2根为第一排支座负筋,而悬挑跨有跨中筋Φ25四根,代替第一排右支座负筋,悬挑跨跨中筋伸入第一跨净跨的三分之一。

2）第二排计算（表15-97）

表15-97　右支座第二排钢筋长度计算

计算方法	长度 = 净跨长/4 + 右支座锚固长度				
计算过程		净跨	右支座锚固长度判断		结果	根数
	7200 − 325 − 325 = 6550	取大值 1005	0.4 × 33 × 25 + 15 × 25 = 705		
			650 − 20 + 15 × 25 = 1005		
计算式	6550/4 + 1005				2643	4

算法二:右支座锚固也可以以一个直锚考虑,长度 = (6550/4) + 34 × 25 = 2488mm

软件结果(图 15-202)

筋号	直径 (mm)	级别	图号	图形	计算公式	长度 (mm)	根数
1跨.右支座筋3	25	中	1	2488	6550/4+34*d	2488	2

图 15-202　软件结果

(4)箍筋计算

1)长度计算(表 15-98)

表 15-98　箍筋长度计算

计算方法	长度 = 2 × (梁宽 - 2 × 保护层 + 梁高 - 2 × 保护层) + 2 × max(10d,75mm) + 2 × 1.9d			
计算过程	梁宽 + 梁高 - 4 × 保护层	取大值	10d	结果
			75mm	
	300 + 550 - 4 × 20 = 770	100	10 × 10 = 100mm	
			75mm	
计算式	2 × 770 + 2 × 100 + 2 × 1.9 × 10			1778

2)根数计算(表 15-99)

表 15-99　箍筋根数计算

计算方法	根数 = 左加密区根数 + 右加密区根数 + 非加密区根数		
计算过程	加密区根数	非加密区根数	结果
	[(1.5 × 梁高 - 50)/加密间距] + 1	[(净跨长 - 左加密区 - 右加密区)/非加密间距] - 1	
	[(1.5 × 550 - 50)/100] + 1	[(7200 - 325 × 2 - 550 × 1.5 × 2)/200] - 1	
	9 根	24 根	
计算式	9 × 2 + 24		42

3)软件结果(图 15-203)

筋号	直径 (mm)	级别	图号	图形	计算公式	长度 (mm)	根数
1跨.箍筋1	10	中	195	510 260	2*((300-2*20)+(550-2*20))+2*(11.9*d)	1778	42

图 15-203　软件结果

(5)跨中钢筋计算

悬挑跨跨中钢筋将伸进第一跨三分之一,计算见表 15-100。

表 15-100　跨中钢筋长度计算

计算方法	长度 = 第一跨净跨长/3 + 支座宽 + 悬挑净跨 + 12d				
计算过程	净跨	悬挑净跨	12d	结果	根数
	7200 - 325 - 325 = 6550	1500 - 325 - 20 = 1155	12 × 25 = 300		
计算式	6550/3 + 650 + 1155 + 300			4288	2

软件结果（图 15-204）

筋号	直径(mm)	级别	图号	图形	计算公式	长度(mm)	根数
1跨.右支座筋1	25	中	145	510 250 3208 45	6550/3+650+1175+(550-20*2)*(1.414-1.000)-20	4199	2

图 15-204　软件结果

说明：软件以图 15-204 考虑。我们在这里手工也算一下（表 15-101）。

表 15-101　跨中钢筋长度计算

计算方法	长度 = 第一跨净跨长/3 + 支座宽 + 悬挑净跨 + 斜度增加值				
计算过程	第一跨净跨	悬挑净跨	斜度增加值	结果	根数
	$7200 - 325 - 325 = 6550$	$1500 - 325 - 20 = 1155$	$(550 - 2 \times 20) \times 0.414 = 211$		
计算式	$6550/3 + 650 + 1155 + 211$			4199	2

4. 第二跨

箍筋计算：

① 第二跨箍筋长度和第一跨箍筋长度一样为 1778mm。

② KL1 的第二跨箍筋根数计算如图 15-205 所示。

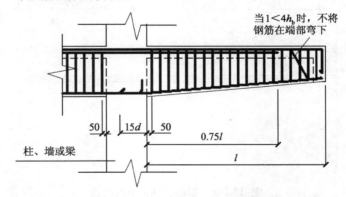

图 15-205　KL1 第二跨箍筋根数示意图

如图 15-203 所示，箍筋距左支座为 50mm，跨右边为一个保护层厚度。

悬挑箍筋根数 = {[1500 - 325 - 50（左）- 20（右）]/100} + 1 = {1105/100} + 1 = 13 根

③ 软件结果（图 15-206）

筋号	直径(mm)	级别	图号	图形	计算公式	长度(mm)	根数
2跨.箍筋1	10	中	195	510 260	2*((300-2*20)+(550-2*20))+2*(11.9*d)	1778	13

图 15-206　软件结果

三、双面悬挑梁的平法标注（图 15-207）

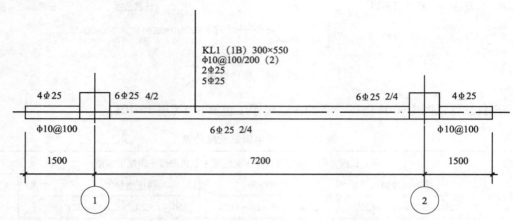

图 15-207　双面悬挑梁 KL1 平法标注

四、双面悬挑梁的钢筋计算（图 15-208）

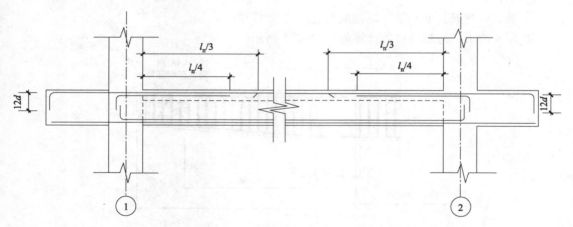

图 15-208　双面悬挑梁钢筋构造

1. 通长筋

（1）上部通长筋计算（表 15-102）

表 15-102　上部通长筋长度计算

计算方法	长度 = 净跨长 − 保护层 + 12d − 保护层 + 12d				
	净　跨	12d	保护层	长度	根数
计算过程	7200 + 1500 + 1500	12 × 25	20		
	10200	300	20	10760	2
计算式	10200 − 20 + 300 − 20 + 300				

软件计算过程

① 属性定义（图 15-209）

	属性名称	属性值	附加
1	名称	KL1	
2	类别	楼层框架梁	
3	截面宽度(mm)	300	
4	截面高度(mm)	550	
5	轴线距梁左边线距离(mm)	(150)	
6	跨数量		
7	箍筋	A10@100/200 (2)	
8	肢数	2	
9	上部通长筋	2B25	
10	下部通长筋	4B25	
11	侧面纵筋		
12	拉筋		
13	其他箍筋		
14	备注		
15	⊞ 其他属性		
23	⊞ 锚固搭接		

属性编辑

图 15-209　KL1 属性定义

② 软件画图（图 15-210）

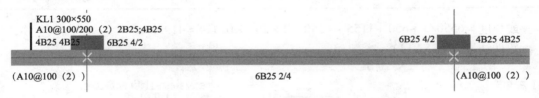

KL1 300×550
A10@100/200 (2) 2B25;4B25
4B25 4B25　　6B25 4/2　　　　　　　　　　　6B25 4/2　　4B25 4B25
(A10@100 (2))　　　　　　　　6B25 2/4　　　　　　　(A10@100 (2))

图 15-210　软件画图

③ 重新识别后填写原位标注编辑框（图 15-211）

上通长筋	上部钢筋			下部钢筋		箍筋	肢数
	左支座钢筋	跨中钢筋	右支座钢筋	下通长筋	下部钢筋		
2B25		4B25	4B25	4B25		A10@100(2)	2
	6B25 4/2		6B25 4/2		6B25 2/4	A10@100/200(2)	2
	4B25	4B25				A10@100(2)	2

图 15-211　原位标注编辑框

④ 软件结果（图 15-212）

筋号	直径(mm)	级别	图号	图形	计算公式	长度(mm)	根数	搭接
0跨.上通长筋1	25	Φ	64	300 ⌐10160⌐ 300	300-20+10200+300-20	10760	2	1

图 15-212　软件结果

（2）下部通长筋计算（表 15-103）

表 15-103　下部通长筋长度计算

计算方法	长度 = 净跨长 − 保护层 ×2			
计算过程	净跨	保护层	长度	根数
	7200 + 1500 + 1500	20		
	10200	20	10140	2
计算式	10200 − 20 ×2			

软件结果（图 15-213）

筋号	直径(mm)	级别	图号	图形	计算公式	长度(mm)	根数	搭接
0跨.下通长筋1	25	Φ	1	10160	−20+10200−20	10160	4	1

图 15-213　软件结果

2. 悬挑跨

（1）左悬挑跨中钢筋计算（表 15-104）

表 15-104　左悬挑跨中钢筋长度计算

计算方法	长度 = 第一跨净跨长/3 + 支座宽 + 悬挑净跨 + 12d				
计算过程	第一跨净跨	悬挑净跨	12d	结果	根数
	7200 − 325 − 325 = 6550	1500 − 325 − 20 = 1155	12 × 25 = 300		
计算式	6550/3 + 650 + 1155 + 300			4288	2

或长度 $= 6550/3 + 650 + 1155 + (550 − 2 × 20) × 0.414 = 4199$ mm

软件结果（图 15-214）

1跨.右支座筋1	25	Φ	145	510　250　3208　45	6550/3+650+1175+(550−20*2)*(1.414−1.000)−20	4199	2

图 15-214　软件结果

（2）箍筋计算

① 长度计算（表 15-105）

表 15-105　箍筋长度计算

计算方法	长度 = 2 × (梁宽 − 2 × 保护层 + 梁高 − 2 × 保护层) + 2 × max(10d,75mm) + 2 × 1.9d			
计算过程	梁宽 + 梁高 − 4 × 保护层	取大值	10d	结果
			75mm	
	300 + 550 − 4 × 20 = 770	100	10 × 10 = 100mm	
			75mm	
计算式	2 × 770 + 2 × 100 + 2 × 1.9 × 10			1778

② 根数计算

悬挑箍筋根数 = { [1500 − 325 − 50(左) − 20(右)]/100 } + 1 = (1105/100) + 1 = 13 根

③ 软件结果(图 15-215)

筋号	直径(mm)	级别	图号	图形	计算公式	长度(mm)	根数
0跨.箍筋1	10	Φ	195	510 260	2*((300-2*20)+(550-2*20))+2*(11.9*d)	1778	13

图 15-215　软件结果

(3)右悬挑跨中钢筋计算同单面悬挑梁的钢筋计算,这里不再赘述。

3. 第一跨

(1)下部钢筋计算(表 15-106)

表 15-106　下部钢筋长度计算

计算方法	长度 = 净跨长 + 左、右锚固长度						
计算过程	净跨	左、右锚固长度(取大值)				结果	根数
	7200 - 325 - 325	取大值	l_{aE}		取大值	l_{aE}	
			$0.5h_c + 5d$			$0.5h_c + 5d$	
	6550	850	$34 \times 25 = 850$		850	$34 \times 25 = 850$	
			$0.5 \times 650 + 5 \times 25 = 450$			$0.5 \times 650 + 5 \times 25 = 450$	
计算式	6550 + 850 + 850					8250	2

软件结果(图 15-216)

筋号	直径(mm)	级别	图号	图形	计算公式	长度(mm)	根数	搭接
1跨.下部钢筋1	25	Φ	1	8250	34*d+6550+34*d	8250	2	1

图 15-216　软件结果

(2)左支座第二排负筋计算(表 15-107)

表 15-107　左支座第二排负筋长度计算

计算方法	长度 = 净跨长/4 + 左支座锚固长度			
计算过程	净跨	左支座锚固长度(取大值)	结果	根数
	7200 - 325 - 325 = 6550	取大值 1005	$0.4 \times 33 \times 25 + 15 \times 25 = 705$		
			$650 - 20 + 15 \times 25 = 1005$		
计算式	6550/4 + 1005		2643	2

或长度 = $6550/4 + 34 \times 25 = 2488$mm

软件结果(图 15-217)

筋号	直径(mm)	级别	图号	图形	计算公式	长度(mm)	根数
1跨.左支座筋1	25	Φ	1	2488	34*d+6550/4	2488	2

图 15-217　软件结果

(3)右支座第二排负筋计算(表 15-108)

表 15-108　右支座第二排负筋长度计算

计算方法	长度 = 净跨长/4 + 右支座锚固长度				
计算过程	净　跨	右支座锚固长度判断		结果	根数
	$7200 - 325 - 325 = 6550$	取大值 1005	$0.4 \times 34 \times 25 + 15 \times 25 = 715$		
			$650 - 20 + 15 \times 25 = 1005$		
计算式	$6550/4 + 1005$			2643	4

或长度 $= 6550/4 + 34 \times 25 = 2488$ mm

软件结果（图 15-218）

筋号	直径(mm)	级别	图号	图形	计算公式	长度(mm)	根数
1跨.右支座筋3	25	中	1	2488	6550/4+34*d	2488	2

图 15-218　软件结果

（4）箍筋计算

1）长度计算（表 15-109）

表 15-109　箍筋长度计算

计算方法	长度 = $2 \times$（梁宽 $-2 \times$ 保护层 + 梁高 $-2 \times$ 保护层）$+ 2 \times \max(10d, 75\text{mm}) + 2 \times 1.9d$			
计算过程	梁宽 + 梁高 $-4 \times$ 保护层	取大值	$10d$	结果
			75mm	
	$300 + 550 - 4 \times 25 = 750$	100	$10 \times 10 = 100$mm	
			75mm	
计算式	$2 \times 750 + 2 \times 100 + 2 \times 1.9 \times 10$			1818

2）根数计算（表 15-110）

表 15-110　箍筋根数计算

计算方法	根数 = 左加密区根数 + 右加密区根数 + 非加密区根数		
计算过程	加密区根数	非加密区根数	结果
	$[(1.5 \times 梁高 - 50)/加密区间距] + 1$	$[(净跨长 - 左加密区 - 右加密区)/非加密区间距] - 1$	
	$[(1.5 \times 550 - 50)/100] + 1$	$[(7200 - 325 \times 2 - 550 \times 1.5 \times 2)/200] - 1$	
	9 根	24 根	
计算式	$9 \times 2 + 24$		42

软件结果（图 15-219）

筋号	直径(mm)	级别	图号	图形	计算公式	长度(mm)	根数
1跨.箍筋1	10	中	195	510　260	2*((300-2*20)+(550-2*20))+ 2*(11.9*d)	1778	42

图 15-219　软件结果

第五节 屋 面 梁

一、屋面梁的平法标注（图 15-220）

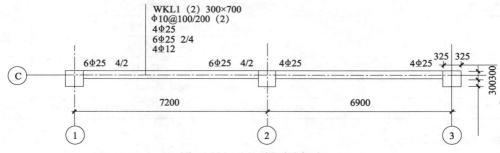

图 15-220 屋面梁平法标注

1. 屋面梁的详图介绍

屋面梁与框架梁的不同之处主要是上部通长筋及支座负筋的锚固加长，具体详图如图 15-221 所示。

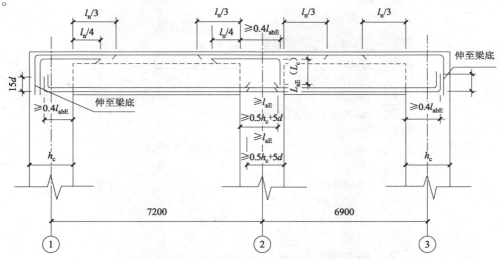

图 15-221 抗震屋面框架梁 WKL 纵向钢筋构造

2. 需要计算的量（表 15-111）

表 15-111 需要计算的量

纵					筋						箍	筋
上部纵筋	下部纵筋				支座负筋					侧面纵向钢筋	箍筋	拉筋
	下部通长筋				左支座负筋		中间支座		右支座负筋			
	第一跨		第二跨									
上部通长筋	第一排	第二排	第一排	第二排	第一排	第二排	第一排	第二排				
长度			根数									

二、WKL1 的钢筋计算

1. 上部通长筋计算（表 15-112）

表 15-112　上部通长筋长度计算

计算方法	长度 = 净跨长 + 左、右支座锚固长度			
计算过程	净　跨	左、右支座锚固长度计算	结果	根数
		伸到梁尽头弯折到梁底部		
	7200 + 6900 − 325 − 325 = 13450	支座宽 − 保护层 + 梁高 − 保护层		
		650 − 20 + 700 − 20 = 1310		
计算式	13450 + 1310 + 1310		16070	2

接头数量为 2 个。

软件计算过程

屋面梁的填写方式和中间层梁的填写方式一样，注意把梁的类别修改为屋面框架梁。

（1）属性定义（图 15-222）

	属性名称	属性值	附加
1	名称	WKL1	
2	类别	屋面框架梁	☐
3	截面宽度 (mm)	300	☐
4	截面高度 (mm)	700	☐
5	轴线距梁左边线距离 (mm)	(150)	☐
6	跨数量		☐
7	箍筋	A10@100/200 (2)	☐
8	肢数	2	
9	上部通长筋	2B25	☐
10	下部通长筋	6B25 2/4	☐
11	侧面纵筋	G4B12	☐
12	拉筋	(A6)	☐
13	其他箍筋		
14	备注		☐
15	⊞ 其他属性		
23	⊞ 锚固搭接		

图 15-222　WKL1 属性定义

（2）软件画图（图 15-223）

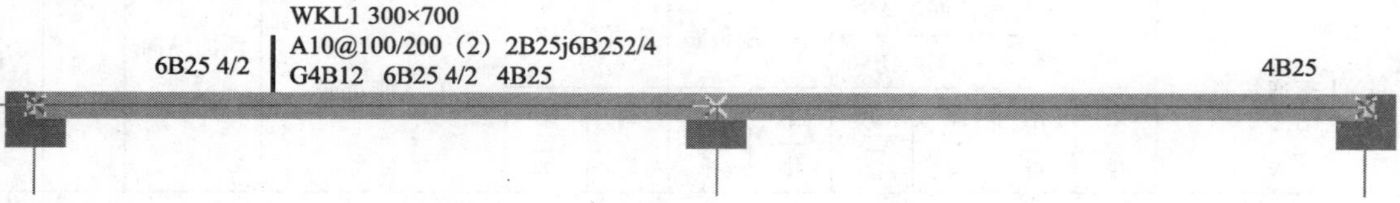

WKL1 300×700
A10@100/200 (2) 2B25j6B252/4
6B25 4/2　G4B12　6B25 4/2　4B25　　　　　　　　　　　　　　　　　　4B25

图 15-223　软件画图

（3）重新识别后填写原位标注编辑框（图15-224）

上通长筋	上部钢筋			下部钢筋	
	左支座钢筋	跨中钢筋	右支座钢筋	下通长筋	下部钢筋
2B25	6B25 4/2		6B25 4/2	6B25 2/4	
	4B25			4B25	

图15-224 原位标注编辑框

（4）软件结果（图15-225）

筋号	直径(mm)	级别	图号	图形	计算公式	长度(mm)	根数	搭接
1跨.上通长筋1	25	Φ	64	680 ⌐—14710—⌐ 680	650-20+680+13450+650-20+680	16070	2	2

图15-225 软件结果

（5）软件注意事项（图15-226）

在工程设置里找到计算设置里点开节点设置，找到框架梁节点设置，点开屋面框架梁端节点。

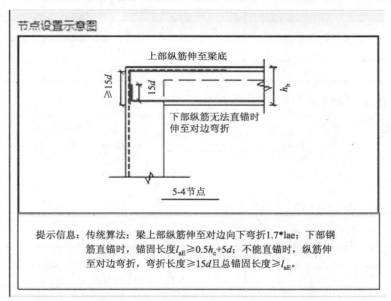

图15-226 屋面框架梁端节点

2. 下部通长筋计算（表15-113）

表15-113 下部通长筋长度计算

计算方法	长度 = 净跨长 + 左、右支座锚固长度							
第一跨下部通长筋长度计算	净 跨	取大值	左支座锚固长度	取大值	右支座锚固长度	结果	根数
			$0.4 l_{abE} + 15d$		$0.4 l_{abE} + 15d$		
			支座宽 − 保护层 + 弯折 $15d$		支座宽 − 保护层 + 弯折 $15d$		
	7200 + 6900 − 325 − 325 = 13450	1005	$0.4 \times 33 \times 25 + 15 \times 25 = 705$	1005	$0.4 \times 33 \times 25 + 15 \times 25 = 705$		
			$600 − 20 + 15 \times 25 = 1005$		$600 − 20 + 15 \times 25 = 1005$		
计算式	13450 + 1005 + 1005					15460	7

387

软件结果（图 15-227）

筋号	直径(mm)	级别	图号	图形	计算公式	长度(mm)	根数	搭接
1跨筋1 下通长	25	Φ	64	375 └─ 14710 ─┘ 375	650-20+15*d+13450+650-20+15*d	15460	4	1
1跨筋5 下通长	25	Φ	64	375 └─ 14710 ─┘ 375	650-20+15*d+13450+650-20+15*d	15460	2	1

图 15-227　软件结果

3. 第一跨

（1）左支座负筋计算

1）第一排计算（表 15-114）

表 15-114　左支座负筋第一排长度计算

计算方法	长度 = 净跨长/3 + 左支座锚固长度		
计算过程	净　跨	左支座锚固长度	结果	根数
		伸到梁尽头弯折到梁底部		
	7200 − 325 − 325 = 6550	支座宽 − 保护层 + 梁高 − 保护层		
		650 − 20 + 700 − 20 = 1310		
计算式	6550/3 + 1310		3493	2

软件结果（图 15-228）

筋号	直径(mm)	级别	图号	图形	计算公式	长度(mm)	根数
1跨筋1 左支座	25	Φ	18	680 └─ 2813	650-20+680+6550/3	3493	2

图 15-228　软件结果

2）第二排计算（表 15-115）

表 15-115　左支座负筋第二排长度计算

计算方法	长度 = 净跨长/4 + 左支座锚固		
计算过程	净　跨	左右支座锚固长度	结果	根数
		伸到梁尽头弯折到梁底部		
	7200 − 325 − 325 = 6550	支座宽 − 保护层 + 梁高 − 保护层		
		650 − 20 + 700 − 20 = 1310		
计算式	6550/4 + 1310		2948	4

软件结果（图 15-229）

筋号	直径(mm)	级别	图号	图形	计算公式	长度(mm)	根数
1跨筋3 左支座	25	Φ	18	680 └─ 2268 ─	650-20+680+6550/4	2948	2

图 15-229　软件结果

（2）右支座负筋计算

1）第一排计算（表 15-116）

表 15-116 右支座负筋第一排长度计算

计算方法	长度 = 2 × 第一跨第二跨净跨长(取大值)/3 + 支座宽			
计算过程	第一跨净跨长	第二跨净跨长	结果	根数
	$7200 - 325 - 325 = 6550$	$6900 - 325 - 325 = 6250$		
	取大值 6550			
计算式	$2 \times (6550/3) + 650$		5017	2

软件结果(图 15-230)

筋号	直径(mm)	级别	图号	图形	计算公式	长度(mm)	根数
1跨.右支座筋1	25	Φ	1	5016	6550/3+650+6550/3	5016	2

图 15-230 软件结果

2)第二排计算(表 15-117)

表 15-117 右支座负筋第二排长度计算

计算方法	长度 = 净跨长/4 + 支座宽 - 保护层 + 弯折				
计算过程	净 跨	支座宽	弯折	长度	根数
			l_{aE}		
			$34d$		
	$7200 - 325 - 325 = 6550$	650	$34 \times 25 = 850$		
计算式	$6550/4 + 650 - 20 + 850$			3118	2

软件结果(图 15-231)

筋号	直径(mm)	级别	图号	图形	计算公式	长度(mm)	根数
1跨.右支座筋3	25	Φ	18	850 ⌐ 2268	6550/4+650-20+850	3118	2

图 15-231

(3)侧面纵向构造钢筋计算(表 15-118)

表 15-118 侧面纵向构造钢筋长度计算

计算方法	长度 = 净跨长 + 2 × 15d			
侧向构造钢筋长度计算	净 跨	15d	结果	根数
	$7200 + 6900 - 325 - 325$	15×12		
	13450	180		
计算式	$13450 + 2 \times 180$		13810	4

搭接:因为侧面纵向钢筋超过 12m,所以中间会有一个搭接。规范规定,侧面纵筋的锚固和搭接长度均为 15d,其搭接长度为 $15d = 15 \times 12 = 180mm$,总搭接长度为 $180 \times 4 = 720mm$。

软件结果(图 15-232)

筋号	直径(mm)	级别	图号	图形	计算公式	长度(mm)	根数	搭接
1跨.侧面构造筋1	12	Φ	1	13810	15*d+13450+15*d	13810	4	180

图 15-232 软件结果

(4)箍筋计算

箍筋计算前面已讲过,这里只列计算公式:

长度 $=2\times(300+700-4\times20)+2\times11.9\times10=2078\text{mm}$

根数 $=\{[(700\times1.5-50)/100]+1\}\times2+[(7200-325\times2-700\times1.5\times2)/200]-1=44$ 根

软件结果（图 15-233）

筋号	直径(mm)	级别	图号	图形	计算公式	长度(mm)	根数
1跨.箍筋1	10	Φ	195	660 260	2*((300-2*20)+(700-2*20))+2*(11.9*d)	2078	44

图 15-233　软件结果

（5）拉筋计算

长度 $=(300-2\times20)+2\times75+2\times1.9\times6=433\text{mm}$

根数 $=\{[(7200-325\times2)/400]+1\}\times2=36$ 根

软件结果（图 15-234）

筋号	直径(mm)	级别	图号	图形	计算公式	长度(mm)	根数
1跨.拉筋1	6	Φ	485	260	(300-2*20)+2*(75+1.9*d)	433	36

图 15-234　软件结果

4. 第二跨

（1）左支座负筋计算

第一跨右支座负筋除过 2 根上部通长筋,剩余 2 根第一排钢筋伸过左边支座 $l_n/3$,代替第二跨第一排左支座负筋。

（2）右支座负筋计算（表 15-119）

表 15-119　右支座负筋长度计算

计算方法	长度 = 净跨长/3 + 右支座锚固长度			
计算过程	净　跨	右支座锚固长度	结果	根数
		伸到梁尽头弯折到梁底部		
	6900 − 325 − 325 = 6250	支座宽 − 保护层 + 梁高 − 保护层		
		650 − 20 + 700 − 20		
		1310		
计算式	6250/3 + 1310		3393	2

软件结果（图 15-235）

筋号	直径(mm)	级别	图号	图形	计算公式	长度(mm)	根数
2跨.右支座筋1	25	Φ	18	680 2713	6250/3+650-20+680	3393	2

图 15-235　软件结果

（3）箍筋计算

长度 $=2\times(300+700-4\times20)+2\times11.9\times10=2078\text{mm}$

根数 $=\{[(700\times1.5-50)/100]+1\}\times2+[(6900-325\times2-700\times1.5\times2)/200]-1=42$ 根

软件结果（图 15-236）

筋号	直径(mm)	级别	图号	图形	计算公式	长度(mm)	根数
2跨.箍筋1	10	Φ	195	660 260	2*((300-2*20)+(700-2*20))+2*(11.9*d)	2078	42

图 15-236　软件结果

（4）拉筋计算

长度 $= (300 - 2 \times 20) + 2 \times 75 + 2 \times 1.9 \times 6 = 433\text{mm}$

根数 $= \left[(6900 - 325 \times 2)/400 + 1 \right] \times 2 = 34$ 根

软件结果（图 15-237）

筋号	直径(mm)	级别	图号	图形	计算公式	长度(mm)	根数
2跨.拉筋1	6	中	485	260	(300-2*20)+2*(75+1.9*d)	433	34

图 15-237　软件结果

第六节　基　础　梁

一、基础梁的平法标注

1. 基础梁的详图介绍（图 15-238）

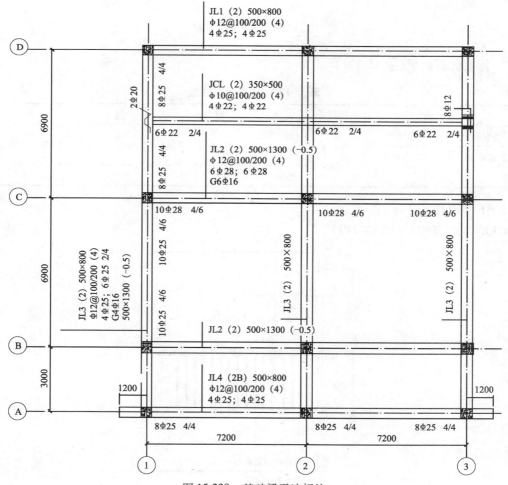

图 15-238　基础梁平法标注

注：柱子截面　500mm×500mm

满基厚度　500mm

2. 基础梁的环境描述（表 15-120）

表 15-120　基础梁的环境描述

层属性	抗震等级	混凝土强度等级	保护层/mm
基础梁	非抗震	C30	40

注：直径 >18mm 时为机械连接，直径 ≤18mm 时为搭接。

二、JL1 的钢筋计算

1. JL1 的平法标注（图 15-239）

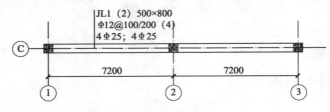

图 15-239　JL1 平法标注

2. 需要计算的量（表 15-121）

表 15-121　需要计算的量

纵　　筋		箍　　　　筋			
下部纵筋　　上部纵筋		第一跨	第二跨	第一个支座处	第二个支座处	第三个支座处
下部通长筋　　上部通长筋						
		长度　　　　　根数			

3. 下部通长筋计算

（1）JL1 端部构造（图 15-240）

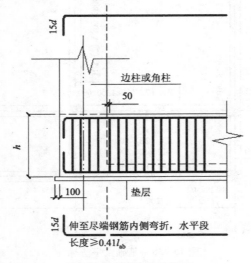

图 15-240　JL1 端部构造

（2）JL1 的下部通长筋计算（表15-122）

表15-122 JL1 的下部通长筋长度计算

计算方法	长度＝净跨长＋左支座锚固长度＋右支座锚固长度				
计算过程	净　跨	左支座锚固长度	右支座锚固长度	结果	根数
	7200＋7200－250－250＝13900	支座宽＋保护层＋15d	支座宽＋保护层＋15d		
		500－40＋15×25＝835	500－40＋15×25＝835		
计算式	13900＋835＋835			15570	4

接头数量为4个。

（3）软件计算

1）属性定义（图15-241）

	属性名称	属性值	附加
1	名称	JL1	
2	类别	基础主梁	☐
3	截面宽度(mm)	500	☐
4	截面高度(mm)	800	☐
5	轴线距梁左边线距离(mm)	(250)	☐
6	跨数量		☐
7	箍筋	A12@100/200(4)	☐
8	肢数	4	
9	下部通长筋	4B25	☐
10	上部通长筋	4B25	☐
11	侧面纵筋		☐
12	拉筋		☐
13	其他箍筋		
14	备注		☐
15	⊞ 其他属性		
24	⊞ 锚固搭接		

图 15-241 属性定义

2）软件画图（图15-242）

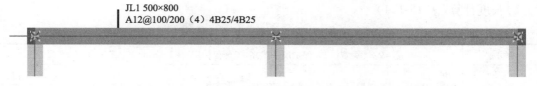

JL1 500×800
A12@100/200（4）4B25/4B25

图 15-242 软件画图

因为 JL1 只有下部通长筋、上部通长筋和箍筋，重新识别后数据会自动生成。而基础主梁内箍筋是贯通的，所以我们要注意软件这一点（图15-243）。

15	⊟ 其它属性		
16	— 汇总信息	基础梁	☐
17	— 保护层厚度(mm)	(40)	☐
18	— 箍筋贯通布置	是	
19	— 计算设置	按默认计算设置计	
20	— 节点设置	按默认节点设置计	
21	— 搭接设置	按默认搭接设置计	
22	— 起点顶标高(m)	层底标高加梁高	☐
23	— 终点顶标高(m)	层底标高加梁高	☐
24	⊞ 锚固搭接		

图 15-243　JL1 其他属性

选中梁,点击属性编辑器,再点击其他属性,如图 15-247 所示,注意框里写的箍筋是否贯通,要选择是。

3)软件结果(图 15-244)

筋号	直径(mm)	级别	图号	图形	计算公式	长度(mm)	根数	搭接
1跨.下通长筋1	25	Φ	64	375 ⌐14820⌐ 375	500-40+15*d+13900+500-40+15*d	15570	4	1

图 15-244　软件结果

4. JL1 的上部通长筋计算(表 15-123)

表 15-123　JL1 的上部通长筋长度计算

计算方法	长度 = 净跨长 + 左支座锚固长度 + 右支座锚固长度				
计算过程	净　跨	左支座锚固长度	右支座锚固长度	结果	根数
	$7200 + 7200 - 250 - 250 = 13900$	支座宽 + 保护层 + $15d$	支座宽 + 保护层 + $15d$		
		$500 - 40 + 15 \times 25 = 835$	$500 - 40 + 15 \times 25 = 835$		
计算式	$13900 + 835 + 835$			15570	4

接头数量为 4 个。

软件结果(图 15-245)

筋号	直径(mm)	级别	图号	图形	计算公式	长度(mm)	根数	搭接
1跨.上通长筋1	25	Φ	64	375 ⌐14820⌐ 375	500-40+15*d+13900+500-40+15*d	15570	4	1

图 15-245　软件结果

5. 第一个支座处

(1)箍筋 1 计算

1)长度计算(表 15-124)

表 15-124　箍筋 1 长度计算

计算方法	长度 $= 2 \times ($梁宽 $- 2 \times$ 保护层 + 梁高 $- 2 \times$ 保护层$) + 2 \times \max(10d, 75mm) + 2 \times 1.9d$			
计算过程	梁宽 + 梁高 $- 2 \times$ 保护层 + 梁高 $- 2 \times$ 保护层	取大值	$10d$	结果
			$75mm$	
	$500 + 800 - 4 \times 40 = 1140$	120	$10 \times 12 = 120mm$	
			$75mm$	
计算式	$2 \times 1140 + 2 \times 120 + 2 \times 1.9 \times 12$			2570

2）基础梁的箍筋排列（图 15-246）

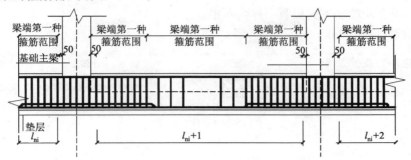

图 15-246 基础主梁 JZL 第一种与第二种箍筋范围

如图 15-246 所示，与支座相交梁箍筋是全加密的。所以第一跨与梁交接根数计算如下：
根数 = [（支座宽 − 50 − 保护层）/100] + 1 = [（500 − 50 − 40）/100] + 1 = 6 根

3）软件结果（图 15-247）

筋号	直径(mm)	级别	图号	图形	计算公式	长度(mm)	根数
1跨.箍筋1	12	中	195	720 ⌷420	2*((500-2*40)+(800-2*40))+ 2*(11.9*d)	2566	6

图 15-247 软件结果

（2）箍筋 2 计算

1）长度计算（图 15-248）

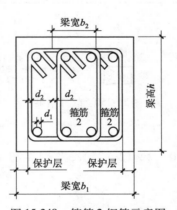

图 15-248 箍筋 2 钢筋示意图

如图 15-248 所示，箍筋 2 的长度 = 2 ×（梁宽 b_2 − 2 × 保护层 + 梁高 − 2 × 保护层）+ 2 × $1.9d_2$ + 2 ×（$10d_2$, 75mm）

其中梁宽 b_2 = [（梁宽 b_1 − 2 × 保护层 − 2 × d_2 − D）/3] + D + $2d_2$

综上所述：箍筋 2 的长度 = 2 × {[（梁宽 b_1 − 2 × 保护层 − 2 × d_2 − D）/3] + D + 2 × d_2} + 2 ×（梁高 h − 2 × 保护层）+ 2 × $1.9d_2$ + 2 × max（$10d_2$, 75mm）

= 2 × {[（500 − 2 × 40 − 25 − 2 × 12）/3] × 1 + 25 + 2 × 12} + 2 ×（800 − 2 × 40）+ 2 ×（11.9 × 12）= 2071mm

2）根数计算

箍筋 2 的根数同箍筋 1 的根数一样为 6 根。

3）软件结果（图 15-249）

筋号	直径(mm)	级别	图号	图形	计算公式	长度(mm)	根数
1跨.箍筋2	12	中	195	720 173	2*(((500-2*40-2*d-25)/3*1+25+2*d)+(800-2*40))+2*(11.9*d)	2071	6

图 15-249　软件结果

6. 第一跨

（1）箍筋 1 计算

1）长度 $= 2 \times (500 - 2 \times 40 - 25) + 2 \times (800 - 2 \times 40) + 2 \times (11.9 \times 12) = 2566\text{mm}$

2）根数（表 15-125）

表 15-125　根数计算

计算方法	根数 = 左加密区根数 + 右加密区根数 + 非加密区根数		
	加密区根数	非加密区根数	结果
计算过程	$[(1.5 \times 梁高 - 50)/加密间距] + 1$	$[(净跨长 - 左加密区 - 右加密区)/非加密间距] - 1$	
	$[(1.5 \times 800 - 50)/100] + 1$	$[(7200 - 325 \times 2 - 800 \times 1.5 \times 2)/200] - 1$	
	13 根	20 根	
计算式	$13 \times 2 + 20$		46

3）软件结果（图 15-250）

筋号	直径(mm)	级别	图号	图形	计算公式	长度(mm)	根数
1跨.箍筋3	12	中	195	720 420	2*((500-2*40)+(800-2*40))+2*(11.9*d)	2566	47

图 15-250　软件结果

（2）箍筋 2 计算

1）长度 $= 2 \times \{[(500 - 2 \times 40 - 2 \times 12 - 25)/3] \times 1 + 25 + 2 \times 12\} + 2 \times (800 - 2 \times 40) + 2 \times (11.9 \times 12) = 2071\text{mm}$

2）根数计算

箍筋 2 的根数同箍筋 1 的根数一样为 46 根。

3）软件结果（图 15-251）

筋号	直径(mm)	级别	图号	图形	计算公式	长度(mm)	根数
1跨.箍筋4	12	中	195	720 173	2*(((500-2*40-2*d-25)/3*1+25+2*d)+(800-2*40))+2*(11.9*d)	2071	47

图 15-251　软件结果

7. 第二个支座处

（1）箍筋 1 计算

长度 $=2\times(500+800-4\times40)+2\times11.9\times12=2566\mathrm{mm}$

根数 $=($ 梁宽 $-2\times50)/100+1=400/1+1=5$ 根

（2）箍筋 2 计算

长度 $=2\times[(500-2\times40-2\times25/2-2\times12)/3\times1+2\times25/2+2\times12]+2\times(800-2\times40)+2\times(11.9\times12)=2071\mathrm{mm}$

根数 $=5$ 根

（3）软件结果（图 15-252）

筋号	直径(mm)	级别	图号	图形	计算公式	长度(mm)	根数
2跨.箍筋1	12	Φ	195	720 420	2*((500-2*40)+(800-2*40))+2*(11.9*d)	2566	5
2跨.箍筋2	12	Φ	195	720 173	2*(((500-2*40-2*d-25)/3*1+25+2*d)+(800-2*40))+2*(11.9*d)	2071	5

图 15-252　软件结果

8. 第二跨

（1）箍筋 1 计算

JL1 的第二跨箍筋 1 与第一跨箍筋 1 相同。

长度 $=2\times(500+800-4\times40)+2\times11.9\times12=2566\mathrm{mm}$

根数 $=(800\times1.5/100+1)\times2+(7200-2\times250-2\times800\times1.5)/200-1=46$ 根

（2）箍筋 2 计算

长度 $=2\times[(500-2\times40-2\times25/2-2\times12)/3\times1+2\times25/2+2\times12]+2\times(800-2\times40)+2\times(11.9\times12)=2071\mathrm{mm}$

根数 $=46$ 根

（3）软件结果（图 15-253）

筋号	直径(mm)	级别	图号	图形	计算公式	长度(mm)	根数
2跨.箍筋5	12	Φ	195	720 420	2*((500-2*40)+(800-2*40))+2*(11.9*d)	2566	47
2跨.箍筋6	12	Φ	195	720 173	2*(((500-2*40-2*d-25)/3*1+25+2*d)+(800-2*40))+2*(11.9*d)	2071	47

图 15-253　软件结果

9. 第三个支座外

（1）箍筋 1 计算

长度 $=2\times(500+800-4\times40)+2\times11.9\times12=2566\mathrm{mm}$

根数 $=[($ 梁宽 $-50-40)/100]+1=(400/100)+1=6$ 根

（2）箍筋 2 计算

长度 $=2\times\{[(500-2\times40-2\times12-25)/3]\times1+25+2\times12\}+2\times(800-2\times40)+2\times(11.9\times12)=2071\mathrm{mm}$

根数 $=[($ 梁宽 $-50-40)/100]+1=(400/100)+1=6$ 根

（3）软件结果（图 15-254）

筋号	直径(mm)	级别	图号	图形	计算公式	长度(mm)	根数
2跨.箍筋3	12	Φ	195	720 [420]	2*((500-2*40)+(800-2*40))+2*(11.9*d)	2566	6
2跨.箍筋4	12	Φ	195	720 [173]	2*(((500-2*40-2*d-25)/3*1+25+2*d)+(800-2*40))+2*(11.9*d)	2071	6

图 15-254　软件结果

三、JL2 的钢筋计算

1. JL2 平法标注

JL2 增加了支座负筋，截面较 JL1 有所变化，所以增加了侧面构造钢筋（图 15-255）

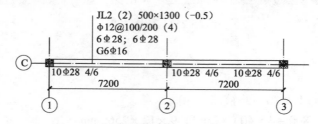

图 15-255　JL2 平法标注

2. 需要计算的量（表 15-126）

表 15-126　需要计算的量

纵 筋			支 座 负 筋			箍 筋					拉筋	
下部纵筋	侧面构造钢筋	上部纵筋	左支座负筋	中间支座负筋	右支座负筋	第一跨	第二跨	第一个支座处	第二个支座处	第三个支座处	第一跨	第二跨
下部通长筋		上部通长筋	第二排	第二排	第二排							
			长度		根数							

3. 下部通长筋计算（表 15-127）

表 15-127　下部通长筋长度计算

计算方法	长度 = 净跨长 + 左支座锚固长度 + 右支座锚固长度				
计算过程	净 跨	左支座锚固长度	右支座锚固长度	结果	根数
	7200 + 7200 - 250 - 250 = 13900	支座宽 + 保护层 + 15d	支座宽 + 保护层 + 15d		
		500 - 40 + 15 × 28 = 880	500 - 40 + 15 × 28 = 880		
计算式		13900 + 880 + 880		15660	6

接头数量 =6 个

1）属性定义（图 15-256）

	属性名称	属性值	附加
1	名称	JL2	
2	类别	基础主梁	☐
3	截面宽度(mm)	500	☐
4	截面高度(mm)	800	☐
5	轴线距梁左边线距离(mm)	(250)	☐
6	跨数量		☐
7	箍筋	A12@100/200 (4)	☐
8	肢数	4	
9	下部通长筋	6B28	☐
10	上部通长筋	6B28	☐
11	侧面纵筋	G6B16	☐
12	拉筋	(A8)	☐
13	其他箍筋		
14	备注		☐
15	⊞ 其他属性		
24	⊞ 锚固搭接		

图 15-256　JL2 属性定义

2）软件画图（图 15-257）

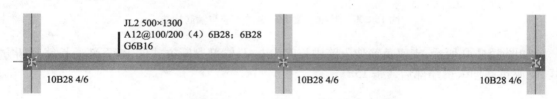

JL2 500×1300
A12@100/200（4）6B28；6B28
G6B16

10B28 4/6　　　　10B28 4/6　　　　10B28 4/6

图 15-257　软件画图

3）重新识别后填写梁原位标注编辑框（图 15-258）

下通长筋	下部钢筋			上部钢筋		侧面钢筋		
	左支座钢筋	跨中钢筋	右支座钢筋	上通长筋	上部钢筋	侧面通长筋	侧面原	拉筋
6B28	10B28 4/6			6B28		G6B16		A8@200/400
	10B28 4/6		10B28 4/6					A8@200/400

图 15-258　原位标注编辑框

4）软件结果（图 15-259）

筋号	直径(mm)	级别	图号	图形	计算公式	长度(mm)	根数	搭接
1跨.下通长筋1	28	Φ	64	420 ⌐14820⌐ 420	500-40+15*d+13900+500-40+15*d	15660	6	1

图 15-259　软件结果

4. 上部通长筋计算（表 15-128）

表 15-128 上部通长筋长度计算

计算方法	长度 = 净跨长 + 左支座锚固长度 + 右支座锚固长度				
计算过程	净跨	左支座锚固长度	右支座锚固长度	结果	根数
	$7200 + 7200 - 250 - 250 = 13900$	支座宽 + 保护层 + $15d$	支座宽 + 保护层 + $15d$		
		$500 - 40 + 15 \times 28 = 880$	$500 - 40 + 15 \times 28 = 880$		
计算式	$13900 + 880 + 880$			15660	6

5. 支座负筋计算

（1）长度计算（图 15-260、表 15-129）

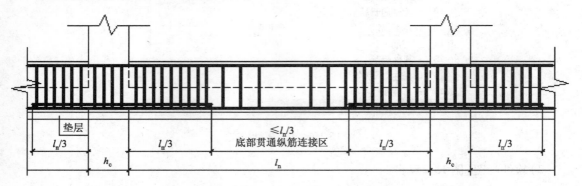

图 15-260 基础主梁 JZL 纵向钢筋与箍筋构造

如图 15-260 所示，支座负筋伸入跨中长度为 $l_n/3$，端部判断方式同上、下部通长筋判断方式，支座负筋伸入梁端部后弯折 $15d$。

表 15-129 左支座负筋长度计算

计算方法	长度 = $l_n/3$ + 支座宽 - 保护层 + $15d$				
计算过程	$l_n/3$	支座宽	$15d$	结果	根数
	$(7200 - 250 - 250)/3 = 2233$	500	$15 \times 28 = 420$		
计算式	$2233 + 500 - 40 + 420$			3113	4

（2）软件结果（图 15-261）

筋号	直径(mm)	级别	图号	图形	计算公式	长度(mm)	根数
1跨.左支座筋1	28	Φ	18	420 ⌐ 2693	$500-40+15*d+2233$	3113	4

图 15-261 软件结果

6. 侧面构造钢筋计算（图 15-262）

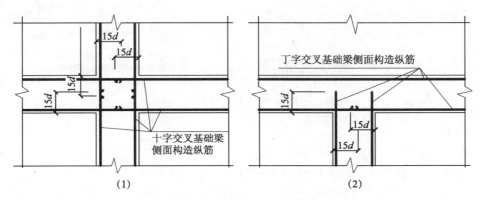

图 15-262 侧面构造钢筋

注:1. 侧面构造钢筋由具体设计。

2. 十字相交的基础梁,其侧面构造纵筋锚入交叉梁内 $15d$(1);丁字相交的基础梁,横梁外侧的构造纵筋应贯通,横梁内侧和竖梁两侧的构造纵筋锚入交叉梁内 $15d$(2)。

3. 拉筋直径为 8mm,间距为箍筋间距的两倍。当设有多排拉筋时,上下两排拉筋竖向错开设置。

(1)侧面构造钢筋锚入基纵梁 $15d$(表 15-130)

表 15-130 侧向构造钢筋计算

计算方法	长度 = 净跨长 + 2 × 15d			
计算过程	净 跨		15d	结果	根数
	7200 + 7200 − 250 − 250 = 13900		15 × 16 = 240		
计算式	13900 + 2 × 240			14380	6

搭接:$4 × 15 × 16 = 960$mm

(2)软件结果(图 15-263)

筋号	直径(mm)	级别	图号	图形	计算公式	长度(mm)	根数	搭接
1跨.侧面构造筋1	16	Φ	1	14380	15*d+13900+15*d	14380	6	240

图 15-263 软件结果

7. 第一个支座处

(1)箍筋 1 计算

长度 $= 2 × (500 + 1300 - 4 × 40) + 2 × 11.9 × 12 = 3566$mm

根数 $= [(支座宽 - 50 - 保护层)/100] + 1 = [(500 - 50 - 40)/100] + 1 = 6$ 根

(2)箍筋 2 计算

长度 $= 2 × [(500 - 2 × 40 - 28 - 2 × 12)/5 × 1 + 28 + 2 × 12] + 2 × (1300 - 2 × 40) + 2 × (11.9 × 12) = 2977$mm

根数 $= 6$ 根

(3)软件结果(图 15-264)

筋号	直径(mm)	级别	图号	图形	计算公式	长度(mm)	根数
1跨.箍筋1	12	Φ	195	1220 420	2*((500-2*40)+(1300-2*40))+2*(11.9*d)	3566	6
1跨.箍筋2	12	Φ	195	1220 126	2*(((500-2*40-2*d-28)/5*1+28+2*d)+(1300-2*40))+2*(11.9*d)	2977	6

图 15-264　软件结果

8. 第一跨

（1）箍筋 1 计算

1）长度 $= 2 \times (500 + 1300 - 4 \times 40) + 2 \times 11.9 \times 12 = 3566mm$

2）根数 $= \{[(1300 \times 1.5)/100] + 1\} \times 2 + [(7200 - 2 \times 250 - 2 \times 1300 \times 1.5)/200] - 1 = 54$ 根

（2）箍筋 2 计算

1）长度 $= 2 \times \{[(500 - 2 \times 40 - 28 - 2 \times 12)/5] \times 1 + 28 + 2 \times 12\} + 2 \times (1300 - 2 \times 40) + 2 \times (11.9 \times 12) = 2977mm$

2）根数 $= \{[(1300 \times 1.5)/100] + 1\} \times 2 + [(7200 - 2 \times 250 - 2 \times 1300 \times 1.5)/200] - 1 = 54$ 根

（3）软件结果（图 15-265）

筋号	直径(mm)	级别	图号	图形	计算公式	长度(mm)	根数
1跨.箍筋3	12	Φ	195	1220 420	2*((500-2*40)+(1300-2*40))+2*(11.9*d)	3566	53
1跨.箍筋4	12	Φ	195	1220 126	2*(((500-2*40-2*d-28)/5*1+28+2*d)+(1300-2*40))+2*(11.9*d)	2977	53

图 15-265　软件结果

9. 第二个支座交接处

（1）箍筋 1 计算

1）长度 $= 2 \times (500 + 800 - 4 \times 40) + 2 \times 11.9 \times 12 = 2566mm$

2）根数 $= [(梁宽 - 2 \times 50)/100] + 1 = [(500 - 2 \times 50)/100] + 1 = 5$ 根

（2）箍筋 2 计算

长度 $= 2 \times [(500 - 2 \times 40 - 2 \times 25/2 - 2 \times 12)/3 \times 1 + 2 \times 25/2 + 2 \times 12] + 2 \times (1300 - 2 \times 40) + 2 \times (11.9 \times 12) = 2977mm$

（3）软件结果（图 15-266）

筋号	直径(mm)	级别	图号	图形	计算公式	长度(mm)	根数
2跨.箍筋1	12	Φ	195	1220 420	2*((500-2*40)+(1300-2*40))+2*(11.9*d)	3566	5
2跨.箍筋2	12	Φ	195	1220 126	2*(((500-2*40-2*d-28)/5*1+28+2*d)+(1300-2*40))+2*(11.9*d)	2977	5

图 15-266　软件结果

10. 拉筋计算

（1）长度 $= (500 - 2 \times 40) + 2 \times (11.9 \times 8) = 610mm$

（2）根数（基础梁拉筋的根数为箍筋间距的两倍）计算如下：

根数 = ［（1300 × 1.5 − 50）/200）+ 1］× 2 + ［（6700 − 2 × 1300 × 1.5）/400］− 1 = 11 × 2 + 6 = 28 根

总根数 = 28 × 3 排 = 84 根

（3）软件结果（图 15-267）

筋号	直径(mm)	级别	图号	图形	计算公式	长度(mm)	根数
1跨.拉筋1	8	Φ	485	420	(500-2*40)+2*(11.9*d)	610	84

图 15-267　软件结果

11. 第二跨

（1）左支座负筋计算（表 15-131）

表 15-131　左支座负筋长度计算

计算方法	左支座负筋长度 = 2 × max(第一跨,第二跨)净跨长/3 + 支座宽			
计算过程	第一跨净跨长	第一跨净跨长	结果	根数
	7200 − 250 − 250 = 6700	7200 − 250 − 250 = 6700		
	取大值 6700			
计算式	2 × (6700/3) + 500		4966	2

软件结果（图 15-268）

筋号	直径(mm)	级别	图号	图形	计算公式	长度(mm)	根数
1跨.右支座筋1	28	Φ	1	4966	2233+250+250+2233	4966	4

图 15-268　软件结果

（2）右支座负筋计算（表 15-132）

表 15-132　右支座负筋长度计算

计算方法	长度 = l_n/3 + 支座宽 − 保护层 + 15d			
计算过程	l_n/3	支座宽	15d	结果	根数
	(7200 − 250 − 250)/3 = 2233	500	15 × 28 = 420		
计算式	2233 + 500 − 40 + 420			3113	4

软件结果（图 15-269）

筋号	直径(mm)	级别	图号	图形	计算公式	长度(mm)	根数
2跨.右支座筋1	28	Φ	18	420　2693	2233+500-40+15*d	3113	4

图 15-269　软件结果

（3）箍筋 1 计算

1）长度 = 2 × (500 + 1300 − 4 × 40) + 2 × 11.9 × 12 = 3556mm

2）根数 = ｛［（1300 × 1.5）/100］+ 1｝× 2 + ［（7200 − 2 × 250 − 2 × 1300 × 1.5）/200］− 1 = 54 根

（4）箍筋 2 计算

1）长度 $= 2 \times \{[(500 - 2 \times 40 - 28 - 2 \times 12)/5] \times 1 + 28 + 2 \times 12\} + 2 \times (1300 - 2 \times 40) + 2 \times (11.9 \times 12) = 2977$mm

2）根数 $= \{[(1300 \times 1.5/100) + 1] \times 2\} + [(7200 - 2 \times 250 - 2 \times 1300 \times 1.5)/200] - 1 = 54$ 根

软件结果（图 15-270）

筋号	直径 (mm)	级别	图号	图形	计算公式	长度 (mm)	根数
2跨.箍筋5	12	Φ	195	1220 420	2*((500-2*40)+(1300-2*40))+2*(11.9*d)	3566	53
2跨.箍筋6	12	Φ	195	1220 126	2*(((500-2*40-2*d-28)/5*1+28+2*d)+(1300-2*40))+2*(11.9*d)	2977	53

图 15-270　软件结果

12. 第三个支座处

（1）箍筋 1 计算

1）长度 $= 2 \times (500 + 1300 - 4 \times 40) + 2 \times 11.9 \times 12 = 3566$mm

2）根数 $= [(梁宽 - 2 \times 50)/100] + 1 = [(500 - 2 \times 50)/100] + 1 = 5$ 根

（2）箍筋 2 计算

1）长度 $= 2 \times \{[(500 - 2 \times 40 - 28 - 2 \times 12)/5] \times 1 + 28 + 2 \times 12\} + 2 \times (1300 - 2 \times 40) + 2 \times (11.9 \times 12) = 2977$mm

2）根数 $= 5$ 根

（3）软件结果（图 15-271）

筋号	直径 (mm)	级别	图号	图形	计算公式	长度 (mm)	根数
2跨.箍筋3	12	Φ	195	1220 420	2*((500-2*40)+(1300-2*40))+2*(11.9*d)	3566	6
2跨.箍筋4	12	Φ	195	1220 126	2*(((500-2*40-2*d-28)/5*1+28+2*d))+(1300-2*40))+2*(11.9*d)	2977	6

图 15-271　软件结果

四、JL3 的钢筋计算

1. JL3 平法标注（图 15-272）

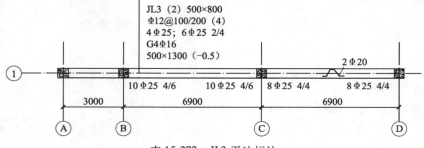

表 15-272　JL3 平法标注

2. 需要计算的量（表 15-133）

表 15-133　需要计算的量

纵筋			支座负筋											箍筋			拉筋
下部纵筋			上部纵筋	第一跨右支座负筋		第二跨左支座负筋		第二跨右支座负筋		第三跨左支座负筋	第三跨右支座负筋	第二跨侧面构造钢筋					
第一跨下部纵筋	第二跨下部纵筋	第三跨下部纵筋	上部通长筋	第一排	第二排	第一排	第二排	第一排	第二排	第二排	第二排		第一跨	第二跨	第三跨	第二跨
							长度		根数							

JL3 属于梁底有高差的钢筋构造，具体构造如图 15-273 所示，它们的下部钢筋及支座负筋的锚固会发生一些变化。

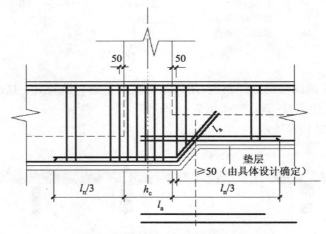

图 15-273　梁底有高差钢筋构造

3. 上部通长筋计算

（1）上部通长筋长度计算（表 15-134）

表 15-134　上部通长筋长度计算

计算方法	长度 = 净跨长 + 左支座锚固长度 + 右支座锚固长度				
计算过程	净　跨	左支座锚固长度	右支座锚固长度	结果	根数
		左支座 − 保护层 + 15d	左支座 − 保护层 + 15d		
	6900 + 6900 − 250 − 250 = 13300	500 − 40 + 15 × 25	500 − 40 + 15 × 25		
		835	835		
计算式	13300 + 835 + 835			14970	6

接头数量为 6 个。

（2）属性定义（图 15-274）

属性编辑

	属性名称	属性值	附加
1	名称	JL3	☐
2	类别	基础主梁	☐
3	截面宽度(mm)	500	☐
4	截面高度(mm)	800	☐
5	轴线距梁左边线距离(mm)	(250)	☐
6	跨数量		☐
7	箍筋	A12@100/200 (4)	☐
8	肢数	4	☐
9	下部通长筋	4B25	☐
10	上部通长筋	6B25 4/2	☐
11	侧面纵筋		☐
12	拉筋		☐
13	其他箍筋		
14	备注		
15	⊟ 其他属性		
16	— 汇总信息	基础梁	☐
17	— 保护层厚度(mm)	(40)	☐
18	— 箍筋贯通布置	否	

图 15-274　JL3 属性定义

因为基础横向主梁的箍筋已经贯通,所以基础纵向主梁与横向梁交接的梁内就没有箍筋,如图 15-295 所示,其他属性-箍筋贯通布置-选择否。

(3)软件画图(图 15-275)

JZL-3 500×800
A12@100/200 (4) 4B25,6B25 4/2

10B25 4/6　　10B25 4/6　8B25 4/4　　　8B25 4/4

图 15-275　软件画图

(4)重新识别梁跨后填写原位标注编辑框(图 15-276)

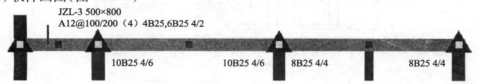

图 15-276　原位标注编辑框

(5)软件结果(图 15-277)

	筋号	直径(mm)	级别	图号	图形	计算公式	长度(mm)	根数	搭接
4	1跨.上通长筋1	25	中	64	375 17220 375	500-40+15*d+16300+500-40+15*d	17970	4	2
5	1跨.上通长筋5	25	中	64	375 17220 375	500-40+15*d+16300+500-40+15*d	17970	2	2

图 15-277　软件结果

4. 第一跨

(1)下部通长筋计算

1)长度计算(表 15-135)

表 15-135　下部通长筋长度计算

计算方法	长度 =(净长 – 高低差倾斜值 – 50)+ 左、右支座锚固长度				
计算过程	净长 – 高低差倾斜值 – 50	左支座锚固长度	右支座锚固长度	结果	根数
		左支座 – 保护层 + 15d	l_{aE}		
	$(3000 – 250 – 250)–(1300 – 800 – 50)$ $= 1950$	$500 – 40 + 15 \times 25 = 835$	$34 \times 25 = 850$		
计算式	1950 + 835 + 850			3635	2

2)软件结果(图 15-278)

筋号	直径(mm)	级别	图号	图形	计算公式	长度(mm)	根数
1跨.下通长筋1	25	中	18	375 ⌐ 3260	500-40+15*d+2500-50-500/tan(45)+34*d	3635	4

图 15-278　软件结果

(2)右支座第一排负筋计算

1)长度计算(表 15-136)

表 15-136　右支座第一排负筋长度计算

计算方法	长度 = max(第一跨 l_n,第二跨 l_n)/3 –(高低差倾斜值 + 50)+ 锚固长度				
计算过程	第一跨 L_n	第二跨 l_n	高低差倾斜值 + 50	锚固长度	结果	根数
	取　大　值			l_{aE}		
	$3000 – 250 – 250 = 2000$	$6900 – 250 – 250 = 6400$	$500 + 50 = 550$	$34 \times 25 = 850$		
	6400					
计算式	$(6400/3)– 550 + 850$				2433	2

2)软件结果(图 15-279)

筋号	直径(mm)	级别	图号	图形	计算公式	长度(mm)	根数
1跨.右支座筋1	25	中	1	2433	2133-50-500/tan(45)+34*d	2433	2

图 15-279　软件结果

(3)右支座第二排负筋计算

1)长度计算(表 15-137)

表 15-137　右支座第二排负筋长度计算

计算方法	长度 = max(第二跨 l_n,第三跨 l_n)/3 –(高低差倾斜值 + 50)+ 锚固长度				
计算过程	第二跨 l_n	第三跨 l_n	高低差倾斜值 + 50	锚固长度	结果	根数
	取大值			l_{aE}		
	$6900 – 250 – 250 = 6400$	$6900 – 250 – 250 = 6400$	$500 + 50 = 550$	$34 \times 25 = 850$		
	6400					
计算式	$(6400/3)– 550 + 850$				2433	4

2）软件结果（图 15-280）

筋号	直径（mm）	级别	图号	图形	计算公式	长度（mm）	根数
3跨.左支座筋1	25	Ⅲ	1	2433	-50-500/tan(45)+34*d+2133	2433	4

图 15-280　软件结果

（4）箍筋计算

1）箍筋 1 计算

① 长度 $= 2 \times (500 + 1300 - 4 \times 40) + 2 \times 11.9 \times 12 = 3556$mm

② 根数 $= [(800 \times 1.5 - 50)/100 + 1] \times 2 + [(3000 - 2 \times 250 - 2 \times 1300 \times 1.5)/200] - 1 = 25$ 根

软件结果（图 15-281）

筋号	直径（mm）	级别	图号	图形	计算公式	长度（mm）	根数
1跨.箍筋1	12	Ⅲ	195	720　420	2*((500-2*40)+(800-2*40))+2*(11.9*d)	2566	25

图 15-281　软件结果

2）箍筋 2 计算

① 长度 $= 2 \times \{[(500 - 2 \times 40 - 25 - 2 \times 12)/3] \times 1 + 25 + 2 \times 12\} + 2 \times (1300 - 2 \times 40) + 2 \times (11.9 \times 12) = 2972$mm

② 根数 $= \{[(800 \times 1.5 - 50)/100] + 1\} \times 2 + [(3000 - 2 \times 250 - 2 \times 1300 \times 1.5)/200] - 1 = 25$ 根

5. 基础梁箍筋构造（图 15-282）

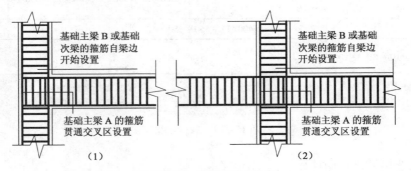

图 15-282　基础梁箍筋构造
（1）丁字相交平面；（2）十字相交平面

如图 15-282 所示,基础纵向梁和基础横向梁不同之处就是相互交错内箍筋,基础横向梁箍筋是贯通的,而基础纵向梁内没有箍筋。

软件结果（图 15-283）

筋号	直径（mm）	级别	图号	图形	计算公式	长度（mm）	根数
1跨.箍筋2	12	Ⅲ	195	720　123	2*((500-2*40-2*d-25)/5*1+25+2*d)+(800-2*40))+2*(11.9*d)	1972	25

图 15-283　软件结果

6. 第二跨

（1）下部通长筋计算（表15-138）

表15-138　下部通长筋长度计算

计算方法	长度＝净跨长＋左、右支座锚固长度				
计算过程	净　跨	左支座锚固长度	右支座锚固长度	结果	根数
		左支座宽＋50＋高低梁之差斜度增加值＋l_{aE}	右支座宽＋50＋高低梁之差斜度增加值＋l_{aE}		
	$6900-250-250=6400$	$500+50+(1300-800-40)\times$ $1.414+34\times25=2051$	$500+50+(1300-800-40)\times$ $1.414+34\times25=2051$		
计算式	$6400+2051+2051$			10502	4

软件结果（图15-284）

筋号	直径(mm)	级别	图号	图形	计算公式	长度(mm)	根数	搭接
2跨.下通长筋1	25	Φ	64	1501└ 7500 ┘1501	500+50+651+34*d+6400+500+50+651+34*d	10502	4	1

图15-284　软件结果

（2）左支座第一排负筋计算

1）长度计算（表15-139）

表15-139　左支座第一排负筋长度计算

计算方法	长度＝$\max[($第一跨l_n，第二跨$l_n)/3]+($左支座宽＋高低梁之差$-50+l_{aE})$				
计算过程	第一跨l_n	第二跨l_n	左支座宽＋50＋高低梁之差斜度增加值＋l_{aE}	结果	根数
	取大值		$500+50+(1300-800-40)\times$ $1.414+34\times25=2051$		
	$3000-250-250=2000$	$6900-250-250=6400$			
	6400				
计算式	$[6400/3]+2051$			4184	2

2）软件结果（图15-285）

筋号	直径(mm)	级别	图号	图形	计算公式	长度(mm)	根数
2跨.左支座筋1	25	Φ	18	1501└ .2683	500+50+651+34*d+2133	4184	2

图15-285　软件结果

（3）左支座第二排负筋计算

1）长度计算（表15-140）

表15-140　左支座第二排负筋长度计算

计算方法	长度＝$\max[($第一跨l_n，第二跨$l_n)/3]+($左支座宽＋高低梁之差－保护层＋$l_{aE})$				
计算过程	第一跨l_n	第二跨l_n	左支座宽＋50＋高低梁之差斜度增加值＋l_{aE}	结果	根数
	取大值		$500+50+(1300-800-40)\times$ $1.414+34\times25=2051$		
	$3000-250-250=2000$	$6900-250-250=6400$			
	6400				
计算式	$[6400/3]+2051$			4184	4

2）软件结果（图 15-286）

筋号	直径(mm)	级别	图号	图形	计算公式	长度(mm)	根数
2跨.左支座筋3	25	Φ	18	1501 ⌐ 2683	500+50+651+34*d+2133	4184	4

图 15-286　软件结果

（4）右支座第一排负筋计算

长度计算（表 15-141）

表 15-141　右支座第一排负筋长度计算

计算方法	长度 = $(l_n/3)$ + (左支座宽 + 高低梁之差 − 保护层 + l_{aE})			
计算过程	$l_n/3$	左支座宽 + 50 + 高低梁之差斜度增加值 + l_{aE}	结果	根数
	$(6900 − 250 − 250)/3 = 2133$	$500 + 50 + (1300 − 800 − 40) × 1.414 + 34 × 25 = 2051$		
计算式	$2133 + 2051$		4184	2

软件结果（图 15-287）

筋号	直径(mm)	级别	图号	图形	计算公式	长度(mm)	根数
2跨.右支座筋1	25	Φ	18	1501 ⌐ 2683	2133+500+50+651+34*d	4184	2

图 15-287　软件结果

（5）右支座第二排负筋计算

1）长度计算（表 15-142）

表 15-142　右支座第二排负筋长度计算

计算方法	长度 = $(l_n/3)$ + (左支座宽 + 高低梁之差 − 保护层 + l_{aE})			
计算过程	$l_n/3$	左支座宽 + 50 + 高低梁之差斜度增加值 + l_{aE}	结果	根数
	$(6900 − 250 − 250)/3 = 2133$	$500 + 50 + (1300 − 800 − 40) × 1.414 + 34 × 25 = 2051$		
计算式	$2133 + 2051$		4184	4

2）软件结果（图 15-288）

筋号	直径(mm)	级别	图号	图形	计算公式	长度(mm)	根数
2跨.右支座筋3	25	Φ	18	1501 ⌐ 2683	2133+500+50+651+34*d	4184	4

图 15-288　软件结果

（6）侧面构造钢筋计算（表 15-143）

表 15-143　侧面构造钢筋长度计算

计算方法	长度 = 净跨长 + $2 × 15d$			
计算过程	净跨	$15d$	结果	根数
	$6900 − 250 − 250$	$15 × 16$		
	6400	240		
计算式	$6400 + 2 × 240$		6880	4

软件结果（图 15-289）

筋号	直径(mm)	级别	图号	图形	计算公式	长度(mm)	根数
2跨. 侧面构造筋1	16	Φ	1	6880	15*d+6400+15*d	6880	6

图 15-289　软件结果

（7）箍筋计算

1）箍筋 1 计算

① 长度 $= 2 \times (500 + 1300 - 4 \times 40) + 2 \times 11.9 \times 12 = 3556mm$

② 根数 $= \{[(1300 \times 1.5)/100] + 1\} \times 2 + [(6900 - 2 \times 250 - 2 \times 1300 \times 1.5)/200] - 1 = 52$ 根

软件结果（图 15-290）

筋号	直径(mm)	级别	图号	图形	计算公式	长度(mm)	根数
2跨. 箍筋3	12	Φ	195	1220 420	2*((500-2*40)+(1300-2*40))+2*(11.9*d)	3566	52

图 15-290　软件结果

2）箍筋 2 计算

① 长度 $= 2 \times \{[(500 - 2 \times 40 - 25 - 2 \times 12)/3] \times 1 + 25 + 2 \times 12\} + 2 \times (1300 - 2 \times 40) + 2 \times (11.9 \times 12) = 2972mm$

② 根数 $= \{[(1300 \times 1.5 - 50)/100] + 1\} \times 2 + [(6900 - 2 \times 250 - 2 \times 1300 \times 1.5)/200] - 1 = 52$ 根

软件结果（图 15-291）

筋号	直径(mm)	级别	图号	图形	计算公式	长度(mm)	根数
2跨. 箍筋4	12	Φ	195	1220 123	2*(((500-2*40-2*d-25)/5*1+25+2*d)+(1300-2*40))+2*(11.9*d)	2972	52

图 15-291　软件结果

（8）拉筋计算

1）长度 $= (500 - 2 \times 40) + 2 \times (11.9 \times 8) + (2 \times 8) = 626mm$

2）根数（基础梁拉筋的根数为箍筋间距的两倍）计算如下：

根数 $= \{[(1300 \times 1.5 - 50)/200] + 1)\} \times 2 + [(6400 - 2 \times 1300 \times 1.5)/400] - 1 = 11 \times 2 + 6 = 28$ 根

总根数 $= 28 \times 3$ 排 $= 84$ 根

3）软件结果（图 15-292）

筋号	直径(mm)	级别	图号	图形	计算公式	长度(mm)	根数
2跨. 拉筋1	8	Φ	485	420	(500-2*40)+2*(11.9*d)	610	84

图 15-292　软件结果

7. 第三跨

（1）下部通长筋计算

1）长度计算（表 15-144）

表 15-144　下部通长筋长度计算

计算方法	长度 = (净长 - 高低差倾斜值 - 保护层) + 左、右支座锚固长度				
计算过程	净长 - 高低差倾斜值 - 50	左支座锚固长度	右支座锚固长度	结果	根数
		左支座 - 保护层 + 15d	l_{aE}		
	$6900 - 250 - 250 - 500 - 50 = 5850$	$500 - 40 + 15 \times 25 = 835$	$34 \times 25 = 850$		
计算式	$5850 + 835 + 850$			7535	2

2）软件结果（图 15-293）

筋号	直径(mm)	级别	图号	图形	计算公式	长度(mm)	根数
3跨.下通长筋1	25	中	18	375 ⌐ 7160	-50-500/tan(45)+34*d+6400+500-40+15*d	7535	4

图 15-293　软件结果

（2）左支座负筋计算

1）长度计算（表 15-145）

表 15-145　左支座负筋长度计算

计算方法	长度 = max(第二跨 l_n,第三跨 l_n)/3 - (高低差倾斜值 + 保护层) + 锚固				
计算过程	第二跨 l_n	第三跨 l_n	高低差倾斜值 + 50	锚固	结果	根数
	取大值			l_{aE}		
	$6900 - 250 - 250 = 6400$	$6900 - 250 - 250 = 6400$	$500 + 50 = 550$	$34 \times 25 = 850$		
	6400					
计算式	$6400/3 - 550 + 850$				2433	2

2）软件结果（图 15-294）

筋号	直径(mm)	级别	图号	图形	计算公式	长度(mm)	根数
3跨.左支座筋1	25	中	1	2433	-50-500/tan(45)+34*d+2133	2433	4

图 15-294　软件结果

（3）右支座负筋计算

1）长度计算（表 15-146）

表 15-146　右支座负筋长度计算

计算方法	长度 = l_n/3 + 支座宽 - 保护层 + 15d				
计算过程	l_n/3	支座宽	15d	结果	根数
	$(6900 - 250 - 250)/3 = 2133$	500	$15 \times 25 = 375$		
计算式	$2133 + 500 - 40 + 375$			2968	4

2）软件结果（图 15-295）

筋号	直径(mm)	级别	图号	图形	计算公式	长度(mm)	根数
3跨.右支座筋1	25	中	18	375 ∟ 2593	2133+500-40+15*d	2968	4

图 15-295　软件结果

（4）箍筋计算

1）箍筋 1 计算（图 15-296）

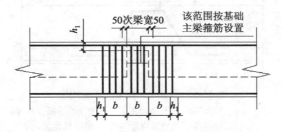

图 15-296　附加箍筋构造

如图 15-296 所示，在与次梁交接时，在次梁两侧增加了箍筋。

① 长度 $= 2 \times (500 + 800 - 4 \times 40) + 2 \times 11.9 \times 12 = 2556\text{mm}$

② 根数 $= \{[(800 \times 1.5 - 50)/100] + 1\} \times 2 + [(6900 - 2 \times 250 - 2 \times 800 \times 1.5)/200] - 1 = 45$ 根

又因为有基础次梁，所以增加了附加箍筋，如图 15-296 所示，共增加了 8 肢箍筋。

总根数 $45 + 8 = 53$ 根

2）箍筋 2 计算

① 长度 $= 2 \times \{[(500 - 2 \times 40 - 12)/3] \times 1 + 12\} + 2 \times (800 - 2 \times 40) + 2 \times (11.9 \times 12) = 2135\text{mm}$

② 根数 $= \{[(800 \times 1.5 - 50)/100] + 1\} \times 2 + [(6900 - 2 \times 250 - 2 \times 800 \times 1.5)/200] - 1 = 13 \times 2 + 19 = 45$ 根

加上增加 8 肢箍筋，总根数 $45 + 8 = 53$ 根

3）软件结果（图 15-297）

筋号	直径(mm)	级别	图号	图形	计算公式	长度(mm)	根数
3跨.加腋箍筋1	12	Φ	195	1220 420	2*((500-2*40)+(1300-2*40))+2*(11.9*d)	3566	5
3跨.加腋箍筋2	12	Φ	195	1220 173	2*((500-2*40-2*d-25)/3*1+25+2*d)+(1300-2*40))+2*(11.9*d)	3071	5
3跨.箍筋1	12	Φ	195	720 420	2*((500-2*40)+(800-2*40))+2*(11.9*d)	2566	16
3跨.箍筋2	12	Φ	195	720 173	2*((500-2*40-2*d-25)/3*1+25+2*d)+(800-2*40))+2*(11.9*d)	2071	16
3跨.箍筋3	12	Φ	195	720 420	2*((500-2*40)+(800-2*40))+2*(11.9*d)	2566	13
3跨.箍筋4	12	Φ	195	720 173	2*((500-2*40-2*d-25)/3*1+25+2*d)+(800-2*40))+2*(11.9*d)	2071	13
3跨.箍筋5	12	Φ	195	720 420	2*((500-2*40)+(800-2*40))+2*(11.9*d)	2566	19
3跨.箍筋6	12	Φ	195	720 173	2*((500-2*40-2*d-25)/3*1+25+2*d)+(800-2*40))+2*(11.9*d)	2071	19

图 15-297　软件结果

8. 附加(反扣)吊筋计算(图 15-298)

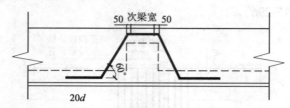

图 15-298　附加(反扣)吊筋构造

注:吊筋高度应根据基础主梁高度推算,吊筋顶部平
直段与基础梁顶部纵筋净距离满足规范要求,当
净跨不足时应置于下一排。

(1)长度 $= 350 + 2 \times 50 + 2 \times \left[(800 - 2 \times 40) / \sin 60° \right] + 2 \times 20 \times 20 = 2913\text{mm}$

(2)根数 $= 2$ 根

(3)软件结果(图 15-299)

筋号	直径(mm)	级别	图号	图形	计算公式	长度(mm)	根数
3跨.吊筋1	20	Φ	486	400 / 60.00 / 450 / 720	350+2*50+2*20*d+2*1.155*(800-2*40)	2913	2

图 15-299　软件结果

五、JL4 的钢筋计算

1. JL4 平法标注(柱子截面 500×500)(图 15-300)

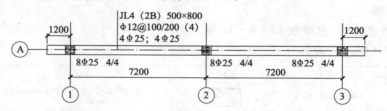

图 15-300　JL4 平法标注

JL4 端部伸出支座,其钢筋构造就发生了变化。

2. 需要计算的量(表 15-147)

表 15-147　需要计算的量

纵　筋		支　座　负　筋			箍　筋						
下部纵筋	上部纵筋	第一跨 左支座负筋	第二跨 左支座负筋	第二跨 右支座负筋	左外延跨	第一跨	第二跨	右外延跨	第一个支座处	第二个支座处	第三个支座处
下部 通长筋	上部 通长筋	第二排	第二排	第二排							
		长度　　　　　　根数									

通长筋及支座负筋的端部构造如图 15-301 所示。

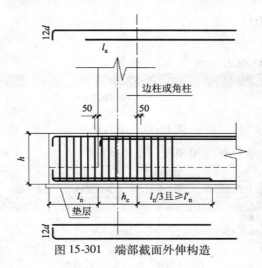

图 15-301　端部截面外伸构造

3. 下部通长筋计算

1）长度计算（表 15-148）

表 15-148　下部通长筋长度计算

计算方法	长度 ＝ 总跨长 − 2 × 保护层 + 左弯折长度 + 右弯折长度				
计算过程	总跨长 − 2 × 保护层	左弯折长度	右弯折长度	结果	根数
	$1200 + 7200 + 7200 + 1200 − 40 − 40 = 16720$	$12d$	$12d$		
		$12 × 25 = 300$	$12 × 25 = 300$		
计算式	$16720 + 300 + 300$			17320	4

2）接头数量为 4 个。

3）属性定义（图 15-302）

	属性名称	属性值	附加
1	名称	JL4	
2	类别	基础主梁	☐
3	截面宽度(mm)	500	☐
4	截面高度(mm)	800	☐
5	轴线距梁左边线距离(mm)	(250)	☐
6	跨数量		
7	箍筋	A12@100/200(4)	☐
8	肢数	4	
9	下部通长筋	4B25	☐
10	上部通长筋	4B25	☐
11	侧面纵筋		☐
12	拉筋		☐
13	其他箍筋		
14	备注		☐
15	⊞ 其他属性		
24	⊞ 锚固搭接		

属性编辑

图 15-302　JL4 属性定义

4）软件画图（图 15-303）

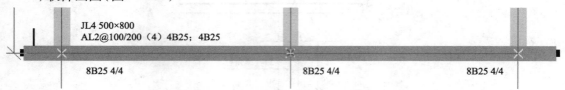

JL4 500×800
AL2@100/200（4）4B25；4B25

8B25 4/4   8B25 4/4   8B25 4/4

图 15-303　软件画图

重新识别后填写梁的原位标注编辑框（图 15-304）

下通长筋	下部钢筋			上部钢筋	
	左支座钢筋	跨中钢筋	右支座钢筋	上通长筋	上部钢筋
4B25				4B25	
	8B25 4/4				
	8B25 4/4		8B25 4/4		

图 15-304　原位标注编辑框

5）软件结果（图 15-305）

筋号	直径(mm)	级别	图号	图形	计算公式	长度(mm)	根数	搭接
0跨.下通长筋1	25	Φ	64	300 ⌐ 16720 ⌐ 300	-40+12*d+16800-40+12*d	17320	4	2

图 15-305　软件结果

注：基础梁外伸需要调整节点设置：工程设置 - 计算设置 - 节点设置 - 基础主梁 - 基础主梁端部外伸构造 - 选择节点 2。

4. 上部通长筋计算

1）长度计算（表 15-149）

表 15-149　上部通长筋长度计算

计算方法	长度 = 总跨长 - 2 × 保护层 + 左弯折长度 + 右弯折长度				
计算过程	总跨长 - 2 × 保护层	左弯折长度	右弯折长度	结果	根数
	1200 + 7200 + 7200 + 1200 - 40 - 40 = 16720	12d	12d		
		12 × 25 = 300	12 × 25 = 300		
计算式	16720 + 300 + 300			17320	4

2）接头数量为 4 个。

3）软件结果（图 15-306）

筋号	直径(mm)	级别	图号	图形	计算公式	长度(mm)	根数	搭接
0跨.上通长筋1	25	Φ	64	300 ⌐ 16720 ⌐ 300	-40+12*d+16800-40+12*d	17320	4	2

图 15-306　软件结果

5. 左外延跨箍筋计算

（1）箍筋 1 计算

1）长度 = 2 ×（500 + 800 - 4 × 40）+ 2 × 11.9 × 12 = 2566mm

2）根数 = [（1200 - 250 - 50 - 40）/100] + 1 = 10 根

（2）箍筋2计算

1）长度 = $2 \times \{[(500 - 2 \times 40 - 25 - 2 \times 12)/3] \times 1 + 25 + 2 \times 12\} + 2 \times (800 - 2 \times 40) + 2 \times (11.9 \times 25) + (8 \times 25) = 2071$ mm

2）根数 = $[(1200 - 250 - 50 - 40)/100] + 1 = 10$ 根

（3）软件结果（图15-307）

筋号	直径(mm)	级别	图号	图形	计算公式	长度(mm)	根数
0跨.箍筋1	12	中	195	720 420	2*((500-2*40)+(800-2*40))+2*(11.9*d)	2566	10
0跨.箍筋2	12	中	195	720 173	2*((500-2*40-2*d-25)/3*1+25+2*d)+(800-2*40))+2*(11.9*d)	2071	10

图15-307 软件结果

6. 第一跨

（1）左支座负筋计算

1）长度计算（表15-150）

表15-150 左支座负筋长度计算

计算方法	长度 = $l_n/3$ + 支座宽 + 外伸长度 - 保护层				
计算过程	$l_n/3$	支座宽	外伸长度	结果	根数
	(7200 - 250 - 250)/3	500	1200 - 250		
	2233		950		
计算式	2233 + 500 + 950 - 40			3643	4

2）软件结果（图15-308）

筋号	直径(mm)	级别	图号	图形	计算公式	长度(mm)	根数
0跨.右支座筋1	25	中	1	3643	-40+1200+250+2233	3643	4

图15-308 软件结果

（2）箍筋计算

1）箍筋1计算

① 长度 = $2 \times (500 + 800 - 4 \times 40) + 2 \times 11.9 \times 12 = 2566$ mm

② 根数 = $\{[(800 \times 1.5)/100] + 1\} \times 2 + [(7200 - 2 \times 250 - 2 \times 800 \times 1.5)/200] - 1 = 53$ 根

2）箍筋2计算

① 长度 = $2 \times \{[(500 - 2 \times 40 - 2 \times 12 - 25)/5] \times 1 + 25 + 2 \times 12\} + 2 \times (800 - 2 \times 40) + 2 \times (11.9 \times 12) = 2071$ mm

② 根数 = $\{[(800 \times 1.5)/100] + 1\} \times 2 + [(7200 - 2 \times 250 - 2 \times 800 \times 1.5)/200] - 1 = 53$ 根

3）软件结果（图15-309）

筋号	直径(mm)	级别	图号	图形	计算公式	长度(mm)	根数
1跨.箍筋3	12	中	195	720 420	2*((500-2*40)+(800-2*40))+2*(11.9*d)	2566	47
1跨.箍筋4	12	中	195	720 173	2*((500-2*40-2*d-25)/3*1+25+2*d)+(800-2*40))+2*(11.9*d)	2071	47

图15-309 软件结果

7. 第二跨

（1）左支座负筋计算

1）长度计算（表 15-151）

表 15-151　左支座负筋长度计算

计算方法	长度 = 2 × max（第一跨、第二跨）净跨长/3 + 支座宽			
计算过程	第一跨净跨长	第一跨净跨长	结果	根数
	7200 − 250 − 250 = 6700	7200 − 250 − 250 = 6700		
	取大值 6700			
计算式	（2 × 6700/3）+ 500		4966	2

2）软件结果（图 15-310）

筋号	直径(mm)	级别	图号	图形	计算公式	长度(mm)	根数
1跨.右支座筋1	25	Φ	1	4966	2233+250+250+2233	4966	4

图 15-310　软件结果

（2）右支座负筋计算

1）长度计算（表 15-152）

表 15-152　右支座负筋长度计算

计算方法	长度 = l_n/3 + 支座宽 + 外伸长度 − 保护层			
计算过程	l_n/3	支座宽	外伸长度	结果	根数
	（7200 − 250 − 250）/3 = 2233	500	1200 − 250 = 950		
计算式	2233 + 500 + 950 − 40			3643	4

2）软件结果（图 15-311）

筋号	直径(mm)	级别	图号	图形	计算公式	长度(mm)	根数
2跨.右支座筋1	25	Φ	1	3643	2233+250+1200-40	3643	4

图 15-311　软件结果

（3）箍筋计算

1）箍筋 1 计算

① 长度 = 2 × （500 + 800 − 4 × 40）+ 2 × 11.9 × 12 = 2556mm

② 根数 = {[（800 × 1.5）/100] + 1} × 2 + [（7200 − 2 × 250 − 2 × 800 × 1.5）/200] − 1 = 47 根

2）箍筋 2 计算

① 长度 = 2 × {[（500 − 2 × 40 − 25 − 2 × 12）/5] × 1 + 25 + 2 × 12} + 2 × （800 − 2 × 40）+ 2 × （11.9 × 12）= 2071mm

② 根数 = [（800 × 1.5/100）+ 1] × 2 + [（7200 − 2 × 250 − 2 × 800 × 1.5）/200] − 1 = 47 根

3）软件结果（图 15-312）

筋号	直径(mm)	级别	图号	图形	计算公式	长度(mm)	根数
2跨.箍筋3	12	Φ	195	720 420	2*((500-2*40)+(800-2*40))+2*(11.9*d)	2566	47
2跨.箍筋4	12	Φ	195	720 173	2*((500-2*40-2*d-25)/3*1+25+2*d)+(800-2*40))+2*(11.9*d)	2071	47

图 15-312　软件结果

8. 第一个支座处

（1）箍筋 1 计算

1）长度 $= 2 \times (500 + 800 - 4 \times 40) + 2 \times 11.9 \times 12 = 2566$mm

2）根数 $= [(支座宽 - 2 \times 50)/100] + 1 = [(500 - 2 \times 50)/100] + 1 = 5$ 根

（2）箍筋 2 计算

1）长度 $= 2 \times \{[(500 - 2 \times 40 - 2 \times 12 - 25)/5] \times 1 + 25 + 2 \times 12\} + 2 \times (800 - 2 \times 40) + 2 \times (11.9 \times 12) = 2071$mm

2）根数 $= 6$ 根

（3）软件结果（图 15-313）

筋号	直径(mm)	级别	图号	图形	计算公式	长度(mm)	根数
8	1跨.箍筋1	12	Φ	195	720 420	2*((500-2*40)+(800-2*40))+2*(11.9*d)	2566	5
9	1跨.箍筋2	12	Φ	195	720 173	2*(((500-2*40-2*d-25)/3*1+25+2*d)+(800-2*40))+2*(11.9*d)	2071	5

图 15-313　软件结果

9. 第二个支座处

（1）箍筋 1 计算

1）长度 $= 2 \times (500 + 800 - 4 \times 40) + 2 \times 11.9 \times 12 = 2566$mm

2）根数 $= [(支座宽 - 2 \times 50)/100] + 1 = [(500 - 2 \times 50)/100] + 1 = 5$ 根

（2）箍筋 2 计算

1）长度 $= 2 \times \{[(500 - 2 \times 40 - 2 \times 12 - 25)/5] \times 1 + 25 + 2 \times 12\} + 2 \times (800 - 2 \times 40) + 2 \times (11.9 \times 12) = 2071$mm

2）根数 $= [(500 - 2 \times 50)/100] + 1 = 5$ 根

（3）软件结果（图 15-314）

筋号	直径(mm)	级别	图号	图形	计算公式	长度(mm)	根数
2跨.箍筋1	12	Φ	195	720 420	2*((500-2*40)+(800-2*40))+2*(11.9*d)	2566	5
2跨.箍筋2	12	Φ	195	720 173	2*(((500-2*40-2*d-25)/3*1+25+2*d)+(800-2*40))+2*(11.9*d)	2071	5

图 15-314　软件结果

10. 第三个支座处

（1）箍筋 1 计算

1）长度 $= 2 \times (500 + 800 - 4 \times 40) + 2 \times 11.9 \times 12 = 2566$mm

2）根数 $= [(500 - 2 \times 50)/100] + 1 = 5$ 根

（2）箍筋 2 计算

1）长度 $= 2 \times \{[(500 - 2 \times 40 - 25 - 2 \times 12)/5] \times 1 + 25 + 2 \times 12\} + 2 \times (800 - 2 \times 40) + 2 \times (11.9 \times 12) = 2071$mm

2）根数 $= [(500 - 2 \times 50)/100] + 1 = 5$ 根

（3）软件结果（图 15-315）

筋号	直径(mm)	级别	图号	图形	计算公式	长度(mm)	根数
3跨.箍筋1	12	Φ	195	720 420	2*((500-2*40)+(800-2*40))+2*(11.9*d)	2566	5
3跨.箍筋2	12	Φ	195	720 173	2*(((500-2*40-2*d-25)/3*1+25+2*d)+(800-2*40))+2*(11.9*d)	2071	5

图 15-315　软件结果

11. 右外延跨箍筋计算

（1）箍筋 1 计算

1）长度 $= 2 \times (500 + 800 - 4 \times 40) + 2 \times 11.9 \times 12 + 8 \times 12 = 2662\,mm$

2）根数 $= [(1200 - 250 - 50 - 40)/100] + 1 = 10$ 根

（2）箍筋 2 计算

1）长度 $= 2 \times \{[(500 - 2 \times 40 - 25)/3] \times 1 + 25\} + 2 \times (800 - 2 \times 40) + 2 \times (11.9 \times 12) + (8 \times 12) = 2135\,mm$

2）根数 $= [(1200 - 250 - 50 - 40)/100] + 1 = 10$ 根

（3）软件结果（图 15-316）

筋号	直径(mm)	级别	图号	图形	计算公式	长度(mm)	根数
3跨.箍筋3	12	Φ	195	720 420	2*((500-2*40)+(800-2*40))+2*(11.9*d)	2566	10
3跨.箍筋4	12	Φ	195	720 173	2*(((500-2*40-2*d-25)/3*1+25+2*d)+(800-2*40))+2*(11.9*d)	2071	10

图 15-316　软件结果

六、基础次梁（JCL）的钢筋计算

1. 基础次梁（JCL）平法标注（图 15-317）

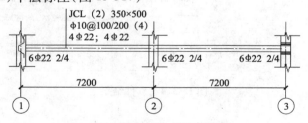

表 15-317　JCL 平法标注

2. 需要计算的量（表 15-153）

表 15-153　需要计算的量

纵　筋		第　一　跨						箍　筋	
		左支座负筋		中间支座负筋		右支座负筋			
下部纵筋	上部纵筋							第一跨	第二跨
下部通长筋	上部通长筋	第一排	第二排	第一排	第二排	第一排	第二排		

3. JCL 的钢筋构造（图 15-318）

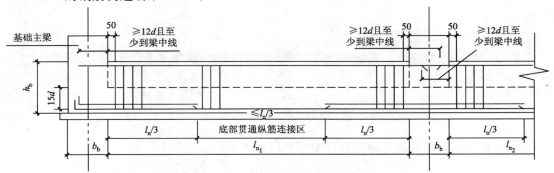

图 15-318　JCL 纵向钢筋与箍筋构造

4. 下部通长筋计算
（1）长度计算（表 15-154）

表 15-154　下部通长筋长度计算

计算方法	长度 = 净跨长 + 左、右支座锚固长度			
计算过程	净　跨	左、右支座锚固长度	结果	根数
		支座宽 − 保护层 + 15d		
	7200 + 7200 − 250 − 250	500 − 40 + 15 × 22		
	13900	790		
计算式	13900 + 790 + 790		15480	4

（2）接头数量为 4 个。

（3）属性定义（图 15-319）

	属性名称	属性值	附加
1	名称	JCL	
2	类别	基础次梁	☐
3	截面宽度 (mm)	350	☐
4	截面高度 (mm)	500	☐
5	轴线距梁左边线距离 (mm)	(175)	☐
6	跨数量		
7	箍筋	A10@100/200 (4)	☐
8	肢数	4	
9	下部通长筋	4B22	☐
10	上部通长筋	4B22	☐
11	侧面纵筋		☐
12	拉筋		☐
13	其他箍筋		
14	备注		☐
15	⊟ 其他属性		
16	— 汇总信息	基础梁	☐
17	— 保护层厚度 (mm)	(40)	☐
18	— 箍筋贯通布置	否	

图 15-319　JCL 属性定义

注：在梁类型中选基础次梁，在其他属性里箍筋是否贯通中选择否。

（4）软件画图（图 15-320）

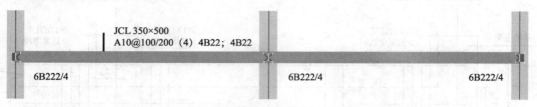

JCL 350×500
A10@100/200 (4) 4B22; 4B22

6B222/4　　　　　　　6B222/4　　　　　　　6B222/4

图 15-320　软件画图

（5）重新识别梁跨后填写原位标注编辑框（图 15-321）

下通长筋	下部钢筋		
	左支座钢筋	跨中钢筋	右支座钢筋
4B22	6B22 2/4		
	6B22 2/4		6B22 2/4

图 15-321　原位标注编辑框

（6）软件结果（图 15-322）

筋号	直径(mm)	级别	图号	图形	计算公式	长度(mm)	根数	搭接
1跨.下通长筋1	22	Φ	64	330⌐ 14820 ⌐330	500-40+15*d+13900+500-40+15*d	15480	4	1

图 15-322　软件结果

5. 上部通长筋计算

（1）长度计算（表 15-155）

表 15-155　上部通长筋长度计算

计算方法	长度 = 净跨长 + 左、右支座锚固长度			
计算过程	净　跨	左、右支座锚固长度判断	结果	根数
		$12d$ 且 $\geqslant B_b/2$		
	$7200 + 7200 - 250 - 250 = 13900$	$12 \times 22 \geqslant 500/2$		
		$264 \geqslant 250$		
计算式	$13900 + 264 + 264$		14428	4

（2）接头数量为 4 个。

（3）软件结果（图 15-323）

筋号	直径(mm)	级别	图号	图形	计算公式	长度(mm)	根数	搭接
1跨.上通长筋1	22	Φ	1	14428	12*d+13900+12*d	14428	4	1

图 15-323　软件结果

6. 第一跨

（1）左支座负筋计算

1）长度计算（表 15-156）

表 15-156 左支座负筋长度计算

计算方法	长度 = $l_n/3$ + 锚固长度			
计算过程	$l_o/3$	支座宽 − 保护层 + 15d	结果	根数
	$(7200 - 250 - 250)/3$	$500 - 40 + 15 \times 22$		
	2233	790		
计算式	2233 + 790		3023	4

2）软件结果（图 15-324）

筋号	直径(mm)	级别	图号	图形	计算公式	长度(mm)	根数
1跨.左支座筋1	22	中	18	330⌐ 2693	500-40+15*d+2233	3023	2

图 15-324 软件结果

（2）中间支座负筋计算

1）长度计算（表 15-157）

表 15-157 中间支座负筋长度计算

计算方法	长度 = 2 × max（第一跨，第二跨）净跨长/3 + 支座宽			
计算过程	第一跨净跨长	第一跨净跨长	结果	根数
	$7200 - 250 - 250 = 6700$	$7200 - 250 - 250 = 6700$		
	取大值 6700			
计算式	$2 \times (6700/3) + 500$		4966	2

2）软件结果（图 15-325）

筋号	直径(mm)	级别	图号	图形	计算公式	长度(mm)	根数
1跨.右支座筋1	22	中	1	4966	2233+250+250+2233	4966	2

图 15-325 软件结果

（3）右支座负筋计算

1）长度计算（表 15-158）

表 15-158 右支座负筋长度计算

计算方法	长度 = $l_n/3$ + 锚固			
计算过程	$l_o/3$	支座宽 − 保护层 + 15d	结果	根数
	$(7200 - 250 - 250)/3$	$500 - 40 + 15 \times 22$		
	2233	790		
计算式	2233 + 790		3023	4

2）软件结果（图 15-326）

筋号	直径(mm)	级别	图号	图形	计算公式	长度(mm)	根数
2跨.右支座筋1	22	中	18	330⌐ 2693	2233+500-40+15*d	3023	2

图 15-326 软件结果

（4）箍筋 1 计算（图 15-327）

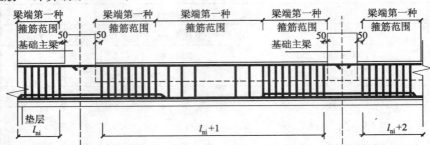

图 15-327 基础次梁 JCL 第一种与第二种箍筋范围

如图 15-327 所示，基础次梁和基础主梁相交的情况下，相交部分基础主梁内箍筋是贯通的，而基础次梁内没有箍筋。

1）长度 $= 2 \times [(350 - 2 \times 40) + (500 - 2 \times 40)] + 2 \times (11.9 \times 10) = 1618 \text{mm}$

2）根数的计算（表 15-159）

表 15-159 箍筋根计算

计算方法	根数 = 左加密区根数 + 右加密区根数 + 非加密区根数		
	加密区根数	非加密区根数	结果
计算过程	$[(1.5 \times 梁高 - 50)/加密间距] + 1$	$[(净跨长 - 左加密区 - 右加密区)/非加密间距] - 1$	
	$[1.5 \times 500/100] + 1$	$[(7200 - 250 \times 2 - 500 \times 1.5 \times 2)/200] - 1$	
	9 根	25 根	
计算式	$9 \times 2 + 25$		43

（5）箍筋 2 计算

1）长度 $= 2 \times \{[(350 - 2 \times 40 - 22 - 2 \times 10)/3] \times 1 + 22 + 2 \times 10 + (500 - 2 \times 40)\} + 2 \times (11.9 \times 10) = 1314 \text{mm}$

2）根数 $= 2 \times \{[(1.5 \times 500 - 50)/100] + 1\} + [(7200 - 250 \times 2 - 500 \times 1.5 \times 2)/200] - 1 = 41$ 根

3）软件结果（图 15-328）

筋号	直径(mm)	级别	图号	图形	计算公式	长度(mm)	根数
1跨.箍筋1	10	中	195	420 270	2*((350-2*40)+(500-2*40))+2*(11.9*d)	1618	41
1跨.箍筋2	10	中	195	420 118	2*((350-2*40-2*d-22)/3*1+22+2*d)+(500-2*40))+2*(11.9*d)	1314	41

图 15-328 软件结果

7. 第二跨

（1）箍筋 1 计算

第二跨箍筋同第一跨，计算如下：

1）长度 $= 2 \times [(350 - 2 \times 40) + (500 - 2 \times 40)] + 2 \times (11.9 \times 10) = 1618 \text{mm}$

2）根数 $= 2 \times \{[(1.5 \times 500)/100] + 1\} + [(7200 - 250 \times 2 - 500 \times 1.5 \times 2)/200] - 1 = 43$ 根

（2）箍筋 2 计算

第二跨箍筋同第一跨，计算如下：

1）长度 $= 2 \times \{[(350 - 2 \times 40 - 22 - 2 \times 10)/3] \times 1 + 22 + 2 \times 10 + (500 - 2 \times 40)\} + 2 \times (11.9 \times 10) = 1314mm$

2）根数 $= 2 \times \{[(1.5 \times 500)/100] + 1\} + [(7200 - 250 \times 2 - 500 \times 1.5 \times 2)/200] - 1 = 43$ 根

（3）软件结果（图 15-329）

筋号	直径(mm)	级别	图号	图形	计算公式	长度(mm)	根数
2跨.箍筋1	10	Φ	195	420 270	2*((350-2*40)+(500-2*40))+2*(11.9*d)	1618	41
2跨.箍筋2	10	Φ	195	420 118	2*(((350-2*40-2*d-22)/3*1+22+2*d)+(500-2*40))+2*(11.9*d)	1314	41

图 15-329　软件结果

第十六章 板及其演变构件

第一节 单 跨 板

一、单跨板的平法标注（图 16-1）

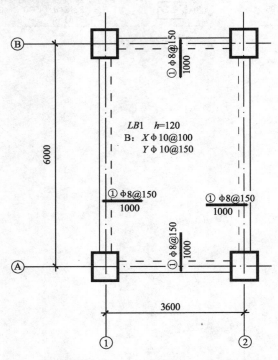

图 16-1 单跨板平法标注（混凝土强度等级 C30）
（未注明分布筋间距为 φ8@250，温度筋为 φ8@200）

二、单跨板的钢筋计算

1. 需要计算的量（表 16-1）

表 16-1 需要计算的量

				计算方法
底筋	X 方向		长度、根数	本节计算
	Y 方向			

续表

				计算方法
面筋	1、2、A、B 轴线	支座负筋	长度、根数	本节计算
		负筋分布筋		
	中间剩余位置	温度筋 X 方向		
		Y 方向		

2. 底筋计算

（1）X 方向

1）长度（图 16-2）

◇ 情况之一：当板端的支座为框架梁时（图 16-3）

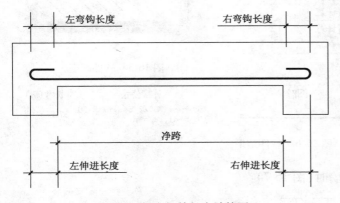

图 16-2　板底钢筋长度计算图

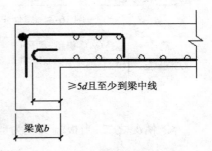

图 16-3　端部支座为梁

① 钢筋长度计算（表 16-2）

表 16-2　长度计算

计算方法		底筋长度 = 净跨 + 伸进长度 ×2 + 弯钩 ×2			
		净　跨	伸进长度	弯　钩	结　果
情况之一	计算过程	$3600 - 150 - 150$	$\max(300/2, 5d)$	$6.25d$	
		3300	150	62.5	
	计算式	$3300 + 150 \times 2 + 62.5 \times 2$			3725

② 属性定义（图 16-4）

③ 软件画图（图 16-5）

④ 软件结果（图 16-6）

⑤ 软件操作注意事项：必须画板受力筋的支座（框架梁）。

	属性名称	属性值	附加
1	名称	X方向底筋	
2	钢筋信息	A10@100	☐
3	类别	底筋	☐
4	左弯折(mm)	(0)	☐
5	右弯折(mm)	(0)	☐
6	钢筋锚固	(30)	
7	钢筋搭接	(36)	
8	归类名称	(X方向底筋)	☐
9	汇总信息	板受力筋	☐
10	计算设置	按默认计算设置计算	
11	节点设置	按默认节点设置计算	
12	搭接设置	按默认搭接设置计算	
13	长度调整(mm)		☐

图 16-4 属性定义

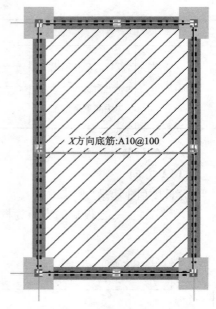

图 16-5 软件画图

筋号	直径(mm)	级别	图号	图形	计算公式	长度(mm)
X方向底筋.1	10	中	3	3600	3300+max(300/2,5*d)+max(300/2,5*d)+12.5*d	3725

图 16-6 软件结果

◇ 情况之二：当板端支座为剪力墙时（图16-7）

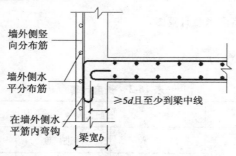

图 16-7 端部支座为剪力墙

① 钢筋长度计算（表16-3）
② X 方向属性定义（图16-8）

表 16-3 长度计算

计算方法		底筋长度 = 净跨 + 伸进长度 ×2 + 弯钩 ×2			
		净　跨	伸进长度	弯　钩	结　果
情况之二	计算过程	3600 − 150 − 150	max(300/2,5d)	6.25d	
		3300	150	62.5	
	计算式	3300 + 150 ×2 + 62.5 ×2			3725

	属性名称	属性值	附加
1	名称	X方向底筋	
2	钢筋信息	A10@100	
3	类别	底筋	☐
4	左弯折 (mm)	(0)	☐
5	右弯折 (mm)	(0)	☐
6	钢筋锚固	(30)	
7	钢筋搭接	(36)	
8	归类名称	(X方向底筋)	☐
9	汇总信息	板受力筋	☐
10	计算设置	按默认计算设置计算	
11	节点设置	按默认节点设置计算	
12	搭接设置	按默认搭接设置计算	
13	长度调整 (mm)		☐

属性编辑

图 16-8　X方向底筋属性定义

③ 软件画图（图 16-9）

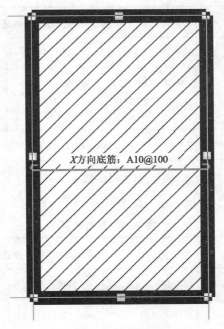

X方向底筋：A10@100

图 16-9　软件画图

④ 软件结果（图 16-10）

筋号	直径 (mm)	级别	图号	图形	计算公式	长度 (mm)
X方向底筋.1	10	中	3	3600	3300+max(300/2,5*d)+max(300/2,5*d)+12.5*d	3725

图 16-10　软件结果

⑤ 软件操作注意事项：必须画受力筋的支座（剪力墙）。

◇情况之三：当板端支座为圈梁时（图 16-11）

钢筋长度计算见表 16-4。

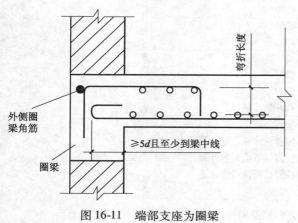

图 16-11　端部支座为圈梁　　　　　图 16-12　端部支座为砌体墙

表 16-4　长度计算

计算方法		底筋长度 = 净跨 + 伸进长度 × 2 + 弯钩 × 2			
情况之三		净　跨	伸进长度	弯　钩	结　果
	计算过程	3600 − 150 − 150	max(300/2,5d)	6.25d	
		3300	150	62.5	
	计算式	3300 + 150 × 2 + 62.5 × 2			3725

◇ 情况之四：当板端支座为砌体墙时（图 16-12）

钢筋长度计算见表 16-5。

表 16-5　长度计算

计算方法		底筋长度 = 净跨 + 伸进长度 × 2 + 弯钩 × 2			
情况之四		净　跨	伸进长度	弯　钩	结　果
	计算过程	3600 − 150 − 150	max(120,板厚 h)	6.25d	
		3300	120	62.5	
	计算式	3300 + 120 × 2 + 62.5 × 2			3665

◇ 情况之五：伸进长度为：≥12d 且 ≥梁（或墙）宽/2

钢筋长度计算见表 16-6。

表 16-6　长度计算

计算方法		底筋长度 = 净跨 + 伸进长度 ×2 + 弯钩 ×2			
情况之五	计算过程	净　跨	伸进长度	弯　钩	结　果
		3600 − 150 − 150	max(300/2,12d)	6.25d	
		3300	150	62.5	
	计算式	3300 + 150 ×2 + 62.5 ×2			3725

◇ 情况之六:伸进长度为:$\geqslant l_a$(锚固长度)

钢筋长度计算见表 16-7。

表 16-7　长度计算

计算方法		底筋长度 = 净跨 + 伸进长度 ×2 + 弯钩 ×2			
情况之六	计算过程	净　跨	伸进长度	弯　钩	结　果
		3600 − 150 − 150	$l_{aE} = 24d$	6.25d	
		3300	240	62.5	
	计算式	3300 + 240 ×2 + 62.5 ×2			3905

◇ 情况之七:伸进长度为:过墙(或梁)中线 + 5d

钢筋长度计算见表 16-8。

表 16-8　长度计算

计算方法		底筋长度 = 净跨 + 伸进长度 ×2 + 弯钩 ×2			
情况之七	计算过程	净　跨	伸进长度	弯　钩	结　果
		3600 − 150 − 150	300/2 + 5d)	6.25d	
		3300	200	62.5	
	计算式	3300 + 200 ×2 + 62.5 ×2			3825

◇ 情况之八:伸进长度为:梁(或墙)宽 − 保护层

钢筋长度计算见表 16-9

表 16-9　长度计算

计算方法		底筋长度 = 净跨 + 伸进长度 ×2 + 弯钩 ×2			
情况之八	计算过程	净　跨	伸进长度	弯　钩	结　果
		3600 − 150 − 150	300 − 25	6.25d	
		3300	275	62.5	
	计算式	3300 + 275 ×2 + 62.5 ×2			3795

◇ 情况之九:伸进长度为:到墙(或梁)的中线

① 钢筋长度计算见表 16-10。

表 16-10　长度计算

计算方法		底筋长度 = 净跨 + 伸进长度 ×2 + 弯钩 ×2			
情况之八	计算过程	净　跨	伸进长度	弯　钩	结　果
		3600 − 150 − 150	300/150	6.25d	
		3300	150	62.5	
	计算式	3300 + 150 × 2 + 62.5 × 2			3725

2) 根数(图 16-13)

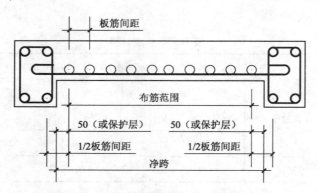

图 16-13　板底钢筋根数计算图

◇ 情况之一:第一根钢筋距梁边为 1/2 板筋间距

① 钢筋根数计算(表 16-11)

表 16-11　根数计算

计算方法		底板钢筋根数 =(布筋范围/板筋间距)+ 1		
情况之一	计算过程	布筋范围	间距	结果
		净跨 − 板筋间距	100	
		5700 − 100	100	
		5600	100	
	计算式	5600/100 + 1		57 根

② 软件结果(图 16-14)

筋号	直径(mm)	级别	图号	图形	计算公式	长度(mm)	根数
X方向底筋.1	10	中	3	3600	3300+max (300/2, 5*d)+max (300/2, 5*d)+12.5*d	3725	57

图 16-14　软件结果

注:软件计算设置调整方法:工程设置—计算设置—计算设置—板—第 2 行起始受力钢筋、负筋距支座边距离-调整为 s/2。

◇ 情况之二:第一根钢筋距梁(或墙)边 50mm

① 钢筋根数计算(表 16-12)

表 16-12　根数计算

计算方法		底板钢筋根数 = (布筋范围/板筋间距) + 1		
情况之二	计算过程	布筋范围	间　距	结　果
		净跨 − 50 × 2	100	
		5700 − 50 × 2	100	
		5600	100	
	计算式	5600/100 + 1		57 根

② 软件结果(图 16-15)

筋号	直径(mm)	级别	图号	图形	计算公式	长度(mm)	根数
X方向底筋.1	10	中	3	3600	3300+max(300/2,5*d)+max(300/2,5*d)+12.5*d	3725	57

图 16-15　软件结果

注:软件计算设置调整方法:工程设置—计算设置—计算设置—板—第 2 行起始受力钢筋、负筋距支座边距离-调整为 50mm。

◇ 情况之三:第一根钢筋距梁(或墙)边为一个保护层
① 钢筋根数计算(表 16-13)

表 16-13　根数计算

计算方法		底板钢筋根数 = 布筋范围/板筋间距 + 1		
情况之三	计算过程	布筋范围	间　距	结　果
		净跨 − 保护层 × 2	100	
		5700 − 25 × 2	100	
		5650	100	
	计算式	5650/100 + 1		57 根

② 软件结果(图 16-16)

筋号	直径(mm)	级别	图号	图形	计算公式	长度(mm)	根数
X方向底筋.1	10	中	3	3600	3300+max(300/2,5*d)+max(300/2,5*d)+12.5*d	3725	57

图 16-16　软件结果

注:软件计算设置调整方法:工程设置—计算设置—计算设置—板—第 2 行起始受力钢筋、负筋距支座边距离-调整为保护层距离。

(2)Y 方向

Y 方向长度计算方法和 X 方向相同,下面按 X 方向情况之一进行计算。

1)长度

① 长度(表 16-14)

表 16-14　长度计算

计算方法		底筋长度 = 净跨 + 伸进长度 × 2 + 弯钩 × 2			
伸进长度为 ≥5d 且至少到梁中线	计算过程	净　跨	伸进长度	弯　钩	结　果
		$6000 - 150 - 150$	$\max(300/2, 5d)$	$6.25d$	
		5700	150	62.5	
	计算式	$5700 + 150 \times 2 + 62.5 \times 2$			6125

② Y 方向底筋属性定义 (图 16-17)

③ 软件画图 (图 16-18)

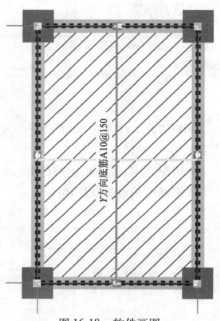

属性编辑

	属性名称	属性值	附加
1	名称	Y方向底筋	
2	钢筋信息	A10@150	☐
3	类别	底筋	☐
4	左弯折(mm)	(0)	☐
5	右弯折(mm)	(0)	☐
6	钢筋锚固	(30)	
7	钢筋搭接	(36)	
8	归类名称	(Y方向底筋)	
9	汇总信息	板受力筋	
10	计算设置	按默认计算设置计算	
11	节点设置	按默认节点设置计算	
12	搭接设置	按默认搭接设置计算	
13	长度调整(mm)		☐

图 16-17　Y 方向底筋属性定义

图 16-18　软件画图

④ 软件结果 (图 16-19)

筋号	直径(mm)	级别	图号	图形	计算公式	长度(mm)
Y方向底筋.1	10	中	3	6000	5700+max(300/2,5*d)+max(300/2,5*d)+12.5*d	6125

图 16-19　软件结果

2) 根数 (表 16-15)

① Y 方向的根数和 X 方向计算方法一样,这里按 X 方向第一种情况计算。

表 16-15　根数计算

计算方法		根数 = (布筋范围/板筋间距) + 1		
情况之一:第一根 钢筋距梁边为 1/2 板筋间距	计算过程	布筋范围	间距	结果
		净跨 − 板筋间距	150	
		$3300 - 150$	150	
		3150	150	
	计算式	$(3150/150) + 1$		22 根

② 软件结果(图 16-20)

筋号	直径(mm)	级别	图号	图形	计算公式	长度(mm)	根数
Y方向底筋.1	10	中	3	6000	5700+max(300/2,5*d)+max(300/2,5*d)+12.5*d	6125	22

图 16-20　软件结果

3. 面筋计算

(1) 端支座负筋计算

1) 长度(图 16-21、图 16-22)

◇情况之一:锚入长度 = 支座宽 - 保护层 + 15d

11G101—1 第 92 页规定:纵筋在端支座应伸至支座(梁、圈梁或剪力墙)外侧纵筋内侧弯折,当直段长度≥l_a时可不弯折。

我们算一下锚固:$l_a = 30d = 30 × 8 = 240mm$,小于支座宽 - 保护层 = $300 - 20 = 280mm$,所以支座负筋可以直锚。

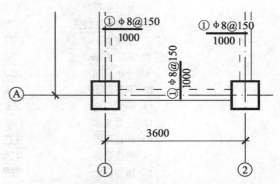

图 16-21　端支座负筋平面布置图

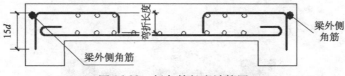

图 16-22　板负筋长度计算图

① 端支座负筋长度计算(表 16-16)

② 软件属性定义(图 16-23)

表 16-16　长度计算

计算方法		长度 = 锚入长度 + 弯钩 + 板内净长 + 弯折长度			
情况之一:锚入长度 = 支座宽 - 保护层 + 15d	计算过程	锚入长度	板内净长	弯折长度	结果
		max(l_a,250)	按标注计算	板厚 - 保护层×2	
				板厚 - 保护层	
		max(30d,250)	850	120 - 15×2	
				120 - 15	
		max(30×8,250)	850	90	
				105	
		250	850	90	
				105	
	计算式1	250 + 850 + 90 + 6.25×8			1240
	计算式2	250 + 850 + 105 + 6.25×8			1255

注:当支座负筋为 HPB300 时,锚入梁墙内侧钢筋需要弯钩,此次计算未考虑。

属性编辑

	属性名称	属性值	附加
1	名称	FJ-A8@150	
2	钢筋信息	A8@150	☐
3	左标注(mm)	0	☐
4	右标注(mm)	850	☐
5	马凳筋排数	0/1	☐
6	单边标注位置	(支座内边线)	☐
7	左弯折(mm)	(0)	☐
8	右弯折(mm)	(0)	☐
9	分布钢筋	A8@250	☐
10	钢筋锚固	(30)	
11	钢筋搭接	(36)	
12	归类名称	(FJ-A8@150)	☐
13	计算设置	按默认计算设置计算	
14	节点设置	按默认节点设置计算	
15	搭接设置	按默认搭接设置计算	
16	汇总信息	板负筋	☐

图 16-23　软件属性定义

③ 软件画图(图 16-24)

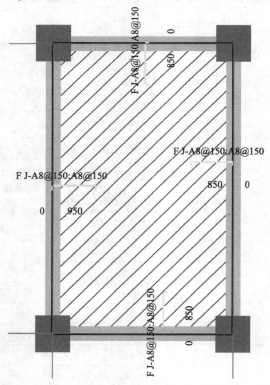

图 16-24　软件画图

④ 软件结果(板厚 − 保护层 ×2)(图 16-25)

筋号	直径(mm)	级别	图号	图形	计算公式	长度(mm)
板负筋.1	8	中	24	90 ⌐ 1100 ¬	850+90+250+6.25*d	1240

图 16-25　软件结果

⑤ 软件结果(板厚 − 保护层)(图 16-26)

筋号	直径(mm)	级别	图号	图形	计算公式	长度(mm)
板负筋.1	8	中	24	105 ⌐ 1100 ¬	850+105+250+6.25*d	1255

图 16-26　软件结果

⑥ 软件操作注意事项

a. 弯折长度取值在计算设置中调整：工程设置 − 计算设置 − 计算设置 − 板 − 第 9 行负筋/跨板受力筋在板内的弯折长度 − 调整为板厚 −2×保护层或板厚 − 保护层。

b. 单边标注长度计算。软件要在板的计算设置中调整：工程设置 − 计算设置 − 计算设置 − 板 − 第 29 行单标注负筋锚入支座的长度 − 调整为能直锚就直锚，否则按公式计算：$h_a − bh_c +15d$；第 31 行单边标注支座负筋标注长度位置 − 调整为支座内边线。

◇ 情况之二：锚入长度 $= 0.4l_a +15d$

端支座负筋长度计算见表 16-17。

表 16-17　端支座负筋长度计算

计算方法		负筋长度 = 锚入长度 + 弯钩 + 板内净尺寸 + 弯折长度			
		锚入长度 + 弯钩	板内净长	弯折长度	结果
情况之二：锚入长度 = $0.4l_a +15d$	计算过程	$0.4l_a +5d+6.25d$	按标注计算	板厚 − 保护层 ×2	
				板厚 − 保护层	
	计算式 1				
	计算式 2				

◇ 情况之三：锚入长度 = 支座宽 − 保护层 + 板厚 − 保护层 ×2

端支座负筋长度计算见表 16-18。

表 16-18　端支座负筋长度计算

计算方法		负筋长度 = 锚入长度 + 板内净尺寸 + 弯折长度			
		锚入长度 + 弯钩	板内净长	弯折长度	结果
情况之三：锚入长度 = 支座宽 − 保护层 + 板厚 − 保护层 ×2	计算过程	支座宽 − 保护层 + 板厚 − 保护层 ×2	按标注计算	板厚 − 保护层 ×2	
				板厚 − 保护层	
	计算式 1				
	计算式 2				

◇ 情况之四:锚入长度＝伸过支座中心线＋板厚－保护层×2

端支座负筋长度计算见表16-19。

表16-19 端支座负筋长度计算

计算方法		负筋长度＝锚入长度＋板内净尺寸＋弯折长度			
情况之四: 锚入长度＝ 伸过支座 中心线＋板厚－ 保护层×2		锚入长度＋弯钩	板内净长	弯折长度	结果
	计算过程	伸过支座中心线＋ 板厚－保护层×2	按标注计算	板厚－保护层×2	
				板厚－保护层	
	计算式1				
	计算式2				

2）根数（图16-27）

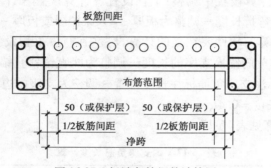

图16-27 板端负筋根数计算图

◇ 情况之一:第一根钢筋距梁边为1/2 板筋间距。

① ①轴线端支座负筋根数计算（表16-20）

表16-20 ①轴线端支座负筋根数计算

计算方法		根数＝（布筋范围/板筋间距）＋1		
情况之一: 第一根钢筋距梁 边1/2 板间距		布筋范围	间距	结果
	计算 过程	净跨－板筋间距	150	
		5700－150	150	
		5550	150	
	计算式	（5550/150）＋1		38 根

② 软件结果（图16-28）

筋号	直径(mm)	级别	图号	图形	计算公式	长度(mm)	根数
板负筋.1	8	中	24	90⌐ 1100	850+90+250+6.25*d	1240	38

图16-28 软件结果

◇情况之二:第一根钢筋距梁(或墙)边 50mm。

轴线端支座负筋根数计算见表 16-21。

表 16-21　①轴线端支座负筋根数计算

计算方法		根数 = (布筋范围/板筋间距) +1		
情况之二: 第一根钢筋 距梁边 50	计算过程	布筋范围	间　距	结　果
		净跨 - 50×2	150	
		5700 - 50×2	150	
		5600	150	
	计算式	(5600/150) +1		39 根

◇情况之三:第一根钢筋距梁(或墙)边为一个保护层。

轴线端支座负筋根数计算见表 16-22。

表 16-22　①轴线端支座负筋根数计算

计算方法		根数 = (布筋范围/板筋间距) +1		
情况之三: 第一根钢筋距 梁边 1 个保护层	计算过程	布筋范围	间距	结果
		净跨 - 保护层×2	150	
		5700 - 25×2	150	
		5650	150	
	计算式	(5650/150) +1		39 根

(2)端支座负筋分布筋计算

1)长度

端支座负筋分布筋长度按图 16-29 计算。

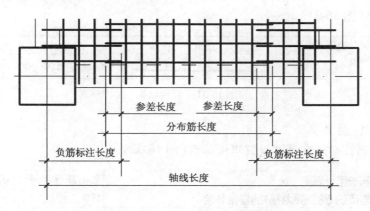

图 16-29　端支座负筋分布筋布置图

◇情况之一:分布筋和负筋参差 150mm。

① 分布筋长度计算(表 16-23)

② 软件属性定义(图 16-30)

表 16-23 分布筋长度计算

计算方法		长度 = 净跨长度 − 负筋标注长度 ×2 + 参差长度 ×2			
情况之一：分布筋和负筋参差 150mm	计算过程	净跨长度	负筋标注长度 ×2	参差长度 ×2	结果
		6000 − 150 ×2 = 5700	850 ×2	150 ×2	
	计算式	5700 − 850 ×2 + 150 ×2			4300

属性编辑

	属性名称	属性值	附加
1	名称	FJ-A8@150	
2	钢筋信息	A8@150	☐
3	左标注 (mm)	0	☐
4	右标注 (mm)	850	☐
5	马凳筋排数	0/1	☐
6	单边标注位置	(支座内边线)	☐
7	左弯折 (mm)	(0)	☐
8	右弯折 (mm)	(0)	☐
9	分布钢筋	A8@250	☐
10	钢筋锚固	(30)	
11	钢筋搭接	(36)	
12	归类名称	(FJ-A8@150)	☐
13	计算设置	按默认计算设置计算	
14	节点设置	按默认节点设置计算	
15	搭接设置	按默认搭接设置计算	
16	汇总信息	板负筋	☐

图 16-30 软件属性定义

③ 软件结果（图 16-31）

筋号	直径 (mm)	级别	图号	图形	计算公式	长度 (mm)
分布筋.1	6	中	1	4300	4000+150+150	4300

图 16-31 软件结果

④ 软件操作注意事项

a. 分布筋的属性必须在计算设置里面调整（图 16-32）。

4	— 分布钢筋长度计算	和负筋 (跨板受力筋) 搭接计算
5	— 分布筋与负筋 (跨板受力筋) 的搭接长度	150

图 16-32 计算设置调整分布筋属性

b. 计算分布筋轴线两边必须有负筋，否则分布筋按通长计算。

◇情况之二：分布筋长度 = 轴线长度

① 分布筋长度计算（表 16-24）

表 16-24 分布筋长度计算

计算方法		分布筋长度＝轴线长度		
情况之二:分布筋长度＝轴线长度	计算过程	轴线	弯钩×2	结果
		6000	0	
	6000	6000		

② 软件结果(图 16-33)

筋号	直径(mm)	级别	图号	图形	计算公式	长度(mm)
分布筋.1	6	中	1	6000	6000	6000

图 16-33 软件结果

③ 软件操作注意事项

分布筋的属性定义必须在计算设置中调整如图 16-34 所示。

4	分布钢筋长度计算	按照轴线长度计算

图 16-34 计算设置调整分布筋属性

◇情况之三:分布筋长度＝按照负筋布置范围计算(图 16-35)

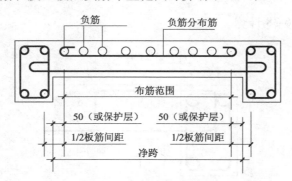

图 16-35 板端负筋根数计算图

① 分布筋长度计算(表 16-25)

表 16-25 分布筋长度计算

计算方法		分布筋长度＝布筋范围长度＋弯钩×2		
情况之一: 第一根钢筋距梁边 1/2 板间距	计算过程	净跨－板筋间距	弯钩×2	
		5700－150	0	
	计算式	5550		5550
情况之二: 第一根钢筋距梁边 50	计算过程	布筋范围	弯钩×2	结果
		净跨－50×2	0	
		5700－100		
	计算式	5600		5600

续表

计算方法	分布筋长度＝布筋范围长度＋弯钩×2			
情况之三： 第一根钢筋距梁边1个保护层	计算过程	净跨－保护层×2	弯钩×2	结果
		5700－20×2	0	
		5660		
	计算式	5660		5660

② 软件结果（图16-36）

筋号	直径（mm）	级别	图号	图形	计算公式	长度（mm）
分布筋.1	6	中	1	5600	5700－50－50	5600

图16-36　软件结果

③ 软件操作注意事项

分布筋的属性定义必须在计算设置中调整如图16-37所示。

4	├ 分布钢筋长度计算	按照负筋（跨板受力筋）布置长度计算

图16-37　计算设置调整分布筋属性

2）根数

分布筋根数按图16-38计算。

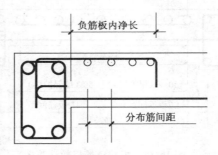

图16-38　负筋分布筋根数计算图

◇ 情况之一：分布筋根数＝［负筋板内净长/分布筋间距（向下取整）］+1

① 钢筋根数计算（表16-26）

② 软件结果（图16-39）

表16-26　端支座分布筋根数计算

计算方法	负筋分布筋根数＝［（负筋板内净长－起步）/分布筋间距］（向下取整）+1			
情况之一： 起步为1/2间距	计算过程	负筋板内净长＝按标注计算	分布筋间距	结果
		1000－150	250	
		850	250	
	计算式	［(850－125)/250］（向下取整）+1		3根

筋号	直径(mm)	级别	图号	图形	计算公式	长度(mm)	根数
分布筋.1	6	中	1	4300	4000+150+150	4300	3

图 16-39　软件结果

注：支座负筋分布筋根数计算方式可以在计算设置里调整：工程设置－计算设置－计算设置－板－第7行分布筋根数计算方式－调整为向下取整＋1

◇ 情况之二：负筋分布筋根数＝［负筋板内净长/分布筋间距］（向上取整）＋1

根数计算见表 16-27。

表 16-27　根数计算

计算方法	负筋分布筋根数＝［（负筋板内净长－起步）/分布筋间距］（向上取整）＋1		
情况之二：起步为1/2间距	计算过程	负筋板内净长＝按标注计算	分布筋间距	结果
		1000－150	250	
		850	250	
	计算式	［（850－125）/250］（向上取整）＋1		4 根

（3）其他轴线计算

1）其他轴线面筋的计算方法同 1 轴线，按 1 轴线情况之一计算（表 16-28）。

表 16-28　2、A、B 轴线计算

轴	筋类		计 算 方 法	计算式	结 果
2 轴线	负筋	长度	负筋长度＝锚入长度＋弯钩＋板内净尺寸＋弯折长度	$24d+6.25d+850+120-15\times2$	1182mm
		根数	负筋根数＝［布筋范围/板筋间距］＋1	［（5700－50×2）/150］＋1	39 根
	分布筋	长度	分布筋长度＝轴线（净跨）长度－负筋标注长度×2＋参差长度×2＋弯钩×2	6000－1000×2＋150×2	4300mm
		根数	负筋分布筋根数＝［（负筋板内净长－起步）/分布筋间距］（向上取整）＋1	［（850－125）/250］（向上取整）＋1	4 根
A 轴线	负筋	长度	负筋长度＝锚入长度＋弯钩＋板内净尺寸＋弯折长度	$24d+6.25d+850+120-15\times2$	1182mm
		根数	负筋根数＝［布筋范围/板筋间距］＋1	［（3300－50×2）/150］＋1	23 根
	分布筋	长度	分布筋长度＝轴线（净跨）长度－负筋标注长度×2＋参差长度×2＋弯钩×2	3600－1000×2＋150×2	1900mm
		根数	负筋分布筋根数＝［（负筋板内净长－起步）/分布筋间距］（向上取整）＋1	［（850－125）/250］（向上取整）＋1	4 根
B 轴线	负筋	长度	负筋长度＝锚入长度＋弯钩＋板内净尺寸＋弯折长度	$24d+6.25d+850+120-15\times2$	1182mm
		根数	负筋根数＝［布筋范围/板筋间距］＋1	（3300－50×2）/150＋1	23 根
	分布筋	长度	分布筋长度＝轴线（净跨）长度－负筋标注长度×2＋参差长度×2＋弯钩×2	3600－1000×2＋150×2	1900mm
		根数	负筋分布筋根数＝［（负筋板内净长－起步）/分布筋间距］（向上取整）＋1	［（850－125）/250］（向上取整）＋1	4 根

2）软件结果

① 轴线（图 16-40）

筋号	直径(mm)	级别	图号	图形	计算公式	长度(mm)	根数
板负筋.1	8	Φ	24	90 ⌐‾‾‾1100‾‾‾	850+250+90+6.25*d	1240	39
分布筋.1	6	Φ	1	4300	4000+150+150	4300	4

图 16-40　2 轴线软件结果

② A 轴线（图 16-41）

筋号	直径(mm)	级别	图号	图形	计算公式	长度(mm)	根数
板负筋.1	8	Φ	24	90 ⌐‾‾‾1100‾‾‾	850+250+90+6.25*d	1240	23
分布筋.1	6	Φ	1	1900	1600+150+150	1900	4

图 16-41　A 轴线软件结果

③ B 轴线（图 16-42）

筋号	直径(mm)	级别	图号	图形	计算公式	长度(mm)	根数
板负筋.1	8	Φ	24	90 ⌐‾‾‾1100‾‾‾	850+250+90+6.25*d	1240	23
分布筋.1	6	Φ	1	1900	1600+150+150	1900	4

图 16-42　B 轴线软件结果

注:支座负筋分布筋根数计算方式可以在计算设置里调整:工程设置-计算设置-计算设置-板-第7行分布筋根数计算方式-调整为向上取整+1

（4）温度筋计算

常规工程里温度筋一般用于板比较厚（≥140mm）或屋面板,但具体还是要看每个图纸说明要求,我们这个图里要求有温度筋。

1）温度筋布置图（图 16-43）

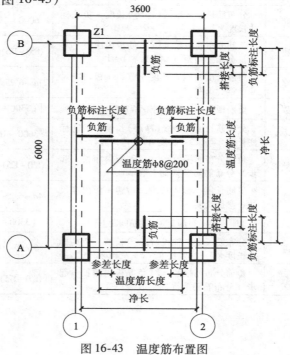

图 16-43　温度筋布置图

规范 11G 101—1 第 94 页规定:抗温度筋自身及其与受力主筋搭接长度为 l_1。

① 温度筋长度计算(表 16-29)

表 16-29　长度计算

计算方法		长度 = 轴线长度 - 负筋标注长度 ×2 + 参差长度 ×2			
X 方向	计算过程	净长	负筋标注长	参差长度	结果
		3600 - 300	850 ×2	36d	
	计算式	3600 - 300 - 850 ×2 + 36 ×8 ×2			2176
Y 方向	计算过程	净长	负筋标注长	参差长度	结果
		6000 - 300	850 ×2	36d	
	计算式	6000 - 300 - 850 ×2 + 36 ×8 ×2			4576

② 属性定义(图 16-44)

③ 软件画图(图 16-45)

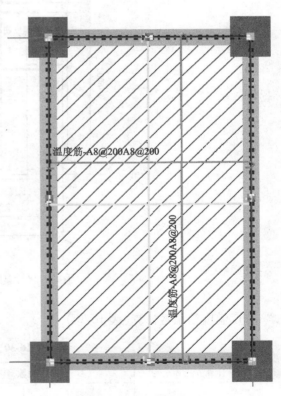

	属性名称	属性值	附加
1	名称	温度筋-A8@200	
2	钢筋信息	A8@200	☐
3	类别	温度筋	☐
4	左弯折(mm)	(0)	☐
5	右弯折(mm)	(0)	☐
6	钢筋锚固	(30)	
7	钢筋搭接	(36)	
8	归类名称	(温度筋-A8@200)	☐
9	汇总信息	板受力筋	☐
10	计算设置	按默认计算设置计算	
11	节点设置	按默认节点设置计算	
12	搭接设置	按默认搭接设置计算	
13	长度调整(mm)		☐

图 16-44　属性定义

图 16-45　软件画图

④ 软件结果

a. X 方向(图 16-46)

筋号	直径(mm)	级别	图号	图形	计算公式	长度(mm)
温度筋-A8@200.1	8	中	1	2176	1600+ (36*d)+ (36*d)	2176

图 16-46　X 方向软件结果

b. Y 方向（图 16-47）

筋号	直径(mm)	级别	图号	图形	计算公式	长度(mm)
温度筋-A8@200.1	8	中	1	4576	4000+(36*d)+(36*d)	4576

图 16-47　Y 方向软件结果

⑤ 软件操作注意事项

a. 在计算温度筋时必须先画负筋。

b. 在属性定义时钢筋类别修改为温度筋。

2）根数（图 16-48）

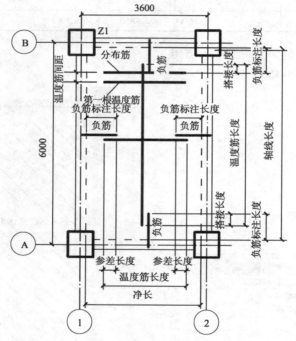

图 16-48　温度筋根数计算图

① 温度筋根数计算（表 16-30）

表 16-30　根数计算

计算方法		\multicolumn{3}{c}{根数 =[（轴线长 – 负筋标注长)/温度筋间距] – 1}		
_X_ 方向	计算过程	轴线长	负筋标注长	温度筋间距	结果
		6000	1000 ×2	200	
	计算式	[（6000 – 1000 ×2)/200] – 1			19 根
_Y_ 方向	计算过程	轴线长	负筋标注长	温度筋间距	结果
		3600	1000 ×2	200	
	计算式	[（3600 – 1000 ×2)/200] – 1			7 根

② 软件结果

a. X 方向（图 16-49）

筋号	直径(mm)	级别	图号	图形	计算公式	长度(mm)	根数
温度筋-A8@200.1	8	Φ	1	2176	1600+ (36*d)+ (36*d)	2176	19

图 16-49　X 方向软件结果

b. Y 方向（图 16-50）

筋号	直径(mm)	级别	图号	图形	计算公式	长度(mm)	根数
温度筋-A8@200.1	8	Φ	1	4576	4000+ (36*d)+ (36*d)	4576	7

图 16-50　Y 方向软件结果

第二节　双 跨 板

一、双跨板平法标注及剖面图

1. 双跨板平法标注（图 16-51）

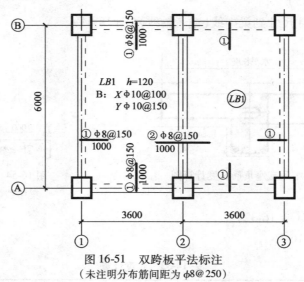

图 16-51　双跨板平法标注
（未注明分布筋间距为 $\phi 8@250$）

2. 双跨板剖面图（图 16-52）

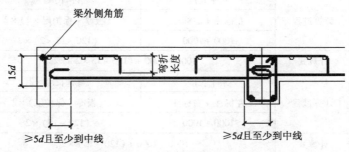

图 16-52　双跨板剖面图

447

二、双跨板的钢筋计算

1. 需要计算钢筋量（表 16-31）

表 16-31　需要计算的量

					计算方法
底筋	1~2 轴 2~3 轴	*X* 方向		长度、根数	同单跨板
		Y 方向			
面筋	边支座	1、3、A、B 轴线	负筋		
			负筋分布筋		
	中间支座	2 轴线	负筋		本节计算
			负筋分布筋		

图 16-52 中底筋和面筋的边支座和单跨板的计算方法完全一样,这里只计算中间支座负筋和负筋分布筋。

2. 中间支座负筋计算

（1）长度（图 16-53）

◇ 情况之一：标注尺寸到梁中线（或者轴线）（图 16-54）

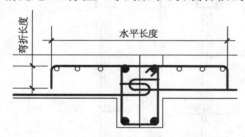

图 16-53　中间支座负筋长度计算图

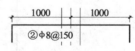

图 16-54　标注尺寸到
梁中线（或者轴线）

① 负筋长度计算（表 16-32）

② 属性定义（图 16-55）

表 16-32　长度计算

计算方法		长度 = 水平长度 + 弯钩长度 ×2		
弯折长度 = 板厚 − 保护层 ×2	计算过程	水平长度	弯钩长度 ×2	结果
		左标注 + 右标注	（板厚 − 保护层 ×2）×2	
		1000 + 1000	（120 − 15 ×2）×2	
	计算式	1000 + 1000 + （120 − 15 ×2）×2		2180
弯折长度 = 板厚 − 保护层	计算过程	水平长度	弯钩长度 ×2	结果
		左标注 + 右标注	（板厚 − 保护层）×2	
		1000 + 1000	（120 − 15）×2	
	计算式	1000 + 1000 + （120 − 15）×2		2210

	属性编辑		
	属性名称	属性值	附加
1	名称	FJ-A8@150-2	
2	钢筋信息	A8@150	☐
3	左标注 (mm)	1000	☐
4	右标注 (mm)	1000	☐
5	马凳筋排数	1/1	☐
6	非单边标注含支座宽	(是)	☐
7	左弯折 (mm)	(0)	☐
8	右弯折 (mm)	(0)	☐
9	分布钢筋	A8@250	☐
10	钢筋锚固	(30)	
11	钢筋搭接	(36)	
12	归类名称	(FJ-A8@150-2)	☐
13	计算设置	按设定计算设置计算	
14	节点设置	按默认节点设置计算	
15	搭接设置	按默认搭接设置计算	
16	汇总信息	板负筋	☐

图 16-55　属性定义

③ 软件画图（图 16-56）

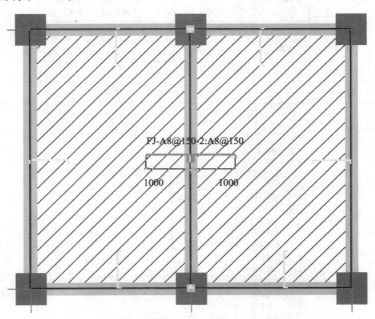

图 16-56　软件画图

④ 软件结果（板厚 – 保护层 ×2）（图 16-57）

筋号	直径 (mm)	级别	图号	图形	计算公式	长度 (mm)
板负筋.1	8	中	64	90 ⌐2000⌐ 90	1000+1000+90+90	2180

图 16-57　软件结果

⑤ 软件结果（板厚－保护层）（图 16-58）

筋号	直径 (mm)	级别	图号	图形	计算公式	长度 (mm)
板负筋.1	8	Φ	64	105 ⌐ 2000 ⌐ 105	1000+1000+105+105	2210

图 16-58　软件结果

⑥ 软件操作注意事项

弯折取值同单跨板调整方法。

其他调整：工程设置－计算设置－板－第 30 行
板中间支座负筋是否含支座－调整为是。

◇情况之二：标注尺寸到梁边线（图 16-59）

① 长度计算（表 16-33）

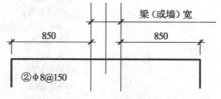

图 16-59　标注尺寸到梁边线

表 16-33　长度计算

计算方法		负筋长度＝水平长度＋弯折长度×2		
		水平长度	弯折长度×2	结果
弯折长度＝ 板厚－保护层 ×2	计算过程	左标注＋梁（或墙）宽＋右标注	（板厚－保护层 ×2）×2	
		850＋300＋850	（120－15 ×2）×2	
	计算式	850＋300＋850＋（120－15 ×2）×2		2180
		水平长度	弯折长度×2	结果
弯折长度＝ 板厚－保护层	计算过程	左标注＋梁（或墙）宽＋右标注	（板厚－保护层）×2	
		850＋300＋850	（120－15）×2	
	计算式	850＋300＋850＋（120－15）×2		2210

② 属性定义（图 16-60）

	属性名称	属性值	附加
1	名称	FJ-A8@150-2	
2	钢筋信息	A8@150	☐
3	左标注 (mm)	850	☐
4	右标注 (mm)	850	☐
5	马凳筋排数	1/1	☐
6	非单边标注含支座宽	否	☐
7	左弯折 (mm)	(0)	☐
8	右弯折 (mm)	(0)	☐
9	分布钢筋	A8@250	☐
10	钢筋锚固	(30)	
11	钢筋搭接	(36)	
12	归类名称	(FJ-A8@150-2)	☐
13	计算设置	按设定计算设置计算	
14	节点设置	按默认节点设置计算	
15	搭接设置	按默认搭接设置计算	
16	汇总信息	板负筋	☐

图 16-60　属性定义

③ 软件画图（图 16-61）

④ 软件结果（板厚－2×保护层）（图 16-62）

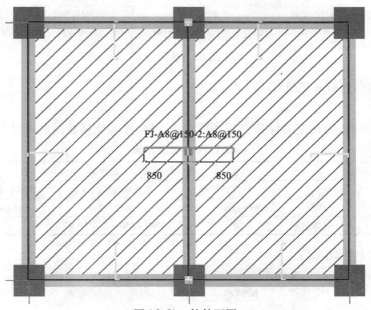

图 16-61　软件画图

筋号	直径 (mm)	级别	图号	图形	计算公式	长度 (mm)
板负筋.1	8	中	64	90 └─ 2000 ─┘ 90	1000+1000+90+90	2180

图 16-62　软件结果

⑤ 软件结果（板厚 - 保护层）（图 16-63）

筋号	直径 (mm)	级别	图号	图形	计算公式	长度 (mm)
板负筋.1	8	中	64	105 └─ 2000 ─┘ 105	1000+1000+105+105	2210

图 16-63　软件结果

⑥ 软件操作注意事项

弯折取值同单跨板调整方法。

其他调整：工程设置 - 计算设置 - 板 - 第 30 行板中间支座负筋是否含支座 - 调整为否。

（2）根数

1）中间支座负筋根数计算方法同端支座，按端支座负筋情况之一计算（表 16-34）

表 16-34　根数计算

计算方法		底板钢筋根数 =（布筋范围/板筋间距）+ 1		
		布筋范围	间距	结果
情况之一： 第一根钢筋距 梁边 1/2 板间距	计算 过程	净跨 - 板筋间距（左、右两个 1/2 板间距）	150	
		5700 - 150	150	
		5550	150	
	（5550/150）+1	38 根		

2）软件结果（图 16-64）

筋号	直径(mm)	级别	图号	图形	计算公式	长度(mm)	根数
板负筋.1	8	中	64	90 | 2000 | 90	1000+1000+90+90	2180	38

图 16-64　软件结果

3. 中间支座负筋分布筋计算

（1）长度

1）中间支座分布筋长度的计算方法和端支座一样,按端支座情况之一计算（表 16-35）

表 16-35　长度计算

计算方法		长度 = 净跨长度 - 负筋标注长度 ×2 + 参差长度 ×2			
分布筋与 负筋参差 150	计算 过程	净跨长度	负筋标注长度 ×2	参差长度 ×2	结果
		6000 - 150 ×2 =5700	850 ×2	150 ×2	
	计算式	5700 - 850 ×2 + 150 ×2			4300

2）属性定义（图 16-65）

	属性名称	属性值	附加
1	名称	FJ-A8@150-2	
2	钢筋信息	A8@150	
3	左标注(mm)	1000	
4	右标注(mm)	1000	
5	马凳筋排数	1/1	
6	非单边标注含支座宽	是	
7	左弯折(mm)	(0)	
8	右弯折(mm)	(0)	
9	分布钢筋	A8@250	
10	钢筋锚固	(30)	
11	钢筋搭接	(36)	
12	归类名称	(FJ-A8@150-2)	
13	计算设置	按设定计算设置计算	
14	节点设置	按默认节点设置计算	
15	搭接设置	按默认搭接设置计算	
16	汇总信息	板负筋	

图 16-65　属性定义

3）软件结果（图 16-66）

筋号	直径(mm)	级别	图号	图形	计算公式	长度(mm)
分布筋.1	8	中	1	4300	4000+150+150	4300

图 16-66　软件结果

4）软件操作注意事项

① 双跨板分布筋属性定义设置通单跨板分布筋设置。

② 计算中间支座分布筋时注意单标注的负筋长度设置。

（2）根数

中间支座负筋分布筋根数计算（图 16-67）

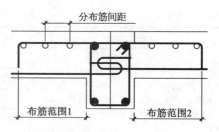

图 16-67　中间支座负筋分布筋根数计算图

◇ 情况之一：

1）根数计算（表16-36）

表16-36　根数计算

计算方法		根数 ＝ [（布筋范围 － 起步）/间距]（向下取整）＋1 ＋ [（布筋范围 － 起步）/间距]（向下取整）＋1			
情况之一：起步距离为1/2间距	计算过程	布筋范围1	布筋范围2	分布筋间距	结果
		标注净尺寸	标注净尺寸	250	
		1000 － 150 ＝ 850	1000 － 150 ＝ 850	250	
	计算式	[（850 － 125）/250]（向下取整）＋1 ＋ [（850 － 125）/250]（向下取整）＋1 ＝ 3 ＋3			6 根

2）软件结果（图16-68）

筋号	直径(mm)	级别	图号	图形	计算公式	长度(mm)	根数
分布筋.1	8	Φ	1	4300	4000+150+150	4300	6

图16-68　软件结果

◇ 情况之二：

根数计算（表16-37）

表16-37　根数计算

计算方法		根数 ＝ [布筋范围1/间距]（向上取整）＋1 ＋ [布筋范围2/间距]（向上取整）＋1			
情况之二：起步距离为1/2间距	计算过程	布筋范围1	布筋范围2	分布筋间距	结果
		标注净尺寸	标注净尺寸	250	
		1000 － 150 ＝ 850	1000 － 150 ＝ 850	250	
	计算式	[（850 － 125）/250]（向上取整）＋1 ＋ [（850 － 125）/250]（向上取整）＋1 ＝ 4 ＋4			8 根

第三节　三　跨　板

一、三跨板平法标注及剖面图

1. 三跨板平法标注（图16-69）

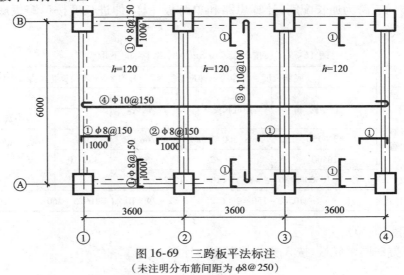

图16-69　三跨板平法标注
（未注明分布筋间距为 φ8@250）

2. 三跨板剖面图（图 16-70）

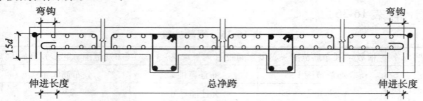

图 16-70　三跨板剖面图

二、三跨板的钢筋计算

1. 需要计算的量（表 16-38）

表 16-38　需要计算的量

					计算方法
底筋	X 方向	通长筋		长度、根数	本节计算
	Y 方向	1 ~ 2 轴线 2 ~ 3 轴线 3 ~ 4 轴线			
面筋	边支座	1、4、A、B 轴线	支座负筋		同单跨板
			负筋分布筋		
	中间支座	2 轴线 3 轴线	支座负筋		同双跨板
			负筋分布筋		

图 16-70 中除底筋 X 方向的通长筋和单双跨计算方法不一样外，其余钢筋的计算方法和单双跨一样，这里不再赘述。

2. 底筋计算

（1）X 方向

1）长度（表 16-39）

本图 X 方向三跨为通长配筋，计算思路和单跨板一样，伸进长度按单跨板底筋情况之一计算。

表 16-39　长度计算（每 8m 一个搭接，向下取整）

计算方法		底筋长度 = 总净跨 + 伸进长度 × 2 + 弯钩 × 2 + 搭接长度 × 搭接个数					
情况之一：伸进长度 ≥5d 且至少到梁中线	计算过程	总净跨	伸进长度 × 2	弯钩 × 2	搭接		结果
					长度	个数	
		$3600 \times 3 - 150 - 150$	$\max(300/2, 5d)$	$6.25d \times 2$	$36d$	$10925/8000 =$	
		10500	150×2	$6.25d \times 2$	36×10	$1.366 = 1$	
		$10500 + 150 \times 2 + 6.25 \times 10 \times 2 = 10925$					
	计算式	$10500 + 150 \times 2 + 6.25 \times 10 \times 2 + 29 \times 10 \times 1 = 10925 + 360$					11285

2）根数（表 16-40）

根数计算方法同单向板，按 X 方向情况之一计算。

表 16-40　根数计算

计算方法		根数 = (布筋范围/板筋间距) + 1		
情况之一:第一根钢筋距梁边为 1/2 板筋间距	计算过程	布筋范围	间距	结　果
		净跨 - 板筋间距	150	
		5700 - 150	150	
		5550	150	
	计算式	(5550/150) + 1		38 根

3) 属性定义(图 16-71)

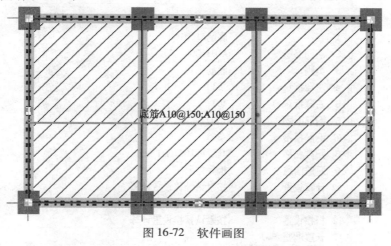

	属性名称	属性值	附加
1	名称	底筋A10@150	
2	钢筋信息	A10@150	☐
3	类别	底筋	
4	左弯折 (mm)	(0)	☐
5	右弯折 (mm)	(0)	☐
6	钢筋锚固	(30)	☐
7	钢筋搭接	(36)	☐
8	归类名称	(底筋A10@150)	☐
9	汇总信息	板受力筋	☐
10	计算设置	按默认计算设置计算	
11	节点设置	按默认节点设置计算	
12	搭接设置	按默认搭接设置计算	
13	长度调整 (mm)		☐

图 16-71　属性定义

4) 软件画图(图 16-72)

底筋A10@150:A10@150

图 16-72　软件画图

5) 软件结果(图 16-73)

筋号	直径 (mm)	级别	图号	图形	计算公式	长度 (mm)	根数	搭接
底筋A10@150.1	10	Φ	3	10800	10500+max (300/2,5*d)+max (300/2,5*d)+12.5*d	10925	38	360

图 16-73　软件结果

（2）Y方向

1）长度（表16-41）

长度计算方法同单向板。

表16-41 长度计算

计算方法		长度＝净跨＋伸进长度×2＋弯钩×2			
情况之一：伸进长度≥5d且至少到梁中线	计算过程	净跨	伸进长度	弯钩	结果
		6000－150－150	max(300/2,5d)	6.25d	
		5700	150	62.5	
	计算式	5700＋150×2＋62.5×2			6125

2）根数（表16-42）

根数计算方法同单向板。

表16-42 根数计算（3跨）

计算方法		根数＝［布筋范围/板筋间距）＋1］×3跨		
情况之一：第一根钢筋距梁边为1/2板筋间距	计算过程	布筋范围	间距	结果
		净跨＋保护层×2－板筋间距	100	
		3300－100	100	
		3200	100	
	计算式	［(3200/100)＋1］×3		99根

3）属性定义（图16-74）

	属性名称	属性值	附加
1	名称	底筋A10@100	
2	钢筋信息	A10@100	☐
3	类别	底筋	☐
4	左弯折(mm)	(0)	☐
5	右弯折(mm)	(0)	☐
6	钢筋锚固	(30)	
7	钢筋搭接	(36)	
8	归类名称	(底筋A10@100)	☐
9	汇总信息	板受力筋	☐
10	计算设置	按默认计算设置计算	
11	节点设置	按默认节点设置计算	
12	搭接设置	按默认搭接设置计算	
13	长度调整(mm)		☐

图16-74 属性定义

4）软件画图（图16-75）

5）软件结果（图16-76）

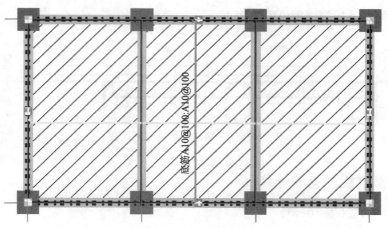

图 16-75　软件画图

筋号	直径(mm)	级别	图号	图形	计算公式	长度(mm)	根数
底筋A10@100.1	10	中	3	6000	5700+max(300/2,5*d)+max(300/2,5*d)+12.5*d	6125	99

图 16-76　软件结果

3. 面筋计算

三跨板面筋计算方法同双向板,只是多了一个中间支座,这里不再赘述。

第四节　延伸悬挑板(一端悬挑)

一、一端延伸悬挑板平法标注及剖面图

1. 一端延伸悬挑板平法标注(图 16-77)

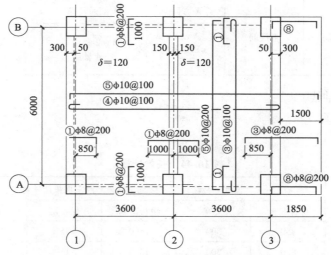

图 16-77　一端延伸悬挑板平法标注
(未注明分布筋间距为 φ8@250)

2. 一端延伸悬挑板剖面图（图 16-78）

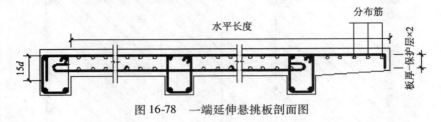

图 16-78　一端延伸悬挑板剖面图

二、一端延伸悬挑板的钢筋计算

1. 需要计算的量（表 16-43）

表 16-43　需要计算的量

					计算方法
底筋		X 方向	1 ~ 2 跨通长筋	长度、根数	同三跨板
		Y 方向	1 ~ 2 轴线 2 ~ 3 轴线		同单跨板
面筋	支座钢筋	边支座	1、A、B 轴线	支座负筋	
				负筋分布筋	
		中间支座	2 轴线	支座负筋	同双跨板
				负筋分布筋	
		挑檐支座	3 轴线	支座负筋	本节计算
				负筋分布筋	
	板中钢筋	上层筋	X 方向	上部通长筋	
			Y 方向	1 ~ 2 轴线 3 ~ 4 轴线	

2. 挑檐支座（3 轴线）

（1）支座负筋计算

1）长度（表 16-44）

表 16-44　长度计算

计算方法	长度 = 标注长度 + 梁宽 + 挑板净跨 - 保护层 + 弯折长度 ×2					
计算过程	标注长度	梁宽	挑板净跨	保护层	弯折长度	结果
	850	300	1500	15	120 - 15 ×2	
	850	300	1500	15	90	
计算式	850 + 300 + 1500 - 15 + 90 ×2					2815

2）根数（表 16-45）

表 16-45 根数计算

计算方法	根数 =（布筋范围/板筋间距）+1			
情况之一：第一根钢筋距梁边为 1/2 板筋间距	计算过程	布筋范围	间距	结果
		净跨 - 板筋间距	200	
		6100 - 200	200	
		5900	200	
	计算式	（5900/200）+1		31 根

（2）挑檐 A、B 轴梁头计算

1）X 方向（图 16-79）

① 8 号钢筋长度计算（表 16-46）

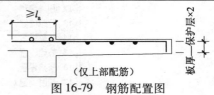

（仅上部配筋）

图 16-79 钢筋配置图

表 16-46 8 号钢筋长度计算

计算方法	长度 = 弯钩 + 锚固长度 + 挑板净宽 - 保护层 +（板厚 - 保护层 ×2 +5d）				
伸进长度 ≥5d 且至少到梁中线	计算过程	弯钩	锚入长度	挑板长度 - 保护层	板厚 - 保护层 ×2	结果
		6.25d	max（24d,250）	（1850 - 350）- 15	120 - 15 ×2	
		6.25 ×8	max（24 ×8,250）	1500 - 15	120 - 15 ×2	
	计算式	6.25 ×8 +250 +1500 -15 +120 -15 ×2				1875

② 8 号钢筋根数计算（表 16-47）

表 16-47 8 号钢筋根数

计算方法	根数 =（布筋范围/板筋间距）+1			
挑板在梁头上的钢筋	计算过程	布筋范围	间距	结果
		300 - 200/2 - 20	200	
		180	200	
	计算式	（180/200）+1		A、B 轴处各 2 根

③ 属性定义（图 16-80）

我们可以用跨板受力筋来处理这③号筋和⑧号筋。

④ 软件画图（图 16-81）

⑤ 软件结果（图 16-82）

⑥ 软件操作注意事项：梁必须偏移与柱外侧平齐。

属性编辑

	属性名称	属性值	附加
1	名称	KBSLJ-A8@200	
2	钢筋信息	A8@200	☐
3	左标注(mm)	1000	☐
4	右标注(mm)	0	☐
5	马凳筋排数	1/0	☐
6	标注长度位置	支座中心线	☐
7	左弯折(mm)	(0)	☐
8	右弯折(mm)	(0)	☐
9	分布钢筋	(A8@250)	☐
10	钢筋锚固	(30)	
11	钢筋搭接	(36)	
12	归类名称	(KBSLJ-A8@200)	☐
13	汇总信息	板受力筋	☐
14	计算设置	按默认计算设置计算	
15	节点设置	按默认节点设置计算	
16	搭接设置	按默认搭接设置计算	
17	长度调整(mm)		☐

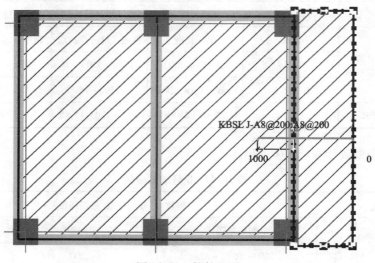

图 16-80　属性定义

图 16-81　软件画图

筋号	直径(mm)	级别	图号	图形	计算公式	长度(mm)	根数
KBSLJ-A8@200.1	8	中	24	90 1735	1500+250-15+120-2*15+6.25*d	1875	4
KBSLJ-A8@200.2	8	中	64	90 2635 90	1650+1000+120-2*15-15+120-2*15	2815	30

图 16-82　软件结果

(3)负筋分布筋计算

1)长度(表 16-48)

表 16-48　长度计算

计算方法	长度 = 挑板长度 - 起步×2		
计算过程:起步为1/2间距	挑板长度	起步	结果
	6000 + 350 + 350	100	
	6700	100	
计算式	6700 - 100×2		6500

2）根数（表 16-49）

此处的分布筋只有挑板部分有分布筋,板内分布筋由 Y 方向上层钢筋代替。

表 16-49　根数计算

计算方法	根数 = [(挑板净宽 - 起步)/分布筋间距](向下取整) + 1		
情况之一:起步距离为1/2间距	计算过程	(挑板净宽 - 50)	分布筋间距	结果
		1850 - 350 - 15	250	
		1500 - 15	250	
		1485	250	
	计算式	[(1485 - 125)/250](向下取整) + 1		6 根

3）软件结果（图 16-83）

筋号	直径(mm)	级别	图号	图形	计算公式	长度(mm)	根数
分布筋.1	8	中	1	6500	6700-100-100	6500	6

图 16-83　软件结果

内侧板为双层双向钢筋,与支座内侧钢筋形成网片,所以不会有支座负筋内侧分布筋。

3.板中钢筋上层筋

（1）X 方向

1）上部通长筋计算

① 5 号钢筋长度计算（表 16-50）

表 16-50　长度计算（8000 mm 一个搭接,向下取整）

计算方法	长度 = 锚入长度 + 水平长度 + 板厚 - 保护层×2 + 搭接长度×搭接个数					
锚入支座为一个弯锚	计算过程	锚入长度	水平长度	板厚 - 保护层×2	搭接	结果
					长度	个数	
		300 - 20 + 15×10	3600×2 + 1850 + 50 - 15	120 - 15×2	36d	9605 > 8000 = 1	
		430	(9100 - 15)	90	36×10		
		430 + (9100 - 15) + 90 = 9605					
	计算式	9605 + 360					9965

② 5 号钢筋根数计算（表 16-51）

表 16-51 根数计算

计算方法		根数 =（布筋范围/板筋间距）+ 1		
情况之一： 第一根钢筋距 梁边 1/2 板间距	计算过程	布筋范围	间距	结果
		净跨 - 板筋间距	200	
		6100 - 200	200	
		5900	200	
	计算式	（5900/200）+ 1		31 根

2）梁端头钢筋计算（方法同 8 号筋计算方法）

① 长度（表 16-52）

表 16-52 长度计算

计算方法		长度 = 锚入长度 +（挑板长度 - 保护层）+ 弯折（板厚 - 保护层 ×2）			
锚入支座 为一个弯锚	计算 过程	锚入长度	挑板长度 - 保护层	板厚 - 保护层 ×2	结果
		300 - 20 + 15 × 10	（1850 - 350）- 15	120 - 15 × 2	
		430	（1500 - 15）	90	
	计算式	430 +（1500 - 15）+ 90			2005

② 根数（表 16-53）

表 16-53 根数计算

计算方法		根数 =（布筋范围/板筋间距）+ 1		
挑板在梁头 上的钢筋	计算过程	布筋范围	间距	结果
		300 - 200/2	200	
		200	200	
	计算式	（200/200）+ 1		A、B 轴处各两根

③ 软件属性定义（图 16-84）

	属性名称	属性值	附加
1	名称	面筋A10@200	
2	钢筋信息	A10@200	☐
3	类别	面筋	☐
4	左弯折 (mm)	(0)	☐
5	右弯折 (mm)	(0)	☐
6	钢筋锚固	(30)	
7	钢筋搭接	(36)	
8	归类名称	(面筋A10@200)	☐
9	汇总信息	板受力筋	☐
10	计算设置	按默认计算设置计算	
11	节点设置	按默认节点设置计算	
12	搭接设置	按默认搭接设置计算	
13	长度调整 (mm)		☐

图 16-84 属性定义

④ 软件画图（图 16-85）

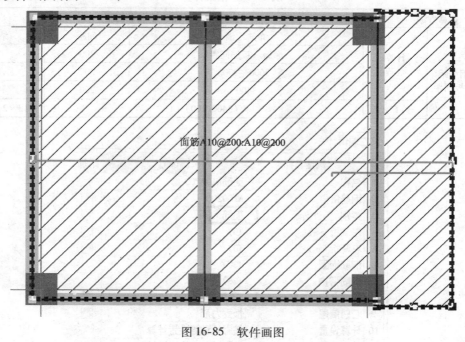

图 16-85　软件画图

⑤ 软件结果（图 16-86）

筋号	直径(mm)	级别	图号	图形	计算公式	长度(mm)	根数	搭接
面筋A10@200.1	10	Φ	64	150 ⌐1765¬ 90	1500+300-20+15*d-15+120-2*15	2005	4	0
面筋A10@200.2	10	Φ	64	150 ⌐9365¬ 90	9100+300-20+15*d-15+120-2*15	9605	30	360

图 16-86　软件结果

（2）Y 方向（图 16-87）

1）4 号筋长度计算（表 16-54）

2）4 号筋根数计算（表 16-55）

3）软件属性定义（图 16-88）

4）软件画图（图 16-89）

5）软件结果（图 16-90）

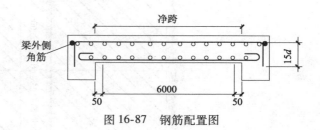

图 16-87　钢筋配置图

表 16-54　长度计算

方法	长度 = 净跨 + 锚固长度 ×2		
	净跨	锚固长度	结果
计算过程	6000 + 75 + 75	300 - 20 + 15 × 10	
	6150	430	
计算式	6150 + 430 × 2		7010

表 16-55　根数计算

计算方法		根数 =（布筋范围/板筋间距）+ 1		
情况之一： 第一根钢筋距 梁边 1/2 板间距	计算 过程	布筋范围	间距	结果
		净跨 − 板筋间距	200	
		3600 − 200	200	
		3400	200	
	计算式	（3400/200）+ 1		18 × 2 = 36 根

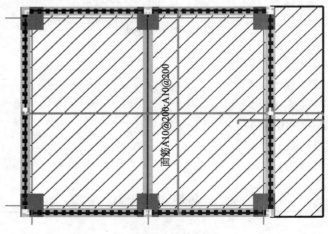

图 16-88　属性定义

	属性编辑		
	属性名称	**属性值**	**附加**
1	名称	面筋A10@200	
2	钢筋信息	A10@200	☐
3	类别	面筋	☐
4	左弯折(mm)	(0)	☐
5	右弯折(mm)	(0)	☐
6	钢筋锚固	(30)	
7	钢筋搭接	(36)	
8	归类名称	(面筋A10@200)	
9	汇总信息	板受力筋	☐
10	计算设置	按默认计算设置计算	
11	节点设置	按默认节点设置计算	
12	搭接设置	按默认搭接设置计算	
13	长度调整(mm)		☐

图 16-89　软件画图

筋号	直径(mm)	级别	图号	图形	计算公式	长度(mm)	根数
面筋A10@200 .1	10	Φ	64	150 └─ 6710 ─┘ 150	6150+300-20+15*d+300-20+15 *d	7010	36

图 16-90　软件结果

第五节 延伸悬挑板（两端悬挑）

一、两端延伸悬挑板平法标注及剖面图

1. 两端延伸悬挑板平法标注（图 16-91）

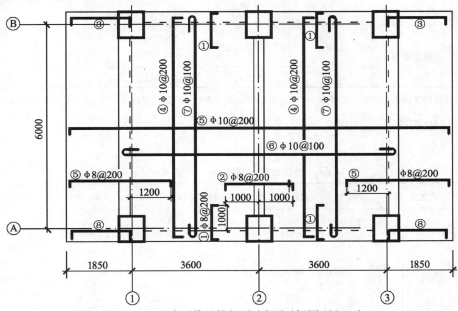

图 16-91 两端延伸悬挑板平法标注（板厚 120mm）
（未注明分布筋间距为 φ8@250）

2. 两端延伸悬挑板剖面图（图 16-92）

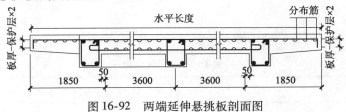

图 16-92 两端延伸悬挑板剖面图

二、两端延伸悬挑板的钢筋计算

1. 需要计算的量（表 16-56）

表 16-56 需要计算的量

				计算方法
底筋	X 方向	1~2 跨通长筋	长度、根数	同三跨板
	Y 方向	1~2 轴线 2~3 轴线		同单跨板

				计算方法
面筋	支座钢筋	边支座 A、B 轴线	支座负筋	同单跨板
			负筋分布筋	
		中间支座 2 轴线	支座负筋	同双跨板
			负筋分布筋	
		挑檐支座 1、3 轴线	支座负筋	同一端延伸悬挑板
			负筋分布筋	长度、根数
	板中钢筋	上层筋 Y 方向	1～2 轴线 3～4 轴线	
		X 方向	上部通长筋	本节计算

注:两端延伸悬挑板情况除 5 号钢筋外,其他钢筋的计算方法和一端延伸悬挑板一样,这里只计算 5 号钢筋。

2. 5 号钢筋计算

1）长度（表 16-57）

表 16-57　长度计算（8000mm 一个搭接,向下取整）

计算方法		长度 = 水平长度 + （板厚 - 保护层 ×2 +5d）×2 + 搭接长度 × 搭接个数				
情况之一：伸进长度≥5d 且至少到梁中线	计算过程	水平长度	（板厚 - 保护层 ×2）×2	搭接		结果
				长度	个数	
		3600 ×2 + 1850 ×2 - 15 ×2	（120 - 15 ×2）×2	36d	11150/8000 = 1.394 = 1	
		10870	180	36 ×10		
		10870 + 180 = 11050				
	计算式	11050 + 360				11086

2）根数（表 16-58）

5 号钢筋根数的计算方法和一端延伸悬挑板一样。

表 16-58　根数计算

计算方法		底板钢筋根数 = （布筋范围/板筋间距）+1		
情况之一：第一根钢筋距梁边 1/2 板间距	计算过程	布筋范围	间距	结果
		净跨 - 板筋间距	200	
		6100 - 200	200	
		5800	200	
	计算式	（5800/200）+1		30 根

梁端部钢筋同一端延伸悬挑板的梁端头计算方法,这里不再赘述。

③ 软件属性定义（图 16-93）

属性编辑

	属性名称	属性值	附加
1	名称	面筋A10@200	
2	钢筋信息	A10@200	☐
3	类别	面筋	☐
4	左弯折(mm)	(0)	☐
5	右弯折(mm)	(0)	☐
6	钢筋锚固	(30)	
7	钢筋搭接	(36)	
8	归类名称	(面筋A10@200)	☐
9	汇总信息	板受力筋	☐
10	计算设置	按默认计算设置计算	
11	节点设置	按默认节点设置计算	
12	搭接设置	按默认搭接设置计算	
13	长度调整(mm)		☐

图 16-93　属性定义

④ 软件画图(图 16-94)

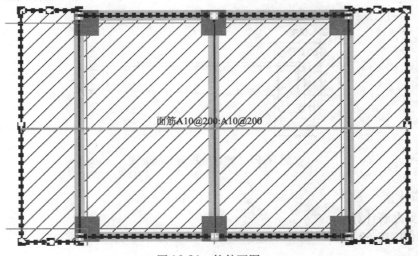

面筋A10@200:A10@200

图 16-94　软件画图

⑤ 软件结果(图 16-95)

筋号	直径(mm)	级别	图号	图形	计算公式	长度(mm)	根数	搭接
面筋A10@200.1	10	Φ	64	90⌐ 1765 ⌐150	1500-15+120-2*15+300-20+15*d	2005	4	0
面筋A10@200.2	10	Φ	64	150⌐ 1765 ⌐90	1500+300-20+15*d-15+120-2*15	2005	4	0
面筋A10@200.3	10	Φ	64	90⌐ 10870 ⌐90	10900-15+120-2*15-15+120-2*15	11050	30	360

图 16-95　软件结果

第六节　纯悬挑板

一、钢筋直接锚入梁内

1. 单层钢筋

（1）平面标注（图 16-96）

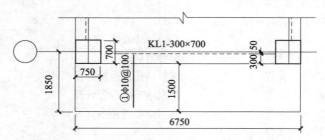

图 16-96　纯悬挑板平面图（分布钢筋为 Φ8@250）

（2）剖面图（图 16-97）

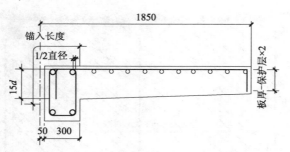

图 16-97　纯悬挑板钢筋剖面图

（3）钢筋计算

1）上部受力筋计算

① 长度（表 16-59）

表 16-59　长度计算（固定端为梁）

计算方法		钢筋长度 = 弯钩 + 锚固长度 + 水平段长度 +（板厚 - 保护层 ×2d）			
		锚固长度	水平段长度	板厚 - 保护层 ×2	结果
情况之一：锚入长度 = 支座宽 - 保护层 +15d	计算过程	300 - 20 + 15 × 10	1850 - 350 - 15	120 - 15 ×2	
		430	1500 - 15	90	
	计算式	430 +（1500 - 15）+90			2005

注：当支座负筋为 HPB300 时，锚入梁墙内侧钢筋需要弯钩，此次计算未考虑。

② 根数（图 16-98）

图 16-98　纯悬挑板根数计算图

挑板上部受力钢筋根数计算见表 16-60。

表 16-60　根数计算（固定端为梁）

计算方法		钢筋根数 =［(挑板长度 − 起步 ×2)/间距］+1		
		挑板长度 − 起步 ×2	挑板筋间距	结果
情况之一：起步距离为 1/2 间距	计算过程	6750 − 50 ×2	100	
		6650	100	
	计算式	(6650/100) +1		68 根

③ 软件属性定义（图 16-99）

	属性名称	属性值	附加
1	名称	FJ-A10@100	
2	钢筋信息	A10@100	☐
3	左标注 (mm)	0	☐
4	右标注 (mm)	1485	☐
5	马凳筋排数	0/2	☐
6	单边标注位置	(支座内边线)	☐
7	左弯折 (mm)	(0)	☐
8	右弯折 (mm)	(0)	☐
9	分布钢筋	A8@250	☐
10	钢筋锚固	(30)	
11	钢筋搭接	(36)	
12	归类名称	(FJ-A10@100)	☐
13	计算设置	按设定计算设置计算	
14	节点设置	按默认节点设置计算	
15	搭接设置	按默认搭接设置计算	
16	汇总信息	板负筋	☐

图 16-99　属性定义

④ 软件画图（图 16-100）

可以利用"画线布置"。

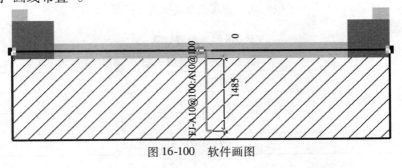

图 16-100　软件画图

⑤ 软件结果(图 16-101)

筋号	直径(mm)	级别	图号	图形	计算公式	长度(mm)	根数
板负筋.1	10	Φ	64	90 └─ 1485 ─┘ 90	1485+90+90	1665	2
板负筋.2	10	Φ	64	150 └─ 1765 ─┘ 90	1485+300-20+15*d+90	2005	66

图 16-101　软件结果

2)分布钢筋计算

① 长度(图 16-102,表 16-61)

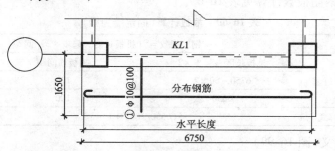

图 16-102　分布钢筋平面图

表 16-61　长度计算

计算方法	分布筋长度 = 水平长度 + 弯钩 ×2		
计算过程	水平长度	弯钩 ×2	结果
计算过程	标注长度 − 起步 ×2	$6.25d \times 2$	
计算过程	$6750 - 50 \times 2$	0	
计算式	$6750 - 50 \times 2 + 0$		6650

注:此处分布不计算弯钩。

② 根数(图 16-103,表 16-62)

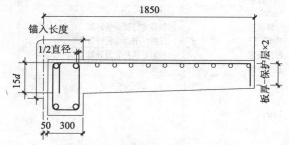

图 16-103　挑板分布筋根数计算图

表 16-62　根数计算

计算方法	根数 =[(布筋范围 − 起步)/布筋间距](向下取整) +1		
情况之一:第一根钢筋距梁边为 1/2 间距	计算过程	布筋范围	分布筋间距	结果
		挑板净宽 −125 − 保护层	250	
		$1500 - 125 - 15 = 1360$	250	
	计算式	(1360/250)(向下取整) +1		6 根

③ 软件结果（图 16-104）

筋号	直径(mm)	级别	图号	图形	计算公式	长度(mm)	根数
分布筋.1	8	中	1	150	150	150	2
分布筋.2	8	中	1	6750	6750	6750	5
分布筋.3	8	中	1	6450	6450	6450	1

图 16-104 软件结果

2. 双层钢筋

（1）剖面图（图 16-105）

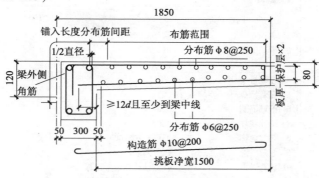

图 16-105 挑板下部钢筋计算图

（2）需要计算的量（表 16-63）

表 16-63 需要计算的量

				计算方法
上部钢筋	受力钢筋	长度、根数		同单层钢筋情况
	分布钢筋			
下部钢筋	构造钢筋			本节计算
	分布钢筋			

1）下部构造钢筋

① 长度（表 16-64）

表 16-64 长度计算

计算方法	长度 = 挑板净宽 − 保护层 + max(12d,1/2 梁宽) + 弯钩×2						
计算过程	挑板净宽	板保护层	取大值	12d / 1/2 梁宽	取大值	弯钩	结果
	1650 − 150	15	150	12×10 = 120	150	6.25d	
				1/2×300 = 150			
	1500	15		150		6.25×10	
计算式	1500 − 15 + 150 + 6.25×10×2						1760

② 根数（表 16-65）

表 16-65　根数计算

计算方法		根数 = [（挑板长度 − 起步 ×2）/间距] +1		
情况之一：起步距离为1/2间距	计算过程	挑板长度 − 起步 ×2	间距	结果
		6750 − 100 ×2	200	
		6550	200	
	计算式	[6550/200] +1		34 根

③ 软件属性定义（图 16-106）

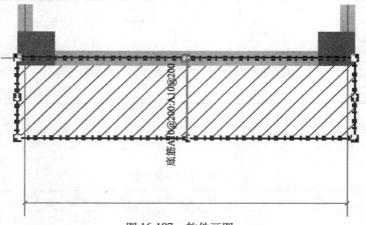

	属性名称	属性值	附加
1	名称	底筋A10@200	
2	钢筋信息	A10@200	☐
3	类别	底筋	☐
4	左弯折(mm)	(0)	☐
5	右弯折(mm)	(0)	☐
6	钢筋锚固	(30)	
7	钢筋搭接	(36)	
8	归类名称	(底筋A10@200)	☐
9	汇总信息	板受力筋	☐
10	计算设置	按默认计算设置计算	
11	节点设置	按默认节点设置计算	
12	搭接设置	按默认搭接设置计算	
13	长度调整(mm)		☐

图 16-106　属性定义

④ 软件画图（图 16-107）

图 16-107　软件画图

⑤ 软件结果（图 16-108）

筋号	直径(mm)	级别	图号	图形	计算公式	长度(mm)	根数
底筋A10@200.1	10	Φ	3	1635	1500-15+max(300/2,5*d)+12.5*d	1760	34

图 16-108　软件结果

2)下部分布钢筋

① 长度(表16-66)

分布筋长度和"上部分布钢筋"的方法一样。

表16-66 长度计算

计算方法		长度=水平长度+弯钩×2		
计算过程		水平长度	弯钩×2	结果
		标注长度-起步×2	6.25d×2	
		6750-50×2	6.25×10×2	4300
	计算式	6750-50×2+6.25×6×2		6725

注:此处分布不计算弯钩。

② 根数(图16-109,表16-67)

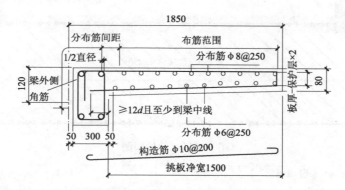

图16-109 挑板下部钢筋计算图

表16-67 根数计算

计算方法		根数=[(挑板净宽-起步-保护层)/布筋间距](向下取整)+1		
第一根钢筋距梁边1/2间距	计算过程	挑板净宽-起步-挑板保护层	分布筋间距	结果
		1500-125-15=1360	250	
	计算式	[1360/250](向下取整)+1		6根

③ 软件属性定义(图16-110)

④ 软件画图(16-111)

⑤ 软件结果(16-112)

⑥ 软件操作注意事项:分布筋按底筋 X 方向计算。

属性编辑

	属性名称	属性值	附加
1	名称	底筋A6@250	
2	钢筋信息	A6@250	□
3	类别	底筋	□
4	左弯折(mm)	(0)	□
5	右弯折(mm)	(0)	□
6	钢筋锚固	(30)	
7	钢筋搭接	(36)	
8	归类名称	(底筋A6@250)	□
9	汇总信息	板受力筋	□
10	计算设置	按默认计算设置计算	
11	节点设置	按默认节点设置计算	
12	搭接设置	按默认搭接设置计算	
13	长度调整(mm)		□

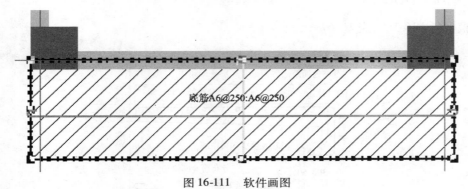

图 16-110　属性定义

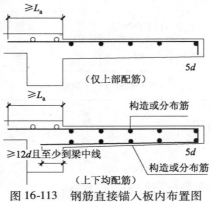

图 16-111　软件画图

筋号	直径(mm)	级别	图号	图形	计算公式	长度(mm)	根数
底筋A6@250.1	6	中	3	6720	6750-15-15+12.5*d	6795	6

图 16-112　软件结果

二、钢筋直接锚入板内(图 16-113)

图 16-113　钢筋直接锚入板内布置图

上部受力筋锚入板内的情况和锚入梁内的计算方法一样,这里不再赘述。

第七节 异 形 板

一、异形板平面配筋图（图 16-114）

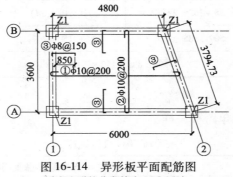

图 16-114 异形板平面配筋图
（未注明的分布筋为 φ8@250）

二、异形板的钢筋计算

1. 需要计算的量（表 16-68）

表 16-68 需要计算的量

底筋		X 方向		计算方法
		Y 方向		本节计算
面筋	负筋	各轴长度相等	长度、根数	
		1、2、A、B 轴线		
	负筋分布筋	1、2、A、B 轴线		
		1、2、A、B 轴线		

2. 底筋计算

（1）X 方向

1）长度（图 16-115）

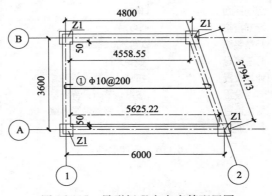

图 16-115 异形板 X 方向底筋配置图

按平均长度计算长度见表16-69。

表 16-69 平均长度计算

计算方法		平均长度＝平均净跨＋伸进长度×2＋弯钩×2			
按净跨平均长度计算	计算过程	平均净跨	伸进长度×2	弯钩×2	结果
		$(4558.55+5625.22)/2$	$\max(300/2,5d)\times2$	$6.25d\times2$	
		5091.885	150×2	$6.25\times10\times2$	
	计算式	$5091.885+150\times2+6.25\times10\times2$			5517

2）根数（表16-70）

X方向根数计算方法和单跨板一样。

表 16-70 根数计算

计算方法		根数＝（布筋范围/板筋间距）＋1		
情况之一：第一根钢筋距梁边1/2板间距	计算过程	布筋范围	间距	结果
		净跨－200	200	
		3300－200	200	
		3100	200	
	计算式	$(3100/200)+1$		17 根

3）软件属性定义（图16-116）

4）软件画图（图16-117）

5）软件结果（图16-118）

	属性名称	属性值	附加
1	名称	底筋A10@200	
2	钢筋信息	A10@200	☐
3	类别	底筋	☐
4	左弯折(mm)	(0)	☐
5	右弯折(mm)	(0)	☐
6	钢筋锚固	(30)	
7	钢筋搭接	(36)	
8	归类名称	(底筋A10@200)	☐
9	汇总信息	板受力筋	☐
10	计算设置	按默认计算设置计算	
11	节点设置	按默认节点设置计算	
12	搭接设置	按默认搭接设置计算	
13	长度调整(mm)		☐

图 16-116 软件属性定义

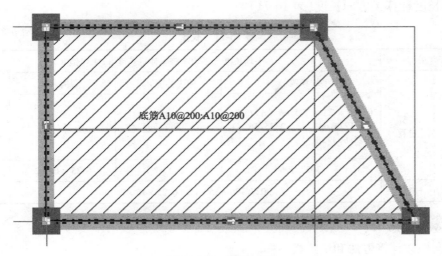

图 16-117　软件画图

筋号	直径(mm)	级别	图号	图形	计算公式	长度(mm)	根数
底筋A10@200.1	10	Φ	3	5700	5382+max (300/2,5*d)+max (335/2,5*d)+12.5*d	5825	17

图 16-118　软件结果

6）软件操作注意事项

计算设置钢筋按平均长度计算：工程设置－计算设置－计算设置－板－第 14 行板受力筋/板带钢筋按平均长度计算（图 16-119）

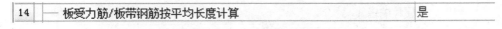

14	— 板受力筋/板带钢筋按平均长度计算	是

图 16-119　调整计算设置

（2）Y 方向

1）长度（图 16-120）

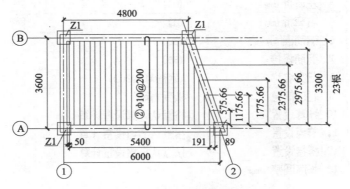

图 16-120　Y 方向底筋配置图

平均长度计算 Y 方向长度(表 16-71)

表 16-71　长度

计算方法		平均长度 = 平均净跨 + 伸进长度 ×2 + 弯钩 ×2			
按净跨平均长度计算	计算过程	平均净跨	伸进长度 ×2	弯钩 ×2	结果
		$(3300 \times 23 + 575.66 + 1175.66 + 1775.66 + 2375.66 + 2975.66)/28$	$\max(300/2, 5d) \times 2$	$6.25d \times 2$	
		3027.796	150 ×2	6.25 ×10 ×2	
	计算式	$3027.796 + 150 \times 2 + 6.25 \times 10 \times 2$			3453

2)根数(表 16-72)

Y 方向根数计算方法和单跨板一样。

表 16-72　根数

计算方法		根数 =(布筋范围/板筋间距)+1		
情况之一:第一根钢筋距梁边 1/2 板间距	计算过程	布筋范围	间距	结果
		5400 − 200	200	
		5200	200	
	计算式	(5200/200)+1		27 根

3)软件属性定义(图 16-121)

	属性名称	属性值	附加
1	名称	底筋A10@200	
2	钢筋信息	A10@200	☐
3	类别	底筋	☐
4	左弯折(mm)	(0)	☐
5	右弯折(mm)	(0)	☐
6	钢筋锚固	(30)	
7	钢筋搭接	(36)	
8	归类名称	(底筋A10@200)	☐
9	汇总信息	板受力筋	☐
10	计算设置	按默认计算设置计算	
11	节点设置	按默认节点设置计算	
12	搭接设置	按默认搭接设置计算	
13	长度调整(mm)		☐

图 16-121　软件属性定义

4）软件画图（图16-122）

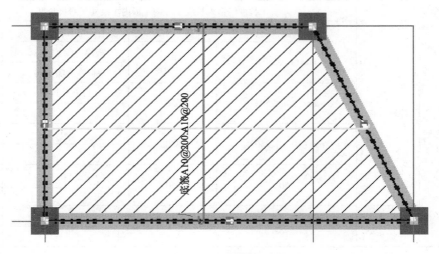

图16-122　软件画图

5）软件结果（图16-123）

筋号	直径(mm)	级别	图号	图形	计算公式	长度(mm)	根数
底筋A10@200.1	10	Φ	1	3325	3325	3325	32

图16-123　软件结果

3. 负筋计算

（1）① 轴线负筋计算（图16-124）

1）长度（表16-73）

2）根数①轴线（表16-74）

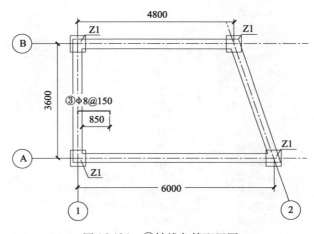

图16-124　①轴线负筋配置图

表 16-73　长度计算

计算方法		长度 = 锚入长度 + 弯钩 + 板内净尺寸 + 弯折长度			
情况之一:锚入长度 = 支座宽 − 保护层 + 15d（当满足直锚可不弯锚）	计算过程	锚入长度 + 弯钩	板内净长	弯折长度	结果
		$\max(L_a, 250)$	按标注计算	板厚 − 保护层 × 2	
				板厚 − 保护层	
		$\max(30d, 250)$	850	120 − 15 × 2	
		$\max(30 \times 8, 250)$	850	90	
		250	850	90	
	计算式 1	250 + 6.25 × 8 + 850 + 90			1240
	计算式 2				

表 16-74　根数计算

计算方法		根数 = (布筋范围/板筋间距) + 1		
情况之一:第一根钢筋距梁边 1/2 板间距	计算过程	布筋范围	间距	结果
		净跨 + 保护层 × 2 − 板筋间距	200	
		3300 − 200	200	
		3100	200	
	计算式	(3100/200) + 1		17 根

3) 软件属性定义 (图 16-125)

	属性名称	属性值	附加
1	名称	FJ-A8@200	
2	钢筋信息	A8@200	☐
3	左标注 (mm)	0	☐
4	右标注 (mm)	850	☐
5	马凳筋排数	0/1	☐
6	单边标注位置	(支座内边线)	☐
7	左弯折 (mm)	(0)	☐
8	右弯折 (mm)	(0)	☐
9	分布钢筋	(A8@250)	☐
10	钢筋锚固	(30)	
11	钢筋搭接	(36)	
12	归类名称	(FJ-A8@200)	☐
13	计算设置	按设定计算设置计算	
14	节点设置	按默认节点设置计算	
15	搭接设置	按默认搭接设置计算	
16	汇总信息	板负筋	☐

图 16-125　软件属性定义

4）软件画图（图 16-126）

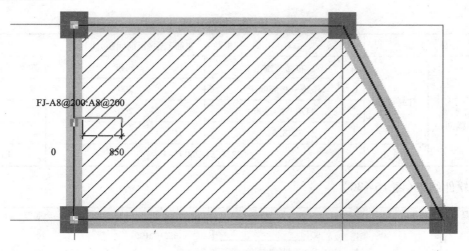

FJ-A8@200:A8@200

0　　　　　850

图 16-126　软件画图

5）软件结果（图 16-127）

筋号	直径(mm)	级别	图号	图形	计算公式	长度(mm)	根数
板负筋.1	8	Φ	24	90⌐——1100——⌐	850+250+90+6.25*d	1240	17

图 16-127　软件结果

6）软件操作注意事项

单边标注长度在计算设置里修改如图 16-128 所示。

31	——单边标注支座负筋标注长度位置	支座内边线

图 16-128　调整计算设置

（2）②轴线（图 16-129）

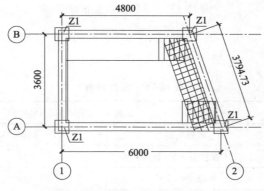

图 16-129　②轴线负筋配置图

1)根数（表16-75）

表16-75 根数计算

计算方法		根数＝（布筋范围/板筋间距）＋1		
		布筋范围	间距	结果
情况之一：第一根钢筋距梁边1/2板间距	计算过程	净跨－板筋间距	200	
		3478.51－200	200	
		3278.51	200	
	计算式	（3278.51/200）＋1		18根

2)软件结果（图16-130）

筋号	直径(mm)	级别	图号	图形	计算公式	长度(mm)	根数
板负筋.1	8	Φ	64	90 ⌐‾850‾⌐ 90	850+90+90	1030	1
板负筋.2	8	Φ	24	90 ⌐‾1100‾ 90	850+250+90+6.25*d	1240	17

图16-130 软件结果

（3）Ⓐ轴线（图16-131）

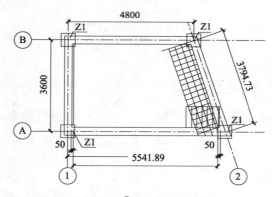

图16-131 Ⓐ轴线负筋布置图

1)根数（表16-76）

表16-76 根数计算

计算方法		根数＝（布筋范围/板筋间距）＋1		
		布筋范围	间距	结果
情况之一：第一根钢筋距梁边1/2板间距	计算过程	净跨＋保护层×2－板筋间距	200	
		5641.89－200	200	
		5441.89	200	
	计算式	（5441.89/200）＋1		29根

2）软件结果（图16-132）

筋号	直径(mm)	级别	图号	图形	计算公式	长度(mm)	根数
板负筋.1	8	Φ	3	565	315+250+12.5*d	665	1
板负筋.2	8	Φ	24	90 ⌐ 515	265+90+250+6.25*d	655	1
板负筋.3	8	Φ	24	90 ⌐ 915	665+90+250+6.25*d	1055	1
板负筋.4	8	Φ	24	90 ⌐ 1100	850+250+90+6.25*d	1240	30

图16-132　软件结果

（4）Ⓑ轴线（图16-133）

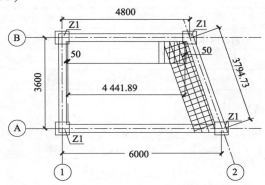

图16-133　Ⓑ轴线负筋布置图

1）根数（表16-77）

表16-77　根数计算

计算方法		根数 = （布筋范围/板筋间距）+ 1		
		布筋范围	间距	结果
情况之一：第一根钢筋距梁边1/2板间距	计算过程	净跨＋保护层×2 － 板筋间距	200	
		4541.89 － 200	200	
		4341.89	200	
	计算式	（4341.89/200）+ 1		23 根

2）软件结果（图16-134）

筋号	直径(mm)	级别	图号	图形	计算公式	长度(mm)	根数
板负筋.1	8	Φ	24	90 ⌐ 1100	850+250+90+6.25*d	1240	24

图16-134　软件结果

负筋的长度计算方法和单跨板一样。

4. 负筋分布筋计算

（1）①轴线

1）长度（表16-78）

计算方法和单跨一样。

表 16-78　长度计算

计算方法	长度 = 轴线（净跨）长度 − 负筋标注长度 ×2 + 参差长度 ×2 + 弯钩 ×2			
计算过程	轴线	负筋标注长度 ×2	参差长度 ×2	结果
	3600	1000 ×2	150 ×2	
计算式	3600 − 1000 ×2 + 150 ×2			1900

2）根数（表 16-79）

根数计算方法同单跨板①轴线一样。

表 16-79　根数计算

计算方法	根数 = ［（负筋板内净长 − 起步）/分布筋间距］（向上取整）+ 1		
情况之一：起步距离为 1/2 间距	计算过程	负筋板内净长 = 按标注计算	分布筋间距	结果
		850	250	
	计算式	［（850 − 125）/250］（向上取整）+ 1		4 根

3）软件结果（图 16-135）

筋号	直径(mm)	级别	图号	图形	计算公式	长度(mm)	根数
分布筋.1	8	Φ	1	1900	1600+150+150	1900	4

图 16-135　软件结果

4）软件操作注意事项

分布筋属性定义要在计算设置里修改如图 16-136 所示。

7	分布钢筋根数计算方式	向上取整+1

图 16-136　调整分布筋属性计算设置

（2）②轴线

1）②轴线负筋分布筋的长度按轴线长度计算（表 16-80）

表 16-80　长度计算

计算方法	长度 = 轴线长度 + 弯钩 ×2		
分布筋长度按轴线长度计算	计算过程	轴线长	结果
		3794.73	
		3795	
	计算式	3795	3795

2）②轴线根数计算方法和结果同 1 轴线一样，4 根。

3）同①轴线负筋属性定义

4）软件结果（图 16-137）

5）软件操作注意事项

分布筋属性定义必须在计算设置里修改如图 16-138 所示。

筋号	直径(mm)	级别	图号	图形	计算公式	长度(mm)	根数
分布筋.1	8	中	1	4025	4025	4025	3
分布筋.2	8	中	1	3795	3795	3795	1

图 16-137　软件结果

4	—	分布钢筋长度计算	按照轴线长度计算

图 16-138　调整分布筋属性计算设置

（3）Ⓐ轴线

1）长度（表 16-81）

表 16-81　长度计算

计算方法	长度 = 负筋布置范围长度 + 弯钩×2		
计算过程	负筋布置范围长度	参差长度	结果
	5541.89	150	
	5542	150	
计算式	5542 − 1000 + 150		4692

2）Ⓐ轴线根数计算方法和结果同①轴线一样，4 根。

3）同①轴线属性定义。

4）软件结果（图 16-139）

筋号	直径(mm)	级别	图号	图形	计算公式	长度(mm)	根数
分布筋.1	8	中	1	163	138−125+150	163	1
分布筋.2	8	中	1	4644	4344+150+150	4644	1
分布筋.3	8	中	1	288	263−125+150	288	1
分布筋.4	8	中	1	4519	4219+150+150	4519	1
分布筋.5	8	中	1	396	371−125+150	396	1
分布筋.6	8	中	1	4411	4111+150+150	4411	1
分布筋.7	8	中	1	4286	3986+150+150	4286	1

图 16-139　软件结果

（4）Ⓑ轴线

1）长度（表 16-82）

表 16-82　长度计算

计算方法	长度 = 负筋布置范围长度 + 弯钩×2		
计算过程	负筋布置范围长度	参差长度	结果
	4441.89	150	
	4442	150	
计算式	4442 − 1000 + 150		3592

2）根数计算和 1 轴线一样,4 根。

3）同①轴线属性定义。

4）软件结果（图 16-140）

筋号	直径(mm)	级别	图号	图形	计算公式	长度(mm)	根数
分布筋.1	8	Φ	1	3550	3250+150+150	3550	1
分布筋.2	8	Φ	1	3412	3112+150+150	3412	1
分布筋.3	8	Φ	1	3353	3053+150+150	3353	1
分布筋.4	8	Φ	1	3478	3178+150+150	3478	1

图 16-140　软件结果

第八节　带圆弧的异形板

一、带圆弧异形板平面图（图 16-141）

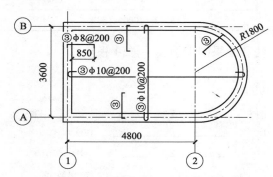

图 16-141　带圆弧轴线异形板平面配筋图

（未注明分布筋间距为 $\phi8@250$）

二、带圆弧异形板的钢筋计算

1. 需要计算的量（表 16-83）

表 16-83　需要计算的量

				计算方法
底筋		X 方向	长度、根数	本节计算
		Y 方向		
面筋	1、A、B、圆弧轴线	负筋		
		负筋分布筋		

2. 底筋

（1）X 方向

1）圆弧异形板 X 方向底筋配置图（图 16-142）

486

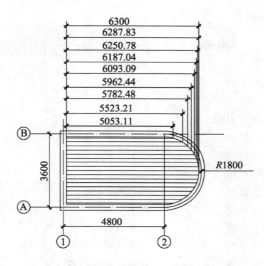

图 16-142 圆弧异形板 X 方向底筋配置图

（未注明分布筋间距为 $\varphi 8@250$）

① 根据图 16-142 长度计算（表 16-84）

表 16-84 长度计算

计算方法		长度 = 净长 + 伸进长度 + 弯钩 ×2				
	计算过程	净跨	伸进长度 ×2	弯钩 ×2	长度	根数
			$\max(300/2,5d) \times 2$	$6.25d \times 2$		
用 CAD 画出净跨长度	计算式		$5053.11 + 150 \times 2 + 6.25 \times 10 \times 2$		5478.11	2
			$5523.21 + 150 \times 2 + 6.25 \times 10 \times 2$		5948.21	2
			$5782.48 + 150 \times 2 + 6.25 \times 10 \times 2$		6207.48	2
			$5962.44 + 150 \times 2 + 6.25 \times 10 \times 2$		6387.44	2
			$6093.09 + 150 \times 2 + 6.25 \times 10 \times 2$		6518.09	2
			$6187.04 + 150 \times 2 + 6.25 \times 10 \times 2$		6612.04	2
			$6250.78 + 150 \times 2 + 6.25 \times 10 \times 2$		6675.78	2
			$6287.83 + 150 \times 2 + 6.25 \times 10 \times 2$		6712.83	2
			$6300 + 150 \times 2 + 6.25 \times 10 \times 2$		6725	1

② 软件属性定义（图 16-143）

③ 软件画图（图 16-144）

④ 软件结果（图 16-145）

⑤ 按平均长度计算（表 16-85）

	属性编辑		
	属性名称	属性值	附加
1	名称	底筋A10@200	
2	钢筋信息	A10@200	☐
3	类别	底筋	☐
4	左弯折(mm)	(0)	☐
5	右弯折(mm)	(0)	☐
6	钢筋锚固	(30)	
7	钢筋搭接	(36)	
8	归类名称	(底筋A10@200)	☐
9	汇总信息	板受力筋	☐
10	计算设置	按默认计算设置计算	
11	节点设置	按默认节点设置计算	
12	搭接设置	按默认搭接设置计算	
13	长度调整(mm)		☐

图 16-143　底筋软件属性定义

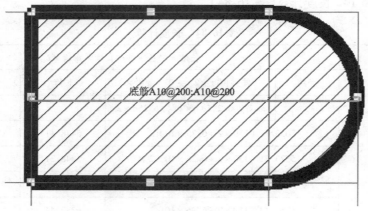

图 16-144　软件画图

筋号	直径(mm)	级别	图号	图形	计算公式	长度(mm)	根数
底筋A10@200.1	10	Φ	3	5767	5337+max(300/2,5*d)+max(559/2,5*d)+12.5*d	5892	2
底筋A10@200.2	10	Φ	3	6035	5666+max(300/2,5*d)+max(437/2,5*d)+12.5*d	6160	2
底筋A10@200.3	10	Φ	3	6220	5880+max(300/2,5*d)+max(380/2,5*d)+12.5*d	6345	2
底筋A10@200.4	10	Φ	3	6357	6033+max(300/2,5*d)+max(347/2,5*d)+12.5*d	6482	2
底筋A10@200.5	10	Φ	3	6457	6144+max(300/2,5*d)+max(326/2,5*d)+12.5*d	6582	2
底筋A10@200.6	10	Φ	3	6528	6222+max(300/2,5*d)+max(312/2,5*d)+12.5*d	6653	2
底筋A10@200.7	10	Φ	3	6574	6272+max(300/2,5*d)+max(304/2,5*d)+12.5*d	6699	2
底筋A10@200.8	10	Φ	3	6597	6297+max(300/2,5*d)+max(300/2,5*d)+12.5*d	6722	2

图 16-145　软件结果

表 16-85　平均长度

计算方法	平均长度 = 平均净长 + 伸进长度×2 + 弯钩×2				
计算过程	平均净长	伸进长度×2	弯钩×2	长度	根数
	总长度/总根数	$\max(300/2,5d)\times 2$	$6.25d\times 2$		
	$[(5053+5523+5782+5962+$ $6093+6187+6251+6288)\times 2$ $+6300]/17=5916.353$	150×2	$6.25\times 10\times 2$		
计算式	$5916.353+150\times 2+6.25\times 10\times 2$			6342	17

⑥ 软件结果(图 16-146)

筋号	直径(mm)	级别	图号	图形	计算公式	长度(mm)	根数
底筋A10@200.1	10	Φ	1	6442	6442	6442	16

图 16-146　软件结果

⑦ 软件操作注意事项

长度按平均取值要在计算设置中修改如图 16-147 所示。

14	板受力筋/板带钢筋按平均长度计算	是

图 16-147　调整计算设置

(2)Y 方向

1)圆弧异形板 Y 方向底筋配置图(图 16-148)

① 长度(表 16-86)

② 软件属性定义(图 16-149)

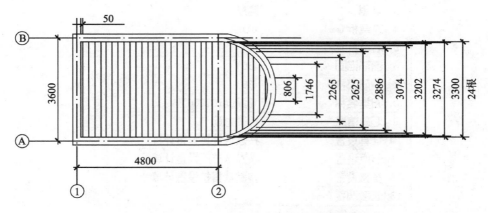

图 16-148　圆弧异形板 Y 方向底筋配置图

(未注明分布筋间距为 $\varphi 8@250$)

表 16-86　长度计算

计算方法		长度 = 净长 + 伸进长度 + 弯钩 ×2				
用 CAD 画出净跨长度		净跨	伸进长度 ×2	弯钩 ×2	长度	根数
	计算过程		$\max(300/2,5d) \times 2$	$6.25d \times 2$		
			150×2	$6.25 \times 8 \times 2$		
	计算式		$806 + 150 \times 2 + 6.25 \times 10 \times 2$		1231	1
			$1746 + 150 \times 2 + 6.25 \times 10 \times 2$		2171	1
			$2265 + 150 \times 2 + 6.25 \times 10 \times 2$		2690	1
			$2625 + 150 \times 2 + 6.25 \times 10 \times 2$		3050	1
			$2886 + 150 \times 2 + 6.25 \times 10 \times 2$		3311	1
			$3074 + 150 \times 2 + 6.25 \times 10 \times 2$		3499	1
			$3202 + 150 \times 2 + 6.25 \times 10 \times 2$		3627	1
			$3274 + 150 \times 2 + 6.25 \times 10 \times 2$		3699	1
			$3300 + 150 \times 2 + 6.25 \times 10 \times 2$		3725	24

属性编辑

	属性名称	属性值	附加
1	名称	底筋A10@200	
2	钢筋信息	A10@200	☐
3	类别	底筋	☐
4	左弯折(mm)	(0)	☐
5	右弯折(mm)	(0)	☐
6	钢筋锚固	(30)	
7	钢筋搭接	(36)	
8	归类名称	(底筋A10@200)	☐
9	汇总信息	板受力筋	☐
10	计算设置	按默认计算设置计算	
11	节点设置	按默认节点设置计算	
12	搭接设置	按默认搭接设置计算	
13	长度调整(mm)		☐

图 16-149　属性定义

③ 软件画图（图 16-150）

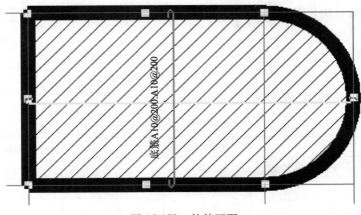

图 16-150　软件画图

④ 软件结果（图 16-151）

筋号	直径(mm)	级别	图号	图形	计算公式	长度(mm)	根数
底筋A10@200.1	10	Φ	3	3600	3300+max(300/2,5*d)+max(300/2,5*d)+12.5*d	3725	24
底筋A10@200.2	10	Φ	3	3594	3294+max(300/2,5*d)+max(300/2,5*d)+12.5*d	3719	1
底筋A10@200.3	10	Φ	3	3549	3245+max(304/2,5*d)+max(304/2,5*d)+12.5*d	3674	1
底筋A10@200.4	10	Φ	3	3457	3145+max(312/2,5*d)+max(312/2,5*d)+12.5*d	3582	1
底筋A10@200.5	10	Φ	3	3314	2988+max(326/2,5*d)+max(326/2,5*d)+12.5*d	3439	1
底筋A10@200.6	10	Φ	3	3114	2766+max(347/2,5*d)+max(347/2,5*d)+12.5*d	3239	1
底筋A10@200.7	10	Φ	3	2840	2460+max(380/2,5*d)+max(380/2,5*d)+12.5*d	2965	1
底筋A10@200.8	10	Φ	3	2470	2032+max(437/2,5*d)+max(437/2,5*d)+12.5*d	2595	1
底筋A10@200.9	10	Φ	3	1935	1375+max(559/2,5*d)+max(559/2,5*d)+12.5*d	2060	1

图 16-151　软件结果

⑤ 按平均长度计算（表 16-87）

表 16-87　平均长度计算

计算方法	平均长度 = 平均净长 + 伸进长度 ×2 + 弯钩 ×2				
	平均净长	伸进长度 ×2	弯钩 ×2	长度	根数
计算过程	总长度/总根数	max(300/2,5d)×2	6.25d×2		
	(806 + 1746 + 2265 + 2625 + 2886 + 3074 + 3202 + 3274 + 3300×24)/32 = 3096.188	150×2	6.25×10×2		
计算式	3096.188 + 150×2 + 6.25×10×2			3521	32

⑥ 软件结果（图 16-152）

筋号	直径(mm)	级别	图号	图形	计算公式	长度(mm)	根数
底筋A10@200.1	10	Φ	1	3584	3584	3584	32

图 16-152　软件结果

⑦ 软件操作注意事项

同 X 方向筋按平均长度计算时的设置。

3. 面筋

（1）负筋计算

1）长度

① 计算方法同单跨梁（表 16-88）

表 16-88　长度计算

计算方法		长度＝锚入长度＋弯钩＋板内净尺寸＋弯折长度			
情况之一：锚入长度＝支座宽－保护层＋15d（当满足直锚可不弯锚）	计算过程	锚入长度	板内净长	弯折长度	结果
		$\max(l_a,250)$	按标注计算	板厚－保护层×2	
				板厚－保护层	
		$(30d,250)$	850	$120-15\times2$	
		$(30\times8,250)$	850	90	
		250	850	90	
	计算式1	$250+6.25\times8+850+90$			1240
	计算式2				

② 软件计算过程（图 16-153）

	属性名称	属性值	附加
1	名称	FJ-A8@200	
2	钢筋信息	A8@200	☐
3	左标注(mm)	0	☐
4	右标注(mm)	850	☐
5	马凳筋排数	0/1	☐
6	单边标注位置	(支座内边线)	☐
7	左弯折(mm)	(0)	☐
8	右弯折(mm)	(0)	☐
9	分布钢筋	(A8@250)	☐
10	钢筋锚固	(30)	
11	钢筋搭接	(36)	
12	归类名称	(FJ-A8@200)	☐
13	计算设置	按设定计算设置计算	
14	节点设置	按默认节点设置计算	
15	搭接设置	按默认搭接设置计算	
16	汇总信息	板负筋	☐

图 16-153　属性定义

③ 软件画图（图 16-154）

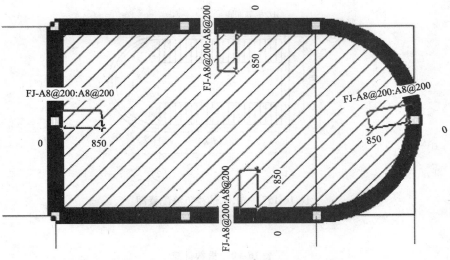

图 16-154　软件画图

④ 软件结果（图 16-155）

筋号	直径(mm)	级别	图号	图形	计算公式	长度(mm)
板负筋.1	8	Φ	24	90 ⌐———1100———⌐	850+250+90+6.25*d	1240

图 16-155　软件结果

2）根数

① ①轴线（表 16-89）

表 16-89　根数计算

计算方法		负筋根数 = 布筋范围/板筋间距 + 1		
情况之一：第一根钢筋距梁边 1/2 板间距	计算过程	布筋范围	间距	结果
		净跨 − 板筋间距	200	
		3300 − 200	200	
		3100	200	
	计算式	3100/200 + 1		17 根

② 软件结果（图 16-156）

筋号	直径(mm)	级别	图号	图形	计算公式	长度(mm)	根数
板负筋.1	8	Φ	24	90 ⌐———1100———⌐	850+250+90+6.25*d	1240	17

图 16-156　软件结果

③ Ⓐ、Ⓑ轴线（图 16-157，表 16-90）

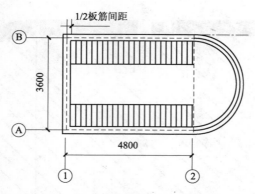

图 16-157　Ⓐ、Ⓑ轴线负筋配置图

（未注明分布筋间距为 φ8@250）

表 16-90　根数计算

计算方法		根数 =（布筋范围/板筋间距）+1		
		布筋范围	间距	结果
情况之一：第一根钢筋距离梁边 1/2 间距	计算过程	净跨 - 200 - 100	200	
		4800 - 200 - 100	200	
		4500	200	
	计算式	（4500/200）+1		各 24 根

④ 软件结果（Ⓐ轴线）（图 16-158）

筋号	直径 (mm)	级别	图号	图形	计算公式	长度 (mm)	根数
板负筋.1	8	Φ	24	90 ⌐ 1100	850+250+90+6.25*d	1240	24

图 16-158　软件结果

⑤ 软件结果（Ⓑ轴线）（图 16-159）

筋号	直径 (mm)	级别	图号	图形	计算公式	长度 (mm)	根数
板负筋.1	8	Φ	24	90 ⌐ 1100	850+250+90+6.25*d	1240	24

图 16-159　软件结果

⑥ 圆弧轴线（图 16-160，表 16-91）

⑦ 软件结果（图 16-161）

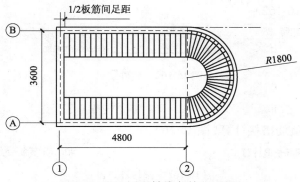

图 16-160　圆弧轴线负筋配置图
（未注明分布筋间距为 $\phi 8@250$）

表 16-91　根数计算

计算方法		负筋根数 =（布筋范围/板筋间距）+1		
情况之一：第一根钢筋距离梁边50mm	计算过程	布筋范围	间距	结果
		$1800 \times 3.14 - 200 \times 2$	200	
		5252	200	
	计算式	$(5252/200)+1$		28 根

筋号	直径(mm)	级别	图号	图形	计算公式	长度(mm)	根数
板负筋.1	8	Φ	24	90 ⌐ 1100 ⌐	850+250+90+6.25*d	1240	29

图 16-161　软件结果

（2）负筋分布筋计算

1）①轴线

① 长度（表 16-92）

计算方法和单跨一样。

表 16-92　长度计算

计算方法	长度 = 轴线（净跨）长度 - 负筋标注长度 ×2 + 参差长度 ×2			
计算过程	轴线	负筋标注长度 ×2	参差长度 ×2	结果
	3600	1000×2	150×2	
计算式	$3600 - 1000 \times 2 + 150 \times 2$			1900

② 根数（表 16-93）

根数计算方法同单跨板①轴线一样。

表 16-93　根数计算

计算方法	根数 =［负筋板内净长/分布筋间距］（向下取整）+1		
计算过程	负筋板内净长 = 按标注计算	分布筋间距	结果
	$1000 - 150$	250	
	850	250	
计算式	［850/250］（向下取整）+1		4 根

③ 软件结果（图 16-162）

筋号	直径(mm)	级别	图号	图形	计算公式	长度(mm)	根数
分布筋.1	8	Φ	1	1900	1600+150+150	1900	4

图 16-162　软件结果

④ 软件操作注意事项

分布筋长度按与负筋搭接计算（图 16-163）。

4	分布钢筋长度计算	和负筋(跨板受力筋)搭接计算

图 16-163　调整计算设置

2）Ⓐ、Ⓑ轴线

① 长度根数（图 16-164，表 16-94）

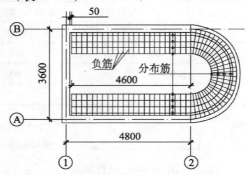

图 16-164　Ⓐ、Ⓑ轴线分布筋配置图
（未注明分布筋间距为 φ8@250）

按负筋布置长度计算；

Ⓐ、Ⓑ轴线负筋分布筋长度按负筋的布置范围长度计算。

表 16-94　Ⓐ、Ⓑ轴线分布筋长度计算

计算方法		分布筋长度＝轴线（净跨）长度－负筋标注长度＋参差长度			
仅 1 轴处与负筋搭接	计算过程	负筋布置范围长度	负筋标注长度	参差长度	结果
		4800－150－起步 50 ＝4600	1000	150	
	计算式	4600－1000＋150			3750

根数计算方法和结果同单跨板一样，4 根。

② 同①轴线属性定义。

③ 软件结果（Ⓐ轴线）（图 16-165）

④ 软件结果（Ⓑ轴线）（图 16-166）

筋号	直径(mm)	级别	图号	图形	计算公式	长度(mm)	根数
分布筋.1	8	Φ	1	3825	3800－125+150	3825	4

图 16-165　软件结果

筋号	直径(mm)	级别	图号	图形	计算公式	长度(mm)	根数
分布筋.1	8	中	1	3825	3800-125+150	3825	4

图 16-166　软件结果

⑤ 软件操作注意事项

长度按与布筋范围计算（图 16-167）。

9	分布钢筋长度计算	按照负筋布置长度计算

图 16-167　调整计算设置

3）圆弧轴线

① 圆弧轴线分布筋配置图（图 16-168）

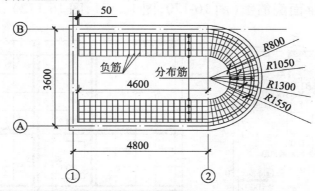

图 16-168　圆弧轴线分布筋配置图

（未注明分布筋间距为 φ8@250）

② 圆弧轴线分布筋长度计算（表 16-95）

表 16-95　长度

计算公式		长度＝圆弧周长＋弯钩×2		
计算过程		圆弧周长＋弯钩×2	长度	根数
计算式 1	单根长	800×3.14＋6.25×8×2	2612	1
计算式 2	单根长	1050×3.14＋6.25×8×2	3397	1
计算过程		圆弧周长＋弯钩×2	长度	根数
计算式 3	单根长	1300×3.14＋6.25×8×2	4182	1
计算式 4	单根长	1550×3.14＋6.25×8×2	4967	1
		按照平均长度计算		
计算式 5	平均长	（2612＋3397＋4182＋4967）/4	3790	4

③ 软件按布筋范围长度设置。

a. 软件结果（图 16-169）

b. 软件操作注意事项

同Ⓐ、Ⓑ轴线分布筋计算设置。

筋号	直径(mm)	级别	图号	图形	计算公式	长度(mm)	根数
分布筋.1	8	Φ	1	2288	2538-125-125	2288	1
分布筋.2	8	Φ	1	3074	3324-125-125	3074	1
分布筋.3	8	Φ	1	3756	4006-125-125	3756	1
分布筋.4	8	Φ	1	4541	4791-125-125	4541	1

图 16-169　软件结果

第九节　板中开矩形洞

一、板中开矩形洞平面配筋图(图 16-170,图 16-171,图 16-172)

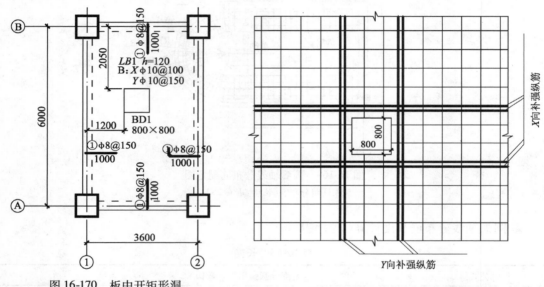

图 16-170　板中开矩形洞
(未注明分布筋间距为 φ8@250)

图 16-171　X、Y 向补强纵筋构造

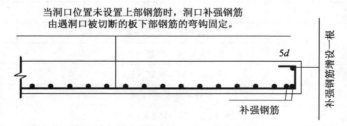

图 16-172　洞口被切断钢筋端部构造

从上述可知,板中开洞以后主要是底筋发生了变化,面筋并没有变化。

二、钢筋分析（表 16-96）

表 16-96　需计算的量

					计算方法
底筋	X 方向	非洞口筋		长度、根数	同单跨板
		洞口钢筋	洞左钢筋		本节计算
			洞右钢筋		
			洞口加强筋		
底筋	Y 方向	非洞口筋			同单跨板
		洞口钢筋	洞上钢筋		本节计算
			洞下钢筋		
			洞口加强筋		
面筋	①、②、Ⓐ、Ⓑ轴线	负筋			同单跨板
		负筋分布筋			

三、钢筋计算

上图板加洞以后，只是底筋发生变化，面筋并无发生变化，这里只计算底筋。

1. X 方向

（1）洞口截断钢筋计算

1）长度（图 16-173，表 16-97）

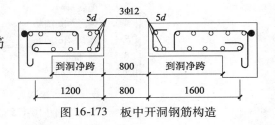

图 16-173　板中开洞钢筋构造

表 16-97　长度计算

计算方法		长度 = 到洞口的净跨 − 板保护层 + max(300/2,5d) + 弯钩 + (板厚 − 保护层 ×2 + 5d)				
		到洞口净长 − 保护层	max(300/2,5d)	弯钩	(板厚 − 保护层 ×2 + 5d)	结果
洞左钢筋	计算过程	$1050 - 15$	150	$6.25d$	$120 - 15 \times 2 + 5 \times 10$	
		$1050 - 15$	150	6.25×10	$120 - 15 \times 2 + 5 \times 10$	
	计算式	$1050 - 15 + 150 + 6.25 \times 10 + 120 - 15 \times 2 + 5 \times 10$				1388
洞右钢筋	计算过程	$1450 - 15$	150	$6.25d$	$120 - 15 \times 2 + 5 \times 10$	
		$1450 - 15$	150	6.25×10	$120 - 15 \times 2 + 5 \times 10$	
	计算式	$1450 - 15 + 150 + 6.25 \times 10 + 120 - 15 \times 2 + 5 \times 10$				1788

2）根数（图 16-174）

根数按下列排列方式计算 8 根（间距 100）

3）软件属性定义（图 16-175、图 16-176）

4）软件画图（图 16-177）

5）软件结果（图 16-178）

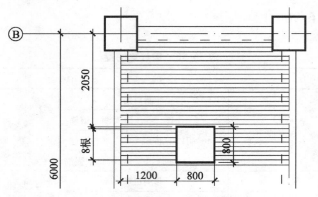

图 16-174 X方向板洞处底筋排列图

	属性名称	属性值	附加
1	名称	BD-800*800	
2	长度(mm)	800	☐
3	宽度(mm)	800	☐
4	板短跨向加筋	6Φ12	☐
5	板长跨向加筋	6Φ12	☐
6	斜加筋		☐
7	其他钢筋		
8	汇总信息	板洞加筋	☐

属性编辑

图 16-175 板洞属性定义

属性编辑

	属性名称	属性值	附加
1	名称	X方向底筋	
2	钢筋信息	A10@100	☐
3	类别	底筋	☐
4	左弯折(mm)	(0)	☐
5	右弯折(mm)	(0)	☐
6	钢筋锚固	(30)	
7	钢筋搭接	(36)	
8	归类名称	(X方向底筋)	☐
9	汇总信息	板受力筋	☐
10	计算设置	按默认计算设置计算	
11	节点设置	按默认节点设置计算	
12	搭接设置	按默认搭接设置计算	
13	长度调整(mm)		☐

图 16-176 X方向底筋属性定义

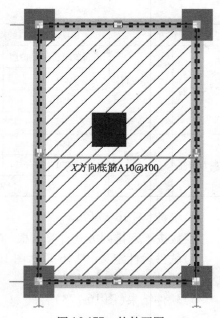

图 16-177 软件画图

筋号	直径(mm)	级别	图号	图形	计算公式	长度(mm)	根数
X方向底筋.2	10	Φ	77	90 ⌐50 1185⌐	1050+max(300/2,5*d)-15+120-2*15+5*d+6.25*d	1388	8
X方向底筋.3	10	Φ	77	90 ⌐50 1585⌐	1450-15+120-2*15+5*d+max(300/2,5*d)+6.25*d	1788	8

图 16-178　软件结果

（2）洞口加强钢筋计算

1）长度：$\phi12 = 3300 + 150 \times 2 = 3600$ mm

2）根数：$3 \times 2 = 6$ 根

（3）非洞口钢筋计算

1）长度 $= 3300 + 150 \times 2 + 6.25 \times 10 \times 2 = 3725$ mm

2）总根数 $= (6000 - 150 \times 2 - 50 \times 2)/100 + 1 = 57$ 根

3）非洞口钢筋根数 $= 57 - 8 = 49$ 根

4）软件结果（图 16-179）

筋号	直径(mm)	级别	图号	图形	计算公式	长度(mm)	根数
X方向底筋.1	10	Φ	3	⌐3600⌐	3300+max(300/2,5*d)+max(300/2,5*d)+12.5*d	3725	49

图 16-179　软件结果

2. Y 方向

（1）洞口加强钢筋计算

1）长度：$\phi12 = 800 + 29 \times 12 \times 2 + = 1496$ mm

2）根数：$3 \times 2 = 6$ 根

3）软件结果（图 16-180）

筋号	直径(mm)	级别	图号	图形	计算公式	长度(mm)	根数
洞口短跨加强筋底筋.1	12	Φ	1	3600	3300+max(300/2,5*d)+max(300/2,5*d)	3600	6
洞口长跨加强筋.1	12	Φ	1	1496	800+2*29*d	1496	6

图 16-180　软件结果

（2）洞口截断钢筋计算

1）长度（表 16-98）

表 16-98　长度计算

计算方法		长度 = 到洞口的净跨 − 板保护层 + max(300/2,5d) + 弯钩 + (板厚 − 保护层 ×2 + 5d)				
		到洞口净长 − 保护层	max(300/2,5d)	弯钩	(板厚 − 保护层 ×2 + 5d)	结果
洞上钢筋	计算过程	1900 − 15	150	6.25d	120 − 15 ×2 + 5 ×10	
		1900 − 15	150	6.25 ×10	120 − 15 ×2 + 5 ×10	
	计算式	1900 − 15 + 150 + 6.25 ×10 + 120 − 15 ×2 + 5 ×10				2238
洞下钢筋	计算过程	3000 − 15	150	6.25d	120 − 15 ×2 + 5 ×10	
		3000 − 15	150	6.25 ×10	120 − 15 ×2 + 5 ×10	
	计算式	3000 − 15 + 150 + 6.25 ×10 + 120 − 15 ×2 + 5 ×10				3338

2）根数（图 16-181）

① 根数按下列排列方式计算为 6 根（间距 150）。

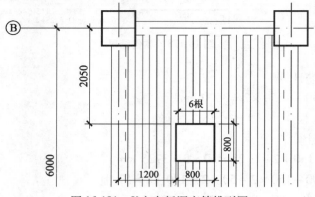

图 16-181　Y 方向板洞底筋排列图

② 属性定义（图 16-182）

③ 软件画图（图 16-183）

	属性名称	属性值	附加
1	名称	Y方向底筋	
2	钢筋信息	A10@150	☐
3	类别	底筋	
4	左弯折（mm）	(0)	☐
5	右弯折（mm）	(0)	☐
6	钢筋锚固	(30)	
7	钢筋搭接	(36)	
8	归类名称	(Y方向底筋)	☐
9	汇总信息	板受力筋	☐
10	计算设置	按默认计算设置计算	
11	节点设置	按默认节点设置计算	
12	搭接设置	按默认搭接设置计算	
13	长度调整（mm）		☐
14	备注		☐

属性编辑

图 16-182　属性定义

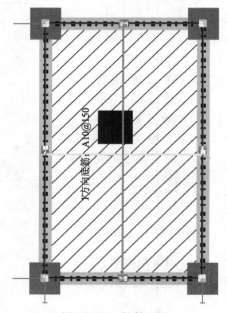

图 16-183　软件画图

④ 软件结果（图 16-184）

筋号	直径（mm）	级别	图号	图形	计算公式	长度（mm）	根数
Y方向底筋.2	10	Φ	77	90 50 3135	3000+max (300/2,5*d)-15+120 -2*15+5*d+6.25*d	3338	5
Y方向底筋.3	10	Φ	77	90 50 2035	1900-15+120-2*15+5*d+max (3 00/2,5*d)+6.25*d	2238	5

图 16-184　软件结果

（3）非洞口钢筋计算

1）长度 $= 5700 + 150 \times 2 + 6.25 \times 10 \times 2 = 6125$mm

1）总根数 $= (3600 - 150 \times 2 - 50 \times 2)/150 + 1 = 23$ 根

3）非洞口钢筋根数 $= 23 - 6 = 17$ 根

4）软件结果（图 16-185）

筋号	直径(mm)	级别	图号	图形	计算公式	长度(mm)	根数
Y方向底筋.1	10	Φ	3	6000	5700+max(300/2,5*d)+max(300/2,5*d)+12.5*d	6125	17

图 16-185 软件结果

第十节 板中开圆形洞

一、板中开圆形洞配筋图

1. 单跨板平法标注（图 16-186）

2. 板中圆形洞钢筋构造（图 16-187）

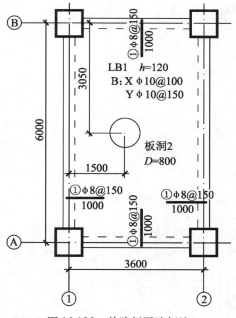

图 16-186 单跨板平法标注

（未注明分布筋间距为 $\phi8@250$）

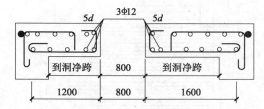

图 16-187 板中圆形洞钢筋构造

二、钢筋分析（表 16-99）

表 16-99　需要计算的量

					计算方法
底筋	X 方向	非洞口筋		长度、根数	同单跨板
		洞口钢筋	洞左钢筋		本节计算
			洞右钢筋		
			洞口加强筋		
	Y 方向	非洞口筋			同单跨板
		洞口钢筋	洞上钢筋		本节计算
			洞下钢筋		
			洞口加强筋		
面筋	①、②、Ⓐ、Ⓑ轴线	负筋			同单跨板
		负筋分布筋			

这里只计算底筋，面筋计算方法同上。

三、钢筋计算

1. X 方向

（1）洞口截断钢筋计算

1）长度根数（图 16-188，图 16-189，表 16-100）

按布筋的排列方式计算 X 方向的长度和根数如下：

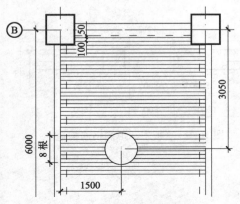

图 16-188　X 方向板洞处底筋排列图

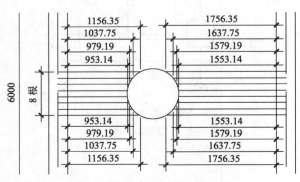

图 16-189　圆洞处钢筋净长明细

表 16-100　长度计算

计算方法		长度 = 到洞口的净跨 − 板保护层 + max(300/2,5d) + 弯钩 + (板厚 − 保护层 ×2 +5d)					
洞左钢筋	计算过程	到洞口净长	max(300/2,5d)	弯钩	(板厚 − 保护层 ×2 +5d)	长度	根数
		图示尺寸	150	6.25d	120 −15 ×2 +5 ×10		
		1156 −15 +150 +6.25 ×10 +120 −15 ×2 +5 ×10 =1493.5				1494	2
		1038 −15 +150 +6.25 ×10 +120 −15 ×2 +5 ×10 =1375.5				1376	2
		979 −15 +150 +6.25 ×10 +120 −15 ×2 +5 ×10 =1316.5				1317	2
		953 −15 +150 +6.25 ×10 +120 −15 ×2 +5 ×10 =1290.5				1291	2
洞右钢筋	计算过程	1756 −15 +150 +6.25 ×10 +120 −15 ×2 +5 ×10 =2093.5				2094	2
		1638 −15 +150 +6.25 ×10 +120 −15 ×2 +5 ×10 =1975.5				1976	2
		1579 −15 +150 +6.25 ×10 +120 −15 ×2 +5 ×10 =1916.5				1917	2
		1553 −15 +150 +6.25 ×10 +120 −15 ×2 +5 ×10 =1890.5				1891	2

2)属性定义(图 16-190,图 16-191)

属性编辑

	属性名称	属性值	附加
1	名称	BD-400(圆)	
2	半径(mm)	400	☐
3	板短跨向加筋	6⌀12	☐
4	板长跨向加筋	6⌀12	☐
5	圆形加强筋		☐
6	斜加筋	6⌀12	☐
7	其他钢筋		
8	汇总信息	板洞加筋	☐

图 16-190　属性定义(1)

属性编辑

	属性名称	属性值	附加
1	名称	X方向底筋	
2	钢筋信息	A10@100	☐
3	类别	底筋	☐
4	左弯折(mm)	(0)	☐
5	右弯折(mm)	(0)	☐
6	钢筋锚固	(30)	
7	钢筋搭接	(36)	
8	归类名称	(X方向底筋)	☐
9	汇总信息	板受力筋	☐
10	计算设置	按默认计算设置计算	
11	节点设置	按默认节点设置计算	
12	搭接设置	按默认搭接设置计算	
13	长度调整(mm)		☐

图 16-191　属性定义(2)

3）软件画图（图 16-192）

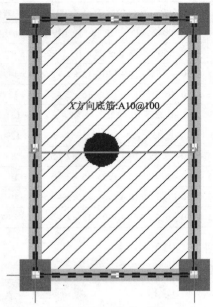

X方向底筋:A10@100

图 16-192　软件画图

4）软件结果（图 16-193）

筋号	直径(mm)	级别	图号	图形	计算公式	长度(mm)	根数
X方向底筋.2	10	Φ	77	90 50 1291	1156+max (300/2, 5*d)-15+120 -2*15+5*d+6.25*d	1494	2
X方向底筋.3	10	Φ	77	90 50 1891	1756-15+120-2*15+5*d+max (3 00/2, 5*d)+6.25*d	2094	2
X方向底筋.4	10	Φ	77	90 50 1173	1038+max (300/2, 5*d)-15+120 -2*15+5*d+6.25*d	1376	2
X方向底筋.5	10	Φ	77	90 50 1773	1638-15+120-2*15+5*d+max (3 00/2, 5*d)+6.25*d	1976	2
X方向底筋.6	10	Φ	77	90 50 1114	979+max (300/2, 5*d)-15+120- 2*15+5*d+6.25*d	1317	2
X方向底筋.7	10	Φ	77	90 50 1714	1579-15+120-2*15+5*d+max (3 00/2, 5*d)+6.25*d	1917	2
X方向底筋.8	10	Φ	77	90 50 1068	953+max (300/2, 5*d)-15+120- 2*15+5*d+6.25*d	1291	2
X方向底筋.9	10	Φ	77	90 50 1688	1553-15+120-2*15+5*d+max (3 00/2, 5*d)+6.25*d	1891	2

图 16-193　软件结果

（2）洞口加强钢筋计算

1）X 方向

① 长度 $= 3300 + 150 \times 2 + 6.25 \times 12 \times 2 = 3750$mm

② 根数 $= 3 \times 2 = 6$ 根

2）Y 方向

① 长度 $= 800 + 30 \times 12 \times 2 + 6.25 \times 12 \times 2 = 1670$mm

3）斜方向（图 16-194）

① 长度 $= 344 + 24d \times 2 = 344 + 30 \times 12 \times 2 = 1064$mm

② 根数 $= 3 \times 2 = 6$ 根

图 16-194　洞口加筋配置图

X、Y方向加强筋

3Φ12

斜加强筋构造

斜加强筋

2Φ12

4）软件结果（图16-195）

筋号	直径(mm)	级别	图号	图形	计算公式	长度(mm)	根数
洞口短跨加强筋底筋.1	12	Φ	1	3600	3300+max(300/2,5*d)+max(300/2,5*d)	3600	6
洞口长跨加强筋.1	12	Φ	1	1496	800+2*29*d	1496	6
洞口斜加筋.1	12	Φ	1	696	2*29*d	696	6

图16-195　软件结果

（3）非洞口钢筋计算

1）长度 $= 3300 + 150 \times 2 + 6.25 \times 10 \times 2 = 3725$ mm

2）总根数 $= (6000 - 150 \times 2 - 50 \times 2)/100 + 1 = 57$ 根

3）非洞口钢筋根数 $= 57 - 8 = 49$ 根

4）软件结果（图16-196）

筋号	直径(mm)	级别	图号	图形	计算公式	长度(mm)	根数
X方向底筋.1	10	Φ	3	3600	3300+max(300/2,5*d)+max(300/2,5*d)+12.5*d	3725	49

图16-196　软件结果

2.Y方向

（1）洞口截断钢筋计算

1）长度根数（图16-197，表16-101）

按图16-197钢筋排列方式计算钢筋长度和根数。

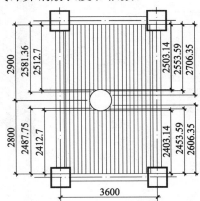

图16-197　Y方向板洞处底筋排列图

表16-101　X方向洞口截断钢筋长度计算

计算方法		长度 = 到洞口的净跨 − 板保护层 + max(300/2,5d) + 弯钩 + (板厚 − 保护层 ×2 + 5d)				
洞上钢筋	计算过程	到洞口净长	max(300/2,5d)	弯钩	(板厚 − 保护层 ×2 + 5d)	长度	根数
		图示尺寸	150	6.25d	120 − 15 ×2 + 5 ×10		
		$2900 + 150 + 6.25 \times 10 + 120 - 15 \times 2 + 5 \times 10 = 3252.5$				3253	1
		$2581 + 150 + 6.25 \times 10 + 120 - 15 \times 2 + 5 \times 10 = 2933.5$				2934	1
		$2513 + 150 + 6.25 \times 10 + 120 - 15 \times 2 + 5 \times 10 = 2865.5$				2866	1
		$2503 + 150 + 6.25 \times 10 + 120 - 15 \times 2 + 5 \times 10 = 2855.5$				2856	1
		$2554 + 150 + 6.25 \times 10 + 120 - 15 \times 2 + 5 \times 10 = 2906.5$				2907	1
		$2706 + 150 + 6.25 \times 10 + 120 - 15 \times 2 + 5 \times 10 = 3058.5$				3059	1

计算方法		长度 = 到洞口的净跨 − 板保护层 + max($300/2$,$5d$) + 弯钩 + (板厚 − 保护层 × 2 + $5d$)		
洞下钢筋	计算过程	$2800 + 150 + 6.25 \times 10 + 120 - 15 \times 2 + 5 \times 10 = 3152.5$	3153	1
		$2488 + 150 + 6.25 \times 10 + 120 - 15 \times 2 + 5 \times 10 = 2840.5$	2841	1
		$2413 + 150 + 6.25 \times 10 + 120 - 15 \times 2 + 5 \times 10 = 2765.5$	2766	1
		$2403 + 150 + 6.25 \times 10 + 120 - 15 \times 2 + 5 \times 10 = 2755.5$	2756	1
		$2454 + 150 + 6.25 \times 10 + 120 - 15 \times 2 + 5 \times 10 = 2806.5$	2807	1
		$2606 + 150 + 6.25 \times 10 + 120 - 15 \times 2 + 5 \times 10 = 2958.5$	2959	1

2）软件属性定义（图 16-198）

3）软件画图（图 16-199）

属性编辑

	属性名称	属性值	附加
1	名称	Y方向底筋	
2	钢筋信息	A10@150	☐
3	类别	底筋	☐
4	左弯折（mm）	(0)	☐
5	右弯折（mm）	(0)	☐
6	钢筋锚固	(30)	☐
7	钢筋搭接	(36)	☐
8	归类名称	(Y方向底筋)	☐
9	汇总信息	板受力筋	☐
10	计算设置	按默认计算设置计算	
11	节点设置	按默认节点设置计算	
12	搭接设置	按默认搭接设置计算	
13	长度调整（mm）		☐
14	备注		☐

图 16-198　属性定义

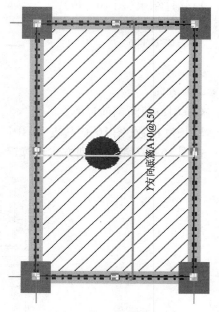

图 16-199　软件画图

4）软件结果（图 16-200）

筋号	直径（mm）	级别	图号	图形	计算公式	长度（mm）	根数
Y方向底筋.2	10	Φ	77	90 50 2796	2661+max (300/2,5*d)-15+120 -2*15+5*d+6.25*d	2999	2
Y方向底筋.3	10	Φ	77	90 50 2896	2761-15+120-2*15+5*d+max (300/2,5*d)+6.25*d	3099	2
Y方向底筋.4	10	Φ	77	90 50 2604	2469+max (300/2,5*d)-15+120 -2*15+5*d+6.25*d	2807	2
Y方向底筋.5	10	Φ	77	90 50 2704	2569-15+120-2*15+5*d+max (300/2,5*d)+6.25*d	2907	2
Y方向底筋.6	10	Φ	77	90 50 2542	2407+max (300/2,5*d)-15+120 -2*15+5*d+6.25*d	2745	2
Y方向底筋.7	10	Φ	77	90 50 2642	2507-15+120-2*15+5*d+max (300/2,5*d)+6.25*d	2845	2

图 16-200　软件结果

（2）非洞口钢筋计算

1）长度 $= 5700 + 150 \times 2 + 6.25 \times 10 \times 2 = 6125$ mm

2）总根数 $= (3600 - 150 \times 2 - 50 \times 2)/150 + 1 = 23$ 根

3）非洞口钢筋根数 $= 23 - 5 = 18$ 根

4）软件结果（图 16-201）

筋号	直径(mm)	级别	图号	图形	计算公式	长度(mm)	根数
Y方向底筋.1	10	Φ	3	6000	5700+max(300/2,5*d)+max(300/2,5*d)+12.5*d	6125	16

图 16-201 软件结果

第十一节 阳 台

一、挑板式阳台板配筋图（图 16-202）

图 16-202 阳台配筋图

二、钢筋分析（表 16-102）

表 16-102 需要计算的量

			计算方法
阳台顶部受力钢筋		长度、根数	本节计算
阳台顶部受力钢筋分布筋	墙外		
	墙内		

三、钢筋计算

1. 阳台受力钢筋计算

1）标注长度（表 16-103）

表 16-103　标注长度计算

计算方法	长度 = 标注长度 + 墙宽 + 阳台板宽 - 板保护层 + (板厚 - 保护层 ×2) ×2				
计算过程	标注长度	墙宽	阳台板宽	保护层	板厚 - 保护层 ×2	结果
	1500 - 150	300	1200	15	120 - 15 ×2	
计算式	1500 - 150 + 300 + 1500 - 15 + (120 - 15 ×2) ×2					3015

2）标注根数（表 16-104）

表 16-104　标注根数计算

计算方法	根数 = (布筋范围/板筋间距) +1		
计算过程（第一根钢筋距支座边为 1/2 板筋间距）	布筋范围	间距	结果
	6750 - 300 - 300 - 100	100	
计算式	[(6750 - 300 - 300 - 100)]/100 +1		62 根

3）端头长度（表 16-105）

表 16-105　端头长度计算

计算方法	长度 = 阳台板宽 - 板保护层 + (板厚 - 保护层 ×2) + 锚固 + 6.25d				
计算过程	阳台板宽	保护层	板厚 - 保护层 ×2	锚固	结果
	1200	15	120 - 15 ×2	30 ×10	
计算式	1500 - 15 + (120 - 15 ×2) + 30 ×10 + 6.25 ×10				1938

4）端头根数（表 16-106）

表 16-106　端头根数计算

计算方法	根数 = [布筋范围/板筋间距] +1		
计算过程	布筋范围	间距	结果
	300 - 100	100	
计算式	[(300 - 100)/100] +1		3 根 ×2 端

5）软件计算过程属性定义（图 16-203）

6）软件画图（图 16-204）

7）软件结果（图 16-205）

2. 阳台板受力筋的分布筋计算

阳台板受力筋的分布筋分墙内和墙外。

1）墙外（阳台板）

① 长度（表 16-107）

属性编辑

	属性名称	属性值	附加
1	名称	FJ-A10@100	
2	钢筋信息	A10@100	☐
3	左标注(mm)	1350	☐
4	右标注(mm)	1485	☐
5	马凳筋排数	2/2	
6	非单边标注含支座宽	否	
7	左弯折(mm)	(0)	☐
8	右弯折(mm)	(0)	☐
9	分布钢筋	A8@250	☐
10	钢筋锚固	(30)	
11	钢筋搭接	(36)	
12	归类名称	(FJ-A10@100)	☐
13	计算设置	按设定计算设置计算	
14	节点设置	按默认节点设置计算	
15	搭接设置	按默认搭接设置计算	
16	汇总信息	板负筋	☐

图 16-203　属性定义

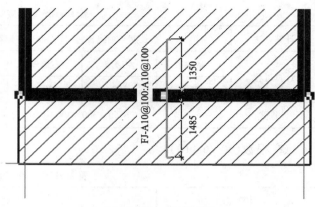

图 16-204　软件画图

筋号	直径(mm)	级别	图号	图形	计算公式	长度(mm)	根数
板负筋.1	10	Φ	72	90⌐ 1770 ⌐15	1485+30*d+90+6.25*d	1938	2
板负筋.2	10	Φ	64	150⌐ 1770 ⌐90	1485+300-15+15*d+90	2010	4
板负筋.3	10	Φ	64	90⌐ 3135 ⌐90	1500+1635+90+90	3315	62

图 16-205　软件结果

表 16-107　长度计算

计算方法	长度 = 阳台板长度 − 起步 × 2		
起步筋为 1/2 板间间距	阳台板长度	板保护层	结果
	6750	15	
计算式	6750 − 125 × 2		6500

② 根数(表 16-108)

表 16-108　根数计算

计算方法	根数 = [(阳台净宽 − 起步 − 保护层)/间距](向下取整) + 1			
计算过程	阳台板净宽	起步	保护层	结果
	1500	125	15	
计算式	[(1500 − 125 − 15)/250](向下取整) + 1			6 根

③ 软件结果(图 16-206)

筋号	直径(mm)	级别	图号	图形	计算公式	长度(mm)	根数
分布筋.2	8	Φ	1	6500	6750-125-125	6500	5
分布筋.3	8	Φ	1	6200	6450-125-125	6200	1

图 16-206　软件结果

2）墙内

① 长度（表 16-109）

表 16-109　长度计算

计算方法	长度 = 轴线长 − 1/2 左墙厚 − 1/2 右墙厚 − 左标注 − 右标注 + 150 × 2					
计算过程	外墙皮长	左墙厚	右墙厚	左标注	右标注	结果
	6750	300	300	850	850	
计算式	6750 − 300 − 300 − 850 − 850 + 150 × 2					4750

② 根数（表 16-110）

表 16-110　根数计算

计算方法	根数 = [（负筋标注长 − 起步）/ 间距]（向下取整）+ 1			
计算过程	负筋标注长	起步	保护层	结果
	1500 − 150	125	15	
计算式	[（1500 − 150 − 125）/ 250]（向下取整）+ 1			5 根

③ 软件结果（图 16-207）

筋号	直径(mm)	级别	图号	图形	计算公式	长度(mm)	根数
分布筋.1	8	Φ	1	4750	4450+150+150	4750	5

图 16-207　软件结果

四、带栏板的阳台

1. 带栏板阳台配筋图

（1）配筋平面图（图 16-208）

图 16-208　带栏板阳台配筋图

（2）剖面图（图 16-209）

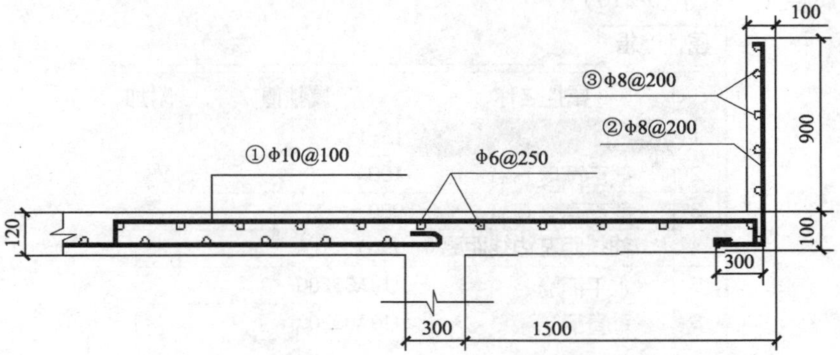

图 16-209　带栏板阳台剖面图

2. 带栏板阳台钢筋分析(表 16-111)

表 16-111　需要计算的量

				计算方法
阳台底板	阳台顶部受力钢筋		长度根数	同挑板式阳台
	阳台顶部受力钢筋分布筋	墙外		
		墙内		
阳台栏板	竖向钢筋			本节计算
	水平钢筋			

3. 带栏板阳台钢筋计算

(1)阳台栏板竖向钢筋计算

1)长度(表 16-112)

表 16-112　长度计算

计算方法	长度 =(栏板净高 + 底板厚 − 保护层 ×2)+(栏板厚 − 保护层 ×2)+ 标注长 + 顶端弯折 + 弯钩 ×2						
计算过程	栏板净高	底板厚	保护层	栏板厚	标注长	弯钩	结果
	900	100	25	100	300	6.25d	
计算式	(900 + 100 − 25 ×2)+(100 − 25 ×2)+ 300 + 6.25 ×8 ×2						1400

2)根数(表 16-113)

表 16-113　根数计算

计算方法	根数 =[(栏板中心线长 − 50 ×2)/竖向钢筋间距]+ 1		
计算过程	栏板中线线长	竖向钢筋间距	结果
	1500 ×2 + 6750 − 50 ×4	200	
	9550	200	
计算式	9550/200 + 3		51 根

3）软件属性定义（图16-210）

	属性名称	属性值	附加
1	名称	LB-1	
2	截面宽度（mm）	100	☐
3	截面高度（mm）	900	☐
4	轴线距左边线距离（m	(50)	☐
5	水平钢筋	(1)A8@200	☐
6	垂直钢筋	(1)A8@200	☐
7	拉筋		☐
8	备注		☐
9	⊞ 其它属性		
19	⊞ 锚固搭接		

图16-210　软件属性定义

4）软件画图（图16-211）

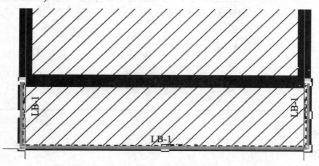

图16-211　软件画图

5）软件结果（图16-212）

筋号	直径(mm)	级别	图号	图形	计算公式	长度(mm)	根数
栏板垂直筋.1	8	Φ	80	300 ⌐‾‾950‾‾⌐ 50	900+75+300-25+100-2*25+12.5*d	1400	9

筋号	直径(mm)	级别	图号	图形	计算公式	长度(mm)	根数
栏板垂直筋.1	8	Φ	80	300 ⌐‾‾950‾‾⌐ 50	900+75+300-25+100-2*25+12.5*d	1400	34

筋号	直径(mm)	级别	图号	图形	计算公式	长度(mm)	根数
栏板垂直筋.1	8	Φ	80	300 ⌐‾‾950‾‾⌐ 50	900+75+300-25+100-2*25+12.5*d	1400	9

图16-212　软件结果

6）软件注意事项

调整计算设置：选中栏板 – 构件属性 – 点开节点设置 – 第一行栏板垂直钢筋根部调整 – 选择节点2并填上相应数据（图16-213）

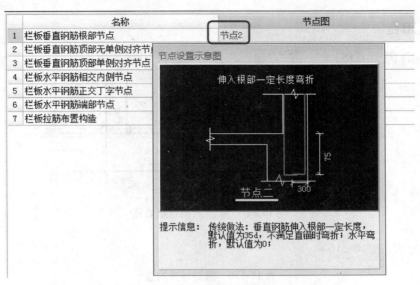

	名称	节点图
1	栏板垂直钢筋根部节点	节点2
2	栏板垂直钢筋顶部无单侧对齐节点	
3	栏板垂直钢筋顶部单侧对齐节点	
4	栏板水平钢筋相交内侧节点	
5	栏板水平钢筋正交丁字节点	
6	栏板水平钢筋端部节点	
7	栏板拉筋布置构造	

图 16-213　调整计算设置

（2）阳台栏板水平钢筋计算

1）长度（表 16-114）

表 16-114　长度计算

计算方法	长度 = 栏板外边线长 - 保护层 ×4 + 锚固长度 ×2 + 弯钩 ×2				
计算过程	栏板外边线长	保护层	锚固长度	弯钩	结果
	$1500 \times 2 + 6750$	25	$30d$	$6.25d$	
	9750	25	30×8	6.25×8	
计算式	$9750 - 25 \times 4 + 30 \times 8 \times 2 + 6.25 \times 8 \times 2$				10230

2）根数（表 16-115）

表 16-115　根数计算

计算方法	根数 = ［（栏板净高 + 板厚 - 保护层 ×2）/ 水平钢筋间距］ + 1				
计算过程	栏板净高	板厚	保护层	水平钢筋间距	结果
	900	100	15	200	
计算式	［（$900 + 100 - 15 \times 2$）/200］ + 1				5 根

3）软件结果（图 16-214）

筋号	直径(mm)	级别	图号	图形	计算公式	长度(mm)	根数
栏板水平筋.1	8	Φ	27	80 ⌐ 1625	1650+10*d-25+6.25*d	1755	5

筋号	直径(mm)	级别	图号	图形	计算公式	长度(mm)	根数
栏板水平筋.1	8	Φ	1	6700	6750-25-25	6700	5

筋号	直径(mm)	级别	图号	图形	计算公式	长度(mm)	根数
栏板水平筋.1	8	Φ	27	80 ⌐ 1625	1650+10*d-25+6.25*d	1755	5

图 16-214　软件结果

五、梁板式阳台

1. 配筋图（图 16-215）

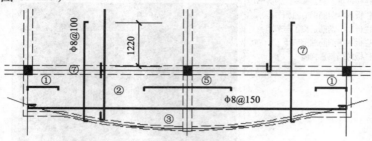

图 16-215　梁板式阳台配筋图

2. 钢筋分析（表 16-116）

表 16-116　需要计算的量

				计算方法
底筋	X 方向	3 号筋		同带圆弧的异形板
	Y 方向	2 号筋		
面筋	边轴线	1 号负筋		同单跨板
		1 号负筋分布筋		
	中轴线	5 号负筋	长度、根数	同双跨板
		5 号负筋分布筋		
	阳台根部	7 号负筋		同悬挑板
		7 号负筋分布筋	墙内	
			墙外	

3. 钢筋计算

图 16-215 中 2 号筋、3 号筋按板的底筋方法处理，1 号筋、5 号筋按板的负筋方法处理，7 号筋按阳台受力筋方法处理。这里不再赘述。

六、纯悬挑阳台

1. 纯悬挑阳台配筋图

（1）纯悬挑阳台配筋图（图 16-216）

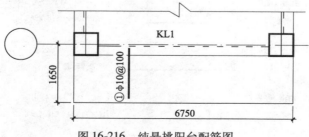

图 16-216　纯悬挑阳台配筋图

（2）剖面图（图 16-217）

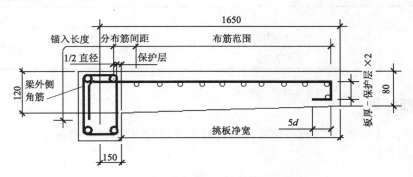

图 16-217　纯悬挑阳台剖面图

2.纯悬挑阳台钢筋分析

图 16-217 中纯悬挑阳台需要计算阳台受力钢筋的长度和根数以及分布钢筋的长度和根数。

3.纯悬挑阳台钢筋计算

纯悬挑阳台按纯悬挑板的计算方法计算，这里不再赘述。

第十二节　雨　篷

一、雨篷配筋图

1.平面图（图 16-218）

2.剖面图（图 16-219）

2 号分布筋的布筋间距为 Φ6@250。

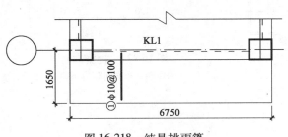

图 16-218　纯悬挑雨篷

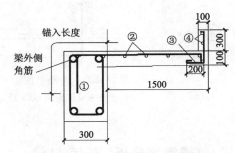

图 16-219　纯悬挑雨篷剖面图

二、雨篷钢筋分析（表 16-117）

表 16-117　需要计算的量

雨篷板	受力钢筋	长度、根数	计算方法
			同纯悬挑板
	受力钢筋的分布筋		

续表

				计算方法
雨篷栏板	竖向钢筋		长度、根数	同带栏板的阳台板
	水平钢筋			

三、雨篷钢筋计算

图 16-219 中 1 号筋、2 号筋按纯悬挑板计算方法处理,3 号筋、4 号筋按阳台栏板计算方法处理,这里不再赘述。

第十三节　挑　　檐

一、挑檐配筋图

1. 平面图(图 16-220)
2. 剖面图(图 16-221)

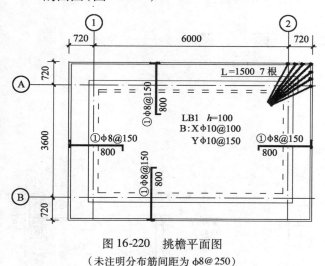

图 16-220　挑檐平面图
（未注明分布筋间距为 φ8@250）

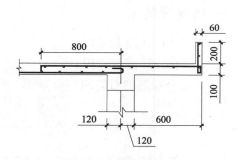

图 16-221　挑檐剖面图
（未注明分布筋间距为 φ8@250）

二、挑檐钢筋分析(表 16-118)

表 16-118　需要计算的量

板	底筋				计算方法
	底筋	X 方向		长度、根数	同单跨板
		Y 方向			
挑檐	面筋	挑檐受力钢筋	1、2、A、B 轴线		本节计算
		挑檐放射钢筋	4 个阳角		

续表

挑檐	面筋	受力钢筋分布筋	1、2、A、B轴线	墙内	度、根数	计算方法
						同单跨板
				墙外		本节计算

三、挑檐钢筋计算

1.挑檐受力钢筋计算

（1）长度（表16-119）

表16-119　长度计算

计算方法	长度＝（平板厚－保护层×2）＋（标注长＋圈梁宽/2＋挑檐净宽－保护层）＋（平板厚－保护层×2）＋（立板厚－保护层×2）＋（平板厚＋立板净高－保护层×2）＋（立板厚－保护层×2）						
简化	长度＝平板厚×3＋标注长＋圈梁宽/2＋挑檐净宽＋立板厚×2＋立板净高－保护层×11						
计算过程	平板厚	标注长	圈梁宽	挑檐净宽	立板厚	立板净高	保护层	结果
	100	800	240	600	60	200	15	
计算式	$100 \times 3 + 800 + 240/2 + 600 + 60 \times 2 + 200 - 15 \times 11$							1975

（2）根数（图16-222，表16-120）

第一根钢筋距梁边为间距的1/2。

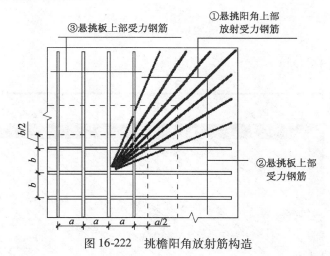

图16-222　挑檐阳角放射筋构造

表16-120　根数计算

计算方法	根数＝［（梁净长－布筋间距）/布筋间距］＋1		
参数名称	梁净长	布筋间距	结果
1轴线	3360	150	
	$(3360 - 150)/150 + 1 = 22.4$		23 根
2轴线	3360	150	
	$(3360 - 150)/150 + 1 = 22.4$		23 根

续表

计算方法	根数 = [(梁净长 - 布筋间距)/布筋间距] + 1		
参数名称	梁净长	布筋间距	结果
A 轴线	5760	150	
	(5760 - 150)/150 + 1 = 38.4		39 根
B 轴线	5760	150	
	[(5760 - 150)/150] + 1 = 38.4		39 根

3) 属性定义(图 16-223)

属性编辑

	属性名称	属性值	附加
1	名称	FJ-A8@150	
2	钢筋信息	A8@150	☐
3	左标注 (mm)	800	☐
4	右标注 (mm)	705	☐
5	马凳筋排数	1/1	☐
6	非单边标注含支座宽	是	☐
7	左弯折 (mm)	(0)	☐
8	右弯折 (mm)	400	☐
9	分布钢筋	A8@250	☐

图 16-223 负筋属性定义

4) 软件画图(图 16-224)

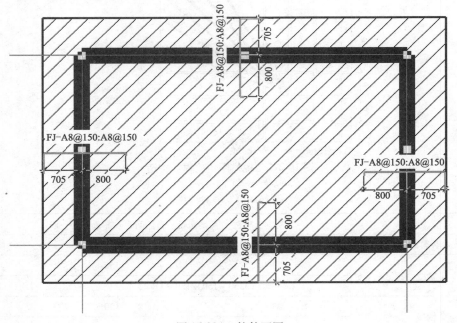

图 16-224 软件画图

5）软件结果

① ①、②轴线位置（图16-225）

筋号	直径(mm)	级别	图号	图形	计算公式	长度(mm)	根数
板负筋.1	8	Φ	24	400 ⌐ 805	555+250+400+6.25*d	1255	2
板负筋.2	8	Φ	64	70 └ 1505 ┘ 400	800+705+70+400	1975	38

图16-225 ①、②轴线软件结果

② Ⓐ、Ⓑ轴线位置（图16-226）

筋号	直径(mm)	级别	图号	图形	计算公式	长度(mm)	根数
板负筋.1	8	Φ	24	400 ⌐ 805	555+250+400+6.25*d	1255	2
板负筋.2	8	Φ	64	70 └ 1505 ┘ 400	800+705+70+400	1975	22

图16-226 Ⓐ、Ⓑ轴线软件结果

2. 挑檐阳角放射筋计算

1）长度（图16-227，表16-121）

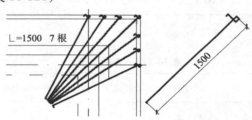

图16-227 挑檐阳角放射筋配置图

表16-121 长度计算

计算方法	长度 =（平板厚 - 保护层×2）+ 标注长 +（平板厚 - 保护层×2）+（立板厚 - 保护层×2）+（平板厚 + 立板净高 - 保护层×2）+（立板厚 - 保护层×2）				
简 化	长度 = 平板厚×3 + 标注长 + 立板厚×2 + 立板净高 - 保护层×10				
计算过程	平板厚	标注长	立板厚	立板净高	保护层	结果
	100	1500	60	200	15	
计算式	100×3 + 1500 + 60×2 + 200 - 15×10				1970

2）根数

每个阳角都有，此图有4个阳角，所以共有 7×4 = 28 根。

3. 挑檐分布筋计算

这里只计算挑檐墙外的分布筋，墙内的分布筋按与挑檐负筋搭接计算。

挑檐墙外分布筋构造按图16-228计算。

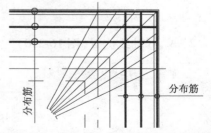

图16-228 挑檐阳角放射筋分布筋配置图

（1）长度（表16-122）

表 16-122　长度计算

计算方法	长度＝（挑檐外边线长度－保护层×2）＋弯钩×2			
参数名称	挑檐外边线长度	保护层	弯钩	结果
①轴线	$3600+120\times2+600\times2$	15	6.25×6	
	$3600+120\times2+600\times2-15\times2+6.25\times6\times2=5085$			5085
②轴线	$3600+120\times2+600\times2$	15	6.25×6	
	$3600+120\times2+600\times2-15\times2+6.25\times6\times2=5085$			5085
Ⓐ轴线	$3600+120\times2+600\times2$	15	6.25×6	
	$6000+120\times2+600\times2-15\times2+6.25\times6\times2=7485$			7485
Ⓑ轴线	$3600+120\times2+600\times2$	15	6.25×6	
	$6000+120\times2+600\times2-15\times2+6.25\times6\times2=7485$			7485

（2）根数（表16-123）

表 16-123　根数计算

计算方法	根数＝[（挑檐净宽－起步×2）/分布筋间距]（向下取整）＋1			
计算过程	挑檐净宽	起步	分布筋间距	结果
	600	125	250	
计算式	[（600－125×2）/250]（向下取整）＋1			2 根

①轴线、②轴线、Ⓐ轴线、Ⓑ轴线分布筋均为2根。

（3）软件结果

1）①、②轴线位置（图16-229）

筋号	直径(mm)	级别	图号	图形	计算公式	长度(mm)	根数
分布筋.2	8	中	1	5750	6000-125-125	5750	2

图 16-229　①、②轴线软件结果

2）Ⓐ、Ⓑ轴线位置（图16-230）

筋号	直径(mm)	级别	图号	图形	计算公式	长度(mm)	根数
分布筋.2	8	中	1	3350	3600-125-125	3350	2

图 16-230　Ⓐ、Ⓑ轴线软件结果

第十四节　条　形　基　础

一、条形基础配筋图

1. 平面图（图 16-231）

2. 剖面图（图 16-232）

3. 条形基础钢筋布置

（1）L 形基础布置图（图 16-233）

（2）T 形基础布置图（图 16-234）

（3）十字形基础布置图（图 16-235）

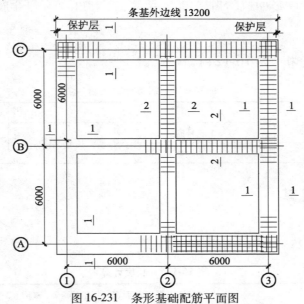

图 16-231　条形基础配筋平面图

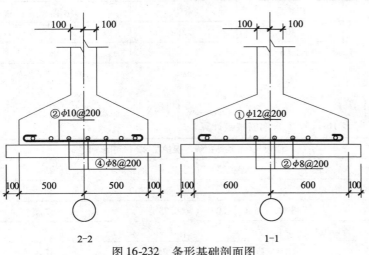

图 16-232　条形基础剖面图

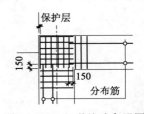

图 16-233　L 形基础布置图

523

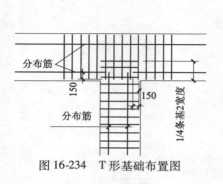

图 16-234　T 形基础布置图

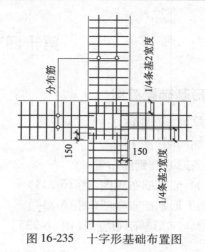

图 16-235　十字形基础布置图

二、条形基础钢筋分析（表 16-124）

表 16-124　需要计算的量

			计算方法
受力钢筋	1、3 号筋	长度、根数	本节计算
分布钢筋	2、4 号筋		

三、条形基础钢筋计算

1. 1 号钢筋计算

（1）长度（表 16-125）

表 16-125　长度计算

计算方法	长度 = 条基截面宽 - 保护层×2 + 弯钩×2			
参数名称	条基截面宽	保护层	弯钩	结果
1-1	1200	40	6.25d	
	$1200 - 40 \times 2 + 6.25 \times 12 \times 2$			1270

（2）根数（表 16-126）

1 号钢筋根数按表 16-126 计算。

表 16-126　1 号钢筋根数计算

计算方法		根数 = （条基外边线 - 保护层×2）/间距 + 1		
参数名称		条基外边线	保护层	间距	结果
1-1	C 轴线	13200	25	200	
		$(13200 - 25 \times 2)/200 + 1 = 66.75$			67 根
	A 轴线	13200	25	200	
		$(13200 - 25 \times 2)/200 + 1 = 66.75$			67 根

计算方法		根数＝（条基外边线 − 保护层×2）/间距 + 1			
参数名称		条基外边线	保护层	间距	结果
1-1	1 轴线	13200	25	200	
		（13200 − 25×2）/200 + 1 = 66.75			67 根
	3 轴线	13200	25	200	
		（13200 − 25×2）/200 + 1 = 66.75			67 根

2. 2 号钢筋计算

（1）长度（表 16-127）

表 16-127　长度计算

计算方法	长度＝条基截面宽 − 保护层×2 + 弯钩×2			
参数名称	条基截面宽	保护层	弯钩	结果
2-2	1000	40	6.25d	
	1000 − 40×2 + 6.25×10×2			1045

（2）根数（表 16-128）

2 号钢筋根数按表 16-128 计算。

表 16-128　根数计算

计算方法		根数＝（条基范围 − 保护层×2）/间距 + 1		
参数名称		条基范围	间距	结果
2-2	⑧轴线	12000 − 600×2 + 600/4×2	200	
		（12000 − 600×2 + 600/4×2）/200 + 1 = 56.5		57 根
	②轴线	6000 − 600 − 500 + 600/4 + 500/4	200	
		（6000 − 600 − 500 + 600/4 + 500/4）/200 + 1 = 26.875		2/Ⓐ ~ Ⓑ轴及 2/Ⓑ ~ Ⓒ各 27 根

（3）软件属性定义（1-1）（图 16-236）

图 16-236　条基 1 属性定义

（4）软件属性定义（2-2）（图16-237）

	属性名称	属性值	附加
1	名称	TJ-2-1	☐
2	截面形状	四棱锥台截面条基	☐
3	宽度(mm)	1000	☐
4	高度(mm)	400	☐
5	相对偏心距(mm)	0	☐
6	相对底标高(m)	(0)	☐
7	受力筋	A10@200	☐
8	分布筋	A8@200	☐
9	其他钢筋		☐
10	偏心条形基础	否	☐
11	备注		☐

搜索构件...

条形基础
　TJ-1
　　(底)TJ-1-1
　TJ-2
　　(底)TJ-2-1

图16-237　条基2属性定义

（5）软件画图（图16-238）

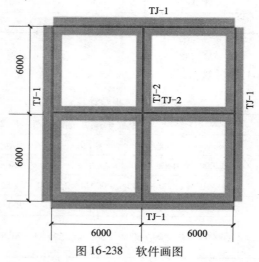

图16-238　软件画图

（6）软件结果

1）软件结果（1-1）（图16-239）

筋号	直径(mm)	级别	图号	图形	计算公式	长度(mm)	根数
底部受力筋.1	12	中	3	1120	1200-2*40+12.5*d	1270	67

图16-239　软件结果（1-1）

2）软件结果（2-2Ⓑ轴线）（图16-240）

筋号	直径(mm)	级别	图号	图形	计算公式	长度(mm)	根数
底部受力筋.1	10	中	3	920	1000-2*40+12.5*d	1045	58

图16-240　软件结果（2-2Ⓑ轴线）

3）软件结果（2-2②轴线）（图16-241）

筋号	直径(mm)	级别	图号	图形	计算公式	长度(mm)	根数
底部受力筋.1	10	Φ	3	920	1000-2*40+12.5*d	1045	58

图 16-241　软件结果(2-2②轴线)

3. 2 号钢筋计算(分布筋)

(1)长度(图 16-242,表 16-129)

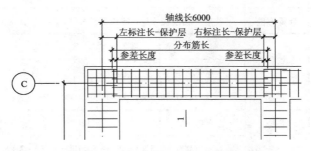

图 16-242　条基分布筋布置图

表 16-129　长度计算

1-1 剖	轴线	计算方法	长度 = 轴线长 − (1/2 条基 1 宽 − 40) × 2 + 参差长度 × 2 + 6.25d × 2			
		参数名称	轴线长	条基 1 宽	参差长度	搭接
			12000	1200	150	42 × 8 = 336
	A、C、1、3 轴线	计算式	12000 − (0.5 × 1200 − 40) × 2 + 150 × 2 + 6.25 × 8 × 2 = 11280			

(2)根数(表 16-130)

表 16-130　根数计算

计算方法	根数 = [(条基截面宽 − 保护层 ×2)/分布筋间距] + 1			
参数名称	条基截面宽	保护层	分布筋间距	结果
1-1 剖	1200	25	200	
	[(1200 − 25 ×2)/200] + 1 = 6.75			7 根

(3)软件结果(1-1)(图 16-243)

筋号	直径(mm)	级别	图号	图形	计算公式	长度(mm)	根数	搭接
底部分布筋.1	8	Φ	3	13120	13200-40-40+12.5*d	13220	7	336

图 16-243　软件结果(1-1)

4. 4 号钢筋计算(分布筋)

(1)长度(表 16-131)

(2)根数(表 16-132)

(3)软件结果

1)软件结果(2-2 剖Ⓑ轴线)(图 16-244)

2)软件结果(2-2 剖②轴线)(图 16-245)

表 16-131　长度计算

轴线	计算方法	长度 = 轴线长 − (1/2 条基 1 宽 − 40) × 2 + 参差长度 × 2 + 6.25d × 2			
2-2 剖	Ⓑ轴线	参数名称	轴线长	条基 1 宽	参差长度	搭接
			12000	1200	150	42 × 8 = 336
		计算式	12000 − (0.5 × 1200 − 40) × 2 + 150 × 2 + 6.25 × 8 × 2 = 11280			
	②轴线	计算方法	长度 = 轴线长 − 1/2 条基 1 宽 − 1/2 条基 2 宽 + 参差长度 × 2 + 6.25d × 2			
		参数名称	轴线长	条基 1 宽	条基 2 宽	参差长度
			6000	1200	1000	150
		A-B	6000 − 0.5 × 1200 − 0.5 × 1000 + 150 × 2 + 6.25 × 8 × 2 = 5300			
		B-C	6000	1200		1000
			6000 − 0.5 × 1200 − 0.5 × 1000 + 150 × 2 + 6.25 × 8 × 2 = 5300			

表 16-132　根数计算

计算方法	根数 = [(条基截面宽 − 保护层 × 2)/分布筋间距] + 1			
参数名称	条基截面宽	保护层	分布筋间距	结果
2-2 剖	1000	25	200	
	[(1000 − 25 × 2)/200] + 1 = 5.75			6 根

筋号	直径(mm)	级别	图号	图形	计算公式	长度(mm)	根数	搭接
底部分布筋.1	8	Φ	3	11100	11100+12.5*d	11200	6	336

图 16-244　软件结果(2-2 剖Ⓑ轴线)

筋号	直径(mm)	级别	图号	图形	计算公式	长度(mm)	根数
底部分布筋.1	8	Φ	3	5200	5200+12.5*d	5300	12

图 16-245　软件结果(2-2 剖②轴线)

第十五节　独　立　基　础

一、独立基础配筋图

1. 平面图(图 16-246)
2. 剖面图(图 16-247)

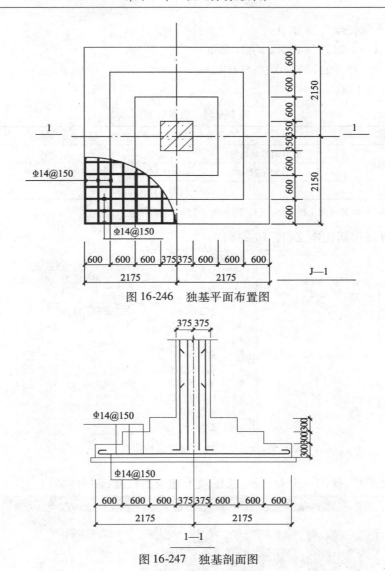

图 16-246 独基平面布置图

图 16-247 独基剖面图

二、独立基础钢筋分析（表 16-133）

表 16-133 需要计算的量

		计算方法
X方向	长度、根数	本节计算
Y方向		

三、独立基础钢筋计算

1. X 方向

1）长度

因为独基长度超过 2500mm，除外围的两根钢筋外，其他底板配筋长度取相应方向底板长度的 0.9 倍，X 方向长度计算如下：

外围钢筋：$2175 + 2175 - 40 \times 2 = 4270\text{mm}$

其余钢筋：$(2175 + 2175) \times 0.9 = 3915\text{mm}$

2）根数（表 16-134）

表 16-134　根数计算

计算方法	根数 = [（Y 方向独基底宽 - 起步 × 2）/ 间距] + 1			
计算过程	Y 方向独基底宽	起步	间距	结果
	2150 + 2150	$\min(150/2, 75)$	150	
计算式	[（2150 + 2150 - 75 × 2）/150] + 1			29 根

注：外围钢筋 4270mm 长度为 2 根，其余钢筋 3915mm 长度为 27 根。

3）软件计算过程属性定义（图 16-248）

	属性名称	属性值	附加
1	名称	DJ-1-1	
2	**截面形状**	**独立基础三台**	
3	截面长度 (mm)	4350	
4	截面宽度 (mm)	4300	
5	高度 (mm)	900	
6	相对底标高 (m)	(0)	
7	横向受力筋	B14@150	
8	纵向受力筋	B14@150	
9	其他钢筋		
10	备注		

图 16-248　独基软件属性定义

4）点开截面形状，弹出一个对话框，按图填上相应的数据（图 16-249）

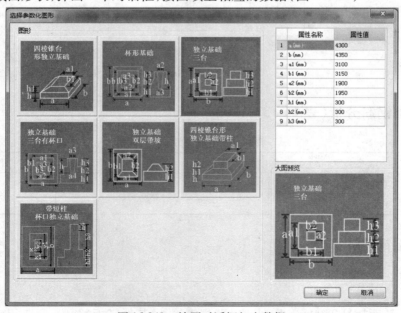

图 16-249　填写对话框相应数据

5）软件画图（图 16-250）

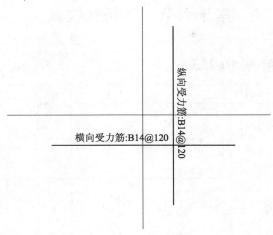

纵向受力筋:B14@120

横向受力筋:B14@120

图 16-250　软件画图

6）软件结果（图 16-251）

筋号	直径 (mm)	级别	图号	图形	计算公式	长度 (mm)	根数
横向底筋.1	14	Φ	1	4270	4350-40-40	4270	2
横向底筋.2	14	Φ	1	3915	0.9*4350	3915	27

图 16-251　软件结果

2. Y 方向

1）长度

外围钢筋：$2150 + 2150 - 40 \times 2 = 4220$mm

其余钢筋：$(2150 + 2150) \times 0.9 = 3870$mm

2）根数（表 16-135）

表 16-135　根数计算

计算方法	根数 = [（X 方向独基底宽 − 起步 ×2）/间距] +1			
计算过程	X 方向独基底宽	起步	间距	结果
	2175 + 2175	min(150/2,75)	150	
计算式	[（2175 + 2175 − 75 ×2）/150] +1			29 根

注：外围钢筋 4220mm 长度为 2 根，其余钢筋 3870mm 长度为 27 根。

3）软件结果（图 16-252）

筋号	直径 (mm)	级别	图号	图形	计算公式	长度 (mm)	根数
纵向底筋.1	14	Φ	1	4220	4300-40-40	4220	2
纵向底筋.2	14	Φ	1	3870	0.9*4300	3870	27

图 16-252　软件结果

第十六节　平板式筏基

一、平板式筏基配筋图（图 16-253）

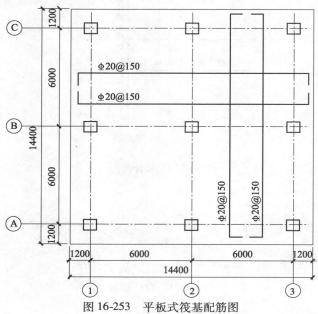

图 16-253　平板式筏基配筋图

二、平板式筏基钢筋分析（表 16-136）

表 16-136　需要计算的量

				计算方法
无封边情况	底筋	X 方向	长度、根数	本节计算
		Y 方向		
	面筋	X 方向		
		Y 方向		
交错封边情况	底筋	X 方向		
		Y 方向		
	Y 方向	X 方向		
		Y 方向		
U 形封边情况	筏板周边			⁝
侧面构造钢筋	筏板周边			

三、平板式筏基钢筋计算

1. 无封边情况

（1）底筋计算

1)X方向

① 长度(图16-254,表16-137)

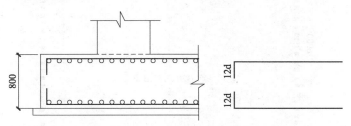

图 16-254　板边缘侧面无封边构造

表 16-137　长度计算(8000mm 一个接头)

计算方法	长度 = X 方向外边线长度 - 底筋保护层 ×2 + 弯折长度 ×2			
参数名称	X 方向外边线长度	底筋保护层	弯折长度	接头个数	结果
无封边情况	14400	40	12d	14800/8000 = 1.85 = 1	
	14400 - 40 ×2 + 12 ×20 ×2 = 14800				14800

② 根数(表16-134)

表 16-138　根数计算

计算方法	根数 = [(Y 方向外边线长度 - 底筋保护层 ×2)/底筋间距] +1			
参数名称	Y 方向外边线长度	底筋保护层	底筋间距	结果
参数值	14400	40	150	
计算式	[(14400 - 40 ×2)/150] +1			97 根

③ 软件属性定义(图16-255)

④ 软件画图(图16-256)

	属性名称	属性值	附加
1	名称	筏板底筋-B20@150	
2	类别	底筋	☐
3	钢筋信息	B20@150	☐
4	钢筋锚固	(34)	
5	钢筋搭接	(41)	
6	归类名称	(筏板底筋-B20@150)	☐
7	汇总信息	筏板主筋	☐
8	计算设置	按默认计算设置计算	
9	节点设置	按默认节点设置计算	
10	搭接设置	按默认搭接设置计算	
11	长度调整(mm)		☐

图 16-255　软件属性定义

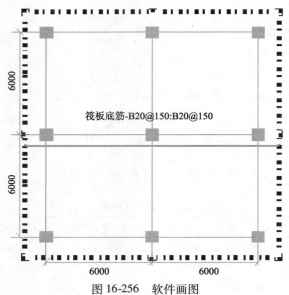

图 16-256　软件画图

⑤ 软件结果（图 16-257）

筋号	直径(mm)	级别	图号	图形	计算公式	长度(mm)	根数	搭接
筏板受力筋.1	20	Φ	64	240⌐ 14320 ⌐240	14400-40+12*d-40+12*d	14800	96	1

图 16-257　软件结果

2）Y 方向

Y 方向底筋的计算方法和 X 方向一样，这里不再赘述。

（2）面筋计算

1）X 方向

① 长度（图 16-258，表 16-139）

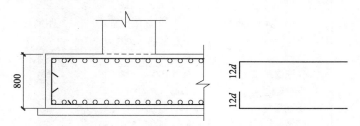

图 16-258　板边缘侧面无封边构造

表 16-139　长度计算（8000mm 一个接头）

计算方法	长度 = X 方向外边线长度 - 底筋保护层 ×2 + 弯折长度 ×2				
参数名称	X 方向外边线长度	底筋保护层	弯折长度	接头个数	结果
无封边情况	14400	40	12d	14800/8000 = 1.85 = 1	
	$14400 - 40 \times 2 + 12 \times 20 \times 2 = 14800$				14800

② 根数(表 16-140)

表 16-140　根数计算

计算方法	根数 = [(Y方向外边线长度 - 底筋保护层 ×2)/底筋间距] + 1			
参数名称	Y方向外边线长度	底筋保护层	底筋间距	结果
参数值	14400	40	150	
计算式	[(14400 - 40×2)/150] + 1			97 根

③ 软件属性定义(图 16-259)

	属性名称	属性值	附加
1	名称	筏板面筋-B20@150	
2	类别	面筋	☐
3	钢筋信息	B20@150	☐
4	钢筋锚固	(34)	
5	钢筋搭接	(41)	
6	归类名称	(筏板面筋-B20@150)	☐
7	汇总信息	筏板主筋	☐
8	计算设置	按默认计算设置计算	
9	节点设置	按默认节点设置计算	
10	搭接设置	按默认搭接设置计算	
11	长度调整(mm)		☐

图 16-259　软件属性定义

④ 软件画图(图 16-260)

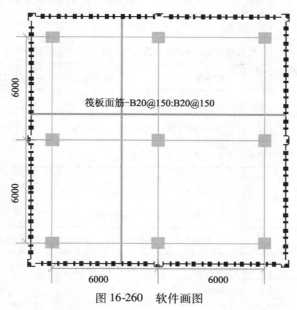

图 16-260　软件画图

⑤ 软件结果(图 16-261)

筋号	直径(mm)	级别	图号	图形	计算公式	长度(mm)	根数	搭接
筏板受力筋.1	20	Φ	629	240 ⌐ 14320 ⌐ 240	14400-40+12*d-40+12*d	14800	96	1

图 16-261　软件结果

2)Y 方向

Y 方向底筋的计算方法和 X 方向一样,这里不再赘述。

2. 交错封边情况

(1)底筋计算

1)X 方向

① 长度(图 16-262,表 16-141)

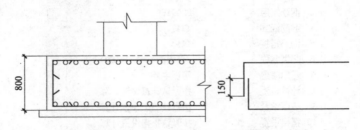

图 16-262　板边缘侧面无封边构造

表 16-141　长度计算(8000mm 一个接头)

计算方法	长度 = X 方向外边线长度 − 面筋保护层 ×2 + 弯折长度 ×2				
参数名称	弯折长度				结果
交错封边情况	X 方向外边线长度	底筋保护层	[(底板厚 − 底筋保护层 − 顶筋保护层 −150)/2] +150		搭接个数
			底板厚	顶筋保护层	
			800	20	
	14400	40	[(800 − 40 − 20 − 150)/2] +150 = 445		15250/8000 = 1. 906 = 1
	14400 − 40 ×2 + 445 ×2 =15210				15210

② 根数(表 16-142)

表 16-142　根数计算

计算方法	根数 = [(X 方向外边线长度 − 底筋保护层 ×2)/底筋间距] +1			
参数名称	X 方向外边线长度	底筋保护层	底筋间距	结果
参数值	14400	40	150	
计算式	[(14400 − 40 ×2)/150] +1			97 根

③ 软件属性定义（图 16-263）

	属性名称	属性值	附加
1	名称	筏板底筋-B20@150	
2	类别	底筋	☐
3	钢筋信息	B20@150	☐
4	钢筋锚固	(34)	
5	钢筋搭接	(41)	
6	归类名称	(筏板底筋-B20@150)	☐
7	汇总信息	筏板主筋	☐
8	计算设置	按默认计算设置计算	
9	节点设置	按默认节点设置计算	
10	搭接设置	按默认搭接设置计算	
11	长度调整 (mm)	410	☐

图 16-263　软件属性定义

注：长度调整 410mm 的计算方法是，弯折长度 405mm 减去筏板底筋软件默认的 $12d(12 \times 20)$ 的值乘以 2 就是长度调整的值。

④ 软件画图（图 16-264）

⑤ 软件结果（图 16-265）

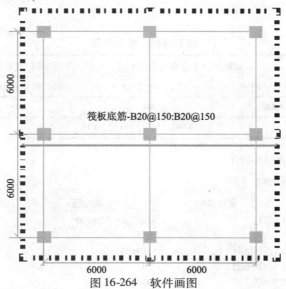

图 16-264　软件画图

筋号	直径 (mm)	级别	图号	图形	计算公式	长度 (mm)	根数	搭接
筏板受力筋.1	20	Φ	64	240 ⌐14320⌐ 240	14400+410-40+12*d-40+12*d	15210	96	1

图 16-265　软件画图

2）Y 方向

Y 方向底筋的计算方法和 X 方向一样，这里不再赘述。

（2）面筋

1）X 方向

① 长度（图 16-266，表 16-143）

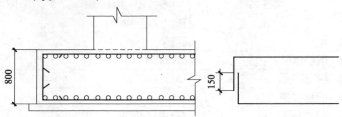

图 16-266　板边缘侧面无封边构造

表 16-143　长度计算（8000mm 一个接头）

计算方法	长度 = X 方向外边线长度 − 面筋保护层 ×2 + 弯折长度 ×2				
参数名称			弯折长度		结果
			（底板厚 − 底筋保护层 − 顶筋保护层 − 150）/2 + 150	搭接个数	
交错封边情况	X 方向外边线长度	面筋保护层	底板厚 / 顶筋保护层		
			800 / 20		
	14400	40	（800 − 40 − 20 − 150）/2 + 150 = 445	15250/8000 = 1.906 = 1	
	14400 − 40 × 2 + 445 × 2 = 15210				15210

② 根数（表 16-144）

表 16-144　根数计算

计算方法	根数 = ［（Y 方向外边线长度 − 底筋保护层 ×2）/底筋间距］+ 1			
参数名称	Y 方向外边线长度	底筋保护层	底筋间距	结果
参数值	14400	40	150	
计算式	［（14400 − 40 ×2）/150］+ 1			97 根

③ 软件属性定义（图 16-267）

	属性编辑		
	属性名称	**属性值**	**附加**
1	名称	筏板面筋-B20@150	
2	类别	面筋	☐
3	钢筋信息	B20@150	☐
4	钢筋锚固	(34)	
5	钢筋搭接	(41)	
6	归类名称	(筏板面筋-B20@150)	☐
7	汇总信息	筏板主筋	☐
8	计算设置	按默认计算设置计算	
9	节点设置	按默认节点设置计算	
10	搭接设置	按默认搭接设置计算	
11	长度调整(mm)	410	☐

图 16-267　软件属性定义

④ 软件画图(图 16-268)

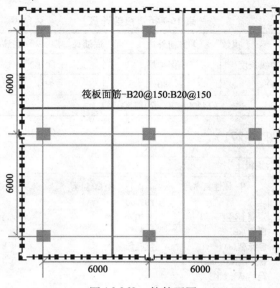

筏板面筋-B20@150:B20@150

图 16-268　软件画图

⑤ 软件结果(图 16-269)

筋号	直径(mm)	级别	图号	图形	计算公式	长度(mm)	根数	搭接
筏板受力筋-1	20	Φ	629	240 ⌐14320⌐ 240	14400+410-40+12*d-40+12*d	15210	96	1

图 16-269　软件结果

2)Y 方向

Y 方向底筋的计算方法和 X 方向一样,这里不再赘述。

3. U 形封边情况(图 16-270)

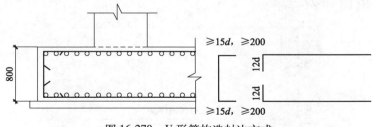

图 16-270　U 形筋构造封边方式

(1)长度(表 16-145)

表 16-145　长度计算

计算方法		长度 = 底板厚 - 下保护层 - 保护层 + $12d × 2$				
U 形筋	参数名称	底板厚	下保护层	上保护层	弯折长度	长度
		800	40	40	Max($15d$,200)	
计算式		$800 - 40 - 40 + 15 × 20 × 2$				1320

（2）根数（16-146）

表 16-146　根数计算

计算方法	根数 ＝ [（Y 方向外边线长度 － 底筋保护层 ×2）/底筋间距] ＋1			
参数名称	Y 方向外边线长度	保护层	间距	结果
参数值	14400	40	150	
计算式	[（14400 － 40 ×2）/150] ＋1			97 根 ×4 边

（3）软件属性定义（图 16-271）

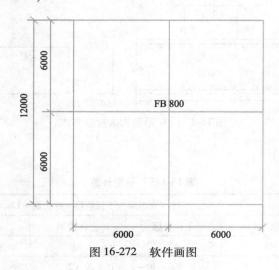

	属性名称	属性值	附加
1	名称	FB-800	
2	混凝土强度等级	(C30)	
3	厚度(mm)	800	
4	底标高(m)	层底标高	
5	保护层厚度(mm)	(40)	
6	马凳筋参数图		
7	马凳筋信息		
8	线形马凳筋方向	平行横向受力筋	
9	拉筋		
10	拉筋数量计算方式	向上取整+1	
11	马凳筋数量计算方式	向上取整+1	
12	筏板侧面纵筋		
13	U形构造封边钢筋	B20@150	
14	U形构造封边钢筋弯折长	max (15*d, 200)	
15	归类名称	(FB-800)	
16	汇总信息	筏板基础	

图 16-271　软件属性定义

（4）软件画图（图 16-272）

FB 800

6000

6000

12000

6000　6000

图 16-272　软件画图

（5）软件结果（图 16-273）

筋号	直径(mm)	级别	图号	图形	计算公式	长度(mm)	根数
U型构造封边筋.1	20	Φ	71	720 ⎡300⎤	800-40-40+2*300	1320	388

图 16-273　软件结果

4. 侧面构造钢筋（图 16-274）

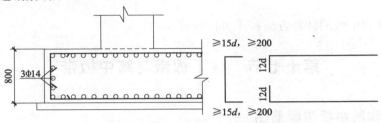

图 16-274　侧面筋构造封边方式

1）X 方向

① 长度（表 16-147）

表 16-147　长度计算

计算方法	长度 = X 方向筏基外边缘长度 − 保护层 × 2 + 弯折 × 2				根数（按标注）
计算过程	X 方向筏基外边缘长度	保护层	弯折	长度	搭接
	14400	40	15d		41d
计算式	14400 − 40 × 2 + 15 × 14 × 2			14740	41 × 14 = 574

② 根数

图示根数为 3 根，两侧共 6 根。

③ 软件属性定义（图 16-275）

④ 软件画图（图 16-276）

	属性名称	属性值	附加
1	名称	FB-800	
2	混凝土强度等级	(C30)	☐
3	厚度(mm)	800	☐
4	底标高(m)	层底标高	☐
5	保护层厚度(mm)	(40)	☐
6	马凳筋参数图		
7	马凳筋信息		☐
8	线形马凳筋方向	平行横向受力筋	☐
9	拉筋		☐
10	拉筋数量计算方式	向上取整+1	☐
11	马凳筋数量计算方式	向上取整+1	☐
12	筏板侧面纵筋	3B14	☐
13	U形构造封边钢筋	B20@150	☐
14	U形构造封边钢筋弯折长度(mm)	max (15*d, 200)	☐
15	归类名称	(FB-800)	☐
16	汇总信息	筏板基础	☐

图 16-275　软件属性定义

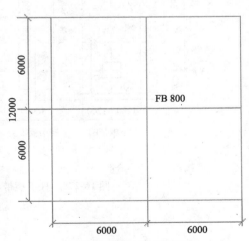

图 16-276　软件画图

541

⑤ 软件结果（图 16-277）

筋号	直径(mm)	级别	图号	图形	计算公式	长度(mm)	根数	搭接
侧面纵筋.1	14	Φ	64	210 ⌐─ 14320 ─⌐ 210	14400+15*d-40+15*d-40	14740	12	574

图 16-277　软件结果

2）Y 方向

Y 方向长度和根数的计算方法和 X 方向一样。

第十七节　柱下板带与跨中板带

一、柱下板带和跨中板带配筋图

1. 柱下板带和跨中板带配筋布置图（图 16-278）

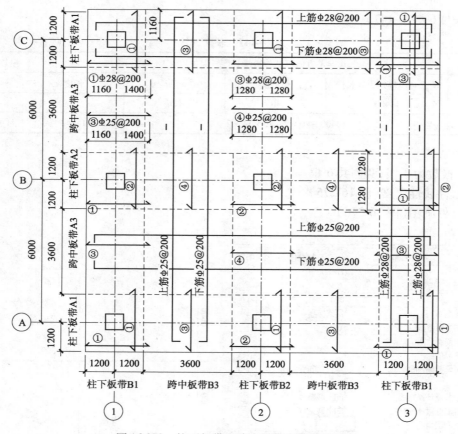

图 16-278　柱下板带和跨中板带配筋布置图

2. 柱下板带和跨中板带剖面图（图 16-279）

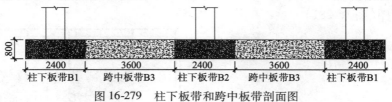

图 16-279　柱下板带和跨中板带剖面图

二、钢筋分析（表 16-148）

表 16-148　需要计算的量

						计算方法
柱下板带	边轴线	①、③、Ⓐ、Ⓒ轴线	底筋	通长筋	长度、根数	本节计算
				非通长筋		
			面筋	通长筋		
	中间轴线	②、Ⓑ轴线	底筋	通长筋		
				非通长筋		
			面筋	通长筋		
跨中板带	跨中板带 A3 区域		底筋	通长筋		
			面筋	通长筋		
	跨中板带 B3 区域		底筋	通长筋		
			面筋	通长筋		

三、钢筋计算

1. 柱下板带Ⓒ轴线

（1）底筋通长筋计算

1）长度（表 16-149）

表 16-149　长度计算

计算方法	长度 = Ⓒ轴线外边线长度 − 底筋保护层 × 2 + 弯折长度 × 2				
参数名称	Ⓒ轴线外边线长度	底筋保护层	弯折长度	搭接个数	结果
无封边情况	14400	40	$12d$	14992/8000 = 1.874 = 1	
计算式	$14400 - 40 \times 2 + 12 \times 28 \times 2 = 14992$				14992

2）根数（表 16-150）

表 16-150　根数计算

计算方法	根数 = [（Ⓒ轴线柱下板带宽 − 底筋保护层）/底筋间距] + 1			
参数名称	Ⓒ轴线柱下板带宽	底筋保护层	底筋间距	结果
参数值	2400	40	200	
计算式	[（2400 − 40）/200] + 1			13 根

3）软件属性定义（图 16-280）

4）软件画图（图 16-281）

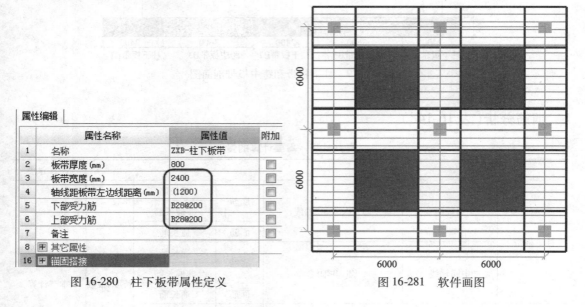

属性编辑			
	属性名称	属性值	附加
1	名称	ZXB-柱下板带	☐
2	板带厚度（mm）	800	☐
3	板带宽度（mm）	2400	☐
4	轴线距板带左边线距离（mm）	(1200)	☐
5	下部受力筋	B28@200	☐
6	上部受力筋	B28@200	☐
7	备注		☐
8	⊞ 其它属性		
16	⊞ 锚固搭接		

图 16-280　柱下板带属性定义

图 16-281　软件画图

5）软件结果（图 16-282）

筋号	直径（mm）	级别	图号	图形	计算公式	长度（mm）	根数	搭接
下部受力筋.1	28	Φ	64	336 ⌐14320⌐ 336	14400-40+12*d-40+12*d	14992	13	1

图 16-282　软件结果

（2）面筋通长筋计算

1）长度（表 16-151）

表 16-151　长度计算（8000mm 一个接头）

计算方法	长度 = ©轴线外边线长度 − 底筋保护层 × 2 + 弯折长度 × 2				
参数名称	©轴线外边线长度	底筋保护层	弯折长度	搭接个数	结果
无封边情况	14400	40	12d	14992/8000 = 1.874 = 1	
	14400 − 40 × 2 + 12 × 28 × 2 = 14992				14992

2）根数（表 16-152）

表 16-152　根数计算

计算方法	根数 = [（©轴线柱下板带宽 − 底筋保护层）/底筋间距] + 1			
参数名称	©轴线柱下板带宽	顶筋保护层	顶筋间距	结果
参数值	2400	20	200	
计算式	[（2400 − 20）/200] + 1			13 根

3）软件结果（图 16-283）

筋号	直径(mm)	级别	图号	图形	计算公式	长度(mm)	根数	搭接
上部受力筋 1	28	Φ	629	336 ⌐14320⌐ 336	14400-40+12*d-40+12*d	14992	13	1

图 16-283　软件结果

其他轴线的柱下板带参照Ⓒ轴线算法，这里不再赘述。

2. 跨中板带 A3 区域

（1）底部通长筋计算

1）长度（表 16-153）

表 16-153　长度计算

计算方法	长度 =①-③轴线外边线长度 − 底筋保护层 ×2 + 弯折长度 ×2				
参数名称	①-③轴线外边线长度	底筋保护层	弯折长度	搭接个数	结果
无封边情况	14400	40	12d	14992/8000 = 1.874 = 1	
	$14400 − 40 ×2 + 12 ×25 ×2 = 14920$				14920

2）根数（表 16-154）

表 16-154　根数计算

计算方法	根数 =［（Ⓐ-Ⓑ轴线柱下板带宽 −2 ×底筋间距)/底筋间距］+1		
参数名称	Ⓒ轴线柱下板带宽	底筋间距	结果
参数值	3600	200	
计算式	［（3600 −2 ×200)/200］+1		17 根

3）软件属性定义（图 16-284）

4）软件画图（图 16-285）

	属性名称	属性值	附加
1	名称	KZB-跨中板带	☐
2	板带厚度(mm)	800	☐
3	板带宽度(mm)	3600	☐
4	轴线距板带左边线距离(mm)	(1800)	☐
5	下部受力筋	B25@200	☐
6	上部受力筋	B25@200	☐
7	备注		☐
8	⊞ 其它属性		
16	⊞ 锚固搭接		

图 16-284　跨中板带软件属性定义

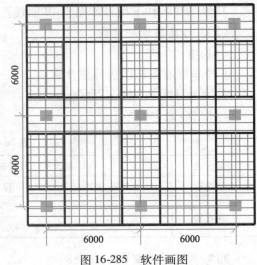

图 16-285　软件画图

5）软件结果（图 16-286）

筋号	直径(mm)	级别	图号	图形	计算公式	长度(mm)	根数	搭接
下部受力筋.1	25	Φ	64	300 ⌐14320⌐ 300	14400-40+12*d-40+12*d	14920	17	1

图 16-286　软件结果

（2）面筋通长筋计算

1）长度（表 16-155）

表 16-155　长度计算（8000mm 一个接头）

计算方法	长度 =①-③轴线外边线长度 - 底筋保护层 ×2 + 弯折长度 ×2				
参数名称	①-③轴线外边线长度	底筋保护层	弯折长度	搭接个数	结果
无封边情况	14400	40	12d	14992/8000 = 1.874 = 1	
	$14400 - 40 \times 2 + 12 \times 25 \times 2 = 14920$				14920

2）根数（表 16-156）

表 16-156　根数计算

计算方法	根数 =［（Ⓐ-Ⓑ轴线柱下板带宽 -2 ×底筋间距）/底筋间距］+1		
参数名称	Ⓐ-Ⓑ轴线柱下板带宽	底筋间距	结果
参数值	3600	200	
计算式	［（3600 -2 ×200）/200］+1		17 根

3）软件结果（图 16-287）

筋号	直径(mm)	级别	图号	图形	计算公式	长度(mm)	根数	搭接
上部受力筋.1	28	Φ	629	336 ⌐14320⌐ 336	14400-40+12*d-40+12*d	14992	13	1

图 16-287　软件结果

其他轴线的柱下板带参照Ⓐ-Ⓑ轴线算法，这里不再赘述。

（3）1 号非贯通筋计算

1）长度

1 号非贯通筋长度按标注计算。

长度 =1160 +1400 =2560mm

2）根数（表 16-157）

表 16-157　根数计算

计算方法	根数 =［（与Ⓒ轴线垂直方向柱下板带宽 - 保护层）/间距］+1		
参数名称	柱下板带宽	保护层	间距	结果
1/A 轴处	2400	40	200	
	［（2400 -40）/200］+1 = 12.8			13 根

3）软件属性定义（图 16-288）

4）软件画图（图 16-289）

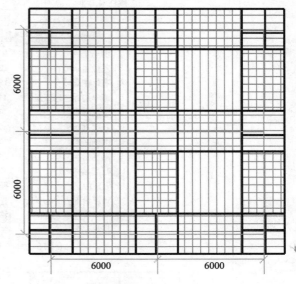

图 16-288 属性定义

图 16-289 软件画图

属性编辑

	属性名称	属性值	附加
1	名称	FBFJ-1号筋	
2	钢筋信息	B28@200	
3	左标注(mm)	1160	
4	右标注(mm)	1200	
5	非单边标注含支座宽	(是)	
6	左弯折(mm)	(0)	
7	右弯折(mm)	(0)	
8	钢筋锚固	(37)	
9	钢筋搭接	(45)	
10	归类名称	(FBFJ-1号筋)	
11	汇总信息	筏板负筋	
12	计算设置	按默认计算设置计算	
13	节点设置	按默认节点设置计算	
14	搭接设置	按默认搭接设置计算	

5)软件结果(图 16-290)

筋号	直径(mm)	级别	图号	图形	计算公式	长度(mm)	根数
筏板负筋.1	28	Φ	1	2360	1160+1200	2360	13

图 16-290 软件结果

其他部位 1 号筋计算方法相同,这里不再赘述。

(4)2 号非贯通筋计算

1)长度按标注计算

长度 = 1280 + 1280 = 2560mm

2)根数(表 16-158)

表 16-158 根数计算

计算方法	根数 = (与Ⓒ轴线垂直跨中板带宽/间距) - 1		
参数名称	跨中板带宽	间距	结果
2/Ⓒ轴处	2400	200	
	(2400/200) - 1		13 根

3)软件属性定义(图 16-291)

4)软件画图(图 16-292)

5)软件结果(图 16-293)

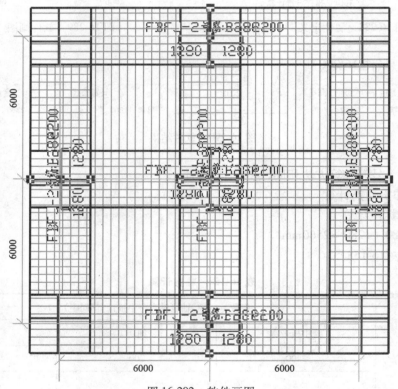

属性编辑

	属性名称	属性值	附加
1	名称	FBFJ-2号筋	
2	钢筋信息	B28@200	☐
3	左标注(mm)	1280	☐
4	右标注(mm)	1280	☐
5	非单边标注含支座宽	(是)	☐
6	左弯折(mm)	(0)	☐
7	右弯折(mm)	(0)	☐
8	钢筋锚固	(37)	
9	钢筋搭接	(45)	
10	归类名称	(FBFJ-2号筋)	☐
11	汇总信息	筏板负筋	☐
12	计算设置	按默认计算设置计算	
13	节点设置	按默认节点设置计算	
14	搭接设置	按默认搭接设置计算	

图 16-291 属性定义

图 16-292 软件画图

筋号	直径(mm)	级别	图号	图形	计算公式	长度(mm)	根数
筏板负筋.1	28	Φ	1	2560	1280+1280	2560	13

图 16-293 软件结果

其他部位 2 号筋计算方法相同,这里不再赘述。

（5）3 号非贯通筋计算

1）长度（按标注计算）

长度 = 1160 + 1200 = 2360mm

2）根数（表 16-159）

表 16-159 根数计算

计算方法	根数 = [（①-②轴间柱下板带宽 - 2 × 底筋间距）/底筋间距] + 1		
参数名称	①-②轴间柱下板带宽	底筋间距	结果
参数值	3600	200	
计算式	[（3600 - 2 × 200）/200] + 1		17 根

3）软件属性定义（图 16-294）

4）软件画图（图 16-295）

	属性名称	属性值	附加
1	名称	FBFJ-3号筋	
2	钢筋信息	B25@200	☐
3	左标注（mm）	1160	☐
4	右标注（mm）	1200	☐
5	非单边标注含支座宽	（是）	☐
6	左弯折（mm）	(0)	☐
7	右弯折（mm）	(0)	☐
8	钢筋锚固	(34)	☐
9	钢筋搭接	(41)	☐
10	归类名称	（FBFJ-3号筋）	☐
11	汇总信息	筏板负筋	☐
12	计算设置	按默认计算设置计算	
13	节点设置	按默认节点设置计算	
14	搭接设置	按默认搭接设置计算	

图 16-294 属性定义

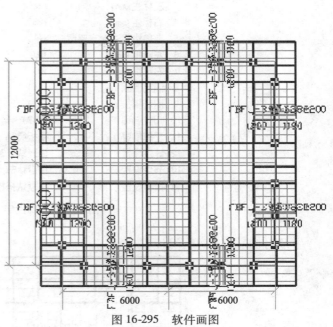

图 16-295 软件画图

5）软件结果（图 16-296）

筋号	直径（mm）	级别	图号	图形	计算公式	长度（mm）	根数
筏板负筋.1	28	Φ	1	2360	1200+1160	2360	19

图 16-296 软件结果

其他部位 3 号筋计算方法相同，这里不再赘述。

（6）4 号非贯通筋计算

1）长度（按标注计算）

长度 = 1280 + 1280 = 2560mm

2）根数（表 16-160）

表 16-160　根数计算

计算方法	根数 = [(⑧轴线①-②轴间柱下板带宽 - 2 × 底筋间距)/底筋间距] + 1		
参数名称	⑧轴线①-②轴间轴线柱下板带宽	底筋间距	结果
参数值	3600	200	
计算式	[(3600 - 2 × 200)/200] + 1		17 根

3）软件属性定义（图 16-297）

	属性名称	属性值	附加
1	名称	FBFJ-4号筋	
2	钢筋信息	B25@200	☐
3	左标注（mm）	1280	☐
4	右标注（mm）	1280	☐
5	非单边标注含支座宽	(是)	☐
6	左弯折（mm）	(0)	☐
7	右弯折（mm）	(0)	☐
8	钢筋锚固	(34)	
9	钢筋搭接	(41)	
10	归类名称	(FBFJ-4号筋)	☐
11	汇总信息	筏板负筋	☐
12	计算设置	按默认计算设置计算	
13	节点设置	按默认节点设置计算	
14	搭接设置	按默认搭接设置计算	

图 16-297　属性定义

4）软件画图（图 16-298）

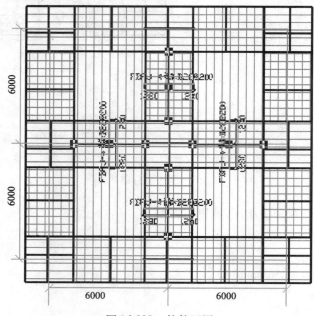

图 16-298　软件画图

5）软件结果（图 16-299）

筋号	直径(mm)	级别	图号	图形	计算公式	长度(mm)	根数
筏板负筋.1	28	Φ	1	2560	1280+1280	2560	19

图 16-299　软件结果

其他部位 4 号筋计算方法相同，这里不再赘述。

第十八节　梁板式筏基（梁外伸）

一、梁板式筏基（梁外伸）配筋图

1. 平面图（图 16-300）

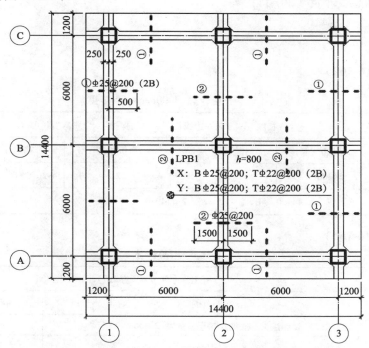

图 16-300　梁板式筏基（梁外伸）平面布置图

2. 剖面图（图 16-301）

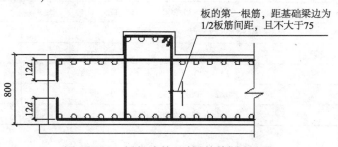

图 16-301　梁板式筏基（梁外伸）剖面图

551

二、梁板式筏基（梁外伸）钢筋分析（表 16-161）

表 16-161　需要计算的量

						计算方法
底筋	底部通长筋	X 方向			长度、根数	本节计算
		Y 方向				
面筋	顶部通长筋	X 方向				
		Y 方向				
	顶部非贯通筋	边轴线	①、③、Ⓐ、Ⓒ轴线	1 号钢筋		
		中间轴线	②、Ⓑ轴线	2 号钢筋		

三、梁板式筏基（梁外伸）钢筋计算

1. 底部通长筋计算

（1）X 方向

1）长度（表 16-162）

表 16-162　长度计算（8000mm 一个接头）

计算方法	长度 = X 方向外边线长度 - 底筋保护层 ×2 + 弯折长度 ×2				
参数名称	X 方向外边线长度	底筋保护层	弯折长度	搭接个数	结果
无封边情况	14400	40	12d	14920/8000 = 1. 865 = 1	
	14400 - 40 ×2 + 12 ×25 ×2 = 14920				14920

2）根数（表 16-163）

表 16-163　根数计算

计算方法	根数 = (布筋范围/间距) + 1				
参数名称	布筋范围			间距	结果
Ⓐ轴线以下 Ⓒ轴线以上 （第一根钢筋距， 梁边 1/2 间距， 且不大于 75）	标注长 - 底筋保护层 - 梁宽/2 - 50				
	标注长	底筋保护层	梁宽		
	1200	40	500		
	1200 - 40 - 500/2 - 75 = 835			200	
	(835/200) + 1 = 5. 175				5 ×2 根
Ⓐ-Ⓑ轴线 Ⓑ-Ⓒ轴线 （第一根钢筋距， 梁边 1/2 间距， 且不大于 75）	轴线长 - 左右梁宽/2 - 50 ×2				
	轴线长	左梁宽	右梁宽		
	6000	500	500		
	6000 - 500/2 - 500/2 - 75 ×2 = 5350			200	
	(5350/200) + 1 = 27. 75				28 ×2 根

3）软件属性定义（图 16-302）

	属性名称	属性值	附加
1	名称	筏板底筋-B25@200	
2	类别	底筋	☐
3	钢筋信息	B25@200	☐
4	钢筋锚固	(34)	
5	钢筋搭接	(41)	
6	归类名称	(筏板底筋-B25@200)	☐
7	汇总信息	筏板主筋	☐
8	计算设置	按默认计算设置计算	
9	节点设置	按默认节点设置计算	
10	搭接设置	按默认搭接设置计算	
11	长度调整(mm)		☐

图 16-302　软件属性定义

4）软件画图（图 16-303）

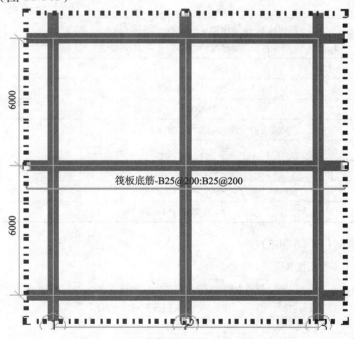

图 16-303　软件画图

5）软件结果（图 16-304）

筋号	直径(mm)	级别	图号	图形	计算公式	长度(mm)	根数	搭接
筏板受力筋.1	25	Φ	64	300└14320┘300	14400-40+12*d-40+12*d	14920	66	1

图 16-304　软件结果

（2）Y 方向

Y 方向底筋长度根数的计算方法和 X 方向一样，这里不再赘述。

2. 顶部通长钢筋计算

(1) X 方向

1) 长度(表 16-164)

表 16-164　长度计算(8000mm 一个接头)

计算方法	长度 = X 方向外边线长度 $-$ 底筋保护层 $\times 2 +$ 弯折长度 $\times 2$				
参数名称	X 方向外边线长度	底筋保护层	弯折长度	搭接个数	结果
无封边情况	14400	40	$12d$	$14920/8000 = 1.865$ $= 1$	
	$14400 - 40 \times 2 + 12 \times 25 \times 2 = 14920$				14920

2) 根数(表 16-165)

表 16-165　根数计算

计算方法	根数 = (布筋范围/间距) + 1				
参数名称	布筋范围			间距	结果
Ⓐ轴线以下 Ⓒ轴线以上 (第一根钢筋距, 梁边 1/2 间距, 且不大于75)	标注长-底筋保护层-梁宽/2 -50				
	标注长	底筋保护层	梁宽		
	1200	40	500		
	$1200 - 40 - 500/2 - 75 = 835$			200	
	$(835/200) + 1 = 5.175$				5×2 根
Ⓐ-Ⓑ轴线 Ⓑ-Ⓒ轴线 (第一根钢筋距, 梁边 1/2 间距, 且不大于75)	轴线长 $-$ 左右梁宽/2 -50×2				
	轴线长	左梁宽	右梁宽		
	6000	500	500		
	$6000 - 500/2 - 500/2 - 75 \times 2 = 5350$			200	
	$(5350/200) + 1 = 27.75$				28×2 根

3) 软件属性定义(图 16-305)

	属性名称	属性值	附加
1	名称	筏板面筋-B22@200	
2	类别	面筋	☐
3	钢筋信息	B22@200	☐
4	钢筋锚固	(34)	
5	钢筋搭接	(41)	
6	归类名称	(筏板面筋-B22@200)	☐
7	汇总信息	筏板主筋	☐
8	计算设置	按默认计算设置计算	
9	节点设置	按默认节点设置计算	
10	搭接设置	按默认搭接设置计算	
11	长度调整(mm)		☐

图 16-305　软件属性定义

4）软件画图（图 16-306）

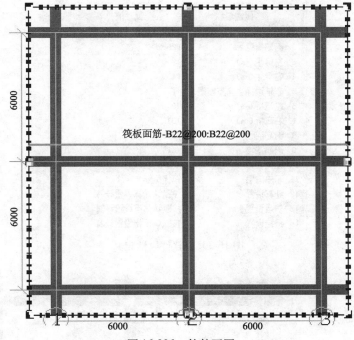

筏板面筋-B22@200:B22@200

图 16-306 软件画图

5）软件结果（图 16-307）

筋号	直径(mm)	级别	图号	图形	计算公式	长度(mm)	根数	搭接
筏板受力筋 1	22	Φ	629	264 ⌐ 14320 ⌐ 264	14400-40+12*d-40+12*d	14848	66	1

图 16-307 软件结果

（2）Y 方向

Y 方向顶筋长度和根数计算方法和 X 方向一样。

3. 1 号钢筋计算

（1）①轴线

1）长度

1 号筋螺纹 25 = 1200 − 40（底筋保护层）+ 1500 = 2660mm

2）根数

根数计算方法同 X 方向一样。

根数 = 5 × 2 + 28 × 2 = 66 根

3）软件属性定义（图 16-308）

4）软件画图（图 16-309）

5）软件结果（图 16-310）

属性编辑

	属性名称	属性值	附加
1	名称	FBFJ-1号筋	
2	钢筋信息	B25@200	☐
3	左标注(mm)	1200	☐
4	右标注(mm)	1460	☐
5	非单边标注含支座宽	(是)	☐
6	左弯折(mm)	(0)	☐
7	右弯折(mm)	(0)	☐
8	钢筋锚固	(34)	
9	钢筋搭接	(41)	
10	归类名称	(FBFJ-1号筋)	☐
11	汇总信息	筏板负筋	☐
12	计算设置	按默认计算设置计算	
13	节点设置	按默认节点设置计算	
14	搭接设置	按默认搭接设置计算	

图 16-308　软件属性定义

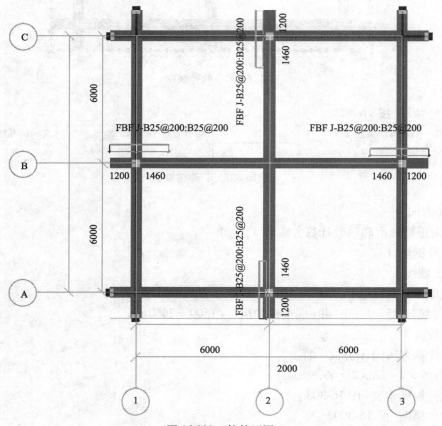

图 16-309　软件画图

筋号	直径(mm)	级别	图号	图形	计算公式	长度(mm)	根数
筏板负筋.1	25	Φ	1	2660	1460+1200	2660	66

图 16-310　软件结果

（2）③、Ⓐ、Ⓒ轴线

③、Ⓐ、Ⓒ轴线计算方法和①轴线一样,这里不再赘述。

4.2 号钢筋计算

（1）②轴线

1）长度

螺纹 25 = 1500 + 1500 = 3000mm

2）根数

根数 = 5 × 2 + 28 × 2 = 66 根

3）软件属性定义（图 16-311）

4）软件画图（图 16-312）

	属性名称	属性值	附加
1	名称	FBFJ-2号筋	
2	钢筋信息	B25@200	☐
3	左标注 (mm)	1500	☐
4	右标注 (mm)	1500	☐
5	非单边标注含支座宽	(是)	☐
6	左弯折 (mm)	(0)	☐
7	右弯折 (mm)	(0)	☐
8	钢筋锚固	(34)	☐
9	钢筋搭接	(41)	☐
10	归类名称	(FBFJ-2号筋)	☐
11	汇总信息	筏板负筋	☐
12	计算设置	按默认计算设置计算	
13	节点设置	按默认节点设置计算	
14	搭接设置	按默认搭接设置计算	

图 16-311 软件属性定义

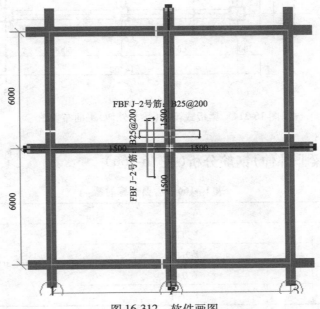

图 16-312 软件画图

⑤ 软件结果（图 16-313）

筋号	直径(mm)	级别	图号	图形	计算公式	长度(mm)	根数
筏板负筋.1	25	Φ	1	3000	1500+1500	3000	66

图 16-313　软件结果

（2）Ⓑ轴线

Ⓑ轴线长度和根数计算方法和②轴线一样，这里不再赘述。

第十九节　梁板式筏基（梁非外伸）

一、梁板式筏基（梁非外伸）配筋图（图 16-314）

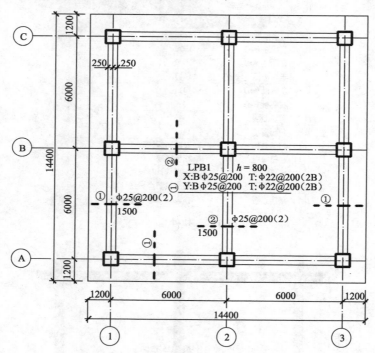

图 16-314　梁板式筏基（梁非外伸）平面布置图

二、梁板式筏基（梁非外伸）钢筋分析（表 16-166）

表 16-166　需要计算的量

				计算方法
底筋	底部通长筋	X 方向	长度、根数	按梁外伸计算
		Y 方向		
	梁头钢筋	X 方向		本节计算
		Y 方向		

续表

面筋	顶部通长筋	X 方向			长度、根数	按梁外伸计算
		Y 方向				
	顶部非贯通筋	边轴线	①、③、Ⓐ、Ⓒ轴线	1 号钢筋		
		中间轴线	②、Ⓑ轴线	2 号钢筋		
	梁头钢筋	X 方向				本节计算
		Y 方向				

计算方法（表头）

上下通长筋以及 1、2 号钢筋的计算方法和梁外伸的情况一样,这里不再计算。

三、梁板式筏基(梁非外伸)钢筋计算

(1)梁头钢筋计算

1)Ⓐ轴线底筋计算

① 长度(图 16-315,表 16-167)

② 根数(图 16-316,表 16-168)

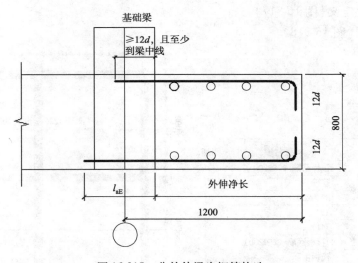

图 16-315 非外伸梁头钢筋构造

表 16-167 长度计算

计算方法	长度 = 外伸净长 − 底筋保护层 + 锚固长度 + 弯折长度				
按不封边情况计算	外伸净长	底筋保护层	锚固长度	弯折长度	结果
	1200 − 250	40	34d	12d	
计算式	1200 − 250 − 40 + 34 × 25 + 12 × 25				2060

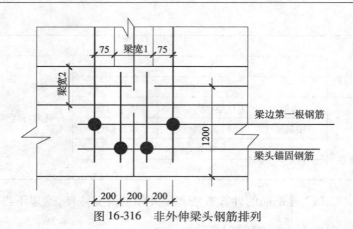

图 16-316　非外伸梁头钢筋排列

表 16-168　根数计算

计算方法	根数 = [(梁宽1 + 50×2)/间距] + 1 - 2		
按板第一根钢筋距梁边 max(1/2 间距,75)情况计算	梁宽1	间距	结果
	500	200	
计算式	[(500 + 75×2)/200] + 1 - 2 = 2		2×3 = 6 根,两侧共 12 根

③ 软件属性定义(图 16-317)

④ 软件画图(图 16-318)

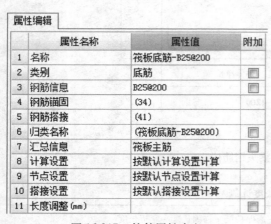

图 16-317　软件属性定义

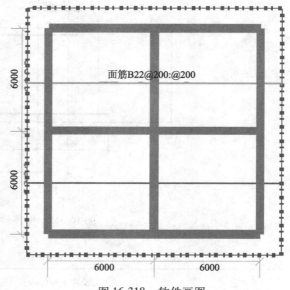

图 16-318　软件画图

⑤ 软件结果(图 16-319)

筋号	直径(mm)	级别	图号	图形	计算公式	长度(mm)	根数
筏板受力筋.2	25	Φ	18	300 ⌐ 1760	950-40+12*d+34*d	2060	9
筏板受力筋.3	25	Φ	601	1760 ⌐300	950+34*d-40+12*d	2060	9

图 16-319　软件结果

2）顶筋计算

① 长度（表 16-169）

表 16-169　长度计算

计算方法	长度 = 外伸净长 - 顶筋保护层 + 锚固长度 + 弯折长度				
按不封边情况计算	外伸净长	顶筋保护层	max（500/2，12d）	弯折长度	结果
	1200 - 250	40	max（250，12 × 22）	12d	
计算式	1200 - 250 - 40 + 12 × 22 + 12 × 22				1438

② 根数

根数计算同底筋 = 2 × 3 = 6 根，两侧共 12 根。

③ 软件属性定义（图 16-320）

属性编辑

	属性名称	属性值	附加
1	名称	筏板面筋-B22@200	
2	类别	面筋	□
3	钢筋信息	B22@200	□
4	钢筋锚固	(34)	
5	钢筋搭接	(41)	
6	归类名称	(筏板面筋-B22@200)	□
7	汇总信息	筏板主筋	□
8	计算设置	按默认计算设置计算	
9	节点设置	按默认节点设置计算	
10	搭接设置	按默认搭接设置计算	
11	长度调整（mm）		□

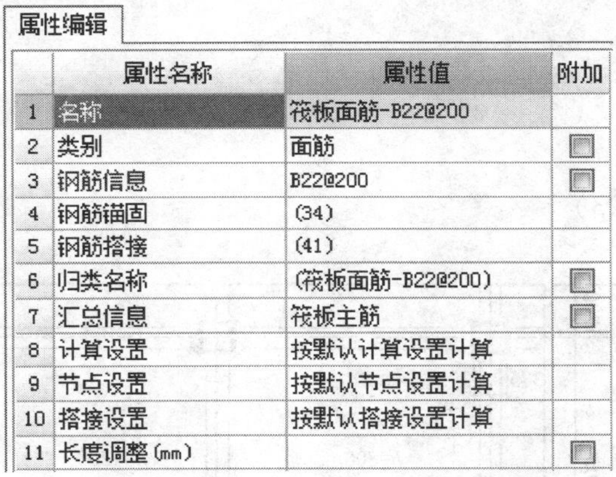

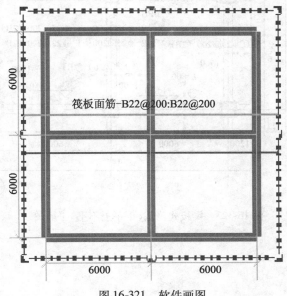

图 16-320　软件属性定义

④ 软件画图（图 16-321）

6000
筏板面筋-B22@200:B22@200
6000
6000
6000

图 16-321　软件画图

⑤ 软件结果（图16-322）

筋号	直径(mm)	级别	图号	图形	计算公式	长度(mm)	根数
筏板受力筋.2	22	Φ	637	264 ⌐ 1174	950+max(500/2, 12*d)-40+12*d	1438	9
筏板受力筋.3	22	Φ	639	1174 ¬ 264	950-40+12*d+max(500/2, 12*d)	1438	9

图16-322　软件结果

（2）其他轴线

Ⓑ、Ⓒ、①、②、③轴线的梁头锚固钢筋的计算方法和Ⓐ轴线一样。

第二十节　梁板式筏基变截面情况

一、下平上不平情况

1.配筋图

（1）平面图（图16-323）

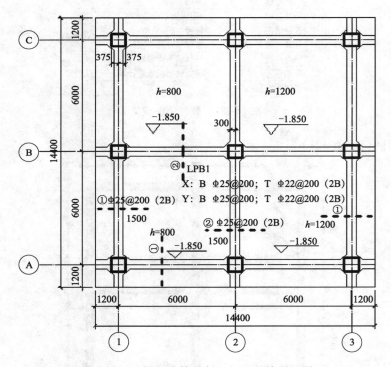

图16-323　梁板式筏基（下平上不平）平面图

562

（2）剖面图（图 16-324）

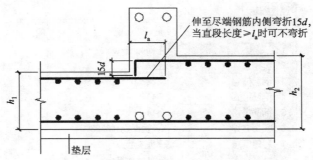

图 16-324　梁板式筏基（下平上不平）剖面图

2. 钢筋分析（表 16-170）

表 16-170　需要计算的量

					计算方法
底筋	底部通长筋	X 方向		长度、根数	按梁外伸计算
		Y 方向			
面筋	顶部非通长筋	X 方向	①-②轴线	长度	本节计算
				根数	按梁外伸计算
		Y 方向	②-③轴线	长度	本节计算
				根数	按梁外伸计算
	顶部通长筋	Y 方向	通长钢筋	长度、根数	按梁外伸计算
	顶部非贯通筋	边轴线	①、③、Ⓐ、Ⓒ轴线	1 号钢筋	
		中间轴线	②、Ⓑ轴线	2 号钢筋	

3. 钢筋计算

如果按端部不封边构造处理，这种情况只是 X 方向上部钢筋长度发生变化，其余钢筋的长度和根数均和板厚不发生变化的情况一样，这里只计算 X 方向上部钢筋。

（1）X 方向上部钢筋长度（表 16-171）

表 16-171　长度计算

计算方法	长度 = ②轴线以左标注长 - 梁宽/2 - 保护层 + 端头弯折 +（②轴支座宽 - 保护层 +15d）				
①-②轴线	②轴左右标注长	梁宽	保护层	端头弯折	②轴支座宽 - 保护层 +15d	结果
	1200 + 6000	600	40	12d	600 - 40 +15d	
	7200	600	40	12×22	600 - 40 +15×22	
	7200	600	40	264	890	
计算式	7200 - 600/2 - 40 + 264 + 890					8014
计算方法	长度 = ②轴线以右标注长 - 梁宽/2 - 保护层 + 端头弯折 + 锚固				
③-④轴线	②轴左右标注长	梁宽	保护层	端头弯折	锚固	结果
	1200 + 6000	600	40	12d	l_a	
	7200	600	40	12×22	34×22	
	7200	600	40	264	748	
计算式	7200 - 600/2 - 40 + 264 + 748					7872

（2）软件属性定义（图 16-325）

	属性名称	属性值	附加
1	名称	筏板面筋-B22@200	
2	类别	面筋	☐
3	钢筋信息	B22@200	☐
4	钢筋锚固	(34)	
5	钢筋搭接	(41)	
6	归类名称	(筏板面筋-B22@200)	☐
7	汇总信息	筏板主筋	☐
8	计算设置	按默认计算设置计算	
9	节点设置	按默认节点设置计算	
10	搭接设置	按默认搭接设置计算	
11	长度调整 (mm)		☐

图 16-325　软件属性定义

（3）软件画图（图 16-326）

图 16-326　软件画图

（4）软件结果（图 16-327）

筋号	直径 (mm)	级别	图号	图形	计算公式	长度 (mm)	根数
筏板受力筋.1	22	Φ	629	330　7420　264	6900-40+12*d+600-40+15*d	8014	66
筏板受力筋.2	22	Φ	637	264　7608	6900+34*d-40+12*d	7872	66

图 16-327　软件结果

二、上平下不平情况

1.配筋图

（1）平面图（图 16-328）

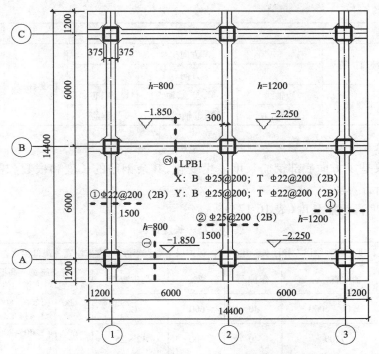

图 16-328　梁板式筏基(上平下不平)平面布置图

（2）剖面图（图 16-329）

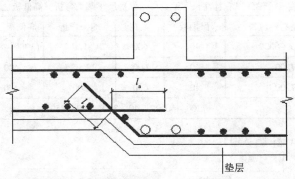

图 16-329　梁板式筏基(上平下不平)剖面图

2. 钢筋分析（表 16-172）

表 16-172　需要计算的量

					计算方法
底筋	底部非通长筋	X 方向	①-②轴线	长度	本节计算
				根数	按梁外伸计算
			②-③轴线	长度	本节计算
				根数	按梁外伸计算
	底部通长筋	Y 方向		长度、根数	

						计算方法
面筋	顶部通长筋	X 方向			长度、根数	按梁外伸计算
		Y 方向				
	顶部非贯通筋	边轴线	①、③、Ⓐ、Ⓒ轴线	1 号钢筋		
		中间轴线	②、Ⓑ轴线	2 号钢筋		

3. 钢筋计算

这种情况只是 X 方向底部钢筋长度发生变化,其余钢筋的长度和根数和前面讲的一样,可参考前面进行计算。

(1)X 方向底部钢筋长度(表 16-173)

表 16-173　长度计算

计算方法	长度 = ②轴线以左标注长 − 梁宽/2 − 保护层 + 端头弯折 +(左支座宽 + 高低梁之差斜度增加值 + l_a)					
	2 轴左右标注长	保护层	梁宽	端头弯折	右支座宽 + 高低板之差斜度增加值 + l_a	结果
①-②轴线	1200 + 6000	40	600	12d	600 +(1200 − 800 − 40)× 1.414 + 34d	
	7200	40	600	12 × 25	600 +(1200 − 800 − 40)× 1.414 + 34 × 25	
	7200	40	600	300	1959	
计算式	7200 − 600/2 − 40 + 300 + 1959					9119
计算方法	长度 = ②轴线以右标注长 − 梁宽/2 − 保护层 + 端头弯折 − 高低板之差斜度增加值 + 锚固					
	②轴左右标注长	保护层	梁宽	端头弯折	高低板之差	锚固	结果
③-④轴线	1200 + 6000	40	600	12d	(1200 − 800)	l_a	
	7200	40	600	12 × 25	400	34 × 25	
	7200	40	600	300	400	850	
计算式	7200 − 600/2 − 40 + 300 − 400 + 850						7610

(2)软件属性定义(图 16-330)

属性编辑

	属性名称	属性值	附加
1	名称	筏板底筋-B25@200	
2	类别	底筋	☐
3	钢筋信息	B25@200	☐
4	钢筋锚固	(34)	
5	钢筋搭接	(41)	
6	归类名称	(筏板底筋-B25@200)	☐
7	汇总信息	筏板主筋	☐
8	计算设置	按默认计算设置计算	
9	节点设置	按默认节点设置计算	
10	搭接设置	按默认搭接设置计算	
11	长度调整(mm)		☐
12	备注		☐

图 16-330　软件属性定义

（3）软件画图（图16-331）

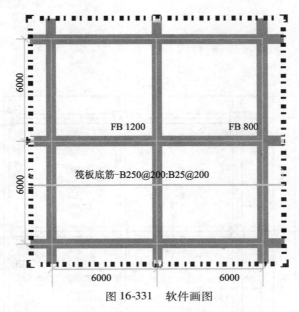

筏板底筋-B250@200:B25@200

图16-331　软件画图

（4）设置筏板变截面（图16-332）

操作步骤：将1200mm筏板底标高设置为"－3.05"，将800mm筏板底标高设置为"－2.65"，选中1200mm和800mm两块筏板，点右键选择"设置筏板变截面"，会弹出一个对话框，填上相应的数字。

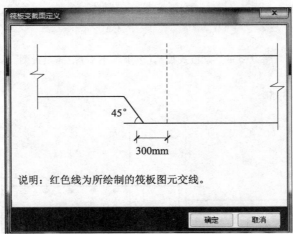

图16-332　设置筏板变截面

点击"确定"，筏板变截面设置完毕。

（5）软件结果（图16-333）

筋号	直径(mm)	级别	图号	图形	计算公式	长度(mm)	根数
筏板受力筋.1	25	Φ	623	300 ⌐ 7443　1359 ⁄45	7483+509-40+12*d+34*d	9102	66
筏板受力筋.2	25	Φ	601	7310 ⌐300	6500+34*d-40+12*d	7610	66

图16-333　软件结果

三、上下均不平情况

1. 配筋图

（1）平面图（图 16-334）

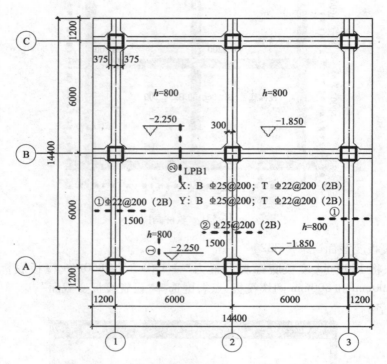

图 16-334　梁板式筏基（上下均不平）平面布置图

（2）剖面图（图 16-335）

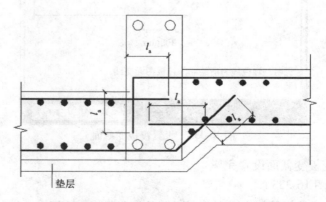

图 16-335　梁板式筏基（上下均不平）剖面图

2. 钢筋分析（表 16-174）

表 16-174　梁板式筏基（梁外伸）要的量

						计算方法
底筋	底部非通长筋	X 方向	①-②轴线		长度、根数	本节计算
						按梁外伸计算
			②-③轴线			本节计算
						按梁外伸计算
	底部通长筋		Y 方向			
面筋	顶部非贯通筋	X 方向	①-②轴线		长度	本节计算
					根数	按梁外伸计算
			②-③轴线		长度	本节计算
					根数	
		边轴线	①、③、Ⓐ、Ⓒ轴线	1 号钢筋	长度、根数	按梁外伸计算
		中间轴线	②、Ⓑ轴线	2 号钢筋		
	顶部通长筋		X 方向			
			Y 方向			

3. 钢筋计算

这种情况 X 方向顶筋和底筋均发生变化，计算如下。

（1）X 方向上部钢筋

1）长度（表 16-175）

表 16-175　长度计算

计算方法	长度 = ②轴线以左标注长 - 保护层 - 梁宽/2 + 端头弯折 + （2 轴支座宽 - 保护层 + 高差 - 保护层 + 锚固）					
①-②轴线	②轴左右标注长	梁宽	保护层	端头弯折	②轴支座宽 - 保护层 + 高差 - 保护层 + 锚固	结果
	1200 + 6000	600	40	12d	600 - 40 + （400 - 40）+ 34d	
	7200	600	40	12 × 22	600 - 40 + （400 - 40）+ 34 × 22	
	7200	600	40	264	1668	
计算式	7200 - 40 - 600/2 + 264 + 1668					8792
计算方法	长度 = ②轴线以右标注长 - 梁宽/2 - 保护层 + 端头弯折 + 锚固					
③-④轴线	②轴左右标注长	梁宽	保护层	端头弯折	锚固	结果
	1200 + 6000	600	40	12d	l_a	
	7200	600	40	12 × 22	34 × 22	
	7200	600	40	264	748	
计算式	7200 - 40 - 600/2 + 264 + 748					7872

根数第十八节已详细介绍过，这里不再赘述。

2）软件属性定义（图 16-336）

3）软件画图（图 16-337）

4）设置筏板变截面（图 16-338）

操作步骤:将②轴以左 800mm 筏板底标高设置为"-3.05",将②轴以右 800mm 筏板底标高设置为"-2.65",选中不同标高两块筏板,点右键选择"设置筏板变截面",会弹出一个对话框,填上相应的数字(图 16-338)

图 16-336 软件属性定义

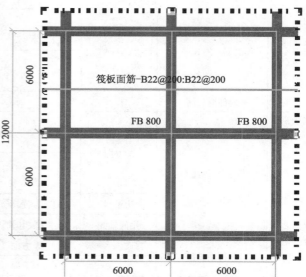

图 16-337 软件画图

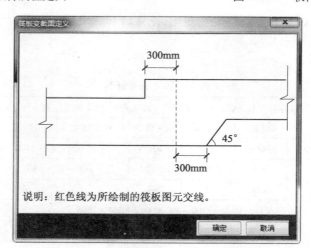

图 16-338 软件设置筏板变截面界面

点击"确定",筏板变截面设置完毕。

5)软件结果(图 16-339)

筋号	直径(mm)	级别	图号	图形	计算公式	长度(mm)	根数
筏板受力筋.1	22	Φ	629	1108 7420 264	7460+360-40+12*d+34*d	8792	73
筏板受力筋.2	22	Φ	637	264 7608	6900+34*d-40+12*d	7872	73

图 16-339 软件结果

（2）X 方向下部钢筋

1）长度（表 16-176）

表 16-176　长度计算

计算方法	长度 = ②轴线以左标注长 - 梁宽/2 - 保护层 + 端头弯折 + (右支座宽 + 50 + 高低梁之差斜度增加值 + l_a)					
	②轴左右标注长	梁宽	保护层	端头弯折	右支座宽 + 高低板之差斜度增加值 + l_a	结果
①-②轴线	1200 + 6000	600	40	12d	600 + (1300 - 800 - 40) × 1.414 + 34d	
	7200	600	40	12 × 25	600 + (1200 - 800 - 40) × 1.414 + 34 × 25	
	7200	600	40	300	1959	
计算式	7200 - 600/2 - 40 + 300 + 1959					9119
计算方法	长度 = ②轴线以右标注长 - 梁宽/2 - 保护层 + 弯折长度 - 高低板之差斜度增加值 + 锚固					
	②轴左右标注长	梁宽	保护层	弯折长度	高低板之差	锚固	结果
③-④轴线	1200 + 6000	600	40	12d	(1200 - 800)	l_a	
	7200	600	40	12 × 25	400	34 × 25	
	7200	600	40	300	400	850	
计算式	7200 - 600/2 - 40 + 300 - 400 + 850						7610

2）软件属性定义（图 16-340）

3）软件画图（图 16-341）

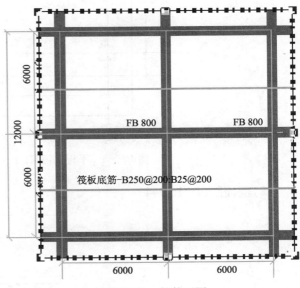

	属性名称	属性值	附加
1	名称	筏板底筋-B25@200	
2	类别	底筋	☐
3	钢筋信息	B25@200	☐
4	钢筋锚固	(34)	
5	钢筋搭接	(41)	
6	归类名称	(筏板底筋-B25@200)	☐
7	汇总信息	筏板主筋	☐
8	计算设置	按默认计算设置计算	
9	节点设置	按默认节点设置计算	
10	搭接设置	按默认搭接设置计算	
11	长度调整(mm)		☐
12	备注		☐

图 16-340　软件属性定义

图 16-341　软件画图

4）软件结果（图 16-342）

筋号	直径(mm)	级别	图号	图形	计算公式	长度(mm)	根数
筏板受力筋.1	25	Φ	623	300 ⌐ 7443 1359 / 45	7483+509-40+12*d+34*d	9102	66
筏板受力筋.2	25	Φ	601	7310 ⌐300	6500+34*d-40+12*d	7610	66

图 16-342　软件结果

第二十一节　平板式筏基变截面情况

一、下平上不平

1. 配筋图

（1）平面图（图 16-343）

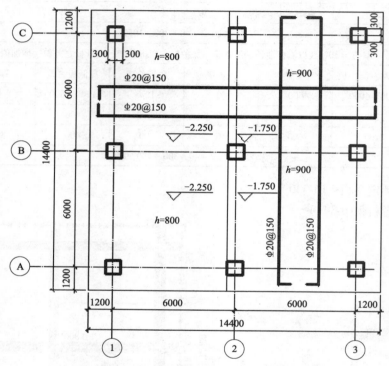

图 16-343　平板式筏基（下平上不平）平面布置图

（2）剖面图（图 16-344）

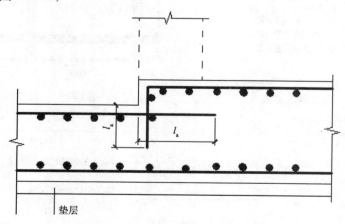

图 16-344　平板式筏基（下平上不平）剖面图

2. 钢筋分析(表 16-177)

表 16-177　需要计算的量

						计算方法
底筋	底部通长筋	X 方向			长度、根数	按梁外伸计算
		Y 方向				
面筋	顶部非通长筋	X 方向	①~②轴线		长度	本节计算
					根数	按梁外伸计算
			②~③轴线		长度	本节计算
					根数	按梁外伸计算
	顶部通长筋	Y 方向	通长钢筋		长度、根数	按梁外伸计算

3. 钢筋计算

这种情况只是 X 方向顶筋长度发生变化,其根数和其余钢筋长度和根数计算同平板式筏基。

X 方向顶筋

(1)①-②轴线、②-③轴线长度计算(表 16-178)

表 16-178　长度计算

计算方法	长度 = 净长 - 保护层 + 端头弯折 + 锚固				结果
	净长	保护层	端头弯折	锚固	
①-②轴线	$1200 + 6000 - 300$	40	$12d$	l_a	
	6900	40	12×20	34×20	
	6900	40	240	680	
计算式	$6900 - 40 + 240 + 680$				7780
计算方法	长度 = 净长 - 保护层 + 端头弯折 - 保护层 + 变截面处弯折				结果
	净长	保护层	端头弯折	变截面处弯折	
②-③轴线	$1200 + 6000 + 300$	40	$12d$	$(1200 - 800 - 40) + 34d$	
	7500	40	12×20	$(1200 - 800 - 40) + 34 \times 20$	
	7500	40	240	1040	
计算式	$7500 - 40 + 240 - 40 + 1040$				8700

(2)软件属性定义(图 16-345)

	属性名称	属性值	附加
1	名称	筏板面筋-B22@200	
2	类别	面筋	☐
3	钢筋信息	B22@200	☐
4	钢筋锚固	(34)	
5	钢筋搭接	(41)	
6	归类名称	(筏板面筋-B22@200)	☐
7	汇总信息	筏板主筋	☐
8	计算设置	按默认计算设置计算	
9	节点设置	按默认节点设置计算	
10	搭接设置	按默认搭接设置计算	
11	长度调整(mm)		☐
12	备注		☐

图 16-345　软件属性定义

（3）软件画图（图16-346）

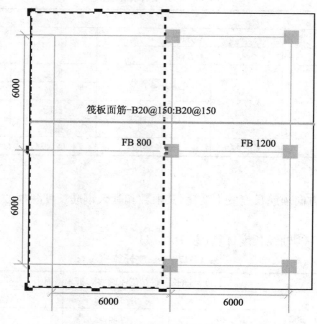

筏板面筋-B20@150:B20@150

FB 800   FB 1200

图16-346 软件画图

（4）软件结果（图16-347）

筋号	直径(mm)	级别	图号	图形	计算公式	长度(mm)	根数
筏板受力筋.1	20	Φ	629	1040 ⌐7420⌐ 240	7460+360-40+240+34*d	8700	97
筏板受力筋.2	20	Φ	637	240 ⌐7540	6900+34*d-40+240	7780	97

图16-347 软件结果

二、上平下不平

1. 配筋图

（1）平面图（图16-348）

（2）剖面图（图16-349）

2. 钢筋分析（表16-179）

3. 钢筋计算

这种情况只是 X 方向底筋长度发生变化,其余情况同梁板式筏基。

X 方向底筋

（1）①-②轴线、②-③轴线长度计算（表16-180）

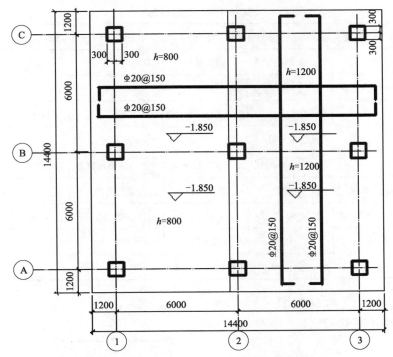

图 16-348　平板式筏基(上平下不平)平面布置图

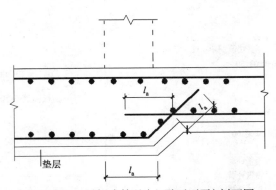

图 16-349　平板式筏基(上平下不平)剖面图

表 16-179　需要计算的量

					计算方法
底筋	底部非通长筋	X 方向	①-②轴线	长度	本节计算
				根数	按梁外伸计算
			②-③轴线	长度	本节计算
				根数	
	底部通长筋	Y 方向			按梁外伸计算
面筋	顶部通长筋	X 方向		长度、根数	
		Y 方向			

表 16-180　长度计算

计算方法	长度＝外边线长－保护层＋端头弯折＋（高差－保护层）×1.414－保护层＋锚固长度					
参数名称	外边线长度	保护层	端头弯折	高差－保护层	锚固	结果
①-②轴线	6000＋1200＋300	40	$12d$	400－40	$12d$	
	7500	40	12×20	360	34×20	
计算式	7500－40＋12×20＋360×1.414－40＋34×20					8849
计算方法	长度＝外边线长度－保护层＋端头弯折－变截面高差＋锚固长度					
参数名称	外边线长度	保护层	端头弯折	变截面高差	锚固	结果
②-③轴线	6000＋1200－300	40	$12d$	400	$12d$	
	6900	40	12×20	400	34×20	
计算式	6900－40＋12×20－400＋34×20					7380

（2）软件属性定义（图 16-350）

（3）软件画图（图 16-351）

属性编辑

	属性名称	属性值	附加
1	名称	筏板底筋-B20@150	
2	类别	底筋	
3	钢筋信息	B20@150	
4	钢筋锚固	(34)	
5	钢筋搭接	(41)	
6	归类名称	(筏板底筋-B20@150)	
7	汇总信息	筏板主筋	
8	计算设置	按默认计算设置计算	
9	节点设置	按默认节点设置计算	
10	搭接设置	按默认搭接设置计算	
11	长度调整(mm)		

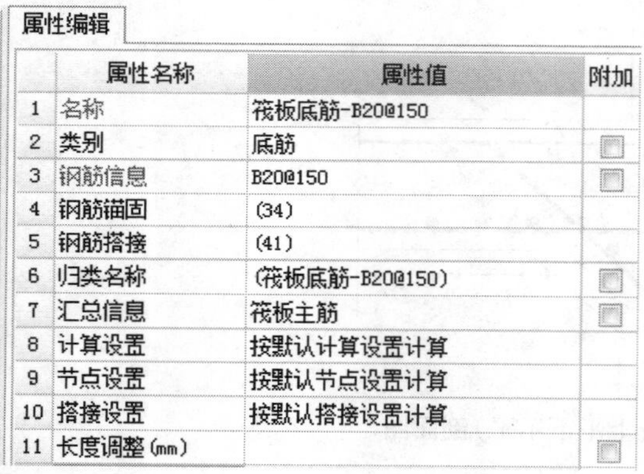

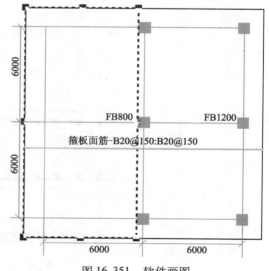

图 16-350　软件属性定义

图 16-351　软件画图

（4）设置筏板变截面（图 16-352）

操作步骤：将 1200mm 筏板底标高设置为"－3.05"，将 800mm 筏板底标高设置为"－2.65"选中 1200mm 和 800mm 两块筏板，点右键选择"设置筏板变截面"，会弹出一个对话框，填上相应的数字。

点击"确定"，筏板变截面设置完毕。

（5）软件结果（图 16-353）

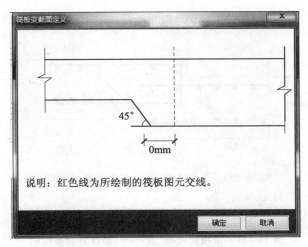

图 16-352　软件设置筏板变截面界面

筋号	直径(mm)	级别	图号	图形	计算公式	长度(mm)	根数
筏板受力筋.1	20	Φ	18	240 ⌐ 7140	6500-40+12*d+34*d	7380	97
筏板受力筋.2	20	Φ	599	45° 1189 7443 240	509+7483+34*d-40+12*d	8872	97

图 16-353　软件结果

三、上下均不平

1.配筋图

（1）平面（图 16-354）

（2）剖面（图 16-355）

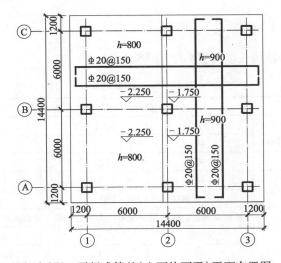

图 16-354　平板式筏基(上下均不平)平面布置图

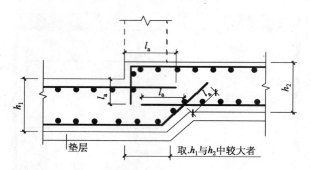

图 16-355　平板式筏基(上下均不平)剖面图

2. 钢筋分析(表 16-181)

表 16-181　梁板式筏基(梁外伸)要计算哪些钢筋

					计算方法
底筋	底部非通长筋	X 方向	①-②轴线	长度	本节计算
				根数	按梁外伸计算
			②-③轴线	长度	本节计算
				根数	按梁外伸计算
	底部通长筋	Y 方向			
面筋	顶部非贯通筋	X 方向	①-②轴线	长度	本节计算
				根数	按梁外伸计算
			②-③轴线	长度	本节计算
				根数	
	顶部通长筋	X 方向		长度、根数	按梁外伸计算
		Y 方向			

3. 钢筋计算

(1)X 方向顶筋

1)①-②轴线、②-③轴线长度计算(表 16-182)

表 16-182　长度计算

计算方法	长度 = 净长 − 保护层 + 端头弯折 + 锚固				
	净长	保护层	端头弯折	锚固	结果
①-②轴线	1200 + 6000 − 300	40	12d	l_a	
	6900	40	12 × 20	34 × 20	
	6900	40	240	680	
计算式	6900 − 40 + 240 + 680				7780
计算方法	长度 = 净长 − 保护层 + 端头弯折 − 保护层 + 变截面处弯折				
	净长	保护层	端头弯折	变截面处弯折	结果
②-③轴线	1200 + 6000 + 300	40	12d	(500 − 40) + 34d	
	7500	40	12 × 20	(500 − 40) + 34 × 20	
	7500	40	240	1140	
计算式	7500 − 40 + 240 − 40 + 1140				8800

2）软件属性定义（图 16-356）

	属性名称	属性值	附加
1	名称	筏板面筋-B20@150	
2	类别	面筋	☐
3	钢筋信息	B20@150	☐
4	钢筋锚固	(34)	
5	钢筋搭接	(41)	
6	归类名称	(筏板面筋-B20@150)	☐
7	汇总信息	筏板主筋	☐
8	计算设置	按默认计算设置计算	
9	节点设置	按默认节点设置计算	
10	搭接设置	按默认搭接设置计算	
11	长度调整（mm）		☐
12	备注		☐

图 16-356　软件属性定义

3）软件画图（图 16-357）

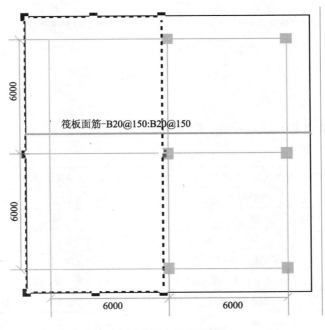

图 16-357　软件画图

4）设置筏板变截面（图 16-358）

操作步骤：将 800mm 筏板底标高设置为"－3.05"，将 900mm 筏板底标高设置为"－2.65"，选中 800mm 和 900mm 两块筏板，点右键选择"设置筏板变截面"，会弹出一个对话框，填上相应的数字。

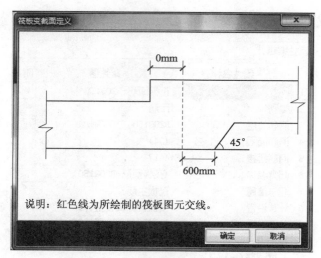

图 16-358　软件设置筏板变截面界面

点击"确定",筏板变截面设置完毕。

5) 软件结果(图 16-359)

筋号	直径(mm)	级别	图号	图形	计算公式	长度(mm)	根数
筏板受力筋1	20	Φ	629	1140　7420　240	7460+460-40+240+34*d	8800	97
筏板受力筋2	20	Φ	637	240　7540	6900+34*d-40+240	7780	97

图 16-359　软件结果

(2) X 方向底筋

1) ①-②轴线、②-③轴线长度计算(表 16-183)

表 16-183　长度计算

计算方法	长度 = 外边线长 - 保护层 + 端头弯折 - 保护层 + (高差 - 保护层) × 1.414 + 锚固长度					
参数名称	外边线长度	保护层	端头弯折	高差 - 保护层	锚固	结果
①-②轴线	6000 + 1200 + 300	40	12d	标高 400 - 40	12d	
	7500	40	12 × 20	360	34 × 20	
计算式	7500 - 40 + 12 × 20 - 40 + 360 × 1.414 + 34 × 20					8849
计算方法	长度 = 外边线长度 - 保护层 + 端头弯折 - (高差 - 保护层) + 锚固长度					
参数名称	外边线长度	保护层	端头弯折	高差 - 保护层	锚固	结果
2~3 轴线	6000 + 1200 - 300	40	12d	标高 400 - 40	12d	
	6900	40	12 × 20	360	34 × 20	
计算式	6900 - 40 + 12 × 20 - 40 - 360 + 34 × 20					7380

2) 软件属性定义(图 16-360)

3) 软件画图(图 16-361)

4) 软件结果(图 16-362)

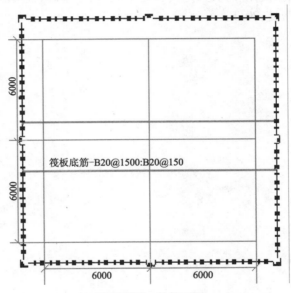

	属性名称	属性值	附加
1	名称	筏板底筋-B20@150	
2	类别	底筋	☐
3	钢筋信息	B20@150	☐
4	钢筋锚固	(34)	
5	钢筋搭接	(41)	
6	归类名称	(筏板底筋-B20@150)	☐
7	汇总信息	筏板主筋	☑
8	计算设置	按默认计算设置计算	
9	节点设置	按默认节点设置计算	
10	搭接设置	按默认搭接设置计算	
11	长度调整(mm)		☐

图 16-360　软件属性定义

筏板底筋-B20@1500:B20@150

图 16-361　软件画图

筋号	直径(mm)	级别	图号	图形	计算公式	长度(mm)	根数
筏板受力筋.1	20	Φ	623	240 ⌐ 7443 1189 45	7483+509-40+240+34*d	8872	97
筏板受力筋.2	20	Φ	601	7140 240	6500+34*d-40+240	7380	97

图 16-362　软件结果

参考文献

［1］中国建筑标准设计研究院.11G101—1国家建筑标准设计图集　混凝土结构施工图　平面整体表示方法制图规则和构造详图（现浇混凝土框架、剪力墙、梁、板）［M］.北京:中国计划出版社,2011.

［2］中国建筑标准设计研究院.11G101—3国家建筑标准设计图集　混凝土结构施工图　平面整体表示方法制图规则和构造详图（独立基础、条形基础、筏形基础及柱基础台）［M］.北京:中国计划出版社,2011.